科学出版社"十四五"普通高等教育本科规划教材

中法工程师学院预科教学丛书（中文版）

丛书主编：王彪　〔法〕德麦赛（Jean-Marie BOURGEOIS-DEMERSAY）

大学数学进阶 2

Cours de mathématiques spéciales 2

〔法〕　亚历山大·格维尔茨（Alexander GEWIRTZ）　著

程思睿　译

科学出版社

北　京

内 容 简 介

本书是中山大学中法核工程与技术学院三年级第二学期的数学教材的中文翻译版，包括以下主要内容：微分方程、积分、概率、幂级数和复分析初步、准 Hilbert 空间、Fourier 级数. 这些内容涉及不同的数学分支，读者在阅读本书前需对某些数学分支的基础内容有所了解. 在每章的开头部分，列出了学习该章内容所需的预备知识.

本书可作为中法合作办学单位的预科数学教材，也可作为理工科院校相关专业数学类课程的参考教材.

图书在版编目(CIP)数据

大学数学进阶. 2 / (法) 亚历山大·格维尔茨著; 程思睿译. —北京: 科学出版社, 2022.1
(中法工程师学院预科教学丛书：中文版/王彪，(法)德麦赛主编)
科学出版社"十四五"普通高等教育本科规划教材
ISBN 978-7-03-070627-0

I. ①大… II. ①亚… ②程… III. ①高等数学-高等学校-教材
IV. ①O13

中国版本图书馆 CIP 数据核字 (2021) 第 227683 号

责任编辑：罗 吉 姚莉丽 / 责任校对：杨聪敏
责任印制：张 伟 / 封面设计：蓝正设计

科学出版社 出版
北京东黄城根北街 16 号
邮政编码：100717
http://www.sciencep.com
固安县铭成印刷有限公司 印刷
科学出版社发行 各地新华书店经销
*
2022 年 1 月第 一 版 开本：787×1092 1/16
2022 年 10 月第三次印刷 印张：21 1/4
字数：500 000
定价：79.00 元
(如有印装质量问题，我社负责调换)

丛 书 序

高素质的工程技术人才是保证我国从工业大国向工业强国成功转变的关键因素. 高质量地培养基础知识扎实、创新能力强、熟悉我国国情并且熟悉国际合作和竞争规则的高端工程技术人才是我国高等工科教育的核心任务. 国家长期发展规划要求突出培养创新型科技人才和大力培养经济社会发展重点领域急需的紧缺专门人才.

核电是重要的绿色清洁能源, 在中国已经进入快速发展期, 掌握和创新核电核心技术是我国核电获得长期健康发展的基础. 中山大学地处我国的核电大省——广东, 针对我国高素质的核电工程技术人才强烈需求, 在教育部和法国相关政府部门的支持和推动下, 2009 年与法国民用核能工程师教学联盟共建了中法核工程与技术学院 (Institut Franco-Chinois de l'Energie Nucléaire), 培养能参与国际合作和竞争的核电高级工程技术人才和管理人才. 教学体系完整引进法国核能工程师培养课程体系和培养经验, 其目标不仅是把学生培养成优秀的工程师, 而且要把学生培养成行业的领袖. 其教学特点表现为注重扎实的数理基础学习和全面的专业知识学习; 注重实践应用和企业实习以及注重人文、法律、经济、管理、交流等综合素质的培养.

法国工程师精英培养模式起源于 18 世纪, 不仅在法国也在国际上享有盛誉. 中山大学中法核工程与技术学院借鉴法国的培养模式, 根据教学的特点将 6 年的本硕连读学制划分为预科教学和工程师教学两个阶段. 预科教学阶段专注于数学、物理、化学、语言和人文课程的教学, 工程师阶段专注于专业课程、项目管理课程的教学和以学生为主的实践和实习活动. 法国预科阶段的数学、物理等基础课程的教学体系和我国相应的工科基础课程的教学体系有较大的不同. 前者覆盖面更广, 比如数学教材不仅包括高等数学、线性代数等基本知识, 还包括复变函数基础、泛函分析基础、拓扑学基础、代数结构基础等. 同时更注重于知识的逻辑性 (比如小数次幂的含义) 和证明的规范性, 以利于学生深入理解后能充分保有基础创新潜力.

为更广泛地借鉴法国预科教育的优点和广泛传播这种教育模式, 把探索实践过程中取得的成功经验和优质课程资源与国内外高校分享, 促进我国高等教育基础学科教学的改革, 我们在教育部、广东省教育厅和学校的支持下, 前期组织出版了这套预科基础课教材的法文版, 包含数学、物理和化学三门课程多个阶段的学习内容. 教材的编排设计富有特色, 采用了逐步深入的知识体系构建方式, 既可作为中法合作办学单位的专业教材, 也适合其他相关专业作为参考教材. 法文版教材出版后, 受到国内工科院校师生的广泛关注和积极评价, 为进一步推广精英工程师培养体系的本土化, 我们推出教材的中文译本, 相信这会更有益于课程资源的分享和教学经验的交流.

我们衷心希望，本套教材能为我国高素质工程师的教育和培养做出贡献!

中方原院长　　　　　　法方院长

王彪　　　Jean-Marie BOURGEOIS-DEMERSAY

(德麦赛)

中山大学中法核工程与技术学院

2021 年 3 月

前　言

本丛书出版的初衷是为中山大学中法核工程与技术学院的学生编写一套合适的教材. 中法核工程与技术学院位于中山大学珠海校区. 该学院用六年时间培养通晓中英法三种语言的核能工程师. 该培养体系的第一阶段持续三年, 对应着法国大学的预科阶段, 主要用法语教学, 为学生打下扎实的数学、物理和化学知识基础; 第二阶段为工程师阶段, 学生将学习涉核的专业知识, 并在以下关键领域进行深入研究: 反应堆安全、设计与开发、核材料以及燃料循环.

本丛书数学部分分为以下几册, 每册书介绍了一个学期的数学课程:

－ 大学数学入门 1
－ 大学数学入门 2
－ 大学数学基础 1
－ 大学数学基础 2
－ 大学数学进阶 1
－ 大学数学进阶 2

每册书均附有相应的练习册及答案. 练习的难度各异, 其中部分摘选自中法核工程与技术学院的学生考试题目.

在中法核工程与技术学院讲授的科学课程内容与法国预科阶段的课程内容几乎完全一致. 数学课程的内容是在法国教育部总督导 Charles TOROSSIAN 及曾任总督导 Jacques MOISAN 的指导下, 根据中法核工程与技术学院学生的需求进行编写的. 因此, 丛书中的某些书可能包含几章在法国不会被学习的内容. 反之亦然, 在法国一般会被学习的部分章节在该丛书中不会涉及, 即使有, 难度也会有所降低.

为了让学生在学习过程中更加积极主动, 本书的课程内容安排与其他教材不同: 书中设计了一系列问题. 与课程内容相关的应用练习题有助于学生自行检查是否已掌握新学的公式和概念. 另外, 书中提供的论证过程非常详细完整, 有助于学生更好地学习和理解论证过程及其逻辑. 再者, 书中常提供的方法小结有助于学生在学习过程中做总结. 最后, 每章的附录还提供了一些不要求学生掌握的定理的证明过程, 供希望加深对数学知识了解的学生使用.

本丛书是为预科阶段循序渐进的持续学习过程而设计的. 譬如, 曾在"大学数学入门"课程中介绍过的基础概念, 在后续的"大学数学基础"或"大学数学进阶"的课程重新出现时会被给予进一步深入的讲解. 最后值得指出的是, 丛书的数学课程内容安排是和丛书的物理、化学的课程内容安排紧密联系的. 学生可以利用已学到的数学工具解决物理问题, 如微分方程、微分算法、偏微分方程或极限展开.

得益于中法核工程与技术学院学生和老师的意见与建议，本丛书一直在不断地改进中. 我的同事 Alexis GRYSON 和程思睿博士仔细地核读了本书的原稿. 同时，本书的成功出版离不开中法核工程与技术学院的两位院长王彪教授（长江特聘教授、国家杰出青年基金获得者）和 Jean-Marie BOURGEOIS-DEMERSAY 先生（法国矿业团首席工程师）一直以来的鼓励与大力支持. 请允许我对上述同事及领导表示最诚挚的谢意！

最后，我本人要特别感谢 Francois BOISSON. 没有他，我将永远不可能成为数学老师.

Alexander GEWIRTZ

（亚历山大・格维尔茨）

博士，法国里昂（Lyon）高等师范学校的毕业生，
通过（法国）会考取得教师职衔的预科阶段数学老师

译 者 的 话

本书是 2020 年 1 月科学出版社出版的《大学数学进阶 2（法文版）》的中文翻译版. 该法文版是中山大学中法核工程与技术学院三年级第二学期的数学教材.

本书对数学专业词汇的翻译主要参考了《简明数学词典》(科学出版社，2000 年，第一版)、《汉英数学词汇》(清华大学出版社，2008 年，第一版)、《英汉数学词汇》(清华大学出版社，2018 年，第三版)和《数学大辞典》(科学出版社，2017 年，第二版). 但有些法语数学词汇，并没有对应的中文词汇，这样的词汇是根据术语的数学含义以及法语单词自身的词义自行翻译的，同时在书中标出法语原文. 外国数学家的名字，如果找到已有的中文译法，就在第一次出现时标注中文，之后只用原文，如果没有找到已有的中文译法，就不标注中文 (例如 Beppo-Levi).

为方便读者理解，现对书中一些用词和符号说明如下：

（一）书中提及的正数和负数都是包括零的，例如，正项级数是指通项大于等于零的级数(负项级数是指通项小于等于零的级数)，正值函数是指取值大于等于零的函数(负值函数是指取值小于等于零的函数)，以此类推.

（二）$A \subset B$ 表示 A 是 B 的子集(可以相等)，$A \subsetneq B$ 表示 A 是 B 的真子集 (必不相等).

（三）当 p 和 q 是两个整数时，$[|p, q|]$ 表示大于等于 p 且小于等于 q 的所有整数的集合，即 $\{p, p+1, \cdots, q\}$. 当 $p > q$ 时，$[|p, q|] = \varnothing$.

（四）$\mathbb{R}$ 表示实数集，$\mathbb{C}$ 表示复数集，$\mathbb{N}$ 表示自然数集(包括零)，$\mathbb{N}^*$ 表示非零自然数集，即 $\mathbb{N}^* = \mathbb{N} \setminus \{0\}$，$\mathbb{R}^* = \mathbb{R} \setminus \{0\}$，$\mathbb{R}^+ = [0, +\infty)$，$\mathbb{R}^- = (-\infty, 0]$，$\mathbb{R}^{*+}$ (或$\mathbb{R}^{+*}$) 表示大于零的实数的集合，$\mathbb{R}^{*-}$ (或 $\mathbb{R}^{-*}$) 表示小于零的实数的集合，$\mathbb{C}^* = \mathbb{C} \setminus \{0\}$.

（五）对任意实数 x，$E(x)$ 表示小于等于 x 的整数，即对 x 向下取整.

（六）中文版沿用了法文版中的序列记号 $(u_n)_{n \in \mathbb{N}}$，这与中文教材中常见的记号 $\{u_n\}_{n \in \mathbb{N}}$ 不同. 记号 $\{u_n\}_{n \in \mathbb{N}}$ 是借用了集合的表示方式，但序列与集合的含义有以下区别：(1) 集合中的元素是无序的，如 $\{1, 2\} = \{2, 1\}$；而序列中的元素是有序的，如 $(1, 2) \neq (2, 1)$；(2) 集合中元素的重复出现没有意义，如 $\{1, 2, 2\} = \{1, 2\}$；而序列中元素的重复出现是有意义的，如 $(1, 2, 2) \neq (1, 2)$. 基于上述考虑，译者保留了法文版中序列的记号. 同理，数族和向量族也记为 $(u_i)_{i \in I}$. 序列实际上是数族或向量族当 $I = \mathbb{N}$ 时的特例.

（七）应科学出版社编辑的要求，书中关于区间的记号已全部改回中文数学书惯用的记号. 法文版中，开区间 (a, b) 记为 $]a, b[$，半开半闭区间$(a, b]$ 记为 $]a, b]$，半闭半开区间 $[a, b)$ 记为 $[a, b[$. 特此说明，以方便有兴趣看法文版的读者理解.

（八）本套教材中关于极限的定义与常见的中文教材略有不同. 常见的中文教材关于实变量函数在一点处的极限的定义, 考虑的是去心邻域, 而本套教材考虑的是不去心的邻域. 简单说来, 当 a 不在 f 的定义域中时, f 在 a 处的极限概念与中文教材常用的定义一致; 当 a 在 f 的定义域中时, 定义有所不同. 比如, 当 a 在 f 的定义区间内部时, f 在 a 处的极限存在当且仅当 f 在 a 处的左右极限都存在且都等于 $f(a)$. 这是与中文教材的不同之处. 但本书极少涉及这一点.

还需说明的是: 经与本书作者 Alexander GEWIRTZ 博士讨论, 对原法文版书中内容作了几个小改动: 1) 在 4.4.6 节增加了一个命题 (即命题 4.4.6.5), 是与命题 4.4.6.4 相对应的关于实变量函数的结果; 2) 把原书中放在定义 6.1.4.2 之后的 "注", 改成放在定义 6.1.4.1 之后; 3) 把定理 6.3.1.2 中的一句话改成放在该定理内容后的 "注"; 4) 把原书中放在习题 6.3.2.9 之后的 "注" 改成放在定理 6.3.2.7 之后. 其他一些不影响内容表达的小调整, 在这里不再一一详述.

本书翻译过程中得到了中法核工程与技术学院预科数学组教学负责人 (即本书作者) Alexander GEWIRTZ 博士的很多帮助: 他无私地提供了法文版书稿的 tex 文档, 让我节省了编辑大量数学公式的时间; 每当我对于某些法语词句的确切含义有疑虑时, 都会去请教他, 他用英文跟我解释过后, 我再斟酌中文说法. 徐帅侠教授和李亮亮副教授都曾对本书的部分术语提出宝贵意见. 此外, 本书的成功出版离不开中法核工程与技术学院的领导王彪教授、王为教授、Jean-Marie BOURGEOIS-DEMERSAY 先生和康明亮副教授一直以来的鼓励与大力支持. 在此, 谨向上述同事和领导表示最诚挚的谢意!

最后, 因译者能力有限, 经验亦不足, 翻译中的错误和疏漏在所难免, 还请读者包涵, 并欢迎指正. 若发现书中任何错误, 请不吝告知, 以便之后修正. 非常感谢!

程思睿

2021 年 7 月

目　　录

第 1 章   微 分 方 程

预备知识   学习本章之前, 需要已经掌握以下知识:

- 线性微分方程(《大学数学入门1》);

- 线性微分方程(《大学数学进阶1》);

- 矩阵的化简;

- 矩阵的行列式;

- 多变量函数;

- 在 $\mathbb{R}^p$ 的开集上 $\mathcal{C}^1$ 的函数.

不要求已经了解任何与非线性微分方程有关的具体知识.

1.1　微分方程概述

定义 1.1.0.1　设 $n \geqslant 1$ 是一个整数, U 是 $\mathbb{R}^n$ 的一个开集, I 是一个内部非空的区间, f 是从 $I \times U$ 到 $\mathbb{R}$ 的一个映射. 关于 $y^{(n)}$ 为预解形式的 n 阶标量微分方程

$$(E): \quad y^{(n)} = f(t, y, y', \cdots, y^{(n-1)})$$

的解定义为任意满足以下条件的二元组 (J, y):

　(i) $y: J \longrightarrow \mathbb{R}$ 在 J 上 n 次可导;

　(ii) 对任意 $t \in J$, $(t, y(t), y'(t), \cdots, y^{(n-1)}(t)) \in I \times U$;

　(iii) 对任意 $t \in J$, $y^{(n)}(t) = f(t, y(t), y'(t), \cdots, y^{(n-1)}(t))$.

注:

- 我们称该方程是 "关于 $y^{(n)}$ 为预解形式的", 因为方程中的 $y^{(n)}$ 可以用自变量和未知函数的低阶导函数 $y^{(k)} (0 \leqslant k < n)$ 表示出来. 更一般地, 我们可以研究关于 $y^{(n)}$ 为非预解形式的方程, 即形如 $f(t, y, y', \cdots, y^{(n-1)}, y^{(n)}) = 0$ 的方程, 但对非预解形式的方程的研究要困难很多.

- 因此, 微分方程的解包括两个要素: 一个区间以及定义在该区间上的一个函数. 在实践中, 我们简称 "y 是方程的解" (或 "y 是方程在 J 上的解").

- 在接下来的内容中, 我们将主要关注 $n = 1$ 的情况, 因为所有关于 $y^{(n)}$ 是预解形式的 n 阶标量微分方程都可以写成关于取值在 $\mathbb{R}^n$ 中的向量值函数的 1 阶微分方程.

例 1.1.0.2　方程 $(E): y' = 0$ 是一个一阶微分方程. 对任意区间 $J \subset \mathbb{R}$ 和任意实数 λ, 在 J 上定义为: $\forall t \in J, y(t) = \lambda$ 的函数是 (E) 的一个解.

例 1.1.0.3　$y'' = 1 + y^2 y'$ 是一个关于 y'' 为预解形式的二阶微分方程.

例 1.1.0.4　$|y'| = 1 + y^2$ 是一个关于 y' 不是预解形式的一阶微分方程.

⚠ **注意:**　接下来的内容中, 除非另有说明, 所考虑的方程都是关于 $y^{(n)}$ 为预解形式的, 即使没有明确写明这一点.

定义 1.1.0.5 更一般地, 设 $n \geqslant 1$ 是一个整数, I 是一个内部非空的区间, U 是 $\mathbb{R}^n$ 的一个开集, $f : I \times U \longrightarrow \mathbb{R}^n$. 一阶微分方程 $X' = f(t, X)$ 的解定义为任意满足以下条件的二元组 (J, X) :

(i) $X : J \longrightarrow \mathbb{R}^n$ 在 J 上可导;

(ii) 对任意 $t \in J$, $(t, X(t)) \in I \times U$;

(iii) 对任意 $t \in J$, $X'(t) = f(t, X(t))$.

注: 设 $(E) : y^{(n)} = f(t, y, y', \cdots, y^{(n-1)})$ 是一个 n 阶标量微分方程. 令
$$Y = (y, y', \cdots, y^{(n-1)}),$$
则有
$$y^{(n)} = f(t, y, y', \cdots, y^{(n-1)}) \iff Y' = F(t, Y),$$
其中
$$F(t, Y) = (y', y'', \cdots, y^{(n-1)}, f(t, y, y', \cdots, y^{(n-1)})).$$
因此, n 阶的标量微分方程(即未知函数是实值函数)总是可以改写为一阶微分方程.

定义 1.1.0.6 给定微分方程 $(E) : X' = f(t, X)$, (E) 的最大解定义为 (E) 的任意满足以下条件的解 (J, φ) : φ 的任意延拓函数都不是 (E) 的解. 换言之, (J, φ) 是 (E) 的一个最大解, 若对任意区间 $K \supset J$ 和定义在 K 上的函数 ψ 使得 $\psi_{|J} = \varphi$, 都有
$$(K, \psi) \text{是}(E)\text{的解} \implies (K = J \text{ 且 } \psi = \varphi).$$

例 1.1.0.7 再次考虑方程 $y' = 0$. 这个方程的最大解都是定义在 $\mathbb{R}$ 上的.

例 1.1.0.8 对于方程 $y' = y$, 我们知道它的最大解也是定义在 $\mathbb{R}$ 上的.

例 1.1.0.9 设 $(E) : y' = 1 + y^2$. 那么, 定义为 : $\forall t \in \left(-\frac{\pi}{2}, \frac{\pi}{2}\right), \varphi(t) = \tan(t)$ 的函数 φ 是 (E) 在 $\left(-\frac{\pi}{2}, \frac{\pi}{2}\right)$ 上的一个最大解. 事实上, 由于 $\lim\limits_{\substack{t \to \frac{\pi}{2} \\ t < \frac{\pi}{2}}} \varphi(t) = +\infty$, 可导 (从而连续) 的函数 φ 不能连续延拓到包含 $\frac{\pi}{2}$ 的区间上, 同理, 对于端点 $-\frac{\pi}{2}$ 有相同结论.

定义 1.1.0.10　设 $(E): X' = f(t, X)$ 是一个微分方程. 求解 (E) 意味着求 (E) 的所有最大解.

1.2　线性微分方程的回顾和补充

1.2.1　线性微分方程的定义以及线性 Cauchy-Lipschitz (柯西-利普希茨)定理

定义 1.2.1.1　我们称形如

$$\forall t \in I, \ X'(t) = A(t)X(t) + B(t)$$

的方程为线性微分方程, 若

- $t \longmapsto A(t)$ 是从区间 I 到 $\mathcal{M}_n(\mathbb{K})$ 的连续映射;
- $t \longmapsto B(t)$ 是从 I 到 $\mathcal{M}_{n,1}(\mathbb{K})$ (或 $\mathbb{K}^n$, 当把 $\mathcal{M}_{n,1}(\mathbb{K})$ 和 $\mathbb{K}^n$ 看作等同时) 的连续映射;
- 未知函数 $X: t \longmapsto X(t)$ 是从 I 到 $\mathcal{M}_{n,1}(\mathbb{K})$ 的可导函数.

例 1.2.1.2　$y' = ty + e^t$ 是一个线性微分方程.

例 1.2.1.3　$y'' = 2y' + 3y + t$ 是一个线性微分方程.

注:　事实上, 更一般地, 如果 E 是一个 Banach 空间 (即完备的赋范向量空间), 我们称形如 $y' = ay + b$ 的方程为一阶线性微分方程, 其中 I 是一个区间, $\mathcal{L}_c(E)$ 是 E 的连续的自同态的集合, $a \in \mathcal{C}^0(I, \mathcal{L}_c(E))$, $b \in \mathcal{C}^0(I, E)$. 方程的解是定义在 I 的一个子区间 J 上、取值在 E 中的函数, 满足 $\forall t \in J, \ y'(t) = a(t)(y(t)) + b(t)$. 在本课程中, 我们不讨论这个更理论化的框架.

例 1.2.1.4　考虑线性微分方程组

$$(E): \begin{cases} x'(t) = 2x(t) + 3y(t) - z(t) + e^t, \\ y'(t) = x(t) + y(t) + 2z(t) + 1, \\ z'(t) = x(t) + 3y(t). \end{cases}$$

通过令

$$\forall t \in \mathbb{R}, X(t) = \begin{pmatrix} x(t) \\ y(t) \\ z(t) \end{pmatrix}, A(t) = A = \begin{pmatrix} 2 & 3 & -1 \\ 1 & 1 & 2 \\ 1 & 3 & 0 \end{pmatrix} \text{ 和 } B(t) = \begin{pmatrix} e^t \\ 1 \\ 0 \end{pmatrix},$$

可以将该方程组改写为一个一阶常系数线性微分方程.

注: 线性微分方程确实是线性方程, 因为方程 (E): $X' = AX + B$ 可以写成 $\varphi(X) = B$ 的形式且 φ 是一个线性映射. 因此, 线性微分方程解的结构与线性方程的解的结构相同. 换言之, 其解集要么是空集 (由线性 Cauchy-Lipschitz 定理知这不可能), 要么是以 $\ker \varphi$ 为方向的一个仿射子空间. 这意味着方法和以前一样: 为了确定方程 (E) 的解, 我们需要

- 求解相应的齐次方程 (E_H): $X' = AX$ (记该齐次方程的解集为 S_H);
- 确定方程的一个特解 X_p;
- 最后, 方程 (E) 的解集 S 为: $S = X_p + S_H$.

定理 1.2.1.5 (线性 Cauchy-Lipschitz (柯西-利普希茨)定理) 设 I 是一个内部非空的区间, $A \in \mathcal{C}^0(I, \mathcal{M}_n(\mathbb{K}))$, $B \in \mathcal{C}^0(I, \mathcal{M}_{n,1}(\mathbb{K}))$, $t_0 \in I$, $X_0 \in \mathcal{M}_{n,1}(\mathbb{K})$. 那么, Cauchy 问题:
$$\begin{cases} X' &= AX + B, \\ X(t_0) &= X_0 \end{cases}$$
有唯一的最大解, 且该最大解定义在 I 上.

证明:

> 证明略. 感兴趣的同学可以在附录中找到证明. ⊠

推论 1.2.1.6 设 I 是一个内部非空的区间, $A \in \mathcal{C}^0(I, \mathcal{M}_n(\mathbb{K}))$, $B \in \mathcal{C}^0(I, \mathcal{M}_{n,1}(\mathbb{K}))$. 考虑方程 $(E): X' = A(t)X + B(t)$. 我们有:

(i) 方程 (E) 的解集是 $\mathcal{C}^1(I, \mathcal{M}_{n,1}(\mathbb{K}))$ 的一个仿射子空间(因此不可能为空集);

(ii) 齐次方程的解集(即最大解的集合)$\mathcal{S}_H$ 是一个 n 维的 $\mathbb{K}$-向量空间, 并且, 对任意 $t_0 \in I$, 映射
$$\psi: \begin{array}{ccc} \mathcal{S}_H & \longrightarrow & \mathcal{M}_{n,1}(\mathbb{K}), \\ X & \longmapsto & X(t_0) \end{array}$$
是一个向量空间的同构.

证明:

  这是线性 Cauchy-Lipschitz 定理的直接结果. ⊠

1.2.2　朗斯基行列式和常数变易法

定义 1.2.2.1　设 $(E): X' = AX + B$ 是一个线性微分方程. 我们称 $\mathcal{S}_H$ 的任意一组基为齐次方程 (E_H) 的一个基本解组.

习题 1.2.2.2　考虑微分方程 $(E): y'' - 4y' + 3y = e^{2t}$.

1. 相应齐次方程的解集是什么?

2. 导出 (E_H) 的一个基本解组.

3. 确定 (E) 的解集.

注:

- 根据线性 Cauchy-Lipschitz 定理的推论, $\mathcal{S}_H$ 是一个 n 维的 $\mathbb{K}$-向量空间. 因此, $\mathcal{S}_H$ 是有基的(即基本解组是存在的), 并且任意一个基本解组都恰好包含 n 个函数.

- 所以, (E_H) 的一个基本解组是一个有限的函数族 $(\varphi_1, \cdots, \varphi_n)$, 该函数族线性无关且包含于 $\mathcal{S}_H$ 中.

- 注意, 我们说一个基本解组, 这是因为 $\mathcal{S}_H$ 有无穷多组基.

命题 1.2.2.3　设 $\varphi_1, \cdots, \varphi_n$ 是方程 $X' = A(t)X$ 的 n 个最大解. 那么, 以下叙述相互等价:

  (i) $(\varphi_1, \cdots, \varphi_n)$ 是 (E_H) 的一个基本解组;

  (ii) 存在 $t_0 \in I$ 使得 $(\varphi_1(t_0), \cdots, \varphi_n(t_0))$ 是 $\mathcal{M}_{n,1}(\mathbb{K})$ 的一个线性无关族;

  (iii) 对任意 $t \in I$, $(\varphi_1(t), \cdots, \varphi_n(t))$ 是 $\mathcal{M}_{n,1}(\mathbb{K})$ 的一个线性无关族.

证明:

我们从一个基本的事实开始: 零函数是齐次方程的一个解. 因此, 根据线性 Cauchy-Lipschitz 定理, 如果 ψ 是 (E_H) 的一个解且在某点 $t_0 \in I$ 处取值为零, 那么 ψ 在整个区间 I 上恒为零.

- (i) $\Longrightarrow$ (iii).

假设 $\mathcal{L} = (\varphi_1, \cdots, \varphi_n)$ 是方程 (E_H) 的一个基本解组.

设 $t \in I$. 设 $(\lambda_1, \cdots, \lambda_n) \in \mathbb{K}^n$ 使得 $\sum_{i=1}^{n} \lambda_i \varphi_i(t) = 0$. 那么, $\psi = \sum_{i=1}^{n} \lambda_i \varphi_i$ 是 (E_H) 的一个解且在 t 处取值为零, 因此 $\psi = 0$. 又因为 $\mathcal{L}$ 是线性无关的, 所以有: $\forall i \in [\![1, n]\!], \lambda_i = 0$.

- (iii) $\Longrightarrow$ (ii)是显然的, 因为 $I \neq \varnothing$.

- (ii) $\Longrightarrow$ (i).

假设存在 $t_0 \in I$ 使得 $(\varphi_1(t_0), \cdots, \varphi_n(t_0))$ 是 $\mathcal{M}_{n,1}(\mathbb{K})$ 的一个线性无关族, 要证明 $\mathcal{L} = (\varphi_1, \cdots, \varphi_n)$ 线性无关.

设 $(\lambda_1, \cdots, \lambda_n) \in \mathbb{K}^n$ 使得: $\sum_{i=1}^{n} \lambda_i \varphi_i = 0$. 那么, $\forall t \in I, \sum_{i=1}^{n} \lambda_i \varphi_i(t) = 0$, 特别地, 对 $t = t_0$, 有 $\sum_{i=1}^{n} \lambda_i \varphi_i(t_0) = 0$.

又因为 $(\varphi_1(t_0), \cdots, \varphi_n(t_0))$ 线性无关, 所以, 对任意 $i \in [\![1, n]\!], \lambda_i = 0$. 这证得 $\mathcal{L}$ 线性无关. $\boxtimes$

定义 1.2.2.4 设 $\varphi_1, \cdots, \varphi_n$ 是 (E_H) 的 n 个解. 对 $\mathcal{M}_{n,1}(\mathbb{K})$ 的任意一组基 $\mathcal{B}$, 我们定义 $(\varphi_1, \cdots, \varphi_n)$ 在基 $\mathcal{B}$ 下的朗斯基行列式(记为 $W_{\mathcal{B}}(\varphi_1, \cdots, \varphi_n)$)为函数:

$$\forall t \in I, W_{\mathcal{B}}(\varphi_1, \cdots, \varphi_n)(t) = \det_{\mathcal{B}}(\varphi_1(t), \cdots, \varphi_n(t)).$$

注:

- 基的选取并不重要, 因为如果 $\mathcal{B}$ 和 $\mathcal{B}'$ 是 $\mathcal{M}_{n,1}(\mathbb{K})$ 的两组基, 那么根据行列式的性质有
$$W_{\mathcal{B}'}(\varphi_1, \cdots, \varphi_n) = \det_{\mathcal{B}'}(\mathcal{B}) \times W_{\mathcal{B}}(\varphi_1, \cdots, \varphi_n).$$
我们常常把 $(\varphi_1, \cdots, \varphi_n)$ 在 $\mathcal{M}_{n,1}(\mathbb{K})$ 的标准基下的朗斯基行列式简称为 $\varphi_1, \cdots, \varphi_n$ 的朗斯基行列式.

- 在《大学数学入门1》的微分方程内容中, 定义了方程 $ay'' + by' + cy = 0$ 的两个解 y_1 和 y_2 的朗斯基行列式 $W = \begin{vmatrix} y_1 & y_2 \\ y_1' & y_2' \end{vmatrix}$. 该定义与上述定义是完全一致的, 因为上

述二阶方程可以写成一阶方程 $\begin{pmatrix} y' \\ y'' \end{pmatrix} = A \begin{pmatrix} y \\ y' \end{pmatrix}$，即这个一阶方程的解有以下

形式：$\varphi : t \longmapsto \begin{pmatrix} y(t) \\ y'(t) \end{pmatrix}$.

- 根据上述命题, 以下叙述相互等价：
  (i) $(\varphi_1, \cdots, \varphi_n)$ 是 (E_H) 的一个基本解组；
  (ii) $W_{\mathcal{B}}(\varphi_1, \cdots, \varphi_n)$ 不是零函数；
  (iii) $W_{\mathcal{B}}(\varphi_1, \cdots, \varphi_n)$ 在 I 上恒不为零.

- 对任意 $i \in \llbracket 1, n \rrbracket$, φ_i 是在 I 上 $\mathcal{C}^1$ 的, 并且行列式是一个 n-线性型. 根据求导运算的性质, W 是在 I 上 $\mathcal{C}^1$ 的, 且有

$$W' = \sum_{i=1}^{n} \det{}_{\mathcal{B}}(\varphi_1, \cdots, \varphi_{i-1}, \varphi_i', \varphi_{i+1}, \cdots, \varphi_n).$$

- 我们将在习题中看到, 朗斯基行列式是可以显式确定的, 因为它是微分方程

$$W' = \mathrm{tr}(A(t))W$$

的解. 同时, 这也清楚说明了一个事实: W 要么恒不为零要么是零函数.

例 1.2.2.5　设 (E)：$y'' - 3y' + 2y = e^t$. 那么, $(t \longmapsto e^t, t \longmapsto e^{2t})$ 是相应齐次方程的解空间的一组基. 因此, 相应的朗斯基行列式定义为

$$\forall t \in \mathbb{R}, W(t) = \begin{vmatrix} e^t & e^{2t} \\ e^t & 2e^{2t} \end{vmatrix} = e^{3t}.$$

命题 1.2.2.6(特殊情况)　考虑形如 $y'' + b(t)y' + c(t)y = f(t)$ 的二阶线性微分方程, 其中 b, c, f 是在区间 I 上连续的函数.

设 y_1 和 y_2 是齐次方程的两个解, W 是相应的朗斯基行列式. 那么, $W \in \mathcal{C}^1(I)$ 且 W 是微分方程

$$\forall t \in I, W'(t) + b(t)W(t) = 0$$

的解.

证明：

- 首先, 如果函数 y 是方程 (E_H) 的一个最大解, 那么 $y \in \mathcal{D}^2(I)$, 并且

$$y'' = -b(t)y' - c(t)y,$$

从而 y'' 是连续的, 即 $y \in \mathcal{C}^2(I)$.

由此可知, 朗斯基行列式 $W = \begin{vmatrix} y_1 & y_2 \\ y_1' & y_2' \end{vmatrix} = y_1 y_2' - y_1' y_2$ 是在 I 上 $\mathcal{C}^1$ 的.

- 通过计算, 我们得到

$$
\begin{aligned}
W' + bW &= y_1' y_2' + y_1 y_2'' - y_2' y_1' - y_2 y_1'' + b y_1 y_2' - b y_1' y_2 \\
&= y_1 y_2'' - y_2 y_1'' + b y_1 y_2' - b y_1' y_2 \\
&= y_1(-b y_2' - c y_2) - y_2(-b y_1' - c y_1) + b y_1 y_2' - b y_1' y_2 \\
&= 0.
\end{aligned}
$$

$\boxtimes$

例 1.2.2.7 (用朗斯基行列式来求解方程)   考虑微分方程

$$
(E): \quad \forall t \in \left(-\frac{\pi}{2}, \frac{\pi}{2}\right), \ y''(t) - \tan(t) y'(t) + 2y(t) = 0.
$$

- 首先, 因为 $t \longmapsto \tan(t)$ 和 $t \longmapsto 2$ 是两个在 $I = \left(-\frac{\pi}{2}, \frac{\pi}{2}\right)$ 上连续的函数, 所以线性 Cauchy-Lipschitz 定理适用, 因此 (E) 有最大解且最大解都定义在 I 上.

- 其次, 观察可知, 正弦函数限制在 I 上是 (E) 的满足 $y(0) = 0$ 和 $y'(0) = 1$ 的唯一解. 记这个解为 y_1.

- 设 y_2 是 (E) 的满足 $y_2(0) = 1$ 和 $y_2'(0) = 0$ 的唯一解, 设 W 是 (y_1, y_2) 的朗斯基行列式. 那么, W 是以下 Cauchy 问题的解:

$$
\begin{cases}
W' - \tan(t) W = 0, \\
W(0) = -1.
\end{cases}
$$

求解这个一阶线性微分方程可得

$$
\forall t \in I, \ W(t) = \frac{-1}{\cos(t)}.
$$

- 注意到, 在 $I \setminus \{0\}$ 上有 $W = y_1^2 \left(\dfrac{y_2}{y_1}\right)'$. 所以,

$$
\forall t \in I \setminus \{0\}, \ \sin^2(t) \left(\frac{y_2}{y_1}\right)'(t) = -\frac{1}{\cos(t)}.
$$

又因为, 对任意 $t \in I \setminus \{0\}$, $-\dfrac{1}{\cos(t) \sin^2(t)} = -\dfrac{\cos(t)}{\sin^2(t)} - \dfrac{1}{\cos(t)}$. 通过求原函数可知, 存在两个常数 λ 和 μ 使得

$$
\forall t \in \left(-\frac{\pi}{2}, 0\right), \ \frac{y_2(t)}{y_1(t)} = \frac{1}{\sin(t)} - \ln\left(\tan\left(\frac{t}{2} + \frac{\pi}{4}\right)\right) + \lambda,
$$

$$
\forall t \in \left(0, \frac{\pi}{2}\right), \ \frac{y_2(t)}{y_1(t)} = \frac{1}{\sin(t)} - \ln\left(\tan\left(\frac{t}{2} + \frac{\pi}{4}\right)\right) + \mu.
$$

因此,

$$\forall t \in I,\ y_2(t) = \begin{cases} 1 - \sin(t)\ln\left(\tan\left(\dfrac{t}{2}+\dfrac{\pi}{4}\right)\right) + \lambda\sin(t), & t < 0, \\ 1, & t = 0, \\ 1 - \sin(t)\ln\left(\tan\left(\dfrac{t}{2}+\dfrac{\pi}{4}\right)\right) + \mu\sin(t), & t > 0. \end{cases}$$

最后, 由于 $y_2'(0) = 0$, 我们得到 $\lambda = \mu = 0$. 所以有

$$\forall t \in I,\ y_2(t) = 1 - \sin(t)\ln\left(\tan\left(\frac{t}{2}+\frac{\pi}{4}\right)\right).$$

注:

- 我们将看到, 在已知 (E_H) 的一个解的情况下, 还有其他方法可以确定 (E_H) 的与已知解线性无关的另一个解.
- 在习题中, 我们还将看到朗斯基行列式可应用于确定一些特定形式方程的解的某些性质.

下面是一个非常实用的应用朗斯基行列式的习题.

习题 1.2.2.8　设 q 是一个在 $[0, +\infty)$ 上连续的函数, 且在 $[0, +\infty)$ 上可积, 即

$$\int_{[0,+\infty)} |q(t)|\, \mathrm{d}t \text{ 收敛}.$$

我们知道, 对于在内部非空的区间 I 上分段连续的函数 f, 如果 $\int_I |f|$ 收敛, 那么 $\int_I f$ 也收敛.

考虑以下微分方程

$$(E): \quad y'' + q(t)y = 0.$$

我们想证明, 方程 (E) 至少有一个非有界解.

1. 验证方程 (E) 有最大解. 对于它的最大解的定义域有什么结论?
2. 验证方程 (E) 的解集是一个有限维的向量空间, 并且确定该空间的维数.
3. 设 y 是 (E) 的一个有界解.

   (a) 证明 y'' 在 $[0, +\infty)$ 上可积.

   (b) 先导出 y' 在 $+\infty$ 处有有限的极限, 再导出 $\lim\limits_{t\to+\infty} y'(t) = 0$.

4. 假设 (E) 的解都是有界的, 考虑 (E) 的解空间的一组基 (y_1, y_2).

   (a) 验证 (y_1, y_2) 的存在性.

   (b) 求出相应于 (y_1, y_2) 的朗斯基行列式 W 的显式表达式.

   (c) 确定 W 在 $+\infty$ 处的极限.

   (d) 导出矛盾, 并得出结论.

> **命题 1.2.2.9** 设 $(\varphi_1, \cdots, \varphi_n)$ 是方程 (E_H)：$X' = A(t)X$ 的一个基本解组. 那么, 对任意函数 $f \in \mathcal{C}^k(I, \mathcal{M}_{n,1}(\mathbb{K}))$ ($k \in \{0, 1\}$), 存在唯一的 $(\lambda_1, \cdots, \lambda_n) \in \mathcal{C}^k(I, \mathbb{K})^n$ 使得
> $$f = \sum_{i=1}^{n} \lambda_i \varphi_i.$$

证明:

记 $(f_1, \cdots, f_n)$ 为 f 在 $\mathcal{M}_{n,1}(\mathbb{K})$ 的标准基下的坐标映射. 对任意从 I 到 $\mathbb{K}$ 的函数 $\lambda_1, \cdots, \lambda_n$, 我们有

$$f = \sum_{i=1}^{n} \lambda_i \varphi_i \iff \forall t \in I, \ f(t) = \sum_{i=1}^{n} \lambda_i(t)\varphi_i(t).$$

又因为 $(\varphi_1, \cdots, \varphi_n)$ 是 (E_H) 的一个基本解组, 所以, 对任意 $t \in I$, 向量族 $\mathcal{B}(t) = (\varphi_1(t), \cdots, \varphi_n(t))$ 是 $\mathcal{M}_{n,1}(\mathbb{K})$ 的一组基. 这就证明了, 对任意 $t \in I$, 存在(唯一的) $(\lambda_1(t), \cdots, \lambda_n(t)) \in \mathbb{K}^n$ 使得

$$f(t) = \sum_{i=1}^{n} \lambda_i(t)\varphi_i(t).$$

对 $t \in I$, 记 $H(t) = Mat_{\mathcal{B}_c}(\varphi_1(t), \cdots, \varphi_n(t)) = Pass(\mathcal{B}_c, \mathcal{B}(t))$, 矩阵 $H(t)$ 是可逆的, 根据坐标变换公式, 可得:

$$\forall t \in I, \quad \begin{bmatrix} \lambda_1(t) \\ \vdots \\ \lambda_n(t) \end{bmatrix} = H(t)^{-1} \begin{bmatrix} f_1(t) \\ \vdots \\ f_n(t) \end{bmatrix}.$$

此外, 因为 f 是 $\mathcal{C}^k$ 的, 所以它的坐标映射也都是 $\mathcal{C}^k$ 的. 同理, $t \longmapsto H(t)$ 是 $\mathcal{C}^1$ 的, 故 $t \longmapsto H(t)^{-1}$ 是 $\mathcal{C}^k$ 的. 因此, $(\lambda_1, \cdots, \lambda_n) \in \mathcal{C}^k(I, \mathbb{K})^n$. $\boxtimes$

⚠ **注意:** 证明的最后部分有一点小小的不严谨: 在哪里? 找出来并纠正它.

注: 我们知道, n 阶标量线性微分方程可以写成形如 $X' = A(t)X + B(t)$ 的一阶线性方程, 其中 $X = (y, y', \cdots, y^{(n-1)})^{\mathrm{T}}$. 那么, 一个基本解组就是一个函数族 $(\varphi_i)_{1 \leqslant i \leqslant n}$, 其中 φ_i 为以下形式:

$$\varphi_i = \begin{pmatrix} y_i \\ y_i' \\ \vdots \\ y_i^{(n-1)} \end{pmatrix}.$$

推论 1.2.2.10(常数变易法)　设 $(\varphi_1, \cdots, \varphi_n)$ 是与 (E)：$X' = A(t)X + B(t)$ 相应的齐次方程的一个基本解组. 那么, 对任意函数族 $(\lambda_1, \cdots, \lambda_n) \in \mathcal{C}^1(I, \mathbb{K})^n$, 有

$$\sum_{i=1}^{n} \lambda_i \varphi_i \text{ 是 } (E) \text{ 的解} \iff \sum_{i=1}^{n} \lambda_i' \varphi_i = B.$$

证明:

> 只需验证一下. 留作练习.　　　　　　　　　　　　　　　　　　$\boxtimes$

注:

- 对 $y' + b(t)y = f(t)$, 这个推论表明, 如果 y_1 是齐次方程的一个非零解, 那么对任意在 I 上可导(或 $\mathcal{C}^1$)的函数 λ, 令 $y = \lambda y_1$, 我们有

$$y \text{ 是 } (E) \text{ 的解} \iff \lambda' y_1 = f.$$

这正是你们见过的一阶标量线性微分方程的常数变易法.

- 考虑形如 $y'' + b(t)y' + c(t)y = f(t)$ 的方程, 其中 b, c, f 都在 I 上连续. 记 (y_1, y_2) 是 (E_H) 的一个基本解组, 上述推论的结论可以写为

$$\lambda \begin{pmatrix} y_1 \\ y_1' \end{pmatrix} + \mu \begin{pmatrix} y_2 \\ y_2' \end{pmatrix} \text{ 是 } (E) \text{ 的解} \iff \lambda' \begin{pmatrix} y_1 \\ y_1' \end{pmatrix} + \mu' \begin{pmatrix} y_2 \\ y_2' \end{pmatrix} = \begin{pmatrix} 0 \\ f \end{pmatrix}$$

$$\iff \begin{cases} \lambda' y_1 + \mu' y_2 = 0, \\ \lambda' y_1' + \mu' y_2' = f. \end{cases}$$

这正是二阶标量线性微分方程的常数变易法.

- 如果知道函数 $\varphi_1, \cdots, \varphi_n$ 的具体表达式, 可以通过先应用 Cramer (克拉默)公式再求原函数的方法得到方程的一个特解:

$$\sum_{i=1}^{n} \lambda_i' \varphi_i = B(t) \iff \forall i \in [\![1, n]\!], \lambda_i' = \frac{\det(\varphi_1, \cdots, \varphi_{i-1}, B, \varphi_{i+1}, \cdots, \varphi_n)}{W(\varphi_1, \cdots, \varphi_n)}.$$

唯一的问题是技术问题: 我们必须计算行列式, 然后找到原函数. 从理论上讲, 这个方法很好, 但从实践的角度来看(当 $n \geqslant 3$ 时), 这个方法不是很有效.

1.2.3 常系数线性微分方程

定理 1.2.3.1 考虑微分方程 $(E): X'(t) = AX(t) + B(t)$, 其中 $A \in \mathcal{M}_n(\mathbb{K})$ 是一个常数矩阵, $t \longmapsto B(t) \in \mathcal{C}^0(I, \mathcal{M}_{n,1}(\mathbb{K}))$. 那么有

  (i) 齐次方程 (E_H) 的解定义在 I 上, 其表达式为

$$\forall t \in I, \ X(t) = e^{tA}V_0, \ \text{其中} \ V_0 \in \mathcal{M}_{n,1}(\mathbb{K});$$

  (ii) 取定 $t_0 \in I$, (E) 的解定义在 I 上, 其表达式为

$$\forall t \in I, \ X(t) = e^{tA}V_0 + e^{tA}\int_{t_0}^{t} e^{-sA}B(s)\,\mathrm{d}s;$$

  (iii) 对任意 $(t_0, X_0) \in I \times \mathcal{M}_{n,1}(\mathbb{K})$, Cauchy 问题 : $\begin{cases} X' = AX + B, \\ X(t_0) = X_0 \end{cases}$ 有唯一解, 其

     唯一解为

$$\forall t \in I, \ X(t) = e^{(t-t_0)A}X_0 + e^{tA}\int_{t_0}^{t} e^{-sA}B(s)\,\mathrm{d}s.$$

证明:

   参见矩阵/自同态化简的课程内容（见《大学数学进阶 1》）.   ⊠

1.2.4 求解微分方程的例子

1.2.4.a 一阶标量线性微分方程

首先, 我们回顾以下结果(这只是定理 1.2.3.1 的一个特例, 我们把 $\mathcal{M}_{1,1}(\mathbb{K})$ 和 $\mathbb{K}$ 看作等同的).

命题 1.2.4.1 设 a 和 b 是两个在区间 I 上连续、取值在 $\mathbb{K}$ 中的函数, 设 G 是 a 在 I 上的一个原函数. 那么, 方程 $y' = a(t)y + b(t)$ 的最大解定义在 I 上, 其表达式为

$$\forall t \in I, \ y(t) = \lambda e^{G(t)} + e^{G(t)}\int_{t_0}^{t} e^{-G(s)}b(s)\,\mathrm{d}s,$$

其中 t_0 是 I 中任意一点, $\lambda \in \mathbb{K}$.

例 1.2.4.2 求解微分方程 $(E): xy' - 2y = x^3$.

- 这是一个一阶线性微分方程, 但它关于 y' 不是预解形式的. 因此, 我们不能在求解之前直接判断方程在 $\mathbb{R}$ 上的解的存在性, 更不能直接得到相应的齐次方程的解空间的维数.

- 方法很简单: 求方程 (E) 在每个可以写成预解形式的小区间上的解, 再用分析综合法讨论它是否存在在 $\mathbb{R}$ 上的解.

  ∗ 求方程 (E) 在 $(-\infty, 0)$ 上和在 $(0, +\infty)$ 上的解

  令 $I_1 = (-\infty, 0)$, $I_2 = (0, +\infty)$, 并设 $k \in \{1, 2\}$. 对函数 $y \in \mathcal{C}^1(I_k, \mathbb{R})$, 我们有

  $$y \text{ 是 } (E) \text{ 在 } I_k \text{ 上的解} \iff \forall x \in I_k, y'(x) = \frac{2}{x}y(x) + x^2.$$

  又因为, 函数 $x \longmapsto \dfrac{2}{x}$ 在 I_k 上连续, 且 $x \longmapsto 2\ln|x|$ 是它在该区间上的一个原函数, 并且 $x \longmapsto x^2$ 在 I_k 上连续. 所以, (E) 在 I_k 上的解为

  $$\forall x \in I_k, y(x) = \lambda_k x^2 + x^3, \text{ 其中 } \lambda_k \in \mathbb{R}.$$

  ∗ 寻求 (E) 在 $\mathbb{R}$ 上的解

  ● 分析

  假设 y 是 (E) 在 $\mathbb{R}$ 上的一个解. 在方程中取 $x = 0$ 可得 $y(0) = 0$. 此外, 根据上述推导可知, 存在 $\lambda_1 \in \mathbb{R}$ 和 $\lambda_2 \in \mathbb{R}$ 使得对 $k \in \{1, 2\}$, 有

  $$\forall x \in I_k, y(x) = \lambda_k x^2 + x^3.$$

  换言之,

  $$\forall x \in \mathbb{R}, y(x) = \begin{cases} \lambda_1 x^2 + x^3, & x < 0, \\ 0, & x = 0, \\ \lambda_2 x^2 + x^3, & x > 0. \end{cases}$$

  ● 综合

  设 $(\lambda_1, \lambda_2) \in \mathbb{R}^2$, 设函数 y 定义在 $\mathbb{R}$ 上, 其表达式为

  $$\forall x \in \mathbb{R}, y(x) = \begin{cases} \lambda_1 x^2 + x^3, & x < 0, \\ 0, & x = 0, \\ \lambda_2 x^2 + x^3, & x > 0. \end{cases}$$

  显然, y 在 $\mathbb{R}^\star$ 上是 $\mathcal{C}^1$ 的. 另一方面, 直接计算表明 y 在 0 处是连续的, 然后再次通过直接计算验证

  $$\lim_{\substack{x \to 0 \\ x < 0}} \frac{y(x) - y(0)}{x - 0} = \lim_{\substack{x \to 0 \\ x > 0}} \frac{y(x) - y(0)}{x - 0} = 0.$$

  因此, 我们可以得出这样的结论: y 在 0 处可导, 且 $y'(0) = 0$, 从而 $y \in \mathcal{D}^1(\mathbb{R})$. 此外, 由构造知, y 是 (E) 在 $(-\infty, 0)$ 上和在 $(0, +\infty)$ 上的解, 并且有 $0 \times y'(0) - 2y(0) = 0^3$. 所以, y 是 (E) 在 $\mathbb{R}$ 上的解.

因此, 我们证得, (E) 在 $\mathbb{R}$ 上的解是如下形式的:

$$\forall x \in \mathbb{R}, \, y(x) = \begin{cases} \lambda_1 x^2 + x^3, & x < 0, \\ 0, & x = 0, \\ \lambda_2 x^2 + x^3, & x > 0, \end{cases} \quad \text{其中 } (\lambda_1, \lambda_2) \in \mathbb{R}^2.$$

<u>注</u>: 事实上, 也可以直接求方程 (E) 的一个多项式形式的特解, 不难看出, $x \longmapsto x^3$ 是方程在 $\mathbb{R}$ 上的一个解. 同样可以看到, $x \longmapsto x^2$ 是齐次方程在 $\mathbb{R}$ 上的一个解. 但是, (E) 的解并非全部形如 $x \longmapsto \lambda x^2 + x^3$! 因此, 在处理非预解形式的方程时, 不要太快下结论.

1.2.4.b 二阶标量线性微分方程

首先, 我们回顾一下常系数线性微分方程 $(E): ay'' + by' + cy = 0$ 的实数解的情况, 其中, a, b, c 是常数 $(a \neq 0)$, y 是实值函数.

命题 1.2.4.3 设 $(a, b, c) \in \mathbb{R}^3$ 使得 $a \neq 0$. 设方程 $(E): ay'' + by' + cy = 0$. 记多项式 $P = aX^2 + bX + c$, $\Delta = b^2 - 4ac$ 是 P 的判别式. 我们有:

(i) 如果 $\Delta > 0$, 那么 P 有两个不同的实根 r_1 和 r_2. 此时, (E) 在 $\mathbb{R}$ 上的解为

$$\forall t \in \mathbb{R}, \, y(t) = \lambda e^{r_1 t} + \mu e^{r_2 t}, \quad \text{其中 } (\lambda, \mu) \in \mathbb{R}^2;$$

(ii) 如果 $\Delta = 0$, 那么 P 有一个二重实根 r_0. 此时, (E) 在 $\mathbb{R}$ 上的解为

$$\forall t \in \mathbb{R}, \, y(t) = (\lambda t + \mu) e^{r_0 t}, \quad \text{其中 } (\lambda, \mu) \in \mathbb{R}^2;$$

(iii) 如果 $\Delta < 0$, 那么 P 有两个共轭的复根 $z_1 = \alpha + i\beta$ 和 $z_2 = \alpha - i\beta$(其中 $(\alpha, \beta) \in \mathbb{R}^2$, 且 $\beta \neq 0$). 此时, (E) 在 $\mathbb{R}$ 上的解为

$$\forall t \in \mathbb{R}, \, y(t) = e^{\alpha t} \left(\lambda \cos(\beta t) + \mu \sin(\beta t) \right), \quad \text{其中 } (\lambda, \mu) \in \mathbb{R}^2.$$

命题 1.2.4.4 设 $(a, b, c) \in \mathbb{C}^3$ 使得 $a \neq 0$. 设方程 $(E): ay'' + by' + cy = 0$. 记多项式 $P = aX^2 + bX + c$, $\Delta = b^2 - 4ac$ 是 P 的判别式. 我们有:

(i) 如果 $\Delta \neq 0$, 那么 P 有两个不同的根 z_1 和 z_2. 此时, (E) 在 $\mathbb{R}$ 上的解为

$$\forall t \in \mathbb{R}, \, y(t) = \lambda e^{z_1 t} + \mu e^{z_2 t}, \quad \text{其中 } (\lambda, \mu) \in \mathbb{C}^2;$$

(ii) 如果 $\Delta = 0$, 那么 P 有一个二重根 z_0. 此时, (E) 在 $\mathbb{R}$ 上的解为

$$\forall t \in \mathbb{R}, \, y(t) = (\lambda t + \mu) e^{z_0 t}, \quad \text{其中 } (\lambda, \mu) \in \mathbb{C}^2.$$

证明:

  参见《大学数学入门 1》中的微分方程课程内容.　　　　　　　　　　　⊠

注:

- 因此, 大家要复习二阶复常系数线性微分方程的求解方法.
- 当 a, b, c 不是常数时, 这些命题显然是错误的!

习题 1.2.4.5　设 $(E) : ay'' + by' + cy = 0$, 其中 $(a, b, c) \in \mathbb{R}^3$ 且 $a \neq 0$.

1. 把 (E) 写成一阶线性微分方程 $X' = AX$ 的形式.

2. 计算矩阵 A 的特征多项式. 可以识别出什么?

3. 假设 χ_A 有两个不同的实根. 确定由 A 的特征向量构成的 $\mathcal{M}_{2,1}(\mathbb{R})$ 的一组基, 并由此得到 (E) 的解的形式.

4. 假设 χ_A 只有一个根.

   (a) A 可对角化吗?

   (b) 在这种情况下, 确定 (E) 的解的形式.

例 1.2.4.6　考虑微分方程 $(E) :　y'' + y' + y = \sin(x)$.

● **相应齐次方程的求解**

相应的齐次方程是 $y'' + y' + y = 0$, 相应的特征方程是 $r^2 + r + 1 = 0$, 它有以下两个解 $j = -\dfrac{1}{2} + i\dfrac{\sqrt{3}}{2}$ 和 $\bar{j}$. 由此可知, 齐次方程的实数解定义在 $\mathbb{R}$ 上, 其表达式为

$$\forall x \in \mathbb{R}, y(x) = e^{-\frac{x}{2}} \left(A \cos\left(\frac{\sqrt{3}}{2} x \right) + B \sin\left(\frac{\sqrt{3}}{2} x \right) \right), (A, B) \in \mathbb{R}^2.$$

● **寻求一个特解**

考虑方程

$$(F) :　z'' + z' + z = e^{ix}.$$

因为 i 不是特征方程的解, 我们寻求 (F) 的形如 $z(x) = ae^{ix}$ 的特解, 其中 $a \in \mathbb{C}$. 我们有

$$x \longmapsto ae^{ix} \text{ 是 } (F) \text{ 的解} \Longleftrightarrow \forall x \in \mathbb{R}, ai^2 e^{ix} + aie^{ix} + ae^{ix} = e^{ix}$$

$$\Longleftrightarrow ia = 1.$$

因此, (F) 的一个特解为

$$\forall x \in \mathbb{R}, \, z(x) = -ie^{ix}.$$

从而 (E) 的一个特解为

$$\forall x \in \mathbb{R}, \, y(x) = \text{Im}(z(x)) = -\cos(x).$$

● 结论

这证得, 方程 $y'' + y' + y = \sin(x)$ 的解集为

$$S = \left\{ \begin{array}{ccl} \mathbb{R} & \longrightarrow & \mathbb{R}, \\[2mm] x & \longmapsto & -\cos(x) + e^{-\frac{x}{2}}\left(A\cos\left(\frac{\sqrt{3}}{2}x\right) + B\sin\left(\frac{\sqrt{3}}{2}x\right) \right), \quad (A,B) \in \mathbb{R}^2 \end{array} \right\}.$$

习题 1.2.4.7 求解 (E): $y'' - 5y' + 4y = e^t + \cos(2t)$.

习题 1.2.4.8 求解 $y'' - (i+3)y' + (2+2i)y = e^{2t}$.

习题 1.2.4.9 回顾当 $P \in \mathbb{C}[X]$ 和 $\alpha \in \mathbb{C}$ 时, 求方程 $ay'' + by' + cy = P(t)e^{\alpha t}$ 的特解的方法.

习题 1.2.4.10 假设 $f \in \mathcal{C}^2(\mathbb{R})$, 且 $\lim\limits_{t \to +\infty}(f''(t) + f'(t) + f(t)) = 0$. 通过考虑微分方程

$$y'' + y' + y = g := f'' + f' + f,$$

证明

$$\lim_{t \to +\infty} f(t) = \lim_{t \to +\infty} f'(t) = \lim_{t \to +\infty} f''(t) = 0.$$

设 (E)：$y'' + b(t)y' + c(t)y = f(t)$，其中 b, c, f 在 I 上连续.

- 第一种情况: 已知 (E_H) 的所有解

  此时, 我们可以:

  * 求方程的一个明显解；
  * 求方程的一个恰当形式的特解；
  * 应用常数变易法求一个特解.

- 第二种情况: 已知 (E_H) 的一个解

  此时, 我们可以:

  * 如果这个已知的解 φ 在 I 上没有零点, 令 $z = \dfrac{y}{\varphi}$. 此时, y 是 (E) 的解当且仅当 z' 是一个一阶线性微分方程的解；
  * 尝试利用朗斯基行列式求出齐次方程的与已知解线性无关的另一个解.

- 第三种情况: 不知道 (E_H) 的解

  此时, 我们可以:

  * 确认前面没有计算错误, 而且齐次方程没有明显解！
  * 寻求齐次方程的符合逻辑的特定形式的解；
  * 尝试通过变量替换或者改变未知函数以得到更简单的方程；
  * 寻求幂级数形式的解(见第 4 章)；
  * 利用 Maple 求一个形式解；
  * 利用 Scilab/Matlab(或 Maple)求一个给定初始条件下的数值近似解.

其他情况下, 要么题中给出求解的指示, 要么我们无法求得该线性微分方程的显式解(经常如此), 而是试图对解进行定性分析.

► 方法:

例 1.2.4.11　考虑以下微分方程:

$$(E): \quad y'' + \frac{2x}{1+x^2}y' + \frac{1}{(1+x^2)^2}y = 0.$$

对任意实数 x, 令 $t = \arctan(x)$, 通过 "$z(t) = y(x)$"(这是没有意义的记号)这个关系式来定义一个以 t 为自变量的新函数 z.

- 确切地说, 对 $t \in \left(-\dfrac{\pi}{2}, \dfrac{\pi}{2}\right)$, 令 $z(t) = y(\tan(t))$, 并且对实数 x, 令 $y(x) = z(\arctan(x))$.

首先证明, y 是 (E) 的解当且仅当

$$\forall t \in \left(-\frac{\pi}{2}, \frac{\pi}{2}\right), \; z''(t) + z(t) = 0.$$

* 首先, 显然有: y 在 $\mathbb{R}$ 上二阶可导当且仅当 z 在 $\left(-\frac{\pi}{2}, \frac{\pi}{2}\right)$ 上二阶可导.
* 其次, 我们有

$$\forall x \in \mathbb{R}, \; y'(x) = \arctan'(x) \times z'(\arctan x)$$
$$= \frac{1}{1+x^2} \times z'(\arctan x),$$

以及

$$\forall x \in \mathbb{R}, \; y''(x) = \arctan''(x) z'(\arctan x) + (\arctan'(x))^2 \times z''(\arctan(x))$$
$$= \frac{-2x}{(1+x^2)^2} z'(\arctan x) + \frac{1}{(1+x^2)^2} z''(\arctan x).$$

* 由此得到以下等价关系:

$$y \text{ 是 } (E) \text{ 的解} \iff \forall x \in \mathbb{R}, \; y''(x) + \frac{2x}{1+x^2} y'(x) + \frac{1}{(1+x^2)^2} y(x) = 0$$
$$\iff \forall x \in \mathbb{R}, \; z''(\arctan x) + z(\arctan x) = 0$$
$$\iff \forall t \in \left(-\frac{\pi}{2}, \frac{\pi}{2}\right), \; z''(t) + z(t) = 0.$$

证得

$$y \text{ 是 } (E) \text{ 的解} \iff \forall t \in \left(-\frac{\pi}{2}, \frac{\pi}{2}\right), \; z''(t) + z(t) = 0.$$

• 然后, 可以求解 (E). 记 $\mathcal{S}$ 为 (E) 的解集, 我们有

$$y \in \mathcal{S} \iff \exists (A, B) \in \mathbb{R}^2, \forall t \in \left(-\frac{\pi}{2}, \frac{\pi}{2}\right), \; z(t) = A\cos(t) + B\sin(t)$$
$$\iff \exists (A, B) \in \mathbb{R}^2, \forall x \in \mathbb{R}, \; y(x) = A\cos(\arctan x) + B\sin(\arctan x).$$

另一方面, 对任意实数 x, 我们有

$$\cos(\arctan x) = \frac{1}{\sqrt{x^2+1}} \quad \text{和} \quad \sin(\arctan x) = \frac{x}{\sqrt{x^2+1}}.$$

所以, 微分方程 (E) 在 $\mathbb{R}$ 上的解为

$$\forall x \in \mathbb{R}, \; y(x) = \frac{A + Bx}{\sqrt{x^2+1}}, \text{ 其中 } (A, B) \in \mathbb{R}^2.$$

注: 有一个问题是, 如何找到合适的变量替换来"简化"方程. 从形式上讲, 如果我们要寻求在方程 $a(t)y'' + b(t)y' + c(t)y = f(t)$ 中要做的变量替换, 就令 $x = \varphi(t)$, 其中 φ 是一个待定的 $\mathcal{C}^2$-微分同胚, 然后令 $y(t) = z(\varphi(t))$. 在原方程中做相应的替换, 可以导出, 为了得到一个关于 z 的更简单的方程, φ 需要满足的关系式. 如果情况更复杂, 我们会在题目中给出需要做的变量替换.

习题 1.2.4.12 利用变量替换 $t = e^x$, 在 $(0, +\infty)$ 上求解 $t^2 y'' - 3ty' + 5y = 0$.

1.2.4.c 线性微分系统

例 1.2.4.13 考虑以下微分系统:

$$(S): \begin{cases} x' = 3x - y + t - e^t, \\ y' = 5x - 2y + z + t - e^t, \\ z' = 4x - 3y + 3z + e^t. \end{cases}$$

方程组 (S) 等价于 $X' = AX + B$, 其中, $X = \begin{pmatrix} x \\ y \\ z \end{pmatrix}$, $B = \begin{pmatrix} t - e^t \\ t - e^t \\ e^t \end{pmatrix}$, 以及矩阵

$$A = \begin{pmatrix} 3 & -1 & 0 \\ 5 & -2 & 1 \\ 4 & -3 & 3 \end{pmatrix}.$$

- **化简矩阵 A**

直接计算可得, $\chi_A = -(X - 1)^2(X - 2)$. 因此, $\sigma(A) = \{1, 2\}$. 可以验证

$$E_1(A) = < \begin{pmatrix} 1 \\ 2 \\ 1 \end{pmatrix} > \quad 和 \quad E_2(A) = < \begin{pmatrix} 1 \\ 1 \\ -1 \end{pmatrix} > .$$

因此, A (在 $\mathbb{R}$ 中)不可对角化. 下面我们求 $\mathcal{M}_{3,1}(\mathbb{R})$ 的一组可以三角化 A 的基.

$$A - 2I_3 = \begin{pmatrix} 1 & -1 & 0 \\ 5 & -4 & 1 \\ 4 & -3 & 1 \end{pmatrix},$$

所以, $e_2 = \begin{pmatrix} 0 \\ 1 \\ 1 \end{pmatrix} \in \text{Im}(A - 2I_3) \subset \ker((A - I_3)^2)$ 且 $e_2 \notin E_1(A)$. 因此, 我们令

$$e_2 = \begin{pmatrix} 0 \\ 1 \\ 1 \end{pmatrix}, \ e_1 = (A - I_3)e_2 = \begin{pmatrix} -1 \\ -2 \\ -1 \end{pmatrix} 和 \ e_3 = \begin{pmatrix} 1 \\ 1 \\ -1 \end{pmatrix}.$$

那么, 向量族 $\mathcal{B} = (e_1, e_2, e_3)$ 是 $\mathcal{M}_{3,1}(\mathbb{R})$ 的一组基, 取 P 为从标准基到 $\mathcal{B}$ 的过渡矩阵, 则有

$$P^{-1}AP = \begin{pmatrix} 1 & 1 & 0 \\ 0 & 1 & 0 \\ 0 & 0 & 2 \end{pmatrix}.$$

- 求解微分方程

观察可知, 对 $t \in \mathbb{R}$, $B(t) = -te_1 - te_2 - e^t e_3$. 设 X 是一个从 $\mathbb{R}$ 到 $\mathcal{M}_{3,1}(\mathbb{R})$ 的映射. 记 (α, β, γ) 为 X 在 $\mathcal{B}$ 下的坐标映射, 那么, X 在 $\mathbb{R}$ 上可导当且仅当 α, β 和 γ 都在 $\mathbb{R}$ 上可导. 因此, 我们有

$$X' = AX + B \iff \forall t \in \mathbb{R}, \begin{cases} \alpha'(t) = \alpha(t) + \beta(t) - t, \\ \beta'(t) = \beta(t) - t, \\ \gamma'(t) = 2\gamma(t) - e^t, \end{cases}$$

$$\iff \exists(a,b,c) \in \mathbb{R}^3, \forall t \in \mathbb{R}, \begin{cases} \alpha(t) = ae^t + bte^t - 1, \\ \beta(t) = be^t + t + 1, \\ \gamma(t) = ce^{2t} + e^t. \end{cases}$$

通过替换, 我们得到 (S) 的解为

$$\exists(a,b,c) \in \mathbb{R}^3, \forall t \in \mathbb{R}, \begin{cases} x(t) = (1 - a - bt)e^t + ce^{2t} + 1, \\ y(t) = (1 + b - 2a - 2bt)e^t + ce^{2t} + t + 3, \\ z(t) = (b - a - 1 - bt)e^t - ce^{2t} + t + 2. \end{cases}$$

注: 也可以通过计算 $\exp(tA)$, 然后直接应用求解公式来得到方程的解, 但实话说, 这样做过程并不会更简短.

1.3 非线性微分方程

1.3.1 非线性 Cauchy-Lipschitz 定理及其推论

定理 1.3.1.1 (非线性 Cauchy-Lipschitz 定理) 设 U 是 $\mathbb{R} \times \mathbb{R}^n$ 的一个非空开集, 设 $f \in \mathcal{C}^1(U, \mathbb{R}^n)$. 考虑微分方程 (E): $X'(t) = f(t, X(t))$, 其中, 未知函数 X 是取值在 $\mathbb{R}^n$ 中的. 那么:

(i) 对任意 $(t_0, X_0) \in U$, Cauchy 问题 $\begin{cases} X' = f(t, X), \\ X(t_0) = X_0 \end{cases}$ 有唯一的最大解;

(ii) (E) 的最大解都定义在开区间上.

证明:

证明略. 不要求掌握. ⊠

注:

- 这个定理很重要, 因为它在相对少的前提条件下保证了满足给定初始条件的解的存在唯一性.

- 定理的第二个结论同样很重要: 对于一个非线性微分方程, 我们不知道它的解的定义域, 但是我们知道, 一个非线性微分方程的解的定义域一定是一个开区间!

- 一般来说, 我们不知道如何求解非线性微分方程, 但是这个定理确保了最大解的存在性.

- 注意不要混淆线性 Cauchy-Lipschitz 定理和非线性 Cauchy-Lipschitz 定理!对于线性的情况, 定理的前提中有 "系数" 的连续性, 结论中给出了最大解的定义域; 而在非线性的情况, 前提条件更强, 要求 "$f \in \mathcal{C}^1(U, \mathbb{R}^n)$", 而结论中没有给出最大解的定义域.

- 这个定理有一个更普遍的表述, 但在实践中, 这里给出的表述总是适用的.

下面是这个定理的一些特殊情况, 这些特殊情况是我们经常用到的.

推论 1.3.1.2(一阶标量非线性方程) 设 U 是 $\mathbb{R}^2$ 的一个非空开集, $f \in \mathcal{C}^1(U, \mathbb{R})$. 对任意 $(t_0, y_0) \in U$, Cauchy问题

$$\begin{cases} y' = f(t, y), \\ y(t_0) = y_0 \end{cases}$$

有唯一的最大解且该最大解定义在一个开区间上.

推论 1.3.1.3 如果 X_1 和 X_2 是方程 $X' = f(t, X)$ 的两个解, 并且它们在某一点处取值相同, 那么 $X_1 = X_2$. 换言之, 两个不同的解的表示曲线是不相交的.

例 1.3.1.4 考虑微分方程 (E): $y' = t^2 + y^2$.

- 函数 $f: (t, y) \longmapsto t^2 + y^2$ 是在 $\mathbb{R}^2$ 上 $\mathcal{C}^1$ 的. 因此, Cauchy-Lipschitz 定理适用, 从而对任意 $(t_0, y_0) \in \mathbb{R}^2$, (E) 存在唯一满足 $y(t_0) = y_0$ 的最大解, 并且这个解定义在一个开区间 $I = (\alpha, \beta)$ 上, 其中 $\alpha < t_0 < \beta$ ($(\alpha, \beta) \in \overline{\mathbb{R}}^2$, $\overline{\mathbb{R}} = \mathbb{R} \cup \{\pm\infty\}$).

- 我们将证明解都是定义在有限区间上的 (即 $-\infty < \alpha < \beta < +\infty$), 并且有以下极限:

$$\lim_{\substack{t \to \alpha \\ t > \alpha}} y(t) = -\infty, \quad \lim_{\substack{t \to \beta \\ t < \beta}} y(t) = +\infty.$$

 * 假设 $\beta = +\infty$, 设 $a > 0$ 是 I 中的一点. 那么, 对任意 $t \geq a$, 有 $t \in I$, 并且

$$y'(t) = t^2 + y(t)^2 \geq a^2 + y(t)^2 > 0.$$

因此有

$$\forall t \in [a, +\infty), \ \frac{y'(t)}{a^2 + y(t)^2} \geqslant 1.$$

从而由积分的单调性, 可得

$$\forall t \geqslant a, \ \int_a^t \frac{y'(s)}{a^2 + y(s)^2} \, \mathrm{d}s \geqslant \int_a^t \mathrm{d}s,$$

即

$$\forall t \geqslant a, \ \frac{1}{a}\left(\arctan\left(\frac{y(t)}{a}\right) - \arctan\left(\frac{y(a)}{a}\right)\right) \geqslant t - a.$$

所以有

$$\forall t \geqslant a, \ t \leqslant a + \frac{\pi}{a}.$$

这与 $\beta = +\infty$ 矛盾, 所以 $\beta < +\infty$.

* 同理, 可以证明, 如果 $\alpha = -\infty$, 那么对 I 中的一点 $b < 0$, 我们有

$$\forall t \leqslant b, \ t \geqslant b + \frac{\pi}{b}.$$

矛盾, 从而可以得出 $\alpha > -\infty$ 的结论.

我们证得, y 定义在一个有界的开区间 $I = (\alpha, \beta)$ 上, 其中 $(\alpha, \beta) \in \mathbb{R}^2$ 且 $\alpha < \beta$.

* 下面证明 $\lim\limits_{\substack{t \to \alpha \\ t > \alpha}} y(t) = -\infty$ 和 $\lim\limits_{\substack{t \to \beta \\ t < \beta}} y(t) = +\infty$.

由 $y' = t^2 + y^2$ 可知, 在 $I = (\alpha, \beta)$ 上 $y' \geqslant 0$. 因此, y 在 I 上单调递增, 从而, 根据单调极限定理, y 在 β 处(以及在 α 处)有(有限或无穷的)极限.

假设 $\lim\limits_{\substack{t \to \beta \\ t < \beta}} y(t) = l$, 其中 $l \in \mathbb{R}$. 那么, 通过令 $y(\beta) = l$ 可以将函数 y 连续延拓到 β 处. 记 $\bar{y}$ 为延拓后的函数. 由于 $y' = t^2 + y^2$, 观察可知 y' 也在 β 处有有限的极限, 所以, 函数 $\bar{y}$ 是在 $(\alpha, \beta]$ 上 $\mathcal{C}^1$ 的, 并且 $\bar{y}$ 是方程 (E) 在 $(\alpha, \beta]$ 上的解. 这与 y 是 (E) 的最大解矛盾.

这证得 $l = +\infty$, 即 $\lim\limits_{\substack{t \to \beta \\ t < \beta}} y(t) = +\infty$. 同理可证 $\lim\limits_{\substack{t \to \alpha \\ t > \alpha}} y(t) = -\infty$.

推论 1.3.1.5(二阶标量非线性方程)　设 U 是 $\mathbb{R}^3$ 的一个非空开集, $f \in \mathcal{C}^1(U, \mathbb{R})$. 那么, 对任意 $(t_0, y_0, y_0') \in U$, Cauchy 问题

$$\begin{cases} y'' = f(t, y, y'), \\ y(t_0) = y_0, \\ y'(t_0) = y_0' \end{cases}$$

有唯一的最大解, 且该最大解定义在一个开区间上.

例 1.3.1.6　应用上述定理可知, 方程 $y'' + \sin(y) = 0$ 有唯一满足给定初始条件的解.

1.3.2　变量分离方程

> **定义 1.3.2.1**　我们称一个一阶标量微分方程是变量分离的, 若它可以写成以下形式:
> $y' = a(t)b(y)$, 其中 a, b 是两个连续函数.

<u>注:</u>　对这类方程, 当 b 恒不为零时, 我们有 $\dfrac{\mathrm{d}y}{b(y)} = a(t)\,\mathrm{d}t$, 接下来通过积分即可求解方程.
我们说这是一个变量分离方程, 因为我们可以"分离 y 和 t". 下面我们不讲述相关理论, 而是通过例题和习题来学习怎么求解这类方程.

例 1.3.2.2　求解微分方程 (E): $y' = te^{-y}$.

- 首先, 易知 Cauchy-Lipschitz 定理适用, 因为 $(t, y) \longmapsto te^{-y}$ 是在 $\mathbb{R}^2$ 上 $\mathcal{C}^1$ 的.
- 其次, 注意到
$$(E) \iff y'e^y = t \iff (e^y)' = t.$$

设 $(t_0, y_0) \in \mathbb{R}^2$, 设 y 是 (E) 的满足 $y(t_0) = y_0$ 的最大解. 记 I 为 y 的定义区间, 我们有

$$\forall t \in I,\, y'(t)e^{y(t)} = t \iff \forall t \in I,\, e^{y(t)} - e^{y(t_0)} = \frac{1}{2}t^2 - \frac{1}{2}t_0^2$$

$$\iff \forall t \in I,\, y(t) = \ln\left(e^{y_0} + \frac{1}{2}t^2 - \frac{1}{2}t_0^2\right).$$

由此可知, y 是 (E) 的最大解当且仅当

$$\begin{cases} \exists c \in (-\infty, 0),\, \forall t \in \mathbb{R},\, y(t) = \ln\left(\dfrac{1}{2}t^2 - c\right), \\[2mm] \text{或 } \exists c \in \mathbb{R}^+,\, \forall t \in \left(-\infty, -\sqrt{2c}\right),\, y(t) = \ln\left(\dfrac{1}{2}t^2 - c\right), \\[2mm] \text{或 } \exists c \in \mathbb{R}^+,\, \forall t \in \left(\sqrt{2c}, +\infty\right),\, y(t) = \ln\left(\dfrac{1}{2}t^2 - c\right). \end{cases}$$

习题 1.3.2.3　设 (E): $y' = t(y^2 + 1)$.

1. Cauchy-Lipschitz 定理在这里适用吗?
2. 确定 (E) 的解的形式.

1.3.3　将非线性方程转化成线性方程的例子

有些情况下, 改变未知函数(而不是自变量)可以把一个非线性方程转化为一个线性方程. 一般来说, 我们会在习题中提示所需要做的变换.

例 1.3.3.1　求所有取值恒大于零、可导并且满足方程 $y' + 4ty = \sqrt{y}$ 的函数.

- 首先, 如果对 $(t, y) \in \mathbb{R} \times (0, +\infty)$, 令 $f(t, y) = \sqrt{y} - 4ty$, 那么 Cauchy-Lipschitz 定理适用, 因为 f 是在开集 $\mathbb{R} \times (0, +\infty)$ 上 $\mathcal{C}^1$ 的.

- 令 $z = \sqrt{y}$, 显然 y 可导当且仅当 z 可导(因为 $y > 0$), 并且有

$$y' + 4ty = \sqrt{y} \iff \frac{y'}{\sqrt{y}} + 4t\sqrt{y} = 1 \iff 2z' + 4tz = 1.$$

接下来只需求解 z 满足的一阶线性微分方程, 再导出 y 的表达式.

1.3.4　自治方程

定义 1.3.4.1　我们称形如 $X' = f(X)$ 的方程为自治方程, 其中未知函数 X 取值在 $\mathbb{R}^n$ 中, f 是从 $\mathbb{R}^n$ 的一个开子集映到 $\mathbb{R}^n$ 的映射.

例 1.3.4.2　方程 $y' = 1 + y^2$ 是一个自治方程(此处未知函数是实值函数).

例 1.3.4.3　非线性微分系统 $(S) : \begin{cases} x' = x^2 - y^2, \\ y' = e^x - y \end{cases}$ 称为一个自治系统. 它是一个自治的微分方程. 事实上, 令 $X = \begin{pmatrix} x \\ y \end{pmatrix}$, 可得

$$(S) \iff X' = f(X),$$

其中 $f(u, v) = (u^2 - v^2, e^u - v)$ 是一个从 $\mathbb{R}^2$ 到 $\mathbb{R}^2$ 的映射.

注:

- 如果 $f \in \mathcal{C}^1(\mathbb{R}^n)$(或者 f 在 $\mathbb{R}^n$ 的一个开集 U 上 $\mathcal{C}^1$), 那么, Cauchy-Lipschitz 定理对自治方程 $X' = f(X)$ 适用, 从而该方程存在唯一满足给定初始条件的最大解.

- 一般来说, 当 $n \geqslant 2$ 时, 我们称之为 "自治系统" 而不是 "自治方程".

- 在 $n = 1$ 的情况(即实值函数的情况), 一阶自治微分方程也是变量分离方程.

定义 **1.3.4.4**　设 (E)：$X' = f(X)$ 是一个自治的微分方程. 我们称 (E) 的常函数解为 (E) 的平衡解(或 (E) 的平衡点).

例 1.3.4.5　取值为 1 的常函数是方程 $x' = x^3 - 1$ 唯一的平衡解.

例 1.3.4.6　取值为 $n\pi(n \in \mathbb{Z})$的常函数是方程 $x' = \sin(x)$ 的平衡解.

例 1.3.4.7　自治系统 $\begin{cases} x' = x(1-y), \\ y' = y^2(1-x) \end{cases}$　有两个平衡点: $(0,0)$ 和 $(1,1)$.

命题 1.3.4.8　设 (E)：$X' = f(X)$ 是一个自治微分方程, 其中 f 是在 $\mathbb{R}^n$ 的一个开集 U 上 $\mathcal{C}^1$ 的函数. 我们有

(i) (E) 的平衡解正是取值为 f 的零点的常函数.

(ii) 对 $t_0 \in \mathbb{R}$ 和 $X_0 \in \mathbb{R}^n$, 设 (J,X) 是 (E) 的满足 $X(t_0) = X_0$ 的解. 那么, 对任意 $t_1 \in \mathbb{R}$, (E) 的满足 $Y(t_1) = X_0$ 的解 (I,Y) 定义为

$$\forall t \in I, Y(t) = X(t + t_0 - t_1),$$

其中 $I = t_1 - t_0 + J$. 这个性质称为解的时间平移不变性.

(iii) 如果 X 是 (E) 的定义在 $(a, +\infty)$ 上的一个最大解, 并且 X 在 $+\infty$ 处有极限且极限值在 U 中(当 $n = 1$ 时极限值有限), 那么 $\lim\limits_{t \to +\infty} X(t)$ 是方程的一个平衡点.

(iv) 如果 $n = 1$, 那么 (E) 的非平衡(最大)解都是严格单调的.

证明:

- (i) 设 X 是一个常函数. 那么, 它在 $\mathbb{R}$ 上可导, 并且

$$X' = f(X) \iff f(X) = 0.$$

因此, X 是一个平衡解当且仅当 X 是使得 $f(X) = 0$ 的常函数.

- (ii) 在命题的记号下, 记 J 为 X 的定义区间, 则 J 是一个开区间.

对 $t \in K = t_1 - t_0 + J = \{t + t_1 - t_0 \mid t \in J\}$, 令 $Z(t) = X(t - t_1 + t_0)$. 那么, Z 在 K 上可导, 且有

$$\forall t \in K, Z'(t) = X'(t - t_1 + t_0) = f(X(t - t_1 + t_0)) = f(Z(t)).$$

所以, Z 是 (E) 的一个解. 此外, $Z(t_1) = X(t_0) = X_0 = Y(t_1)$. 根据 Cauchy-Lipschitz 定理, 可知 $t_1 - t_0 + J \subset I$ 和 $Y_{|K} = Z$. 同理可证, 定义在区间 $t_0 - t_1 + I$ 上的函数 $t \longmapsto Y(t + t_1 - t_0)$ 是 (E) 的一个解, 且它在 t_0 处的值为 X_0. 因此, $t_0 - t_1 + I \subset J$, 从而有 $I = t_1 - t_0 + J$ 和 $Y = Z$.

• (iii) 由 X 在 $+\infty$ 处的极限为 $l \in U$ 知: $\lim\limits_{n \to +\infty} (X(n+1) - X(n)) = 0$. 另一方面, 因为 X 是 $\mathcal{C}^1$ 的, 对任意自然数 n, 我们有

$$X(n+1) - X(n) = \int_n^{n+1} X'(t)\,\mathrm{d}t = \int_n^{n+1} f(X(t))\,\mathrm{d}t = \int_0^1 f(X(n+s))\,\mathrm{d}s.$$

对 $n \in \mathbb{N}$ 和 $s \in [0,1]$, 令 $g_n(s) = f(X(n+s))$. 下面证明 $(g_n)_{n \in \mathbb{N}}$ 在 $[0,1]$ 上一致收敛到取值为 $f(l)$ 的常函数.

设 $\varepsilon > 0$. 因为 $l \in U$ 且 $\mathcal{C}^1(U) \subset \mathcal{C}^0(U)$, 所以 f 在 l 处连续, 并且存在 $\alpha > 0$ 使得:

$$\forall u \in B_f(l, \alpha), \|f(u) - f(l)\| \leqslant \varepsilon.$$

并且, 由 $\lim\limits_{t \to +\infty} X(t) = l$ 知, 存在大于零的常数 A 使得

$$\forall t \geqslant A, \|X(t) - l\| \leqslant \alpha.$$

取 $n_0 = E(A) + 1$. 那么有: $\forall n \geqslant n_0$, $\forall s \in [0,1]$, $n + s \geqslant A$. 从而有

$$\forall n \geqslant n_0, \forall s \in [0,1], X(n+s) \in B_f(l, \alpha).$$

所以,

$$\forall n \geqslant n_0, \forall s \in [0,1], \|f(X(n+s)) - f(l)\| \leqslant \varepsilon,$$

即

$$\forall n \geqslant n_0, \|g_n - f(l)\|_\infty \leqslant \varepsilon.$$

这证得 $g_n \xrightarrow[\|\cdot\|_{\infty,[0,1]}]{} f(l)$. 从而得到

$$\lim_{n \to +\infty} \int_0^1 g_n(s)\,\mathrm{d}s = \int_0^1 f(l)\,\mathrm{d}s = f(l),$$

所以 $f(l) = 0$.

• (iv) 设 x 是 $x' = f(x)$ 的一个非平衡解, 其中 f 是一个 $\mathcal{C}^1$ 的实值函数. 如果存在 $t_0 \in \mathbb{R}$ 使得 $x'(t_0) = 0$, 那么 $f(x(t_0)) = 0$. 因此, 取值为 $x(t_0)$ 的常函数 x_0 是 (E) 的一个平衡解. 由于 x 和 x_0 是 (E) 的两个最大解且在 t_0 处取值相同, 由 Cauchy-Lipschitz 定理知, 这两个解相同. 这证得 $x = x_0$ 是常函数, 这与 x 不是平衡解矛盾. 因此, x' 恒不为零. 又因为 x' 是连续函数, 由介值定理知 x' 是符号(严格)恒定的, 所以 x 是严格单调的函数. $\boxtimes$

推论 **1.3.4.9** 设 $(E): X' = f(X)$ 是一个自治方程, 其中 f 是在 $\mathbb{R}^n$ 的一个开集 U 上 C^1 的函数. 设 X 是 (E) 的一个最大解, 其定义区间是 I. 那么有:

(i) 如果存在 I 的两个点 $t_1 < t_2$ 使得 $X(t_1) = X(t_2)$, 那么 X 是一个以 $T = t_2 - t_1$ 为周期的周期函数.

(ii) (E) 的周期解都是定义在 $\mathbb{R}$ 上的.

证明:

事实上, 由上述定理可知, $t \longmapsto X(t+T)$ 也是 (E) 的一个最大解, 且它与 X 在 t_1 处取值相同. 因此, $I = I + T$, 并且: $\forall t \in I, X(t+T) = X(t)$.

最后, 因为 I 是一个区间且 $I = I + T$, 所以 $I = \mathbb{R}$. $\boxtimes$

1.3.5 定性研究的例子

习题 **1.3.5.1** 考虑微分方程 $(E): x' = \sin(x)$. 我们想在不求解 (E) 的情况下, 确定它的解的一些性质.

1. 确定 (E) 的平衡解.
2. 对 $(t_0, x_0) \in \mathbb{R}^2$, 验证 (E) 有唯一满足 $x(t_0) = x_0$ 的最大解, 并证明该解定义在 $\mathbb{R}$ 上.
3. 此处假设 $x_0 \in (0, \pi)$.

   (a) 证明对任意 $t \in \mathbb{R}$, 有 $x(t) \in (0, \pi)$.
   (b) 确定 x 在 $+\infty$ 处和 $-\infty$ 处的极限.
   (c) 证明 x 的表示曲线有一个对称中心.

4. 画出满足不同初始条件的最大解的大致图像.

习题 **1.3.5.2** 通过求解方程 $x' = \sin(x)$, 得出上题的结论.

习题 **1.3.5.3** 考虑微分方程 $(E): y' = e^{-ty}$.

1. 证明 (E) 有且仅有一个最大解 f 满足 $f(0) = 0$.
2. 证明 f 是奇函数.
3. 证明 f 定义在 $\mathbb{R}$ 上.
4. 证明 f 在 $+\infty$ 处有有限的极限.
5. 证明 $1 \leqslant \lim\limits_{t \to +\infty} f(t) \leqslant 1 + \dfrac{1}{e}$.

习题 1.3.5.4　考虑微分方程 : $y'' + \omega^2 \sin(y) = 0$, 其中 $\omega > 0$.

1. 验证最大解的存在性.

2. 设 (I, φ) 是 (E) 的一个最大解.

   (a) 证明 $E = \varphi'^2 - 2\omega^2 \cos(\varphi)$ 在 I 上是常数.

   (b) 导出 φ' 是有界的.

   (c) 导出 φ 和 φ' 都在 I 上一致连续, 并且 $I = \mathbb{R}$.

3. 下面我们对满足 $\varphi(0) = \alpha \in \left(0, \dfrac{\pi}{2}\right)$ 和 $\varphi'(0) = 0$ 的最大解进行定性研究.

   (a) 这对应的是哪个具体的物理现象?

   (b) 证明 φ 是偶函数, 并且 $\forall t \in \mathbb{R}$, $\varphi(t) \in [-\alpha, \alpha]$.

   (c) 验证 φ 在 0^+ 的邻域内严格单调递减.

   (d) 假设 $\forall t > 0$, $\varphi'(t) < 0$.

   　　 i. 证明:
   $$\forall t > 0, \quad \int_{\varphi(t)}^{\alpha} \frac{\mathrm{d}u}{\sqrt{2\omega^2(\cos(u) - \cos(\alpha))}} = t.$$
   　　 注意要验证积分的收敛性.

   　　 ii. 导出矛盾.

   (e) 令 $T = \sup\{r > 0 \mid \forall t \in (0, r), \varphi'(t) < 0\}$. 验证 T 是良定义的且 $\varphi'(T) = 0$.

   (f) 导出 $\varphi(T) = -\alpha$ 和 $T = \displaystyle\int_{-\alpha}^{\alpha} \frac{\mathrm{d}u}{\sqrt{2\omega^2(\cos(u) - \cos(\alpha))}}$.

   (g) 导出 φ 是 $2T$-周期的.

4. 通过研究相位图(即通过研究参数曲线 $t \longmapsto (\varphi(t), \varphi'(t))$ 的轨迹)来直观地得到这个结果.

1.4　附　　录

1.4.1　线性 Cauchy-Lipschitz 定理的证明

> **定理 1.4.1.1(线性 Cauchy-Lipschitz 定理(一般形式))**　设 I 是一个内部非空的区间, $(E, \|\cdot\|)$ 是一个 Banach 空间, $a \in \mathcal{C}^0(I, \mathcal{L}_c(E))$, $b \in \mathcal{C}^0(I, E)$. 那么, 对任意 $(t_0, x_0) \in I \times E$, 方程 $x' = a(t)(x) + b(t)$ 有唯一的最大解满足 $x(t_0) = x_0$. 并且, 这个最大解就定义在 I 上.

<u>注:</u>

- 如果我们选择 $E = \mathbb{K}^n$ 或 $E = \mathcal{M}_{n,1}(\mathbb{K})$, 那就是有限维空间的情况. 因此, 它们在任意范数下都是完备的, 从而我们可以得到正文中所述的定理.
- 唯一的"小担忧"是, 我们没有定义或研究过取值在 Banach 空间中的函数的积分的概念.
- 注意, a 是从 I 映到 E 的连续自同态的集合 $\mathcal{L}_c(E)$ 的函数. 这意味着对任意 $t \in I$, $a(t)$ 是 E 的一个连续的自同态.
- 在赋范向量空间课程内容中, 我们已经看到, $(\mathcal{L}_c(E), \|| \cdot \||)$ 也是一个 Banach 空间.

在证明这个定理之前, 我们先从一个基本引理开始. 这个基本引理是证明线性 Cauchy-Lipschitz 定理 (以及非线性 Cauchy-Lipschitz 定理)的基础, 另一方面也验证了积分的数值逼近方法的好处.

引理 1.4.1.2　在前述记号下, 设 $x : I \longrightarrow E$. 那么, 以下叙述相互等价:

(i) x 是 (E) 在 I 上的解且 $x(t_0) = x_0$;

(ii) x 在 I 上连续, 且有: $\forall t \in I$, $x(t) = x_0 + \int_{t_0}^{t} (a(s)(x(s)) + b(s)) \, \mathrm{d}s$.

引理的证明:

- (i) $\Longrightarrow$ (ii)

假设 (i) 成立. 由定义知, x 在 I 上可导从而连续. 并且, 由于 a 是连续的, 故 $t \longmapsto a(t)(x(t))$ 是连续的①. 另一方面, 由 b 连续知 $t \longmapsto a(t)(x(t)) + b(t)$ 连续, 即 x 在 I 上 $\mathcal{C}^1$. 因此有

$$\forall t \in I, \, x(t) - x_0 = x(t) - x(t_0) = \int_{t_0}^{t} x'(s) \, \mathrm{d}s = \int_{t_0}^{t} (a(s)(x(s)) + b(s)) \, \mathrm{d}s.$$

- 证明 (ii) $\Longrightarrow$ (i).

假设 x 在 I 上连续, 并且有

$$\forall t \in I, \, x(t) = x_0 + \int_{t_0}^{t} (a(s)(x(s)) + b(s)) \, \mathrm{d}s.$$

首先, 在上式中令 $t = t_0$ 可得 $x(t_0) = x_0$. 其次, 由 a, x, b 都在 I 上连续知, $t \longmapsto a(t)(x(t)) + b(t)$ 在 I 上连续. 从而, 函数 $t \longmapsto \int_{t_0}^{t} (a(s)(x(s)) + b(s)) \, \mathrm{d}s$ 是在 I 上 $\mathcal{C}^1$ 的, 因此, x 在 I 上 $\mathcal{C}^1$, 并且

$$\forall t \in I, \, x'(t) = \left(u \longmapsto \int_{t_0}^{u} (a(s)(x(s)) + b(s)) \, \mathrm{d}s \right)'(t) = a(t)(x(t)) + b(t).$$

这就证得 (i). $\boxtimes$

---

① 练习: 严格证明它.

定理的证明：

- 第一步：在任意包含 t_0 的闭区间 $[c,d] \subset I$ 上的解的存在唯一性.

设 $[c,d] \subset I$ 是一个包含 t_0 且不退化为一点的闭区间. 根据赋范向量空间的知识, 因为 $[c,d]$ 是 $\mathbb{R}$ 的一个紧子集且 E 是完备的, 所以 $(\mathcal{C}^0([c,d],E), \|\cdot\|_\infty)$ 是一个 Banach 空间. 下面考虑映射:

$$\varphi: \begin{array}{ccc} \mathcal{C}^0([c,d],E) & \longrightarrow & \mathcal{C}^0([c,d],E), \\ & & [c,d] \longrightarrow E, \\ f & \longmapsto & t \longmapsto x_0 + \displaystyle\int_{t_0}^t (a(s)(f(s)) + b(s)) \, \mathrm{d}s. \end{array}$$

根据基本引理, x 是该微分方程在 $[c,d]$ 上满足 $x(t_0) = x_0$ 的解当且仅当函数 $x \in \mathcal{C}^0([c,d],E)$ 且 $\varphi(x) = x$. 因此, 接下来我们证明 φ 有唯一的不动点.

设 $(f,g) \in \mathcal{C}^0([c,d],E)^2$. 那么, 对任意 $t \in [c,d]$, 我们有

$$\begin{aligned} \|\varphi(f)(t) - \varphi(g)(t)\|_E &= \left\| \int_{t_0}^t (a(s)(f(s)) - a(s)(g(s))) \, \mathrm{d}s \right\|_E \\ &= \left\| \int_{t_0}^t (a(s)(f(s) - g(s))) \, \mathrm{d}s \right\|_E \\ &\leqslant \int_{\min(t_0,t)}^{\max(t_0,t)} \|a(s)(f(s) - g(s))\|_E \, \mathrm{d}s \\ &\leqslant \int_{\min(t_0,t)}^{\max(t_0,t)} \|\!|a(s)|\!\| \times \|f(s) - g(s)\|_E \, \mathrm{d}s \\ &\leqslant \int_{\min(t_0,t)}^{\max(t_0,t)} \|\!|a(s)|\!\| \times \|f - g\|_\infty \, \mathrm{d}s. \end{aligned}$$

由于 $[c,d]$ 是紧集, a 是从 $[c,d]$ 到 $(\mathcal{L}_c(E), \|\!|\cdot|\!\|)$ 的连续函数, 故 a 在 $[c,d]$ 上有界. 因此, 存在 $M > 0$ 使得: $\forall s \in [c,d]$, $\|\!|a(s)|\!\| \leqslant M$. 从而有

$$\forall t \in [c,d], \|\varphi(f)(t) - \varphi(g)(t)\|_E \leqslant \int_{\min(t_0,t)}^{\max(t_0,t)} M \times \|f - g\|_\infty \, \mathrm{d}s,$$

即

$$\forall t \in [c,d], \|\varphi(f)(t) - \varphi(g)(t)\|_E \leqslant M \|f - g\|_\infty \times |t - t_0|. \qquad (\star)$$

特别地, 由 $(\star)$ 式可知

$$\|\varphi(f) - \varphi(g)\|_\infty \leqslant M(d-c)\|f - g\|_\infty.$$

唯一的小问题是, 我们不知道是否有 $M(d-c) < 1$, 因此无法直接应用不动点定理. 然而, 我们可以通过以下方式避免这个问题: 证明至少存在一个 $n \geqslant 1$ 使得 φ^n 是压缩映射.

从 $(\star)$ 式出发, 用数学归纳法证明: 对任意 $n \in \mathbb{N}^{\star}$, 有

$$\forall (f,g) \in \mathcal{C}^0([c,d],E)^2, \forall t \in [c,d], \|\varphi^n(f)(t) - \varphi^n(g)(t)\|_E \leqslant \frac{M^n |t-t_0|^n}{n!} \|f-g\|_\infty.$$

初始化:

由 $(\star)$ 式知, 当 $n=1$ 时结论成立.

递推:

假设对某个 $n \geqslant 1$ 结论成立, 我们要证明结论对 $n+1$ 也成立.

设 $(f,g) \in \mathcal{C}^0([c,d],E)^2$. 根据前面的计算, 我们依次得到, 对任意 $t \in [c,d]$, 有

$$\begin{aligned}
\|\varphi^{n+1}(f)(t) - \varphi^{n+1}(g)(t)\|_E &= \|\varphi(\varphi^n(f))(t) - \varphi(\varphi^n(g))(t)\|_E \\
&\leqslant \int_{\min(t_0,t)}^{\max(t_0,t)} \||a(s)|\| \times \|\varphi^n(f)(s) - \varphi^n(g)(s)\|_E \, \mathrm{d}s \\
&\leqslant M \times \int_{\min(t_0,t)}^{\max(t_0,t)} \|\varphi^n(f)(s) - \varphi^n(g)(s)\|_E \, \mathrm{d}s \\
&\leqslant M \times \int_{\min(t_0,t)}^{\max(t_0,t)} \frac{M^n |s-t_0|^n}{n!} \|f-g\|_\infty \, \mathrm{d}s \\
&\leqslant \frac{M^{n+1} \|f-g\|_\infty}{n!} \times \int_{\min(t_0,t)}^{\max(t_0,t)} |s-t_0|^n \, \mathrm{d}s \\
&\leqslant \frac{M^{n+1} |t-t_0|^{n+1}}{(n+1)!} \|f-g\|_\infty.
\end{aligned}$$

这证得结论对 $n+1$ 也成立, 归纳完成.

特别地, 我们得到

$$\forall n \in \mathbb{N}^{\star}, \forall (f,g) \in \mathcal{C}^0([c,d],E)^2, \|\varphi^n(f) - \varphi^n(g)\|_\infty \leqslant \frac{M^n (d-c)^n}{n!} \|f-g\|_\infty.$$

从而, 对任意 $n \geqslant 1$, φ^n 是 k_n-Lipschitz 的, 其中 $k_n = \dfrac{M^n (d-c)^n}{n!} > 0$. 又 因为 $\lim\limits_{n \to +\infty} k_n = 0$, 故存在至少一个 $n \geqslant 1$ 使得 $0 < k_n < 1$. 我们取定一个 这样的自然数 n.

映射 φ^n 是从一个 Banach 空间映到自身的压缩映射. 根据不动点定理, φ^n 有唯一的不动点. 请证明: 这个唯一的不动点也是 φ 的唯一的不动点[①].

因此, 我们完成了第一步, 即证得在任意包含 t_0 的闭区间 $[c,d] \subset I$ 上, 方程 $x' = a(t)(x) + b(t)$ 有唯一的解满足 $x(t_0) = x_0$.

[①] 注意 φ 和 φ^n 是可交换的, 考虑使用类似于可交换的自同态的特征空间的性质.

• 第二步：在 I 上的解的存在性.

记 $\alpha = \inf I \in \overline{\mathbb{R}}$ 和 $\beta = \sup I \in \overline{\mathbb{R}}$.

我们选取两个实数列 $(\alpha_n)_{n\in\mathbb{N}} \in I^{\mathbb{N}}$ 和 $(\beta_n)_{n\in\mathbb{N}} \in I^{\mathbb{N}}$ 使得

- ★ $\lim\limits_{n\to+\infty} \alpha_n = \alpha$ 且 $\lim\limits_{n\to+\infty} \beta_n = \beta$；
- ★ 对任意自然数 n, $\alpha_{n+1} \leqslant \alpha_n < \beta_n \leqslant \beta_{n+1}$；
- ★ 若 $\alpha \in I$, 则 $(\alpha_n) = (\alpha)$；
- ★ 若 $\beta \in I$, 则 $(\beta_n) = (\beta)$.

(最后两个条件使得我们不必分开处理以下四种情况: $I = [\alpha, \beta]$, $I = [\alpha, \beta)$, $I = (\alpha, \beta]$ 和 $I = (\alpha, \beta)$.)

对每个 $n \in \mathbb{N}^{\star}$, 记 x_n 为 $x' = a(t)(x) + b(t)$ 在 $[\alpha_n, \beta_n]$ 上满足 $x_n(t_0) = x_0$ 的唯一解. 对每个 $n \geqslant 1$, 将 x_n 以任意方式延拓到 I 上, 并仍然用 x_n 来记延拓后的函数.

在 I 上的解的存在性

接下来, 我们证明函数项序列 (x_n) 简单收敛到在 I 上 $\mathcal{C}^1$ 的函数 x, 该函数 x 正是微分方程在 I 上满足 $x(t_0) = x_0$ 的解.

* 函数项序列 $(x_n)_{n\geqslant 1}$ 在 I 上的简单收敛性

  设 $t \in I$. 那么, 存在 $n_0 \in \mathbb{N}$ 使得 $t \in [\alpha_{n_0}, \beta_{n_0}]$. 因为 $(\alpha_n)_{n\in\mathbb{N}}$(或 $(\beta_n)_{n\in\mathbb{N}}$) 是单调递减的(或单调递增的), 所以, 对任意 $n \geqslant n_0$, 有 $t \in J_n = [\alpha_n, \beta_n]$. 对任意 $n \geqslant n_0$, 有 $J_{n_0} \subset J_n$. 由闭区间上解的唯一性知, $x_n|_{J_{n_0}} = x_{n_0}$. 因此,
  $$\forall n \geqslant n_0, \ x_n(t) = x_{n_0}(t).$$
  所以, 序列 $(x_n(t))_{n\geqslant 1}$ 是一个收敛的序列. 这证得对任意 $t \in I$, $(x_n(t))_{n\geqslant 1}$ 收敛, 即函数项序列 $(x_n)_{n\geqslant 1}$ 在 I 上简单收敛. 记 x 为 $(x_n)_{n\geqslant 1}$ 简单收敛的极限函数.

* 简单极限的 $\mathcal{C}^1$ 性质

  设 J 是一个包含于 I 的闭区间. 那么, 存在 $n_0 \in \mathbb{N}$ 使得 $J \subset J_{n_0}$. 从而, 对任意 $n \geqslant n_0$, 有 $J \subset J_n$. 同样, 我们有
  $$\forall n \geqslant n_0, \forall t \in J, \ x_n(t) = x_{n_0}(t).$$
  对 n 趋于 $+\infty$ 取极限, 可得: $\forall t \in J$, $x(t) = x_{n_0}(t)$. 由于 x_{n_0} 是在 J 上 $\mathcal{C}^1$ 的, 故 x 也是, 并且在 J 上有 $x' = x'_{n_0}$. 因此, x 在任意闭区间 $J \subset I$ 上是 $\mathcal{C}^1$ 的, 故 x 是在 I 上 $\mathcal{C}^1$ 的, 并且, 对任意 $t \in I$, $x'(t) = \lim\limits_{n\to+\infty} x'_n(t)$.

∗ 极限函数是 Cauchy 问题在 I 上的解

对任意 $n \geqslant 1$, 有 $x_n(t_0) = x_0$. 对 n 趋于 $+\infty$ 取极限, 可得 $x(t_0) = x_0$. 另一方面, 对任意 $t \in I$, 我们有

$$\forall n \in \mathbb{N}^{\star}, \; x_n'(t) = a(t)(x_n(t)) + b(t).$$

又因为, 对取定的 t, $a(t) \in \mathcal{L}_c(E)$ 是连续的. 因此有

$$\lim_{n \to +\infty} (a(t)(x_n(t)) + b(t)) = a(t)(x(t)) + b(t).$$

所以,

$$x'(t) = \lim_{n \to +\infty} x_n'(t) = \lim_{n \to +\infty} (a(t)(x_n(t)) + b(t)) = a(t)(x(t)) + b(t).$$

证得 x 是 Cauchy 问题的解.

解的唯一性

设 x 和 y 是 Cauchy 问题的两个解, 且都定义在 I 上. 那么, 根据在包含于 I 的闭区间上的解的唯一性, 对任意 $n \in \mathbb{N}$, 有 $x_{|J_n} = x_n = y_{|J_n}$. 又因为 $\bigcup_{n \in \mathbb{N}} J_n = I$, 故 $x = y$. ⊠

注: (非线性)Cauchy-Lipschitz 定理的证明与此非常相似, 但有其他一些技巧性问题. 需要记住的重要思想是, 把方程写成积分形式, 并转化成不动点问题来考虑.

第 2 章 积 分

预备知识 学习本章之前, 需熟练掌握以下知识:

- 连续函数、分段连续函数;

- 分段连续函数在闭区间上的积分(《大学数学基础 2》);

- 收敛的广义积分(《大学数学基础 2》);

- 绝对收敛的广义积分(《大学数学基础 2》);

- 函数项序列和级数(《大学数学进阶 1》);

- 极限和积分交换次序的定理(《大学数学进阶 1》);

- 微分演算(《大学数学进阶 1》).

不要求已了解其他与可积函数的概念相关的具体知识.

2.1 正值函数的积分

在本章中, I 表示一个内部非空的区间, $S(I)$ 表示包含于 I 的闭区间的集合.

2.1.1 可积的正值函数和正值函数的积分

定义 2.1.1.1 设 $f: I \longrightarrow [0,+\infty)$ 是一个分段连续的函数. 我们称 f 是在 I 上可积的, 若存在一个实数 M 使得
$$\forall J \in S(I), \quad \int_J f \leqslant M.$$
此时, 我们定义 f 在 I 上的积分 $\left(\text{记为} \int_I f\right)$ 为
$$\int_I f = \sup_{J \in S(I)} \int_J f.$$

注:

- 这个定义有意义, 因为, 一方面, 分段连续函数在闭区间上的积分已有定义, 另一方面, $\mathbb{R}$ 的非空有上界的子集必有上确界.
- 如果 $I = [a,b]$ 是一个闭区间, 函数 f 在 I 上分段连续且恒正, 那么 f 是在 I 上可积的, 并且它在上述意义下的积分等于它在 $[a,b]$ 上的积分 (在《大学数学基础2》中定义的意义下).
- 如果 f 在区间 I 上分段连续、恒正且可积, 那么 f 在 I 的任意非平凡子区间 I_1 上可积且有 $\int_{I_1} f \leqslant \int_I f$.
- 如果 f 在 I 上分段连续、恒正且可积, 那么 $\int_I f \geqslant 0$.

例 2.1.1.2 函数 $f: x \longmapsto \dfrac{1}{\sqrt{x}}$ 在 $(0,1]$ 上可积, 且 $\int_{(0,1]} f = 2$. 事实上, 设 $[a,b]$ 是 $(0,1]$ 的一个闭子区间, 即 $0 < a < b \leqslant 1$. 那么, $\int_{[a,b]} f = 2\sqrt{b} - 2\sqrt{a} \leqslant 2\sqrt{b} \leqslant 2$. 这首先证明了, 存在 $M = 2$ 使得: $\forall J \in S((0,1]), \int_J f \leqslant M$ 且 $\int_{(0,1]} f \leqslant 2$. 此外, 对任意 $n \geqslant 1$, 闭区间 $\left[\dfrac{1}{n}, 1\right]$ 包含于 I 中, 因此,
$$\int_{\left[\frac{1}{n}, 1\right]} f \leqslant \int_{(0,1]} f, \quad \text{即} \quad 2 - \frac{2}{\sqrt{n}} \leqslant \int_{(0,1]} f.$$
这对任意自然数 $n \geqslant 1$ 都成立, 对 n 趋于 $+\infty$ 取极限可得 $\int_{(0,1]} f \geqslant 2$. 结论得证.

例 2.1.1.3 函数 $g : t \longmapsto \dfrac{1}{t}$ 在 $[1, +\infty)$ 上不可积. 事实上, 对任意实数 $M > 0$, 存在闭区间 $J = \left[1, e^{M+1}\right]$ 使得

$$\int_J g = M + 1 > M.$$

2.1.2 积分的性质

命题 2.1.2.1 设 $f \in \mathcal{C}_{0,m}([a,b], [0,+\infty))$. 那么, f 在区间 $[a,b]$、$(a,b]$、$[a,b)$ 和 (a,b) 上都可积, 并且

$$\int_{[a,b]} f = \int_{[a,b)} f = \int_{(a,b]} f = \int_{(a,b)} f.$$

证明:

- 首先, 由于 f 在闭区间 $[a,b]$ 上分段连续, 故它在 $[a,b]$ 上可积.
- 其次, 因为区间 $[a,b)$、$(a,b]$ 和 (a,b) 都包含于闭区间 $[a,b]$ 中, 所以 f 在这三个区间上都是可积的, 且有

$$\int_{(a,b)} f \leqslant \int_{[a,b)} f \leqslant \int_{[a,b]} f \quad 和 \quad \int_{(a,b)} f \leqslant \int_{(a,b]} f \leqslant \int_{[a,b]} f.$$

接下来只需证明 $\displaystyle\int_{[a,b]} f \leqslant \int_{(a,b)} f$.

- 因为 f 在 $[a,b]$ 上分段连续, 所以对任意 $c \in (a,b)$, 函数 $x \longmapsto \displaystyle\int_{[c,x]} f$ 在闭区间 $[a,b]$ 上连续. 因此,

$$\int_{[a,b]} f = \lim_{n \to +\infty} \left(\int_{\left[a+\frac{1}{n}, b-\frac{1}{n}\right]} f \right).$$

又因为, 对任意 $n \geqslant 1$, $\left[a + \dfrac{1}{n}, b - \dfrac{1}{n}\right] \subset (a,b)$. 所以,

$$\forall n \in \mathbb{N}^\star, \quad \int_{\left[a+\frac{1}{n}, b-\frac{1}{n}\right]} f \leqslant \sup_{J \in S((a,b))} \int_J f,$$

即

$$\forall n \in \mathbb{N}^\star, \quad \int_{\left[a+\frac{1}{n}, b-\frac{1}{n}\right]} f \leqslant \int_{(a,b)} f.$$

对 n 趋于 $+\infty$ 取极限可得 $\displaystyle\int_{[a,b]} f \leqslant \int_{(a,b)} f$, 这就是我们要证的不等式. $\boxtimes$

记号和注释:

- 通常, 我们用 $\displaystyle\int_a^b f$ 或 $\displaystyle\int_a^b f(x)\,\mathrm{d}x$ 来表示 $\displaystyle\int_{[a,b]} f$、$\displaystyle\int_{[a,b)} f$、$\displaystyle\int_{(a,b]} f$ 或 $\displaystyle\int_{(a,b)} f$. 要知道具体指的是哪个区间上的积分, 必须研究 f 的连续性.

- 上述命题说明这个滥用的符号是合理的, 因为如果函数 f 在闭区间 $[a,b]$ 上是分段连续的, 那么这四个积分值是相同的.

- 最后, 请注意 $a = -\infty$ 和/或 $b = +\infty$ 的情况. 例如, 如果 $b = +\infty$, 它必然是在 $[a,b)$ 或 (a,b) 上的积分.

命题 2.1.2.2　设 $(f,g) \in \mathcal{C}_{0,m}(I,[0,+\infty))^2$ 使得 $f \leqslant g$. 我们有:

(i) 如果 g 在 I 上可积, 那么 f 在 I 上可积, 且有 $\displaystyle\int_I f \leqslant \int_I g$.

(ii) 由逆否命题知, 如果 f 在 I 上不可积, 那么 g 也在 I 上不可积.

证明:

显然!　　　　　　　　　　　　　　　　　　　　　　　　　　　$\boxtimes$

定理 2.1.2.3(正值函数可积的判据)　设函数 f 在区间 I 上分段连续且恒正, 设 $(J_n)_{n\in\mathbb{N}}$ 是 I 的一个(按集合包含关系)递增的闭子区间列, 满足 $\bigcup_{n\in\mathbb{N}} J_n = I$. 那么, 以下性质相互等价:

(i) f 在 I 上可积;

(ii) 序列 $(u_n)_{n\in\mathbb{N}} = \left(\displaystyle\int_{J_n} f\right)_{n\in\mathbb{N}}$ 有上界;

(iii) 序列 $(u_n)_{n\in\mathbb{N}} = \left(\displaystyle\int_{J_n} f\right)_{n\in\mathbb{N}}$ 是收敛的.

当以上三个条件之一成立时, 我们有

$$\int_I f = \lim_{n\to+\infty} \int_{J_n} f.$$

证明:

- (i) $\Longrightarrow$ (ii) 显然成立(由可积性的定义知), 并且有以下不等式:

$$\forall n \in \mathbb{N}, \quad \int_{J_n} f \leqslant \int_I f.$$

- (ii) $\Longrightarrow$ (iii) 是显然的(因为 (u_n) 是递增的).

• 证明 (iii) $\Longrightarrow$ (i). 假设序列 $(u_n)_{n\in\mathbb{N}}$ 收敛. 要证明 f 在 I 上可积.

设闭区间 $J \in S(I)$, 令 $J = [a, b]$, 其中 $a < b$. 因为 $\bigcup_{n\in\mathbb{N}} J_n = I$, 所以存在 $n_0 \in \mathbb{N}$ 使得 $a \in J_{n_0}$, 以及存在 $n_1 \in \mathbb{N}$ 使得 $b \in J_{n_1}$.

取 $N = \max(n_0, n_1)$. 由于序列 $(J_n)_{n\in\mathbb{N}}$ 在集合包含关系下是递增的, 故有

$$\forall n \geqslant N, \ J \subset J_n,$$

从而

$$\forall n \geqslant N, \ \int_J f \leqslant \int_{J_n} f.$$

又因为由假设, $(u_n)_{n\in\mathbb{N}}$ 收敛. 所以, 我们可以对上述不等式取极限, 得到

$$\int_J f \leqslant \lim_{n\to+\infty} \int_{J_n} f.$$

这对任意闭子区间 $J \subset I$ 都成立, 因此 f 在 I 上可积, 且

$$\int_I f = \sup_{J\in S(I)} \int_J f \leqslant \lim_{n\to+\infty} \int_{J_n} f. \qquad \boxtimes$$

定义 2.1.2.4 我们定义 I 的穷举序列为 I 的任意满足以下两个条件的闭子区间序列 $(J_n)_{n\in\mathbb{N}}$:

(i) $(J_n)_{n\in\mathbb{N}}$ 在集合包含关系下是递增的: $\forall n \in \mathbb{N}, \ J_n \subset J_{n+1}$;

(ii) $\displaystyle\bigcup_{n\in\mathbb{N}} J_n = I$.

注:

• 可以看出, I 的穷举序列总是存在的.

• 上述定理表明, f 可积当且仅当存在 I 的一个穷举序列使得 $\left(\displaystyle\int_{J_n} f\right)_{n\in\mathbb{N}}$ 收敛, 当且仅当对 I 的任意穷举序列, $\left(\displaystyle\int_{J_n} f\right)_{n\in\mathbb{N}}$ 收敛. 因此, 在某些情况下, 可以选择一个特殊的穷举序列.

命题 2.1.2.5 设 f 和 g 是两个在 I 上分段连续且恒正的函数, $\lambda \geqslant 0$. 我们有

(i) 如果 f 和 g 在 I 上可积, 那么 $f+g$ 也在 I 上可积, 并且 $\displaystyle\int_I (f+g) = \int_I f + \int_I g$.

(ii) 如果 f 在 I 上可积, 那么 λf 也在 I 上可积, 且 $\displaystyle\int_I (\lambda f) = \lambda \int_I f$.

证明：

这是显然的, 通过引入 I 的一个穷举序列并应用前面的定理可得结论.　　⊠

注：

- 集合 $\mathcal{C}_{0,m}(I, [0, +\infty))$ (在常用运算下)不是一个向量空间: 这就是为什么我们不说积分是线性的, 也不说在 I 上分段连续且可积的正值函数的集合是 $\mathcal{C}_{0,m}(I, [0, +\infty))$ 的一个子空间.
- 这也是要求 $\underline{\lambda \geqslant 0}$ 的原因. 目前我们只考虑正值函数.
- 稍后我们会在实值或复值函数的情况中看到, 在 I 上可积的函数的集合确实是空间 $\mathcal{C}_{0,m}(I, \mathbb{K})$ 的一个子空间, 并且积分是线性的.

命题 2.1.2.6　设 f 是一个在 I 上分段连续且恒正的函数, $c \in \overset{\circ}{I}$. 令 $I_1 = I \cap (-\infty, c]$ 和 $I_2 = I \cap [c, +\infty)$. 以下性质相互等价:

(i) f 在 I 上可积;

(ii) f 在 I_1 和 I_2 上都可积.

当上述性质之一成立时, 我们有 $\displaystyle\int_I f = \int_{I_1} f + \int_{I_2} f$.

证明：

- (i) $\Longrightarrow$ (ii) 是显然的, 因为 $I_1 \subset I$ 且 $I_2 \subset I$.

- 反过来, 假设 f 在 I_1 和 I_2 上都可积. 要证明 f 在 I 上可积, 并且结论中的等式成立. 设 $(J_n)_{n \in \mathbb{N}}$ 是 I 的一个穷举序列. 我们假设 $c \in J_0$, 否则选取一个合适的 n_0, 然后考虑序列 $(J_{n+n_0})_{n \in \mathbb{N}}$. 对任意 $n \in \mathbb{N}$, 我们令

$$K_n = J_n \cap (-\infty, c] \quad \text{以及} \quad L_n = J_n \cap [c, +\infty).$$

容易验证, $(K_n)_{n \in \mathbb{N}}$ 和 $(L_n)_{n \in \mathbb{N}}$ 分别是 I_1 和 I_2 的穷举序列. 那么, 根据闭区间上的积分的 Chasles 关系, 我们有

$$\forall n \in \mathbb{N}, \quad \int_{J_n} f = \int_{K_n} f + \int_{L_n} f.$$

又因为, f 在 I_1 和 I_2 上都可积, 由上述定理知, 序列 $\left(\displaystyle\int_{K_n} f\right)_{n \in \mathbb{N}}$ 和 $\left(\displaystyle\int_{L_n} f\right)_{n \in \mathbb{N}}$ 都收敛, 并且分别以 $\displaystyle\int_{I_1} f$ 和 $\displaystyle\int_{I_2} f$ 为极限. 由此可得

* 序列 $\left(\displaystyle\int_{J_n} f\right)_{n\in\mathbb{N}}$ 收敛 (它是两个收敛序列的和), 即 f 在 I 上可积;

* 由极限的运算得 $\displaystyle\lim_{n\to+\infty}\left(\int_{J_n} f\right) = \lim_{n\to+\infty}\left(\int_{K_n} f\right) + \lim_{n\to+\infty}\left(\int_{L_n} f\right)$,
  即 $\displaystyle\int_I f = \int_{I_1} f + \int_{I_2} f$. $\boxtimes$

推论 2.1.2.7 设 f 在 I 上分段连续且恒正. 我们有:

(i) 如果 $I = (a,b)(-\infty \leqslant a < b \leqslant +\infty)$ 且 $c \in I$, 那么, f 在 I 上可积当且仅当它在 $(a,c]$ 和 $[c,b)$ 上都可积. 此时有 $\displaystyle\int_{(a,b)} f = \int_{(a,c]} f + \int_{[c,b)} f$;

(ii) 如果 $I = [a,b)(-\infty < a < b \leqslant +\infty)$ 且 $c \in (a,b)$, 那么, f 在 I 上可积当且仅当 f 在 $[c,b)$ 上可积.

实际应用:

* 为证明一个在 $(0,+\infty)$ 上分段连续的函数可积, 我们证明它在 $(0,1]$ 和 $[1,+\infty)$ 上都可积.

* 为证明一个在 $\mathbb{R}$ 上分段连续的函数可积, 我们证明它在 $[a,+\infty)$ 和 $(-\infty,b]$ 上都可积, 其中 $a>0$ 且 $b<0$.

注: 因此, 对分段连续的正值函数而言,

* 我们称 f 在 $+\infty$ 的邻域内可积, 若存在 $a>0$ 使得 f 在 $[a,+\infty)$ 上可积.

* 同样地, 我们称 f 在 $-\infty$ 的邻域内可积, 若存在 $b<0$ 使得 f 在 $(-\infty,b]$ 上可积.

* 这将证明使用等价式来确定积分的性质是合理的 (见 2.1.5 小节).

例 2.1.2.8 证明 $f: x \longmapsto \dfrac{e^{-x^2}}{\sqrt{x}}$ 在 $(0,+\infty)$ 上可积. 显然, f 在 $(0,+\infty)$ 上连续(从而分段连续)且恒正.

* 对任意 $x \in (0,1]$, $f(x) \leqslant \dfrac{1}{\sqrt{x}}$, 并且已知 $x \longmapsto \dfrac{1}{\sqrt{x}}$ 在 $(0,1]$ 上可积. 因此, f 在 $(0,1]$ 上可积.

* 对任意实数 t, $e^t \geqslant 1+t$. 因此, 对任意实数 $x \geqslant 1$, $e^{x^2} \geqslant 1+x^2 > 0$, 从而 $e^{-x^2} \leqslant \dfrac{1}{1+x^2}$. 又因为, 对 $x \geqslant 1$, $\sqrt{x} \geqslant 1$, 故 $f(x) \leqslant \dfrac{1}{1+x^2}$. 此外, $x \longmapsto \dfrac{1}{1+x^2}$ 在 $[1,+\infty)$ 上分段连续、恒正且可积. 所以, f 在 $[1,+\infty)$ 上可积.

这证得 f 在 $(0,+\infty)$ 上可积.

习题 2.1.2.9　证明 $x \longmapsto \dfrac{\sin^2(x)}{x^2}$ 在 $(0, +\infty)$ 上可积.

命题 2.1.2.10　设 f 是一个在 I 上分段连续、恒正且可积的函数, I_1 是 I 的一个子区间. 那么,

$$\int_{I_1} f = \int_I \chi_{I_1} f.$$

证明:

- 首先, $0 \leqslant \chi_{I_1} f \leqslant f$. 又因为 f 在 I 上可积, 故 $\chi_{I_1} f$ 也在 I 上可积.

- 其次, 为证明两个积分相等, 只需应用 "Chasles 关系式".

例如, 考虑 $\inf I < \inf I_1 = \alpha$ 且 $\beta = \sup I_1 < \sup I$ 的情况. 记

$$I_0 = I \cap (-\infty, \alpha], \quad I_2 = I \cap [\beta, +\infty),$$

我们有

$$\int_I \chi_{I_1} f = \int_{I_0} \chi_{I_1} f + \int_{I_1} \chi_{I_1} f + \int_{I_2} \chi_{I_1} f.$$

又因为 $\chi_{I_1} f$ 在 I_0 和 I_2 上恒为零(在 α 或 β 处可能除外), 所以我们有

$$\int_{I_0} \chi_{I_1} f = \int_{I_2} \chi_{I_1} f = 0.$$

$\boxtimes$

实际应用:

我们经常需要研究形如 $\left(\displaystyle\int_0^n f_n(x)\,\mathrm{d}x \right)$ 的序列的收敛性. 问题是积分区间随着 n 的变化而变化, 所以没有适用的定理. 另一方面, 通过令 $g_n = \chi_{[0,n]} f_n$, 我们得到定义在 $[0, +\infty)$ 上的函数(这是一个固定的区间, 即不依赖于 n). 简单地说, 有

$$\forall n \in \mathbb{N}, \quad \int_0^n f_n(x)\,\mathrm{d}x = \int_{[0,+\infty)} g_n.$$

因此, 收敛定理可以应用于定义在 $[0, +\infty)$ 上的函数序列 $(g_n)_{n \in \mathbb{N}}$.

2.1.3　与广义积分收敛性的联系

回顾以下定义.

定义 2.1.3.1 设 $f \in \mathcal{C}_{0,m}([a,b),\mathbb{K})$, 其中 $-\infty < a < b \leqslant +\infty$.

- 我们称广义积分 $\int_a^b f(t)\,\mathrm{d}t$ 收敛(或"是收敛的"), 若 $\lim\limits_{\substack{x \to b \\ x < b}} \int_{[a,x]} f(t)\,\mathrm{d}t$ 存在且有限. 此时, 我们令 $\int_a^b f(t)\,\mathrm{d}t = \lim\limits_{\substack{x \to b \\ x < b}} \int_a^x f(t)\,\mathrm{d}t$.

- 若当 x 趋于 b 时 $x \longmapsto \int_a^x f(t)\,\mathrm{d}t$ 没有极限或有无穷极限, 则称积分 $\int_a^b f(t)\,\mathrm{d}t$ 发散(或"是发散的").

注:

- 有时也记
$$\int_{[a,b)} f = \lim_{\substack{x \to b \\ x < b}} \int_a^x f(t)\,\mathrm{d}t,$$
并称 $\int_a^b f(t)\,\mathrm{d}t$ 为广义积分或反常积分.

- 如果 f 在 $[a,b]$ 上分段连续, 那么广义积分 $\int_a^b f(t)\,\mathrm{d}t$ 收敛, 并且我们有
$$\int_a^b f(t)\,\mathrm{d}t = \int_{[a,b]} f.$$

- 对任意 $c \in [a,b)$, $\int_a^b f(t)\,\mathrm{d}t$ 和 $\int_c^b f(t)\,\mathrm{d}t$ 有相同的敛散性(即其中一个收敛当且仅当另一个收敛).

- 根据定义, 如果 $\int_{[a,b)} f$ 收敛, 则 $\lim\limits_{\substack{x \to b \\ x < b}} \int_x^b f = 0$.

定义 2.1.3.2 设 $f \in \mathcal{C}_{0,m}((a,b],\mathbb{K})$, 其中 $-\infty \leqslant a < b < +\infty$.

- 我们称广义积分 $\int_a^b f(t)\,\mathrm{d}t$ 收敛(或"是收敛的"), 若 $\lim\limits_{\substack{x \to a \\ x > a}} \int_{[x,b]} f(t)\,\mathrm{d}t$ 存在且有限. 此时, 我们令 $\int_a^b f(t)\,\mathrm{d}t = \lim\limits_{\substack{x \to a \\ x > a}} \int_x^b f(t)\,\mathrm{d}t$.

- 如果当 x 趋于 a 时 $x \longmapsto \int_x^b f(t)\,\mathrm{d}t$ 没有极限或有无穷极限, 我们称积分 $\int_a^b f(t)\,\mathrm{d}t$ 发散(或"是发散的").

定义 2.1.3.3 设 $f \in \mathcal{C}_{0,m}((a,b), \mathbb{K})$, 其中 $-\infty \leqslant a < b \leqslant +\infty$.

- 我们称广义积分 $\int_a^b f(t)\,\mathrm{d}t$ 收敛(或 "是收敛的"), 若 $\lim\limits_{\substack{x \to a^+ \\ y \to b^-}} \int_{[x,y]} f(t)\,\mathrm{d}t$ 存在且有限.

  此时, 我们令 $\int_{(a,b)} f = \int_a^b f(t)\,\mathrm{d}t = \lim\limits_{\substack{x \to a^+ \\ y \to b^-}} \int_x^y f(t)\,\mathrm{d}t$.

- 否则, 我们称积分 $\int_a^b f(t)\,\mathrm{d}t$ 发散(或 "是发散的").

习题 2.1.3.4 证明积分 $\int_0^{+\infty} \dfrac{\mathrm{d}x}{1+x^2}$ 收敛并计算积分值.

习题 2.1.3.5 证明 $\int_0^{+\infty} \dfrac{\sin x}{x}\,\mathrm{d}x$ 收敛(可以使用分部积分法).

命题 2.1.3.6 设函数 f 在 $I=(a,b)$ 上分段连续且恒正, 其中 $-\infty \leqslant a < b \leqslant +\infty$. 那么,

$$f \text{ 在 } I \text{ 上可积} \iff \int_a^b f(x)\,\mathrm{d}x \text{ 收敛}.$$

当上述两个条件之一成立时, 我们有

$$\int_{(a,b)} f = \int_a^b f(x)\,\mathrm{d}x.$$

证明:

我们知道(参见《大学数学基础 2》), 当 f 在 $I = (a,b)$ 上分段连续且恒正时, 有

$$\int_a^b f(x)\,\mathrm{d}x \text{ 收敛} \iff \exists M \in \mathbb{R}^+, \forall J \in S(I), \int_J f \leqslant M.$$

并且此时有 $\int_a^b f(x)\,\mathrm{d}x = \sup\limits_{J \in S(I)} \int_J f$. 这正是命题的结论. $\boxtimes$

注:

- 当然, 对于 $I = [a,b)$ 或 $I = (a,b]$ 也有相同的性质.
- 因此, 对于在一个区间上分段连续的正值函数, 函数可积和积分收敛的概念是相同的. 稍后我们将看到, 对于符号不恒定或复值的函数, 情况并非如此.
- 因此, 这为证明正值函数的可积性和计算其积分提供了一种实用的方法.

习题 2.1.3.7 证明函数 $f : x \longmapsto \dfrac{3x}{1+x^3}$ 在 $[0,+\infty)$ 上可积, 并计算 $\displaystyle\int_{[0,+\infty)} f$.

2.1.4 参考积分

命题 2.1.4.1(Riemann(黎曼)判据) 设 $\alpha \in \mathbb{R}$, $f : x \longmapsto \dfrac{1}{x^{\alpha}}$. 我们有

(i) f 在 $(0,1]$ 上可积当且仅当 $\alpha < 1$;
(ii) f 在 $[1,+\infty)$ 上可积当且仅当 $\alpha > 1$.

证明:

因为 f 在 $(0,1]$(或 $[1,+\infty)$)上分段连续且恒正, 所以 f 在 $(0,1]$(或 $[1,+\infty)$)上可积当且仅当 $\displaystyle\int_0^1 f(x)\,\mathrm{d}x$ 收敛(或 $\displaystyle\int_1^{+\infty} f(x)\,\mathrm{d}x$ 收敛). 然后由《大学数学基础 2》的课程内容可得结论. ⊠

习题 2.1.4.2 我们如何得到这个结果?

命题 2.1.4.3 设 $a \in \mathbb{R}$, $f : x \longmapsto e^{-ax}$. 那么 f 在 $[0,+\infty)$ 上可积当且仅当 $a > 0$. 此时有
$$\int_{[0,+\infty)} f = \frac{1}{a}.$$

证明:

显然! ⊠

命题 2.1.4.4(Bertrand(贝特朗)判据) 设 $(\alpha,\beta) \in \mathbb{R}^2$. 那么, 函数 $x \longmapsto \dfrac{1}{x^{\alpha}(\ln x)^{\beta}}$ 在 $[e,+\infty)$ 上可积当且仅当 $\alpha > 1$ 或($\alpha = 1$ 且 $\beta > 1$).

证明:

我们将在下一小节的习题中证明这个命题. ⊠

⚠ **注意**: 积分的 Bertrand 判据适用于积分区间是 $[a, +\infty)(a > 1)$ 的情况, 但不适用于积分区间是 $[1, +\infty)$ 或 $(1, +\infty)$ 的情况. 事实上, 对 $\beta > 0$, $x \longmapsto \dfrac{1}{x^\alpha(\ln x)^\beta}$ 在 $(1, +\infty)$ 上连续, 但在 $[1, +\infty)$ 上不连续. 因此需要研究函数在 1 的邻域内的可积性(参见2.2节).

推论 2.1.4.5(Bertrand(贝特朗)判据) 设 $(\alpha, \beta) \in \mathbb{R}^2$. 那么, 函数 $x \longmapsto \dfrac{1}{x^\alpha(|\ln x|)^\beta}$ 在 $\left(0, \dfrac{1}{e}\right]$ 上可积当且仅当 $\alpha < 1$ 或($\alpha = 1$ 且 $\beta > 1$).

证明:

只需令 $t = \dfrac{1}{x}$ 进行换元(见 2.3.4 小节)并应用上述命题的结论. ⊠

2.1.5 正值函数可积性的判据

由于可积和积分收敛的概念对分段连续的正值函数而言是相同的, 故可以应用在《大学数学基础 2》中所学的积分收敛的法则.

定理 2.1.5.1 设 f 和 g 是两个在区间 $[a, b)(-\infty < a < b \leqslant +\infty)$ 上分段连续且<u>恒正</u>的函数. 我们有

(i) 如果 $f \underset{b}{\sim} g$, 那么,

$$f \text{ 在 } [a, b) \text{ 上可积} \iff g \text{ 在 } [a, b) \text{ 上可积}.$$

(ii) 如果 $f \underset{b}{=} o(g)$ 且 g 在 $[a, b)$ 上可积, 那么 f 在 $[a, b)$ 上可积.

(iii) 如果 $f \underset{b}{=} O(g)$ 且 g 在 $[a, b)$ 上可积, 那么 f 在 $[a, b)$ 上可积.

证明:

• 证明 (iii).

假设 $f \underset{b}{=} O(g)$ 且 $\displaystyle\int_a^b g$ 收敛. 由定义知, 存在 $M > 0$ 和 $c \in [a, b)$ 使得, 对任意 $x \in [c, b)$, $|f(x)| \leqslant M|g(x)|$. 由于 f 和 g 是正值函数, 故有

$$\forall x \in [c, b), 0 \leqslant f(x) \leqslant Mg(x).$$

所以, 对任意 $x \in [c, b)$, 有

$$\int_c^x f(t)\,\mathrm{d}t \leqslant M \int_c^x g(t)\,\mathrm{d}t \leqslant M \int_c^b g(t)\,\mathrm{d}t \leqslant M \int_a^b g(t)\,\mathrm{d}t.$$

因此, 对任意闭区间 $J \subset [c,b)$, $\int_J f \leqslant M \int_a^b g$. 根据正值函数的积分收敛定理, $\int_c^b f$ 收敛, 这相当于说 $\int_a^b f$ 收敛.

● 证明 (ii).

如果 $f \underset{b}{=} o(g)$, 那么 $f \underset{b}{=} O(g)$. 由 (iii) 可得结论.

● 证明 (i).

假设 $f \underset{b}{\sim} g$. 那么有 $f \underset{b}{=} O(g)$ 且 $g \underset{b}{=} O(f)$. 由 (iii) 可得

$$\int_a^b g \text{ 收敛} \implies \int_a^b f \text{ 收敛} \quad \text{且} \quad \int_a^b f \text{ 收敛} \implies \int_a^b g \text{ 收敛}.$$

因此 (i) 成立. ⊠

应用: 证明积分的 Bertrand 判据.

习题 2.1.5.2 证明:

1. 函数 $|\ln|$ 在 $(0,1]$ 上可积;

2. 对任意 $(a,b) \in \mathbb{R}^2$, $x \longmapsto e^{-x^2+ax+b}$ 在 $\mathbb{R}$ 上可积.

习题 2.1.5.3 对 $(\alpha,\beta) \in \mathbb{R}^2$ 确定 $x \longmapsto \dfrac{\ln(1+x^\alpha)}{x^\beta}$ 在 $(0,+\infty)$ 上可积的充分必要条件.

命题 2.1.5.4 设 $a \in \mathbb{R}$, f 在 $I = [a,+\infty)$ 上分段连续且恒正, $(x_n)_{n \in \mathbb{N}}$ 是 I 中的一个递增的序列使得 $\lim\limits_{n \to +\infty} x_n = +\infty$. 那么, 以下性质相互等价:

(i) f 在 I 上可积;

(ii) 以 $u_n = \displaystyle\int_{x_n}^{x_{n+1}} f(x)\,\mathrm{d}x$ 为通项的级数是收敛的.

当上述等价条件之一成立时, 我们有

$$\int_{[x_0,+\infty)} f = \sum_{n=0}^{+\infty} u_n.$$

证明:

- 首先, 由于 $x_0 \in [a, +\infty)$, 故 f 在 $[a, +\infty)$ 上可积当且仅当它在 $[x_0, +\infty)$ 上可积.

- 对 $n \in \mathbb{N}$, 令 $J_n = [x_0, x_n]$, 则序列 $(J_n)_{n \in \mathbb{N}}$ 是 $[x_0, +\infty)$ 的一个穷举序列. 根据正值函数可积性的刻画定理,

$$f \text{ 在 } [x_0, +\infty) \text{ 上可积} \iff \left(\int_{J_n} f \right)_{n \in \mathbb{N}} \text{ 收敛.}$$

又因为, 对任意 $n \geqslant 1$, $\int_{J_n} f = \sum_{k=0}^{n-1} \int_{x_k}^{x_{k+1}} f(x)\,\mathrm{d}x = \sum_{k=0}^{n-1} u_k$. 所以, 函数 f 在区间 $[a, +\infty)$ 上可积当且仅当 $\sum u_n$ 收敛. 此外, 在这些条件下, 我们有

$$\int_{[x_0, +\infty)} f = \lim_{n \to +\infty} \int_{J_n} f = \lim_{n \to +\infty} \sum_{k=0}^{n-1} u_k = \sum_{n=0}^{+\infty} u_n. \qquad \boxtimes$$

⚠ **注意:** 如果去掉 f 是正值函数的假设, 这个定理就是错误的! 当我们对复值函数定义了可积函数的概念时, 将会看到这一点. 例如, 以 $u_n = \displaystyle\int_{2n\pi}^{(2n+2)\pi} \sin(x)\,\mathrm{d}x$ 为通项的级数是通项为 0 的级数, 故 $\sum u_n$ 收敛(到 0), 然而积分 $\displaystyle\int_0^{+\infty} \sin(x)\,\mathrm{d}x$ 是发散的, 因为余弦函数在 $+\infty$ 处没有极限.

例 2.1.5.5 证明函数 $f : x \longmapsto xe^{-x^3|\sin(x)|}$ 在 $[0, +\infty)$ 上可积.

- 显然, f 在 $[0, +\infty)$ 上连续(从而分段连续)且恒正. 由上述命题知, f 在 $[0, +\infty)$ 上可积当且仅当以 $u_n = \displaystyle\int_{n\pi}^{(n+1)\pi} f(x)\,\mathrm{d}x$ 为通项的级数是收敛的.

- 对任意 $n \in \mathbb{N}$, 我们有

$$0 \leqslant u_n = \int_0^{\pi} (n\pi + x)e^{-(n\pi+x)^3 \sin(x)}\,\mathrm{d}x \leqslant (n+1)\pi \int_0^{\pi} e^{-n^3\pi^3 \sin(x)}\,\mathrm{d}x.$$

此外, 由于对任意实数 x, $\sin(\pi - x) = \sin(x)$, 故有

$$\int_0^{\pi} e^{-n^3\pi^3 \sin(x)}\,\mathrm{d}x = 2\int_0^{\frac{\pi}{2}} e^{-n^3\pi^3 \sin(x)}\,\mathrm{d}x.$$

正弦函数在 $\left[0, \frac{\pi}{2}\right]$ 上是凹的, 因此有: $\forall x \in \left[0, \frac{\pi}{2}\right]$, $\frac{2x}{\pi} \leqslant \sin(x)$. 从而,

$$\forall n \in \mathbb{N}, 0 \leqslant u_n \leqslant 2(n+1)\pi \int_0^{\frac{\pi}{2}} e^{-2n^3\pi^2 x}\,\mathrm{d}x \leqslant \frac{n+1}{n^3\pi}.$$

- 因为 $\frac{n+1}{n^3\pi} = O\left(\frac{1}{n^2}\right)$, 所以 $\sum u_n$ 收敛. 因此, f 在 $[0, +\infty)$ 上可积.

注： 上述例子中的函数 f 在 $[0, +\infty)$ 上可积. f 在 $+\infty$ 处有极限吗? f 在 $+\infty$ 的邻域内有界吗?

记住： **级数和函数积分之间的类比**

因此, 正项级数的定理与正值函数积分的定理有很强的相似性:

- 比较规则是相同的;
- 参考级数和参考积分是"相同的", 收敛判据也是相同的;
- 比较关系的求和(或积分)定理是相同的(见下一小节).

另一方面, 一个基本的区别是明显发散(divergence grossière)的概念:

* 对级数来说, $\sum u_n$ 收敛意味着 $(u_n)_{n \in \mathbb{N}}$ 趋于 0;
* 对函数来说, f 在 $[a, +\infty)$ 上可积 **并不意味着** $\lim\limits_{x \to +\infty} f(x) = 0$, **也不意味着** f 在 $+\infty$ 的邻域内有界!

习题 2.1.5.6 证明: 如果 f 在 $[0, +\infty)$ 上分段连续且可积, 并且 f 在 $+\infty$ 处有极限, 那么

$$\lim_{x \to +\infty} f(x) = 0.$$

习题 2.1.5.7 证明: 如果 f 在 $[0, +\infty)$ 上分段连续、恒正、单调递减且可积, 那么

$$\lim_{x \to +\infty} f(x) = 0.$$

习题 2.1.5.8 证明: 若 f 在 $[0, +\infty)$ 上一致连续且 $\int_0^{+\infty} f$ 收敛, 则 $\lim\limits_{x \to +\infty} f(x) = 0$.

2.1.6 比较关系的积分

在《大学数学进阶 1》的数项级数内容中, 我们看到, 可以对正项级数的等价式"求和", 以确定收敛级数的余项或发散级数的部分和的等价表达式. 考虑到级数和积分之间的类比, 对于收敛积分的余项或发散积分的"部分积分", 得到类似的结果是完全合乎逻辑的.

定理 2.1.6.1(比较关系的积分定理)　设 f 和 g 是两个在 $I = [a, b)$ 上分段连续且恒正的函数. 我们有:

(i) 假设 $f = o(g)$. 那么,

    (a) 若 g 在 $[a, b)$ 上可积, 则 f 也在 $[a, b)$ 上可积, 且有 $\displaystyle\int_x^b f \underset{x \to b}{=} o\left(\int_x^b g\right)$;

    (b) 若 g 在 $[a, b)$ 上不可积, 则我们无法据此判断 f 的可积性, 但有

$$\int_a^x f \underset{x \to b}{=} o\left(\int_a^x g\right).$$

(ii) 假设 $f = O(g)$. 那么,

    (a) 若 g 在 $[a, b)$ 上可积, 则 f 也在 $[a, b)$ 上可积, 且有 $\displaystyle\int_x^b f \underset{x \to b}{=} O\left(\int_x^b g\right)$;

    (b) 若 g 在 $[a, b)$ 上不可积, 则我们无法据此判断 f 的可积性, 但有

$$\int_a^x f \underset{x \to b}{=} O\left(\int_a^x g\right).$$

(iii) 假设 $f \underset{b}{\sim} g$. 那么, g 在 $[a, b)$ 上可积当且仅当 f 在 $[a, b)$ 上可积. 并且,

    (a) 如果 f 和 g 都在 $[a, b)$ 上可积, 那么 $\displaystyle\int_x^b f \underset{x \to b}{\sim} \int_x^b g$;

    (b) 如果 f 和 g 都在 $[a, b)$ 上不可积, 那么 $\displaystyle\int_a^x f \underset{x \to b}{\sim} \int_a^x g$.

证明:

- 证明 (i).
  - ＊ 证明(a).

    已证过由 g 可积可以推出 f 可积. 下面证明当 g 可积时积分余项的关系. 设 $\varepsilon > 0$. 由 $f = o(g)$ 知, 存在 $c \in [a, b)$ 使得:

    $$\forall x \in [c, b), \ |f(x)| \leqslant \varepsilon |g(x)|.$$

    因为 f 和 g 恒正, 所以有

    $$\forall x \in [c, b), \ 0 \leqslant f(x) \leqslant \varepsilon g(x).$$

    设 $x \in [c, b)$. 由于 f 和 g 都可积, 故它们在 $[x, b)$ 上可积且在这个区间上有 $0 \leqslant f \leqslant \varepsilon g$. 因此,

    $$0 \leqslant \int_x^b f(t)\, \mathrm{d}t \leqslant \int_x^b \varepsilon g(t)\, \mathrm{d}t.$$

    从而有

$$\forall x \in [c, b), \; \left| \int_x^b f(t)\,dt \right| \leqslant \varepsilon \left| \int_x^b g(t)\,dt \right|.$$

这证得 $\displaystyle\int_x^b f \underset{x \to b}{=} o\left(\int_x^b g \right)$.

* 证明(b).

假设 g 不是可积的. 那么, $x \longmapsto \displaystyle\int_a^x g(t)\,dt$ 在 $[a, b)$ 上单调递增且没有上界, 所以它在 b 处以 $+\infty$ 为极限.

设 $\varepsilon > 0$. 存在 $c \in [a, b)$ 使得: $\forall x \in [c, b), \, 0 \leqslant f(x) \leqslant \varepsilon g(x)$. 那么, 对任意 $x \in [c, b)$, 有

$$\begin{aligned}
0 \leqslant \int_a^x f(t)\,dt = \int_a^c f(t)\,dt &+ \int_c^x f(t)\,dt \\
&\leqslant \int_a^c f(t)\,dt + \varepsilon \int_c^x g(t)\,dt \\
&\leqslant \int_a^c f(t)\,dt + \varepsilon \int_a^x g(t)\,dt.
\end{aligned}$$

又因为 $\displaystyle\lim_{x \to b} \int_a^x g(t)\,dt = +\infty$, 所以存在 $d \in [a, b)$ 使得

$$\forall x \in [d, b), \, 0 \leqslant \int_a^c f(t)\,dt \leqslant \varepsilon \int_a^x g(t)\,dt.$$

取 $u = \max(d, c) \in [a, b)$, 我们有

$$\forall x \in [u, b), \, 0 \leqslant \int_a^x f(t)\,dt \leqslant 2\varepsilon \int_a^x g(t)\,dt.$$

由此证得 $\displaystyle\int_a^x f \underset{x \to b}{=} o\left(\int_a^x g \right)$.

• (ii) 的证明是几乎完全相同的, 唯一的区别是: 存在 $\varepsilon > 0$ 和 $c \in [a, b)$ 使得在 $[c, b)$ 上有 $0 \leqslant f \leqslant \varepsilon g$.

• (iii) 的证明留作练习, 下面给出证明的中心思想.

* 如果 f 和 g 都可积, 那么 $\displaystyle\int_I (f - g)$ 和 $\displaystyle\int_I |f - g|$ 都是收敛的;

* $|f - g| = o(g)$, 故由 (i) 知, $\displaystyle\int_x^b |f - g| = o\left(\int_x^b g \right)$;

* 最后, $\displaystyle\int_x^b (f - g) = O\left(\int_x^b |f - g| \right)$;

* 如果 f 和 g 都不可积, 我们有 $\displaystyle\int_a^x (f - g) = O\left(\int_a^x |f - g| \right)$, 以及由 (i) 知, $\displaystyle\int_a^x |f - g| = o\left(\int_a^x f \right)$. $\boxtimes$

通常, 为确定当 x 趋于 b 时以下积分的等价表达式:

$$\int_a^x g(t)\,\mathrm{d}t \quad \text{或} \quad \int_x^b g(t)\,\mathrm{d}t,$$

▶ **方法:** 其中 g 是分段连续且恒正的(我们不知道它的原函数的显式表达式), 我们寻求一个 $\mathcal{C}^1$ 的函数 f 使得

$$f' \underset{b}{\sim} g.$$

一般来说, f 的计算是 "相当简单的", 因为基本上只有两种选择(见下面的例子).

例 2.1.6.2 确定 Gauss(高斯)积分的余项的等价表达式, 即 $\displaystyle\int_x^{+\infty} e^{-t^2}\,\mathrm{d}t$ 在 $+\infty$ 处的等价表达式.

- 首先, $g: x \longmapsto e^{-x^2}$ 在 $\mathbb{R}$ 上连续且恒正. 所以, 它在 $\mathbb{R}$ 上可积当且仅当它在 $[1,+\infty)$ 和 $(-\infty,-1]$ 上都可积. 另一方面, $g(x) \underset{x\to\pm\infty}{=} o\left(\dfrac{1}{x^2}\right)$ 且由 Riemann 判据知, 函数 $x \longmapsto \dfrac{1}{x^2}$ 在 $[1,+\infty)$ 和 $(-\infty,-1]$ 上可积. 所以, 函数 g 在 $\mathbb{R}$ 上可积, 从而证得, 函数 $F: x \longmapsto \displaystyle\int_x^{+\infty} e^{-t^2}\,\mathrm{d}t$ 在 $\mathbb{R}$ 上良定义.

- 为确定 F 在 $+\infty$ 处的等价表达式, 我们应用上述方法, 即寻求一个在 $+\infty$ 的邻域内 $\mathcal{C}^1$ 的函数 f 使得 $f' \underset{+\infty}{\sim} g$. 因此, 想法如下:

  * 要么 "乘以 x", 即考虑函数 f_1 定义为 $f_1(x) = xe^{-x^2}$, 从而 f_1 的导函数表达式包含 g 的表达式;

  * 要么 "除以 $-\dfrac{1}{2x}$", 即考虑函数 f_2 定义为 $f_2(x) = \dfrac{-e^{-x^2}}{2x}$, 从而它的导函数也包含 g.

  计算可知, f_1 和 f_2 都在 $[1,+\infty)$ 上 $\mathcal{C}^1$, 并且对任意 $x \geqslant 1$, 有

  $$f_1'(x) = e^{-x^2} - 2x^2 e^{-x^2} \quad \text{和} \quad f_2'(x) = e^{-x^2} + \frac{e^{-x^2}}{2x^2}.$$

  因此,

  $$f_1(x) \underset{x\to+\infty}{\sim} -2x^2 e^{-x^2} \quad \text{和} \quad f_2'(x) \underset{x\to+\infty}{\sim} e^{-x^2}.$$

  所以, 我们选择 $f = f_2$. 从上述过程可知 $f'(x) \underset{x\to+\infty}{\sim} e^{-x^2}$. 因为函数都是正值的, 所以比较关系的积分定理适用, 从而得到

  $$\int_x^{+\infty} e^{-t^2}\,\mathrm{d}t \underset{x\to+\infty}{\sim} \int_x^{+\infty} f'(t)\,\mathrm{d}t, \quad \text{即} \quad \int_x^{+\infty} e^{-t^2}\,\mathrm{d}t \underset{x\to+\infty}{\sim} \frac{e^{-x^2}}{2x}.$$

习题 2.1.6.3 函数 $x \longmapsto \displaystyle\int_x^{+\infty} e^{-t^2}\,\mathrm{d}t$ 在 $[0,+\infty)$ 上可积吗? 在 $\mathbb{R}$ 上呢?

习题 2.1.6.4 证明 $x \longmapsto \dfrac{-1}{\ln x}$ 在 $\left(0, \dfrac{1}{e}\right]$ 上可积, 然后确定函数 $x \longmapsto \displaystyle\int_0^x \dfrac{-1}{\ln t}\,\mathrm{d}t$ 在 0 处的等价表达式.

2.2 实值或复值函数的积分

2.2.1 可积和积分的定义

> **定义 2.2.1.1** 设 f 是一个在 I 上分段连续、取值在 $\mathbb{K}$ 中的函数. 我们称 f 在 I 上可积若正值函数 $|f|$ 在 I 上可积.

<u>注:</u> 因此, 可积函数的概念与积分绝对收敛函数的概念是一样的.

例 2.2.1.2 函数 $f : x \longmapsto \dfrac{e^{ix}}{1+x^2}$ 在 $\mathbb{R}$ 上可积, 因为 $|f| : x \longmapsto \dfrac{1}{1+x^2}$ 在 $\mathbb{R}$ 上可积.

例 2.2.1.3 证明函数 $f : x \longmapsto \dfrac{\cos(x)}{\sqrt{x}(1+x)}$ 在 $(0,+\infty)$ 上可积.

- 首先, f 在 $(0,+\infty)$ 上连续(从而分段连续).

- 函数 $|f|$ 在 $(0,+\infty)$ 上连续且恒正. 并且,

  * $|f(x)| \underset{x \to 0^+}{\sim} \dfrac{1}{\sqrt{x}}$. 又因为, $x \longmapsto \dfrac{1}{\sqrt{x}}$ 在 $(0,1]$ 上连续、恒正且可积(Riemann 判据). 由正值函数的比较知, $|f|$ 在 $(0,1]$ 上可积.

  * 同理, $|f(x)| \underset{x \to +\infty}{=} O\left(\dfrac{1}{x\sqrt{x}}\right)$, 且 $x \longmapsto \dfrac{1}{x\sqrt{x}}$ 在 $[1,+\infty)$ 上分段连续、恒正且可积(根据 Riemann 判据, 这里 $\alpha = \dfrac{3}{2} > 1$). 因此, $|f|$ 在 $[1,+\infty)$ 上可积.

根据正值函数的可积性法则, $|f|$ 在 $(0,+\infty)$ 上可积, 故由定义知, f 在 $(0,+\infty)$ 上可积.

例 2.2.1.4 函数 $g : x \longmapsto \dfrac{\sin x}{x}$ 在 $(0,+\infty)$ 上不可积.

- 首先, $|g|$ 是定义在 $(0,+\infty)$ 上的连续函数, 且可以连续延拓到 0 处. 因此, $|g|$ 在 $(0,1]$ 上可积.

- 因为 $|g|$ 恒正, 所以由级数积分比较定理知, $|g|$ 在 $[1,+\infty)$ 上可积当且仅当通项为

$$u_n = \int_{n\pi}^{(n+1)\pi} \frac{|\sin x|}{x}\,\mathrm{d}x$$

的级数收敛.

• 设 $n \geqslant 1$. 那么有: $u_n = \int_0^\pi \frac{|\sin x|}{n\pi + x}\,\mathrm{d}x \geqslant \frac{1}{(n+1)\pi}\int_0^\pi |\sin x|\,\mathrm{d}x$. 即对任意自然数 $n \geqslant 1$, $u_n \geqslant \frac{2}{\pi(n+1)}$. 又因为, 通项为 $\frac{2}{\pi(n+1)}$ 的级数是发散的正项级数. 由正项级数的比较知, $\sum u_n$ 发散. 这证得 g 在 $(0, +\infty)$ 上不可积.

⚠️ **注意:** 上述例子说明了 g 在 $(0, +\infty)$ 上不可积, 但是积分 $\int_0^{+\infty} \frac{\sin t}{t}\,\mathrm{d}t$ 是收敛的. 因此, 不能混淆这两个概念!

⚠️ **注意:** 因此, 我们必须小心所使用的符号! 记号 $\int_0^{+\infty} f$ 可以表示一个收敛的积分, 也可以表示一个可积函数的积分.

定理 2.2.1.5(积分的定义) 设 f 是一个在区间 I 上分段连续的函数.

(i) 假设 f 是实值的. 我们分别记 f_+ 和 f_- 为 f 的正部和负部, 即
$$f_+ = \max(f, 0) \quad \text{和} \quad f_- = \max(-f, 0),$$
那么有
$$f \text{ 在 } I \text{ 上可积} \iff f_+ \text{ 和 } f_- \text{ 都在 } I \text{ 上可积}.$$
当 f 在 I 上可积时, 我们定义 f 在 I 上的积分(记为 $\int_I f$)为
$$\int_I f = \int_I f_+ - \int_I f_-.$$

(ii) 假设 f 是复值的. 那么,
$$f \text{ 在 } I \text{ 上可积} \iff \mathrm{Re}(f) \text{ 和 } \mathrm{Im}(f) \text{ 都在 } I \text{ 上可积}.$$
当 f 在 I 上可积时, 我们定义 f 在 I 上的积分(记为 $\int_I f$)为
$$\int_I f = \left(\int_I \mathrm{Re}(f)\right) + i\left(\int_I \mathrm{Im}(f)\right).$$

证明:

• 证明 (i).
首先, 可以看出, 函数 f_+ 和 f_- 分段连续且恒正, 并且有
$$\forall x \in I, f_+(x) = \max(f(x), 0) = \frac{|f(x)| + f(x)}{2},$$
和
$$\forall x \in I, f_-(x) = \max(-f(x), 0) = \frac{|f(x)| - f(x)}{2}.$$

* 证明 $\Longrightarrow$

  假设 f 在 I 上可积. 根据前面的说明, 我们总是有

  $$0 \leqslant f_+ \leqslant |f| \text{ 和 } 0 \leqslant f_- \leqslant |f|.$$

  由正值函数的比较知, f_+ 和 f_- 在 I 上可积.

* 证明 $\Longleftarrow$

  假设 f_+ 和 f_- 都在 I 上可积. 因为 $|f| = f_+ + f_-$, 根据可积的正值函数的性质, $|f|$ 在 I 上可积. 所以, f 在 I 上可积.

● 证明 (ii).

  * 首先证明左边推出右边.

    假设 f 在 I 上可积, 即正值函数 $|f|$ 在 I 上可积. 由于

    $$0 \leqslant |\mathrm{Re}(f)| \leqslant |f| \text{ 和 } 0 \leqslant |\mathrm{Im}(f)| \leqslant |f|,$$

    故由正值函数的比较知, $|\mathrm{Re}(f)|$ 和 $|\mathrm{Im}(f)|$ 在 I 上可积, 即 $\mathrm{Re}(f)$ 和 $\mathrm{Im}(f)$ 都在 I 上可积.

  * 反过来, 如果 $\mathrm{Re}(f)$ 和 $\mathrm{Im}(f)$ 在 I 上可积, 那么 $|\mathrm{Re}(f)| + |\mathrm{Im}(f)|$ 在 I 上可积. 又因为 $0 \leqslant |f| \leqslant |\mathrm{Re}(f)| + |\mathrm{Im}(f)|$, 故 $|f|$ 也在 I 上可积. $\boxtimes$

<u>注:</u>

● 积分的定义是有意义的. 事实上, f_+ 和 f_- 是正值函数, 所以当它们可积时, 它们的积分 $\displaystyle\int_I f_+$ 和 $\displaystyle\int_I f_-$ 已在上一节定义过. 其次, 当 f 是复值的, 因为我们刚刚定义了可积的实值函数的积分, 所以, $\displaystyle\int_I \mathrm{Re}(f)$ 和 $\displaystyle\int_I \mathrm{Im}(f)$ 是有定义的.

● 这个定义很简单, 但在确定积分的性质或计算积分时却一点也不实用! 事实上, "正部"不是线性的, 所以不能写成 $f + g = (f_+ + g_+) - (f_- + g_-)$. 在下一节中, 我们将给出计算积分的实用方法, 并证明我们是"像往常一样"做的.

习题 2.2.1.6 设 $f : x \longmapsto \sin(x)e^{-x}$.

1. 证明 f 在 $[0, +\infty)$ 上可积.

2. 确定 f 的正部 f_+ 和负部 f_- 的表达式.

3. 用级数的和来表示 $\displaystyle\int_{[0,+\infty)} f_+$ 和 $\displaystyle\int_{[0,+\infty)} f_-$.

4. 导出 $\displaystyle\int_{[0,+\infty)} f$ 的值.

5. 直接计算 $\displaystyle\lim_{b \to +\infty} \int_0^b f(x)\,\mathrm{d}x$.

6. 我们能得出什么结论?

2.2.2 积分的性质

命题 2.2.2.1 设 $(f, g) \in \mathcal{C}_{0,m}(I, \mathbb{K})^2$, $(\lambda, \mu) \in \mathbb{K}^2$. 那么,

(i) 对任意 $c \in \overset{\circ}{I}$, 记 $I_1 = I \cap (-\infty, c]$ 和 $I_2 = I \cap [c, +\infty)$, 我们有

$$f \text{ 在 } I \text{ 上可积} \iff f \text{ 在 } I_1 \text{ 和 } I_2 \text{ 上可积}.$$

当 f 在 I 上可积时, 我们有 $\displaystyle\int_I f = \int_{I_1} f + \int_{I_2} f$.

(ii) 如果 f 在 $I = (a, b)$ (或 $I = [a, b)$ 或 $I = (a, b]$)上可积, 那么积分 $\displaystyle\int_a^b f$ 是收敛的, 且有 $\displaystyle\int_I f = \int_a^b f := \lim_{\substack{(x,y) \to (a,b) \\ x > a, y < b}} \int_{[x,y]} f$.

(iii) 如果 f 在 I 上可积, 那么对 I 的任意穷举序列 $(J_n)_{n \in \mathbb{N}}$, 有 $\displaystyle\lim_{n \to +\infty} \int_{J_n} f = \int_I f$.

(iv) 如果 f 和 g 在 I 上可积, 那么 $\lambda f + \mu g$ 在 I 上可积, 且 $\displaystyle\int_I (\lambda f + \mu g) = \lambda \int_I f + \mu \int_I g$.

(v) 如果 f 和 g 是在 I 上可积的**实值函数**, 且在 I 上有 $f \leqslant g$, 那么 $\displaystyle\int_I f \leqslant \int_I g$.

(vi) 如果 f 在 I 上可积, 那么 $\displaystyle\left| \int_I f \right| \leqslant \int_I |f|$.

(vii) 如果 f 在 I 上可积, 那么对任意区间 $J \subset I$, f 在 J 上可积, 且有 $\displaystyle\int_J f = \int_I f \chi_J$.

证明:

● 证明 (i).

由定义知, f 在 I 上可积等价于 $|f|$ 在 I 上可积, 以及由于 $|f| \geqslant 0$, 故 $|f|$ 在 I 上可积当且仅当它在 I_1 和 I_2 上都可积.

对于积分的等式, 首先考虑 f 为实值函数的情况. 由正值函数积分的性质, 我们有

$$\int_I f_+ = \int_{I_1} f_+ + \int_{I_2} f_+ \quad \text{和} \quad \int_I f_- = \int_{I_1} f_- + \int_{I_2} f_-.$$

因此,

$$\int_I f = \int_I f_+ - \int_I f_- = \int_{I_1} f_+ - \int_{I_1} f_- + \int_{I_2} f_+ - \int_{I_2} f_- = \int_{I_1} f + \int_{I_2} f.$$

我们证得结论对实值函数成立, 通过考虑复值函数的实部和虚部, 即可得到结论对复值函数也成立.

- 证明 (ii).

再一次, 只需证明 (ii) 对实值函数成立. 如果 f 是可积的实值函数, 那么 f_+ 和 f_- 都是可积的正值函数. 根据对正值函数的研究, 我们得到

$$\int_a^b f_+ = \int_I f_+ \quad \text{和} \quad \int_a^b f_- = \int_I f_-.$$

因此, 通过简单的极限运算(或收敛积分的性质), 可得 $f = f_+ - f_-$ 在 I 上的积分收敛, 且

$$\int_a^b f = \int_a^b f_+ - \int_a^b f_- = \int_I f_+ - \int_I f_- = \int_I f.$$

- 性质 (iii) 是性质 (ii) 的直接结果.

- 证明 (iv).

显然, $\lambda f + \mu g$ 是可积的, 因为 $|\lambda f + \mu g| \leqslant |\lambda| \times |f| + |\mu| \times |g|$. 又因为, $|f|$ 和 $|g|$ 是在 I 上可积的正值函数, 并且 $|\lambda| \geqslant 0$, $|\mu| \geqslant 0$, 根据对正值函数的研究, $|\lambda| \times |f| + |\mu| \times |g|$ 在 I 上可积, 故由正值函数的比较知, $|\lambda f + \mu g|$ 在 I 上可积. 积分的相等是 (ii) 或 (iii) 的结果, 因为我们已经证明了积分的线性性(对于收敛积分或闭区间上积分的线性性).

- 性质 (v) 可以由积分的线性性和正值函数积分的正性直接得到.

- 证明 (vi).

如果 f 是实值函数, 只需注意到 $-|f| \leqslant f \leqslant |f|$, 并应用 (v) 即可.

如果 f 是复值函数, 令 $r = \left| \int_I f \right|$.

如果 $r = 0$, 结论显然成立.

如果 $r \neq 0$, 设 θ 是 $\int_I f$ 的一个辐角. 那么, $\int_I f = re^{i\theta}$, 且

$$\left| \int_I f \right| = r = e^{-i\theta} \int_I f = \int_I e^{-i\theta} f = \int_I \mathrm{Re}(e^{-i\theta} f) + i \int_I \mathrm{Im}(e^{-i\theta} f).$$

又因为 $\left| \int_I f \right|$ 是实数, 故其虚部为零, 即 $\int_I \mathrm{Im}(e^{-i\theta} f) = 0$. 最后, 我们有

$$\mathrm{Re}(e^{-i\theta} f) \leqslant |e^{-i\theta} f| \leqslant |f|,$$

所以,

$$\int_I \mathrm{Re}(e^{-i\theta} f) \leqslant \int_I |f|,$$

因此

$$\left| \int_I f \right| = \int_I \mathrm{Re}(e^{-i\theta} f) \leqslant \int_I |f|.$$

- 性质 (vii) 是显然的. $\boxtimes$

2.2.3 空间 $L^1(I)$ 和 $L^2(I)$

命题 2.2.3.1(空间 $L^1(I)$ 的定义) 记 $L^1(I,\mathbb{K})$ 为所有在 I 上分段连续、取值在 $\mathbb{K}$ 中且在 I 上可积的函数的集合, 并记 $L_c^1(I,\mathbb{K}) = L^1(I,\mathbb{K}) \cap \mathcal{C}^0(I,\mathbb{K})$. 我们有:

(i) $L^1(I,\mathbb{K})$ 是一个 $\mathbb{K}$-向量空间, $L_c^1(I,\mathbb{K})$ 是 $L^1(I,\mathbb{K})$ 的一个向量子空间;

(ii) 积分是 $L^1(I,\mathbb{K})$ 上的一个线性型;

(iii) 映射

$$N_1 : \begin{array}{ccc} L^1(I,\mathbb{K}) & \longrightarrow & \mathbb{R}^+, \\ f & \longmapsto & \displaystyle\int_I |f| \end{array}$$

是 $L^1(I,\mathbb{K})$ 上的一个半范数, 即它满足范数定义中除 "定性" 外的所有条件, 也就是说, 它是正的而不是正定的.

(iv) N_1 是 $L_c^1(I,\mathbb{K})$ 上的一个范数.

证明:

- 性质 (i) 和 (ii) 是上一命题的直接结果.
- 证明 (iii) 和 (iv). 为此, 我们必须证明:
  * N_1 是正的, 以及在 $L_c^1(I)$ 上是正定的;
  * N_1 是齐次的: $\forall f \in L^1(I)$, $\forall \lambda \in \mathbb{K}$, $N_1(\lambda f) = |\lambda| \times N_1(f)$;
  * N_1 满足三角不等式.

  在这三个性质中, 唯一需要验证的是在 $L_c^1(I)$ 中的定性, 其他性质都是显然的. 设 $f \in L_c^1(I)$ 使得 $N_1(f) = 0$. 那么, 对任意闭子区间 $J \subset I$, 我们有

  $$0 \leqslant \int_J |f| \leqslant \int_I |f| = 0.$$

  又因为, $|f|$ 在闭区间 J 上连续、恒正且积分为零, 故 f 在 J 上恒为零. 这对所有包含于 I 的闭区间都成立, 所以 $f = 0$. $\boxtimes$

注: 和 $I = [a,b]$ 的情况类似,

- 1 范数通常记为 $\|\cdot\|_1$.
- 我们也称之为 I 上的平均收敛范数.
- 可以证明, 空间 $L_c^1(I)$ 在范数 $\|\cdot\|_1$ 下不是完备的. 以后你们可能会看到怎么对它进行 "完备化".

定义 2.2.3.2 记 $L^2(I,\mathbb{K})$ 为所有在 I 上分段连续、取值在 $\mathbb{K}$ 中使得 $|f|^2$ 在 I 上可积的函数 f 的集合. 记 $L_c^2(I,\mathbb{K}) = L^2(I,\mathbb{K}) \cap \mathcal{C}^0(I,\mathbb{K})$.

例 2.2.3.3 函数 $x \longmapsto \sin(x)e^{-x^2}$ 是 $L_c^2(\mathbb{R}, \mathbb{R})$ 中的一个函数. 事实上, 对任意实数 x, $|\sin(x)e^{-x^2}|^2 \leqslant e^{-2x^2}$, 且函数 $x \longmapsto e^{-2x^2}$ 在 $\mathbb{R}$ 上可积.

例 2.2.3.4 函数 $x \longmapsto \dfrac{e^{ix}}{x}$ 在 $[1, +\infty)$ 上不可积(因此它不在 $L^1([1, +\infty), \mathbb{C})$ 中), 但另一方面, 它在 $L^2([1, +\infty), \mathbb{C})$ 中.

命题 2.2.3.5($L^2(I, \mathbb{K})$ 上的内积或埃尔米特积)

(i) $\mathbb{K} = \mathbb{R}$ 的情况. 映射

$$\varphi : \begin{array}{rcl} L^2(I, \mathbb{R}) \times L^2(I, \mathbb{R}) & \longrightarrow & \mathbb{R}, \\ (f, g) & \longmapsto & \displaystyle\int_I f \times g \end{array}$$

   (a) 是良定义的;

   (b) 是双线性、对称且正的;

   (c) φ 在 $L_c^2(I, \mathbb{R}) \times L_c^2(I, \mathbb{R})$ 上的限制是 $L_c^2(I, \mathbb{R})$ 的一个内积;

   (d) 相应于 φ 的范数称为 2 范数(或均方收敛范数), 记为 $\|\cdot\|_2$.

(ii) $\mathbb{K} = \mathbb{C}$ 的情况. 映射

$$\psi : \begin{array}{rcl} L^2(I, \mathbb{C}) \times L^2(I, \mathbb{C}) & \longrightarrow & \mathbb{C}, \\ (f, g) & \longmapsto & \displaystyle\int_I \overline{f} \times g \end{array}$$

   (a) 是良定义的;

   (b) 是右线性的;

   (c) 是左半线性的:

$$\forall (f, g, h) \in L^2(I, \mathbb{C})^3, \forall (\lambda, \mu) \in \mathbb{C}^2, \psi(\lambda f + \mu g, h) = \overline{\lambda}\psi(f, h) + \overline{\mu}\psi(g, h);$$

   (d) 是埃尔米特对称的: $\forall (f, g) \in L^2(I, \mathbb{C})^2, \psi(g, f) = \overline{\psi(f, g)}$;

   (e) 是正的: $\forall f \in L^2(I, \mathbb{C}), \psi(f, f) \geqslant 0$;

   (f) ψ 在 $L_c^2(I, \mathbb{C}) \times L_c^2(I, \mathbb{C})$ 上的限制是定的, 即

$$\forall f \in L_c^2(I, \mathbb{C}), \ (\psi(f, f) = 0 \Longrightarrow f = 0).$$

<u>注:</u> 我们称 ψ 是 $\mathbb{C}$-向量空间 $L_c^2(I, \mathbb{C})$ 上的一个埃尔米特积. 我们称配备了该埃尔米特积的 $L_c^2(I, \mathbb{C})$ 是一个(复的) 准 Hilbert 空间.

> **推论 2.2.3.6 (Cauchy-Schwarz 不等式)** 设 f 和 g 在 I 上分段连续且平方可积(即 $|f|^2$ 和 $|g|^2$ 在 I 上可积). 那么, $f \times g$ 在 I 上可积, 且有
> $$\left| \int_I f \times g \right| \leqslant \int_I |f \times g| \leqslant \sqrt{\int_I |f|^2} \times \sqrt{\int_I |g|^2}.$$

命题的证明:

在所述的所有性质中, 只有两个需要证明: ψ 和 φ 是良定义的, 以及它们在连续函数空间上的限制是定的. 其他性质可由积分的线性性和单调性导出.

- 例如, 证明 ψ 是良定义的. 设 $(f,g) \in L^2(I)^2$. 那么有
$$|f \times g| \leqslant \frac{1}{2} \left(|f|^2 + |g|^2 \right).$$

又因为, 根据定义, $|f|^2$ 和 $|g|^2$ 在 I 上可积. 所以, $\frac{1}{2} \left(|f|^2 + |g|^2 \right)$ 在 I 上可积. 根据正值函数的比较法则, 可知 $|f \times g|$ 在 I 上可积.

- 证明 $\psi_{|L_c^2(I,\mathbb{C})}$ 是定的. 设 $f \in L_c^2(I,\mathbb{C})$. 如果 $\psi(f,f) = 0$, 那么 $\int_I |f|^2 = 0$. 因此, 对任意闭区间 $[a,b] \subset I$, 我们有
$$0 \leqslant \int_{[a,b]} |f|^2 \leqslant \int_I |f|^2 = 0.$$

所以, $\int_{[a,b]} |f|^2 = 0$. 又因为, $|f|^2$ 在 $[a,b]$ 上连续且恒正, 故根据闭区间上的积分的性质, $|f|^2_{|[a,b]} = 0$, 所以 $|f|^2$ 在 I 的任意闭子区间上恒为零, 即 f 在 I 上恒为零. $\boxtimes$

Cauchy-Schwarz 不等式的证明:

这个证明已经在关于欧几里得空间的课程内容(《大学数学基础 2》)中讲过了. 以下是证明的主要思想:

* 对 $(f,g) \in L^2(I)^2$, $t \longmapsto \psi(f+tg, f+tg)$ 在 $\mathbb{R}$ 上恒正;

* 如果 $\int_I |g|^2 \neq 0$, 这是一个二次多项式函数;

* 所以, 此时它的判别式小于等于零;

* 如果 $\int_I |g|^2 = 0$, 那么在任意闭区间 $[a,b] \subset I$ 上, $g_{|[a,b]}$ 在除有限个点外恒为零. 所以, $f \times g$ 在 $[a,b]$ 上的限制除了有限个点外恒为零. 因此, $\int_{[a,b]} |f \times g| = 0$. 这对任意闭子区间都成立, 所以 $\int_I |f \times g| = 0$, 因此 Cauchy-Schwarz 不等式仍然成立. $\boxtimes$

2.2.4 比较关系的积分

定理 2.2.4.1 设 f 是一个在 $I = [a, b)$ 上分段连续的复值函数, g 是一个在 I 上分段连续的<u>正值函数</u>. 我们有:

(i) 假设 $f = O(g)$. 那么,

  (a) 如果 g 在 I 上可积, 那么 f 也在 I 上可积, 且 $\displaystyle\int_x^b f \underset{x \to b}{=} O\left(\int_x^b g\right)$.

  (b) 如果 g 在 I 上不可积, 那么我们无法据此判断 f 的可积性, 但我们有

$$\int_a^x f \underset{x \to b}{=} O\left(\int_a^x g\right).$$

(ii) 假设 $f = o(g)$. 那么,

  (a) 如果 g 在 I 上可积, 那么 f 也在 I 上可积, 且 $\displaystyle\int_x^b f \underset{x \to b}{=} o\left(\int_x^b g\right)$.

  (b) 如果 g 在 I 上不可积, 那么我们无法据此判断 f 的可积性, 但我们有

$$\int_a^x f \underset{x \to b}{=} o\left(\int_a^x g\right).$$

(iii) 假设 $f \underset{b}{\sim} g$. 那么,

$$f \text{ 在 } I \text{ 上可积} \iff g \text{ 在 } I \text{ 上可积}.$$

  (a) 如果 g 在 I 上可积, 那么 f 也在 I 上可积, 且 $\displaystyle\int_x^b f \underset{x \to b}{\sim} \int_x^b g$.

  (b) 如果 g 在 I 上不可积, 那么 f 也在 I 上不可积, 且 $\displaystyle\int_a^x f \underset{x \to b}{\sim} \int_a^x g$.

<u>证明:</u>

• 证明 (i).

假设 $f = O(g)$. 由定义知, 存在 $\varepsilon > 0$ 和 $c \in [a, b)$ 使得

$$\forall x \in [c, b), |f(x)| \leqslant \varepsilon |g(x)|, \text{ 即 } \forall x \in [c, b), |f(x)| \leqslant \varepsilon g(x).$$

  (a) 假设 g 在 I 上可积. 由上述关系知, $|f|$ 在 $[c, b)$ 上可积, 即 f 在 $[c, b)$ 上可积. 因此, f 在 $[a, b)$ 上可积.

此外, 对任意 $x \in [c, b)$, 我们有: $\forall t \in [x, b), |f(t)| \leqslant \varepsilon g(t)$, 所以,

$$\int_x^b |f(t)| \, \mathrm{d}t \leqslant \varepsilon \int_x^b g(t) \, \mathrm{d}t.$$

最后, 因为 f 是可积的, 故积分 $\displaystyle\int_x^b f$ 良定义, 且

$$\left|\int_x^b f(t)\,\mathrm{d}t\right| \leqslant \int_x^b |f(t)|\,\mathrm{d}t \leqslant \varepsilon \int_x^b g(t)\,\mathrm{d}t \leqslant \varepsilon \left|\int_x^b g(t)\,\mathrm{d}t\right|.$$

这证得 $\displaystyle\int_x^b f \underset{x\to b}{=} O\left(\int_x^b g\right)$.

(b) 假设 g 在 $[a,b)$ 上不可积. 由 g 是正值函数知, $\displaystyle\lim_{\substack{x\to b\\x<b}}\int_a^x g(t)\,\mathrm{d}t = +\infty$.

那么, 对任意 $x\in[c,b)$,

$$\left|\int_a^x f(t)\,\mathrm{d}t\right| \leqslant \int_a^c |f(t)|\,\mathrm{d}t + \varepsilon\int_c^x g(t)\,\mathrm{d}t$$
$$\leqslant \int_a^c |f(t)|\,\mathrm{d}t + \varepsilon\int_a^x g(t)\,\mathrm{d}t.$$

此外, c 是取定的, 且 $\displaystyle\lim_{\substack{x\to b\\x<b}}\int_a^x g(t)\,\mathrm{d}t = +\infty$, 故存在 $d\in[a,b)$ 使得

$$\forall x\in[d,b),\quad \int_a^c |f(t)|\,\mathrm{d}t \leqslant \varepsilon\int_a^x g(t)\,\mathrm{d}t.$$

因此, 取 $\alpha = \max(c,d)\in[a,b)$, 我们有

$$\forall x\in[\alpha,b),\quad \left|\int_a^x f(t)\,\mathrm{d}t\right| \leqslant 2\varepsilon\int_a^x g(t)\,\mathrm{d}t.$$

这证得 $\displaystyle\int_a^x f \underset{x\to b}{=} O\left(\int_a^x g\right)$.

- (ii) 的证明是一样的: 只需把 "存在 $\varepsilon>0$ 使得" 改为 "对任意 $\varepsilon>0$".
- 证明 (iii).

首先, 因为 $f\sim g$, 我们有 $|f|\sim g$(因为 $g\geqslant 0$). 根据正值函数的比较, f 在 $[a,b)$ 上可积当且仅当 g 在 $[a,b)$ 上可积.

(a) 假设 g 在 I 上可积, 那么 f 也在 I 上可积, 从而 $f-g$ 在 I 上可积, 并且 $f-g \underset{b}{=} o(g)$. 由 (i) 知:

$$\int_x^b (f-g) \underset{x\to b}{=} o\left(\int_x^b g\right),\quad 即\quad \int_x^b f \underset{x\to b}{=} \int_x^b g + o\left(\int_x^b g\right).$$

因此 $\displaystyle\int_x^b f \underset{x\to b}{\sim} \int_x^b g$.

(b) 假设 g 和 f 都在 I 上不可积. 由 (i) 知:

$$\int_a^x (f-g) \underset{x\to b}{=} o\left(\int_a^x g\right),\quad 即\quad \int_a^x f \underset{x\to b}{=} \int_a^x g + o\left(\int_a^x g\right).$$

因此 $\displaystyle\int_a^x f \underset{x\to b}{\sim} \int_a^x g$. $\boxtimes$

⚠️ **注意**: 当 g 不是正值函数时, 关于可积性的结论仍然成立(因为, 例如, $f \underset{b}{=} o(g)$ 等价于 $|f| \underset{b}{=} o(|g|)$). 但是, 比较关系的积分的结论不一定成立! 此外, 关于积分的收敛性没有类似的结论. 当 g 不是正值函数时, 已知 $f \underset{b}{\sim} g$ 且 $\int_I g$ 收敛, 不能推出 f 的积分收敛!

习题 2.2.4.2 设 $g: x \longmapsto \dfrac{\sin(x)}{\sqrt{x}}$ 和 $f: x \longmapsto \dfrac{|\sin(x)|}{x}$.

1. 证明 $\displaystyle\int_0^{+\infty} g(x)\, \mathrm{d}x$ 收敛.

2. 运用例 2.2.1.4, 证明 $\displaystyle\int_0^{+\infty} f(x)\, \mathrm{d}x$ 发散.

3. 在 $+\infty$ 的邻域内比较 g 和 $f+g$.

4. 结论是?

习题 2.2.4.3 (比较困难的) 设 $g: x \longmapsto \dfrac{\sin(x)}{x^2}$, $f: x \longmapsto g(x) + \dfrac{|\sin(x)|}{x^2\sqrt{x}}$.

1. 证明 f 和 g 在 $[1, +\infty)$ 上可积, 并在 $+\infty$ 的邻域内比较 f 和 g.

2. 通过分部积分, 证明 $\displaystyle\int_x^{+\infty} g(t)\, \mathrm{d}t \underset{x \to +\infty}{=} O\left(\dfrac{1}{x^2}\right)$.

3. 确定序列 $R_n = \displaystyle\int_{n\pi}^{+\infty} \dfrac{|\sin(t)|}{t^2\sqrt{t}}\, \mathrm{d}t$ 的等价表达式.

4. 导出当 x 趋于 $+\infty$ 时 $\displaystyle\int_x^{+\infty} \dfrac{|\sin(t)|}{t^2\sqrt{t}}\, \mathrm{d}t$ 的等价表达式.

5. 本题的结论是什么?

2.3 证明可积性和/或计算积分的工具

2.3.1 简单的判据

首先, 有以下参考积分:

1. Riemann 积分;

2. Bertrand 积分;

3. 指数函数的积分.

> **命题 2.3.1.1** 对 $z \in \mathbb{C}$, 函数 $t \longmapsto e^{zt}$ 在 $[0, +\infty)$ 上可积当且仅当 $\mathrm{Re}(z) < 0$. 此时有
> $$\int_0^{+\infty} e^{zt}\,\mathrm{d}t = -\frac{1}{z}.$$

证明:

$\qquad$ 参见《大学数学基础 2》(或在习题中重新证明). $\qquad\qquad\qquad\qquad\boxtimes$

$\quad$其次, 求原函数是确定函数的可积性或者积分的收敛性(尤其是计算积分的值)的一种简单方法.

例 2.3.1.2 证明 $x \longmapsto \cos^2(x)e^{-x}$ 在 $[0, +\infty)$ 上可积, 并计算 $\displaystyle\int_0^{+\infty} \cos^2(x)e^{-x}\,\mathrm{d}x$.

- 函数 $f : x \longmapsto \cos^2(x)e^{-x}$ 在 $[0, +\infty)$ 上连续, 并且 $f(x) \underset{x \to +\infty}{=} O(e^{-x})$. 又因为, 函数 $x \longmapsto e^{-x}$ 在 $[0, +\infty)$ 上连续、恒正且可积, 由与正值函数的比较知, f 在 $[0, +\infty)$ 上可积.

- 那么有 $\displaystyle\int_{[0,+\infty)} f = \int_0^{+\infty} f = \lim_{x \to +\infty} \int_{[0,x]} f(t)\,\mathrm{d}t$. 对任意 $x \in \mathbb{R}^+$, 我们有

$$f(x) = \cos^2(x)e^{-x} = \frac{1+\cos(2x)}{2}e^{-x} = \frac{1}{2}e^{-x} + \frac{1}{2}\mathrm{Re}\left(e^{(-1+2i)x}\right).$$

因为 $x \longmapsto e^{-x}$ 和 $x \longmapsto e^{(-1+2i)x}$ 都在 $[0, +\infty)$ 上可积, 所以,

$$
\begin{aligned}
\int_0^{+\infty} \cos^2(x)e^{-x}\,\mathrm{d}x &= \frac{1}{2}\int_0^{+\infty} e^{-x}\,\mathrm{d}x + \frac{1}{2}\mathrm{Re}\left(\int_0^{+\infty} e^{(-1+2i)x}\,\mathrm{d}x\right) \\
&= \frac{1}{2} + \frac{1}{2}\mathrm{Re}\left(-\frac{1}{-1+2i}\right) \\
&= \frac{3}{5}.
\end{aligned}
$$

例 2.3.1.3 设 $f : x \longmapsto \dfrac{1}{x^3+1}$. 证明 f 在 $[0, +\infty)$ 上可积, 并计算 $\displaystyle\int_0^{+\infty} f$.

- 显然, f 在 $[0, +\infty)$ 上连续, 并且在 $+\infty$ 的邻域内有 $f(x) = O\left(\dfrac{1}{x^3}\right)$, 其中 $x \longmapsto \dfrac{1}{x^3}$ 在 $+\infty$ 的邻域内分段连续、恒正且可积. 因此, f 在 $+\infty$ 的邻域内可积, 从而在 $[0, +\infty)$ 上可积.

- 为计算积分值, 我们将 f 进行部分分式展开. 直接计算可得

$$\frac{1}{X^3+1} = \frac{1}{(X+1)(X^2-X+1)} = \frac{1}{3}\cdot\frac{1}{X+1} - \frac{1}{3}\cdot\frac{X-2}{X^2-X+1}.$$

那么, 对任意 $x \geqslant 0$,

$$\begin{aligned} f(x) &= \frac{1}{3} \cdot \frac{1}{x+1} - \frac{1}{3} \left(\frac{1}{2} \cdot \frac{2x-1}{x^2-x+1} - \frac{3}{2} \cdot \frac{1}{x^2-x+1} \right) \\ &= \frac{1}{3} \cdot \frac{1}{x+1} - \frac{1}{6} \cdot \frac{2x-1}{x^2-x+1} + \frac{1}{2} \cdot \frac{1}{\left(x-\frac{1}{2} \right)^2 + \frac{3}{4}}. \end{aligned}$$

因此对 $A > 0$, 我们有

$$\begin{aligned} \int_0^A f(x) \, \mathrm{d}x &= \frac{1}{3} \left[\ln(x+1) \right]_0^A - \frac{1}{6} \left[\ln|x^2-x+1| \right]_0^A + \frac{1}{2} \left[\frac{2}{\sqrt{3}} \arctan \left(\frac{2x-1}{\sqrt{3}} \right) \right]_0^A \\ &= \frac{\ln(A+1)}{3} - \frac{\ln(A^2-A+1)}{6} + \frac{1}{\sqrt{3}} \left(\arctan \left(\frac{2A-1}{\sqrt{3}} \right) - \arctan \left(\frac{-1}{\sqrt{3}} \right) \right). \end{aligned}$$

由此得到, $\displaystyle\int_0^{+\infty} f(x) \, \mathrm{d}x = \lim_{A \to +\infty} \int_0^A f(x) \, \mathrm{d}x = \frac{2\pi\sqrt{3}}{9}$.

2.3.2 比较法

我们可以用比较定理来证明函数的可积性. 在实践中, 我们常常使用以下比较方法.

1. 如果 $f(x) \underset{x \to +\infty}{=} o\left(\dfrac{1}{x^\alpha} \right)$ 且 $\alpha > 1$, 那么 f 在 $+\infty$ 的邻域内可积;

2. 如果 $\dfrac{1}{x^\alpha} \underset{x \to +\infty}{=} o(f(x))$ 且 $\alpha \leqslant 1$, 那么 f 在 $+\infty$ 的邻域内不可积;

3. 在 0 或 $a \in \mathbb{R}^*$ 处方法相似(在 0 处与在 0 的邻域内的 Riemann 积分比较, 在 $a \in \mathbb{R}^*$ 处平移即可).

⚠️ **注意:** 如果 f 不是正值函数(或不是符号恒定的函数), 上述的第二种方法只能得出 f 不可积的结论, 但不能说明 f 的积分不收敛! 例如, 函数 $f : x \longmapsto \dfrac{e^{ix}}{\sqrt{x}}$ 在 $[1, +\infty)$ 上的积分收敛, 尽管在 $+\infty$ 的邻域内有 $\dfrac{1}{x} = o(f(x))$.

习题 2.3.2.1 证明函数 $x \longmapsto \dfrac{\arctan(x)e^{ix}}{1+x^3}$ 在 $[0, +\infty)$ 上可积.

在一般情况下, 可以使用与正值函数的比较. 这使得我们可以得到积分余项或 "部分" 积分的等价表达式(见关于比较关系的积分的 2.2.4 小节).

2.3.3　分部积分

命题 2.3.3.1　设 f 和 g 是两个在 $I = [a, b)$ 上 $\mathcal{C}^1$ 的函数, 其中, $a \in \mathbb{R}, b \in \mathbb{R} \cup \{+\infty\}$. 假设 $f \times g$ 在 b 处有极限(极限值有限若 f 和 g 是实值函数). 那么:

(i) 广义积分 $\displaystyle\int_a^b f'g$ 和 $\displaystyle\int_a^b fg'$ 有相同的敛散性, 即

$$\int_a^b fg' \text{ 收敛} \iff \int_a^b f'g \text{ 收敛};$$

(ii) 当这两个积分收敛时, 我们有

$$\int_a^b fg' = \lim_{\substack{x \to b \\ x < b}} (f(x) \times g(x)) - f(a)g(a) - \int_a^b f'g.$$

证明:

这是显然的, 只需对 $x \in (a, b)$ 在闭区间 $[a, x]$ 上应用分部积分, 然后研究当 x 趋于 b 时的极限即可. ⊠

⚠**注意:**　这个定理没有说如果 fg 在 b 处有有限的极限, 则 $f'g$ 可积当且仅当 fg' 可积! 这是非常错误的想法. 例如, 如果在 $[1, +\infty)$ 上 $f' = \sin$ 且 $g(x) = \dfrac{1}{x}$, 我们有 fg 在 $+\infty$ 处的极限为 0, 但是,

$$\int_1^{+\infty} |f'(x) \times g(x)| \, \mathrm{d}x = \int_1^{+\infty} \frac{|\sin x|}{x} \, \mathrm{d}x \text{ 发散} ,$$

然而

$$\int_1^{+\infty} |f(x) \times g'(x)| \, \mathrm{d}x = \int_1^{+\infty} \frac{|\cos x|}{x^2} \, \mathrm{d}x \text{ 收敛}.$$

换言之, $f'g$ 在 $[1, +\infty)$ 上不可积, 但 fg' 是可积的.

例 2.3.3.2　我们用分部积分证明了 $\displaystyle\int_0^{+\infty} \frac{\sin(x)}{x} \, \mathrm{d}x$ 收敛.

习题 2.3.3.3　证明对任意自然数 n, $\displaystyle\int_{\mathbb{R}} x^n e^{-x^2} \, \mathrm{d}x$ 存在, 并计算其值.

2.3.4 换元积分

> **定理 2.3.4.1** 设函数 f 在区间 I 上分段连续, $\varphi : [\alpha, \beta] \longrightarrow I$ 严格单调且是 $\mathcal{C}^1$ 的. 那么,
> $$\int_{\varphi(\alpha)}^{\varphi(\beta)} f(t)\,\mathrm{d}t = \int_\alpha^\beta f(\varphi(u))\varphi'(u)\,\mathrm{d}u.$$

证明:

- 当 f 是连续函数时, 结论是显然的, 因为此时 f 在 I 上有原函数, 记 F 为 f 在 I 上的一个原函数, 则 F 是在 I 上 $\mathcal{C}^1$ 的, 我们有

$$\int_{\varphi(\alpha)}^{\varphi(\beta)} f(t)\,\mathrm{d}t = F(\varphi(\beta)) - F(\varphi(\alpha))$$
$$= \int_\alpha^\beta \varphi'(u)F'(\varphi(u))\,\mathrm{d}u$$
$$= \int_\alpha^\beta f(\varphi(u))\varphi'(u)\,\mathrm{d}u.$$

此外, 可以注意到, 在这种情况下, 证明中没有用到 φ 的单调性.

- 在一般情况下, 我们令 $a = \varphi(\alpha)$ 和 $b = \varphi(\beta)$. 因为 f 在 I 上分段连续, 所以它在闭区间 $[a,b]$(或 $[b,a]$ 若 φ 单调递减)上分段连续. 因此, 存在 $n \in \mathbb{N}^\star$ 和一个严格单调递增(或递减)的有限序列 $(a_i)_{0 \leqslant i \leqslant n}$ 使得 $a_0 = a$, $a_n = b$, 并且在每个区间 (a_i, a_{i+1})(或 (a_{i+1}, a_i))上 f 可以延拓为一个在 $[a_i, a_{i+1}]$ (或 $[a_{i+1}, a_i]$) 上连续的函数 f_i.

设 $i \in [\![0, n-1]\!]$. 函数 φ 严格单调且连续, 因此它是从 $[\alpha, \beta]$ 到其像集的一个双射. 那么, 应用连续情况下的结论, 可得

$$\int_{\varphi^{-1}(a_i)}^{\varphi^{-1}(a_{i+1})} \varphi'(u)f(\varphi(u))\,\mathrm{d}u = \int_{\varphi^{-1}(a_i)}^{\varphi^{-1}(a_{i+1})} \varphi'(u)f_i(\varphi(u))\,\mathrm{d}u = \int_{a_i}^{a_{i+1}} f_i(t)\,\mathrm{d}t,$$

即

$$\int_{\varphi^{-1}(a_i)}^{\varphi^{-1}(a_{i+1})} \varphi'(u)f(\varphi(u))\,\mathrm{d}u = \int_{a_i}^{a_{i+1}} f(t)\,\mathrm{d}t.$$

将这些等式相加, 应用 Chasles 关系可得

$$\int_a^b f(t)\,\mathrm{d}t = \sum_{i=0}^{n-1} \int_{a_i}^{a_{i+1}} f(t)\,\mathrm{d}t = \sum_{i=0}^{n-1} \int_{\varphi^{-1}(a_i)}^{\varphi^{-1}(a_{i+1})} \varphi'(u)f(\varphi(u))\,\mathrm{d}u,$$

即 $\int_a^b f(t)\,\mathrm{d}t = \int_\alpha^\beta \varphi'(u)f(\varphi(u))\,\mathrm{d}u.$ ⊠

定理 **2.3.4.2** 设 $[\alpha,\beta)$ 和 $[a,b)$ 是两个区间, 其中 $\beta, b \in \mathbb{R} \cup \{+\infty\}$, 设 φ 是一个从 $[\alpha,\beta)$ 到 $[a,b)$ 的单调递增且 $\mathcal{C}^1$ 的双射. 那么, 对任意在 $[a,b)$ 上分段连续的函数 f, 我们有:

(i) f 在 $[a,b)$ 上可积当且仅当 $(f \circ \varphi) \times \varphi'$ 在 $[\alpha,\beta)$ 上可积. 此时有
$$\int_{[a,b)} |f| = \int_{[\alpha,\beta)} |(f \circ \varphi) \times \varphi'|.$$

(ii) 广义积分 $\displaystyle\int_a^b f$ 收敛当且仅当广义积分 $\displaystyle\int_\alpha^\beta (f\circ\varphi)\times|\varphi'|$ 收敛. 此时, 两个积分值相等.

注:

- 当然, 当 φ 严格单调递减时定理仍然成立, 但此时有 $\varphi : (\alpha,\beta] \longrightarrow [a,b)$, 不要忘记 φ' 的绝对值: 这只是说明我们把积分上下限 "按正确的顺序放回去".
- 该定理也可以推广到 $I = (a,b)$ 且 φ 是从 (α,β) 到 (a,b) 的 $\mathcal{C}^1$ 的双射的情况.

证明:

- 证明 (i).
对任意 $x \in [\alpha,\beta)$, 我们有
$$\int_\alpha^x |f(\varphi(t))| \times |\varphi'(t)|\, \mathrm{d}t = \int_\alpha^x |f(\varphi(t))| \times \varphi'(t)\, \mathrm{d}t = \int_a^{\varphi(x)} |f(u)|\, \mathrm{d}u.$$
由于所考虑的函数都是正值的, 我们有: $(f \circ \varphi) \times \varphi'$ 在 $[\alpha,\beta)$ 上可积当且仅当
$$x \longmapsto \int_\alpha^x |f(\varphi(t))| \times |\varphi'(t)|\, \mathrm{d}t \text{ 在 } \beta \text{ 处有有限的极限},$$
当且仅当: $\displaystyle x \longmapsto \int_a^{\varphi(x)} |f(u)|\, \mathrm{d}u$ 在 β 处有有限的极限,
当且仅当: $\displaystyle t \longmapsto \int_a^t |f(u)|\, \mathrm{d}u$ 在 b 处有有限的极限,
即当且仅当 f 在 $[a,b)$ 上可积.
最后一个等价成立是因为 $\displaystyle\lim_{\substack{x\to\beta\\x<\beta}}\varphi(x)=b$ 和 $\displaystyle\lim_{\substack{t\to b\\t<b}}\varphi^{-1}(t)=\beta$. 当等价条件之一满足时, 我们有
$$\int_\alpha^\beta |f\circ\varphi|\times\varphi' = \lim_{\substack{x\to\beta\\x<\beta}} \int_\alpha^x |f\circ\varphi|\times\varphi' = \lim_{\substack{x\to\beta\\x<\beta}} \int_a^{\varphi(x)} |f(u)|\,\mathrm{d}u,$$
即
$$\int_\alpha^\beta |f\circ\varphi|\times\varphi' = \lim_{\substack{y\to b\\y<b}} \int_a^y |f(u)|\,\mathrm{d}u = \int_a^b |f|.$$
- (ii) 的证明是相同的, 只需去掉绝对值符号. $\boxtimes$

习题 2.3.4.3 证明 $x \longmapsto \dfrac{1}{\sqrt{x}+x^2}$ 在 $(0,+\infty)$ 上可积, 并确定它在 $(0,+\infty)$ 上的积分值.

习题 2.3.4.4 证明 $\displaystyle\int_0^{+\infty} \sin(x^2)\,\mathrm{d}x$ 的收敛性. 函数 $x \longmapsto \sin(x^2)$ 在 $(0,+\infty)$ 上可积吗?

习题 2.3.4.5 对 $a>0$ 验证积分 $\displaystyle\int_{\mathbb{R}} e^{-ax^2+bx+c}\,\mathrm{d}x$ 的存在性, 然后计算其值.

习题 2.3.4.6 设 $I=\displaystyle\int_0^{+\infty} e^{-x^2}\,\mathrm{d}x$.

1. I 与函数 $F: x \longmapsto \displaystyle\int_0^x e^{-t^2}\,\mathrm{d}t$ 之间有什么联系?

2. 证明对任意实数 x, $e^x \geqslant 1+x$, 并导出对任意实数 t, $1-t^2 \leqslant e^{-t^2} \leqslant \dfrac{1}{1+t^2}$.

3. 在前一个问题的帮助下, 依次证明对任意 $n \in \mathbb{N}^\star$, 有
$$\int_0^1 (1-t^2)^n\,\mathrm{d}t \leqslant \int_0^1 e^{-nt^2}\,\mathrm{d}t \leqslant \int_0^{+\infty} \frac{\mathrm{d}t}{(1+t^2)^n},$$
然后有
$$\int_0^{\frac{\pi}{2}} \cos^{2n+1}(x)\,\mathrm{d}x \leqslant \frac{1}{\sqrt{n}} F(\sqrt{n}) \leqslant \int_0^{\frac{\pi}{2}} \cos^{2n-2}(x)\,\mathrm{d}x.$$

提示: 为此, 我们可以对各个积分进行(不同的)换元.

4. 对 $k \in \mathbb{N}$, 令 $I_k = \displaystyle\int_0^{\frac{\pi}{2}} \cos^k(x)\,\mathrm{d}x$.

   (a) 研究序列 (I_k) 的单调性, 并证明它收敛.

   (b) 对 $k \in \mathbb{N}$, 把 I_{k+2} 用 I_k 表示出来.

   (c) 导出 $I_k \underset{k \to +\infty}{\sim} I_{k+1}$.

   (d) 证明 $\left((k+1)I_k I_{k+1}\right)_{k \in \mathbb{N}}$ 是常数列, 并确定该常数的值.

   (e) 导出 $I_k \underset{k \to +\infty}{\sim} \sqrt{\dfrac{\pi}{2k}}$.

5. 导出 $\displaystyle\int_0^{+\infty} e^{-t^2}\,\mathrm{d}t = \dfrac{\sqrt{\pi}}{2}$.

2.3.5 级数积分比较

这里有几种类型的级数和积分比较.

第一种情况：当 $f \geqslant 0$ 时

> **定理 2.3.5.1(级数积分比较)** 设 f 是一个在 $[0, +\infty)$ 上分段连续、单调递减且恒正的函数. 我们有：
>
> (i) 以 $u_n = \displaystyle\int_{n-1}^{n} f(x)\,\mathrm{d}x - f(n)$ 为通项的级数是一个收敛的正项级数；
>
> (ii) $\displaystyle\int_{[0,+\infty)} f$ 收敛当且仅当 $\sum f(n)$ 收敛；
>
> (iii) 如果 $\sum f(n)$ 发散, 那么有 $\displaystyle\sum_{k=0}^{n} f(k) \underset{n \to +\infty}{\sim} \int_{0}^{n} f(x)\,\mathrm{d}x$.

证明：

　　　参见《大学数学基础 2》的级数的内容. ⊠

> **命题 2.3.5.2** 设 $a \in \mathbb{R}$, f 是一个在 $I = [a, +\infty)$ 上分段连续且恒正的函数, $(x_n)_{n \in \mathbb{N}}$ 是 I 中元素的一个递增序列使得 $\displaystyle\lim_{n \to +\infty} x_n = +\infty$. 那么以下性质相互等价：
>
> (i) f 在 I 上可积；
>
> (ii) 以 $u_n = \displaystyle\int_{x_n}^{x_{n+1}} f(x)\,\mathrm{d}x$ 为通项的级数是收敛的.
>
> 当等价条件之一满足时, 我们有
> $$\int_{[x_0,+\infty)} f = \sum_{n=0}^{+\infty} u_n.$$

证明：

　　　参见 2.1 节关于正值函数的积分的内容. ⊠

第二种情况：f 是实值或复值函数

> **定理 2.3.5.3(复的级数积分的比较)** 设 f 是一个在 $[a, +\infty)$ 上 $\mathcal{C}^1$ 的复值函数. 假设 f' 在 $[a, +\infty)$ 上可积. 那么, 以 $w_n = \displaystyle\int_{n-1}^{n} f(t)\,\mathrm{d}t - f(n)$ 为通项的级数是绝对收敛的.

证明:

对 $n \geqslant E(a) + 2$, 对 $\mathcal{C}^2$ 的函数 $F : x \longmapsto \int_a^x f(t)\,\mathrm{d}t$ 应用带积分余项的 Taylor 公式得

$$F(n-1) - F(n) = (n-1-n)F'(n) + \int_n^{n-1} (n-1-t)F''(t)\,\mathrm{d}t,$$

即

$$-\int_{n-1}^n f(t)\,\mathrm{d}t = -f(n) + \int_{n-1}^n (t-(n-1))f'(t)\,\mathrm{d}t.$$

因此得到

$$w_n = -\int_{n-1}^n (t-(n-1))f'(t)\,\mathrm{d}t, \ \ \text{故} \ \ |w_n| \leqslant \int_{n-1}^n |f'|.$$

因为 $|f'|$ 是可积的正值函数, 所以以 $\int_{n-1}^n |f'|$ 为通项的级数收敛, 故 $\sum |w_n|$ 收敛. $\boxtimes$

习题 2.3.5.4 应用: 确定以 $u_n = \dfrac{\sin(\ln n)}{n} (n \geqslant 1)$ 为通项的级数的敛散性.

2.4 函数项序列与积分

2.4.1 问题的阐述

在这一部分中, 我们提出一个问题, 在什么条件下极限和积分可以互换顺序, 即如果 $(f_n)_{n \in \mathbb{N}}$ 收敛到 f(收敛的含义有待定义)或如果 $\sum f_n$ 收敛到 f, 是否有

$$\lim_{n \to +\infty} \int_I f_n = \int_I \lim_{n \to +\infty} f_n \quad \text{或} \quad \sum_{n=0}^{+\infty} \int_I f_n = \int_I \sum_{n=0}^{+\infty} f_n?$$

在函数项级数内容中已经见过这类极限交换顺序的问题, 这类问题很重要, 但必须谨慎处理.

2.4.2 闭区间的情况

命题 2.4.2.1 设 $(f_n)_{n \in \mathbb{N}}$ 是一个在闭区间 $[a,b]$ 上连续的函数项序列, 并且在 $[a,b]$ 上一致收敛到 f. 那么, f 在 $[a,b]$ 上连续(从而可积), 并且有

$$\lim_{n \to +\infty} \int_{[a,b]} f_n = \int_{[a,b]} \lim_{n \to +\infty} f_n.$$

命题 2.4.2.2 设 $(f_n)_{n\in\mathbb{N}}$ 是一个在闭区间 $[a,b]$ 上分段连续的函数项序列, 并且在 $[a,b]$ 上一致收敛到函数 f, 且 f 在 $[a,b]$ 上分段连续. 那么,

$$\lim_{n\to+\infty}\int_{[a,b]}f_n = \int_{[a,b]}\lim_{n\to+\infty}f_n.$$

⚠ **注意**: 如果我们修改任意一个假设, 这个定理的结论就不成立. 如果收敛不是一致的, 就不能得出结论! 同样地, 如果收敛是一致的, 但 I 不是一个闭区间, 那么结论也不成立! 参见《大学数学进阶 1》的函数项级数内容.

习题 2.4.2.3 如果极限 $\lim_{n\to+\infty}\int_0^1 \dfrac{ne^{-x}}{2n+x}\,\mathrm{d}x$ 存在, 确定其值.

习题 2.4.2.4 对 $n\in\mathbb{N}$, 定义函数 u_n 为: $\forall x\in\mathbb{R}$, $u_n(x)=\dfrac{\cos(nx)}{n!}$.

1. 证明函数项级数 $\sum u_n$ 在 $\mathbb{R}$ 上一致收敛, 并确定其极限(即和函数).

2. 导出 $\displaystyle\int_0^\pi e^{\cos(x)}\cos(\sin(x))\,\mathrm{d}x$ 的值.

2.4.3 单调收敛定理和 Beppo-Levi 定理

定理 2.4.3.1(Lebesgue(勒贝格)单调收敛定理) 设 $(f_n)_{n\in\mathbb{N}}$ 是一列在 I 上分段连续的实值函数. 假设:

(i) $(f_n)_{n\in\mathbb{N}}$ 在 I 上简单收敛到 f, 且 f 在 I 上分段连续;

(ii) $(f_n)_{n\in\mathbb{N}}$ 是递增的, 即 $\forall n\in\mathbb{N}$, $f_n\leqslant f_{n+1}$;

(iii) 对任意自然数 n, f_n 在 I 上可积.

那么,

$$f \text{ 在 } I \text{ 上可积} \iff \exists M\in\mathbb{R}, \forall n\in\mathbb{N}, \int_I f_n \leqslant M.$$

上述等价条件之一满足时, 有 $\displaystyle\int_I f = \lim_{n\to+\infty}\int_I f_n$.

证明:

证明略. 不要求掌握. ◻

习题 2.4.3.2 对 $n \in \mathbb{N}$, 定义: $\forall x \in \left[0, \dfrac{\pi}{2}\right]$, $f_n(x) = \sin^n(x) = (\sin(x))^n$.

1. 证明 $(f_n)_{n \in \mathbb{N}}$ 在 $I = \left[0, \dfrac{\pi}{2}\right]$ 上简单收敛, 并确定简单收敛的极限函数.

2. 这个函数项序列在 I 上是否一致收敛?

3. 能否直接断定 $\displaystyle\lim_{n \to +\infty} \int_I f_n = \int_I \lim_{n \to +\infty} f_n$?

4. 证明序列 $(f_n)_{n \in \mathbb{N}}$ 是递减的.

5. 导出 $\displaystyle\lim_{n \to +\infty} \int_I f_n = 0$.

定理 2.4.3.3(Beppo-Levi 定理) 设 $\sum f_n$ 是一个在 I 上分段连续且<u>恒正</u>的函数项级数, $\sum f_n$ 在 I 上简单收敛到 f, 且 f 在 I 上分段连续. 那么,

$$\int_I f \text{ 收敛} \iff \begin{cases} \text{(i)} & \forall n \in \mathbb{N}, \ \displaystyle\int_I f_n \text{收敛}, \\[2mm] \text{(ii)} & \displaystyle\sum \int_I f_n \text{ 是一个收敛的级数}. \end{cases}$$

上述等价条件之一成立时, 我们有 $\displaystyle\sum_{n=0}^{+\infty} \int_I f_n = \int_I f = \int_I \left(\sum_{n=0}^{+\infty} f_n\right)$.

证明:

考虑部分和序列 (S_n) 可知, 这是 Lebesgue 单调收敛定理的直接结果. $\boxtimes$

例 2.4.3.4 设 $\alpha > 0$. 证明 $\displaystyle\int_0^1 \frac{x^{\alpha-1}}{1-x} \ln\left(\frac{1}{x}\right) \mathrm{d}x = \sum_{n=0}^{+\infty} \frac{1}{(n+\alpha)^2}$.

- 首先, $f : x \longmapsto \dfrac{x^{\alpha-1}}{1-x} \ln\left(\dfrac{1}{x}\right)$ 在 $(0,1)$ 上连续, 从而分段连续. 并且,

$$\forall x \in (0,1), \ f(x) = \sum_{n=0}^{+\infty} -x^{\alpha+n-1} \ln(x).$$

因此, 对 $n \in \mathbb{N}$, 令 $f_n : x \longmapsto -x^{\alpha+n-1} \ln(x)$, 则 $\sum f_n$ 是一个在 $(0,1)$ 上分段连续且恒正的函数项级数, 并且由构造知, 它简单收敛到 f.

- 其次, 对给定的 $n \in \mathbb{N}$, f_n 在 $(0,1)$ 上可积(根据在 0 处的 Bertrand 判据, 以及函数可以连续延拓到 1 处), 通过分部积分可得

$$\int_0^1 f_n(x)\, \mathrm{d}x = \left[-\frac{x^{n+\alpha}}{n+\alpha} \ln(x)\right]_0^1 + \int_0^1 \frac{x^{n+\alpha-1}}{n+\alpha}\, \mathrm{d}x = \frac{1}{(n+\alpha)^2}.$$

- 最后, $\sum \dfrac{1}{(n+\alpha)^2}$ 是一个收敛的级数, 根据 Beppo-Levi 定理, f 在 $(0,1)$ 上可积(这验证了要计算的积分的存在性), 并且有

$$\int_0^1 \frac{x^{\alpha-1}}{1-x} \ln\left(\frac{1}{x}\right) \mathrm{d}x = \sum_{n=0}^{+\infty} \int_0^1 f_n(x)\,\mathrm{d}x = \sum_{n=0}^{+\infty} \frac{1}{(n+\alpha)^2}.$$

习题 2.4.3.5 在上述例子中, 验证过程中哪些部分是不充分的? 补充完整.

习题 2.4.3.6 证明 $\displaystyle\int_0^{+\infty} \ln(\mathrm{th}\,(x))\,\mathrm{d}x = -\sum_{n=0}^{+\infty} \frac{1}{(2n+1)^2} = -\frac{\pi^2}{8}$.

2.4.4 Lebesgue (勒贝格)控制收敛定理

接下来不加证明地给出一个定理, 这可能是最重要的定理! 必须牢牢记住这个定理.

定理 2.4.4.1 (Lebesgue 控制收敛定理) 设 $(f_n)_{n\in\mathbb{N}}$ 是一个在 I 上分段连续的函数项序列. 假设:

(i) $(f_n)_{n\in\mathbb{N}}$ 在 I 上简单收敛到 f, 且 f 在 I 上分段连续;

(ii) 存在在 I 上分段连续、恒正且可积的函数 φ 使得

$$\forall n \in \mathbb{N}, \forall x \in I, |f_n(x)| \leqslant \varphi(x).$$

那么,

1. 对任意自然数 n, f_n 在 I 上可积;
2. f 在 I 上可积;
3. $f_n \underset{\|\cdot\|_1}{\longrightarrow} f$, 即 $\displaystyle\lim_{n\to+\infty} \int_I |f_n - f| = 0$;
4. $\displaystyle\lim_{n\to+\infty} \int_I f_n = \int_I f$, 即 $\displaystyle\lim_{n\to+\infty} \int_I f_n = \int_I \lim_{n\to+\infty} f_n$.

注:

- 假设 (ii) 称为控制假设.
- 控制假设是一个 "关于 n 一致" 的上界, 即 φ 不依赖于 n.
- 在实践中, 我们应用这个定理来得到第 4 个结论.

习题 2.4.4.2 直接证明 $\displaystyle\lim_{n\to+\infty} \int_0^{\frac{\pi}{2}} \sin^n(x)\,\mathrm{d}x = 0$.

习题 2.4.4.3 确定 $\displaystyle\lim_{n\to+\infty} \int_0^n \left(1 - \frac{x}{n}\right)^n \mathrm{d}x$ 的值.

2.4.5 函数项级数在任意区间上的积分

定理 2.4.5.1 设 $\sum f_n$ 是一个在 I 上分段连续、取值在 $\mathbb{C}$ 中的函数项级数. 假设:

(i) $\sum f_n$ 在 I 上简单收敛到函数 f, 且 f 在 I 上分段连续;

(ii) 对任意自然数 n, f_n 在 I 上可积;

(iii) $\sum \int_I |f_n|$ 是一个收敛的级数.

那么, f 在 I 上可积, 且有

$$\int_I |f| \leqslant \sum_{n=0}^{+\infty} \int_I |f_n|, \text{ 以及 } \sum_{n=0}^{+\infty} \int_I f_n = \int_I f, \text{ 即 } \sum_{n=0}^{+\infty} \left(\int_I f_n \right) = \int_I \left(\sum_{n=0}^{+\infty} f_n \right).$$

证明:

证明略. ⊠

习题 2.4.5.2 证明 $\int_0^{+\infty} \dfrac{\sin(x)}{e^x - 1} \, dx = \sum_{n=1}^{+\infty} \dfrac{1}{n^2 + 1}$.

习题 2.4.5.3 设 f 定义为: $\forall x \in (0,1]$, $f(x) = \dfrac{\arctan(x)}{x}$.

1. 证明 f 在 $(0,1]$ 上可积.

2. 证明对任意 $x \in [0,1]$, $\arctan(x) = \sum_{n=0}^{+\infty} \dfrac{(-1)^n x^{2n+1}}{2n+1}$.

3. 导出 $\int_0^1 f(x) \, dx = \sum_{n=0}^{+\infty} \dfrac{(-1)^n}{(2n+1)^2}$.

4. 借助 $\int_0^1 \dfrac{\ln x}{1 + x^2} \, dx$, 重新证明这个结论.

注: 这个定理给出的是交换无穷和与积分的充分条件(如同复的二重级数的 Fubini 定理). 有可能出现尽管 $\sum \int_I |f_n|$ 发散, 但是可以交换无穷和与积分的顺序的情况.

习题 2.4.5.4 证明 $\sum_{n=0}^{+\infty} \int_0^1 (-1)^n t^n \, dt = \int_0^1 \left(\sum_{n=0}^{+\infty} (-1)^n t^n \right) dt$, 尽管 $\sum \int_0^1 |(-1)^n t^n| \, dt$ 是发散的.

注: 通常情况下, 上述定理不适用于交错级数的情况. 这不太要紧, 因为在实践中遇到的交错级数往往是满足交错级数的 Leibniz 判别法的前提的, 从而我们可以利用对级数余项的估计, 直接证明可以交换无穷和与积分的顺序.

2.5 含参数的积分

在本节中, 我们讨论形如

$$x \longmapsto \int_I f(x,t)\,\mathrm{d}t$$

的函数的正则性. 这种形式的函数称为含参数的积分, 简称含参积分.

2.5.1 控制的概念和证明的原理

在函数项序列和级数的课程内容中, 我们看到, 简单收敛不能传递函数的正则性. 然而, 一致收敛(或者函数项级数的正规收敛)使得我们可以交换求极限的顺序(参见《大学数学进阶 1》中的双重极限定理).

因此, 对于由积分定义的函数(积分可以看作无穷和的连续版本), 预计也会出现类似的情况. 如果类比下去, 就有 $\sum_{n=0}^{+\infty} u_n(x)$ 与 $\int_I f(x,t)\,\mathrm{d}t$ 对应.

函数项级数的正规收敛可以写成: 存在一个序列 $(\alpha_n)_{n\in\mathbb{N}}$ 使得以 α_n 为通项的级数是收敛的, 并且

$$\forall n \in \mathbb{N}, \forall x \in D, |u_n(x)| \leqslant \alpha_n.$$

因此, 在连续的情况下, 这个假设可以表示成: 存在可积函数 φ 使得

$$\forall t \in I, \forall x \in D, |f(x,t)| \leqslant \varphi(t).$$

因此, 在 Lebesgue 控制收敛定理中遇到过的控制假设自然而然地出现了.

▶ 证明的原理:

含参积分的正则性和极限的计算主要基于两个想法:

1. 我们需要一个控制假设: 存在一个在 I 上可积的函数 φ 使得

$$\forall t \in I, \forall x \in D, |f(x,t)| \leqslant \varphi(t).$$

2. 由于这个假设出现在 Lebesgue 控制收敛定理中, 我们将用极限的序列刻画来确定极限的存在性.

2.5.2 含参积分的连续性和可导性

定理 2.5.2.1(含参积分的连续性) 设 I 和 J 是 $\mathbb{R}$ 的两个任意的区间(有限或无限, 闭或非闭), $f : J \times I \longmapsto \mathbb{C}$. 假设:

(i) 对任意 $t \in I$, 函数 $x \longmapsto f(x,t)$ 在 J 上连续;

(ii) 对任意 $x \in J$, 函数 $t \longmapsto f(x,t)$ 在 I 上分段连续;

(iii) 存在一个在 I 上分段连续、恒正且可积的函数 φ 使得

$$\forall (x,t) \in J \times I, |f(x,t)| \leqslant \varphi(t).$$

那么, 函数 $F : x \longmapsto \displaystyle\int_I f(x,t)\,\mathrm{d}t$ 在 J 上连续.

证明:

设 $a \in J$. 要证明 F 在 a 处连续. 设 $(a_n)_{n\in\mathbb{N}} \in J^{\mathbb{N}}$ 是一个收敛到 a 的序列. 对任意自然数 n, 定义:

$$\forall t \in I, f_n(t) = f(a_n, t).$$

- 根据假设 (i), 对任意 $t \in I$, 有 $\lim\limits_{n\to+\infty} f_n(t) = f(a,t)$. 换言之, 函数项序列 $(f_n)_{n\in\mathbb{N}}$ 在 I 上简单收敛到 $t \longmapsto f(a,t)$;

- 根据假设 (ii), 所有 f_n 以及 $t \longmapsto f(a,t)$ 都在 I 上分段连续;

- 根据假设 (iii), 存在在 I 上分段连续、恒正且可积的函数 φ 使得

$$\forall n \in \mathbb{N}, \forall t \in I, |f_n(t)| \leqslant \varphi(t).$$

因此, 我们可以应用 Lebesgue 控制收敛定理, 得到

$$\lim_{n\to+\infty} \int_I f_n(t)\,\mathrm{d}t = \int_I \lim_{n\to+\infty} f_n(t)\,\mathrm{d}t,$$

即

$$\lim_{n\to+\infty} \int_I f(a_n,t)\,\mathrm{d}t = \int_I f(a,t)\,\mathrm{d}t.$$

这证得 F 在 a 处连续. $\boxtimes$

对于函数项级数, 我们已经看到, "在区间 D 上正规收敛"的假设可以替换为"在区间 D 的任意闭子区间上正规收敛". 对于含参积分也是一样的. 这非常重要, 因为在实践中(就像函数项级数一样), 经常找不到在整个 J 上的控制函数.

推论 2.5.2.2　设 I 和 J 是 $\mathbb{R}$ 的两个区间, $f : J \times I \longmapsto \mathbb{C}$. 假设:

　(i) 对任意 $t \in I$, 函数 $x \longmapsto f(x,t)$ 在 J 上连续;

　(ii) 对任意 $x \in J$, 函数 $t \longmapsto f(x,t)$ 在 I 上分段连续;

　(iii) 对任意闭子区间 $K = [a,b] \subset J$, 存在一个在 I 上分段连续、恒正且可积的函数 φ_K 使得

$$\forall (x,t) \in K \times I, \ |f(x,t)| \leqslant \varphi_K(t).$$

那么, 函数 $F : x \longmapsto \displaystyle\int_I f(x,t)\,\mathrm{d}t$ 在 J 上连续.

推论 2.5.2.3 (积分区间是闭区间的情况)　设 J 是任意一个内部非空的区间, f 是一个在 $J \times [a,b]$ 上连续的双变量函数. 那么, 定义为

$$\forall x \in J, \ F(x) = \int_{[a,b]} f(x,t)\,\mathrm{d}t$$

的函数 F 在 J 上连续.

第一个推论的证明:

> 根据推论的假设, 我们可以在 $K \times I$ 上应用含参积分的连续性定理, 从而得到 F 在任意闭子区间 $K \subset J$ 上连续. 因此, F 在 J 上连续.　　　　⊠

第二个推论的证明:

> 设 $K \subset J$ 是一个闭区间, 那么 $K \times [a,b]$ 是 $\mathbb{R}^2$ 的一个紧子集. 又因为, 函数 f 在 $K \times [a,b]$ 上连续, 所以 f 在 $K \times [a,b]$ 上有界. 因此, 存在 $M \in \mathbb{R}^+$ 使得: $\forall (x,t) \in K \times [a,b], \ |f(x,t)| \leqslant M$.
>
> 　(i) 由 f 在 $J \times [a,b]$ 上连续知, 它的部分映射也是连续的. 所以,
> 　　　—— 对任意 $x \in J$, $t \longmapsto f(x,t)$ 在 $[a,b]$ 上连续, 从而分段连续;
> 　　　—— 对任意 $t \in [a,b]$, $x \longmapsto f(x,t)$ 在 J 上连续.
>
> 　(ii) 对任意 $(x,t) \in K \times [a,b]$, $|f(x,t)| \leqslant M$, 且函数 $t \longmapsto M$ 在 $[a,b]$ 上分段连续、恒正且可积.
>
> 由上一个推论可知, F 在 J 上连续.　　　　⊠

例 2.5.2.4 再举一个见过的例子. 考虑函数 F 定义为

$$\forall x \in \mathbb{R},\, F(x) = \int_0^1 \frac{e^{-xt^2}}{1+t^2}\, dt.$$

- 证明 F 在 $\mathbb{R}$ 上连续

  函数 $(x,t) \longmapsto \dfrac{e^{-xt^2}}{1+t^2}$ 在 $\mathbb{R} \times [0,1]$ 上连续(因它可由连续函数的复合和乘积得到).
  根据闭区间上的含参积分的连续性定理, 函数 F 在 $\mathbb{R}$ 上连续.

- 确定 F 在定义区间端点处的极限

  * 在 $+\infty$ 处的极限

  设 $(x_n)_{n\in\mathbb{N}}$ 是一个实数列使得 $\lim\limits_{n\to+\infty} x_n = +\infty$. 那么, 存在 $n_0 \in \mathbb{N}$, 使得对任意 $n \geqslant n_0,\, x_n \geqslant 0$. 令

  $$\forall n \geqslant n_0,\, \forall t \in [0,1],\, f_n(t) = \frac{e^{-x_n t^2}}{1+t^2}.$$

  我们有

  (i) 对任意 $n \geqslant n_0$, f_n 在 $[0,1]$ 上连续从而分段连续;

  (ii) 由于 $\lim\limits_{n\to+\infty} x_n = +\infty$, 故序列 $(f_n)_{n\geqslant n_0}$ 简单收敛到函数 $f = \delta_0$(即在 $(0,1]$ 上值为零在 0 处值为 1 的函数), f 也在 $[0,1]$ 上分段连续;

  (iii) 对任意 $n \geqslant n_0$ 和任意 $t \in [0,1]$, $|f_n(t)| \leqslant \dfrac{1}{1+t^2} \leqslant 1$, 且值为 1 的常函数在 $[0,1]$ 上分段连续、恒正且可积.

  根据 Lebesgue 控制收敛定理, 有

  $$\lim_{n\to+\infty} \int_0^1 f_n(t)\, dt = \int_0^1 f(t)\, dt,\ \text{即}\ \lim_{n\to+\infty} F(x_n) = 0.$$

  这证得, 对任意极限为 $+\infty$ 的序列 $(x_n)_{n\in\mathbb{N}} \in \mathbb{R}^{\mathbb{N}}$ 都有 $\lim\limits_{n\to+\infty} F(x_n) = 0$. 因此, 根据极限的序列刻画, $\lim\limits_{x\to+\infty} F(x) = 0$.

  * 在 $-\infty$ 处的极限

  对 $t \in (0,1]$, 显然有 $\lim\limits_{x\to-\infty} \dfrac{e^{-xt^2}}{1+t^2} = +\infty$. 因为极限不是有限的, 所以不能采用与前面相同的推导. 直觉上, 我们认为应有: $\lim\limits_{x\to-\infty} F(x) = +\infty$, 但我们必须严格证明这一点.

  为此, 我们可以尝试找一个小于等于 F 且在 $-\infty$ 处的极限为 $+\infty$ 的函数. 由于指数函数在 $\mathbb{R}$ 上是凸的, 我们有

  $$\forall u \in \mathbb{R},\, e^u \geqslant 1+u.$$

  因此, 对任意 $x \leqslant 0$ 和任意 $t \in [0,1]$, $e^{-xt^2} \geqslant 1 - xt^2 \geqslant 0$. 并且, $t \longmapsto 1+t^2$ 在 $[0,1]$ 上大于零. 由此可得

  $$\forall x \leqslant 0,\, F(x) \geqslant \int_0^1 \frac{1-xt^2}{1+t^2}\, dt \geqslant \int_0^1 \frac{1-xt^2}{2}\, dt.$$

又因为, 对 $x \leqslant 0$, $\displaystyle\int_0^1 \frac{1-xt^2}{2}\,\mathrm{d}t = \frac{1}{2} - \frac{x}{6}$. 所以,

$$\forall x \in (-\infty, 0],\, F(x) \geqslant \frac{1}{2} - \frac{x}{6}.$$

因此, 可以推断 $\displaystyle\lim_{x \to -\infty} F(x) = +\infty$.

习题 2.5.2.5 确定函数 f 的定义域, 然后研究其连续性, 其中 f 的表达式为

$$f(x) = \int_0^{+\infty} e^{-xt} \arctan(t)\,\mathrm{d}t.$$

<u>注:</u> 在含参积分的连续性定理中, 可以把实区间 J 替换成 $\mathbb{R}^p$ 的子集 A(或更一般地, 替换成赋范向量空间的一个子集).

定理 2.5.2.6(含参积分的可导性) 设 I 和 J 是两个内部非空的区间, $f : J \times I \longmapsto \mathbb{K}$. 假设:

(i) 对任意 $x \in J$, $t \longmapsto f(x,t)$ 在 I 上分段连续且可积;

(ii) 对任意 $t \in I$, $x \longmapsto f(x,t)$ 在 J 上 $\mathcal{C}^1$;

(iii) 对任意 $x \in J$, $t \longmapsto \dfrac{\partial f}{\partial x}(x,t)$ 在 I 上分段连续;

(iv) 存在在 I 上分段连续、恒正且可积的函数 φ 使得

$$\forall (x,t) \in J \times I,\, \left|\frac{\partial f}{\partial x}(x,t)\right| \leqslant \varphi(t).$$

那么, 函数 $F : x \longmapsto \displaystyle\int_I f(x,t)\,\mathrm{d}t$ 是在 J 上 $\mathcal{C}^1$ 的, 且

$$\forall x \in J,\, F'(x) = \int_I \frac{\partial f}{\partial x}(x,t)\,\mathrm{d}t.$$

证明:

- 首先, 性质 (i) 说明函数 F 在 J 上良定义.
- 接下来, 只需证明 F 可导并且对任意 $x \in J$, $F'(x) = \displaystyle\int_I \frac{\partial f}{\partial x}(x,t)\,\mathrm{d}t$. 事实上, 如果这是真的, 性质 (ii)、(iii) 和 (iv) 表明, 我们可以直接对 F' 应用含参积分的连续性定理.
- 证明 F 在 J 上可导. 设 $x \in J$, 设 $(x_n)_{n \in \mathbb{N}}$ 是由 $J \setminus \{x\}$ 中的元素构成的一个序列, 满足 $\displaystyle\lim_{n \to +\infty} x_n = x$. 对 $n \in \mathbb{N}$, 令

$$\forall t \in I,\, g_n(t) = \frac{f(x_n,t) - f(x,t)}{x_n - x}.$$

* 由一阶偏导数的定义知, $(g_n)_{n\in\mathbb{N}}$ 在 I 上简单收敛到函数 $t \longmapsto \dfrac{\partial f}{\partial x}(x,t)$, 后者是在 I 上分段连续的(由 (iii) 知);

* 对任意 $t \in I$, $x \longmapsto f(x,t)$ 在 J 上可导, 且由 (iv) 知其导函数的模长以 $\varphi(t)$ 为上界. 根据有限增量不等式, 我们有

$$\forall n \in \mathbb{N}, \forall t \in I, \ |g_n(t)| = \left| \frac{f(x_n,t) - f(x,t)}{x_n - x} \right| \leqslant \varphi(t),$$

其中 φ 在 I 上分段连续、恒正且可积.

那么, 由 Lebesgue 控制收敛定理知, 这些 g_n 都在 I 上可积, $t \longmapsto \dfrac{\partial f}{\partial x}(x,t)$ 在 I 上可积, 且

$$\lim_{n\to+\infty} \int_I g_n(t)\,\mathrm{d}t = \int_I \frac{\partial f}{\partial x}(x,t)\,\mathrm{d}t,$$

即

$$\lim_{n\to+\infty} \frac{F(x_n) - F(x)}{x_n - x} = \int_I \frac{\partial f}{\partial x}(x,t)\,\mathrm{d}t.$$

因为这对任意收敛到 x 的序列 $(x_n)_{n\in\mathbb{N}} \in (J \setminus \{x\})^{\mathbb{N}}$ 都成立, 所以由极限的序列刻画知, F 在 x 处可导, 且有 $F'(x) = \displaystyle\int_I \frac{\partial f}{\partial x}(x,t)\,\mathrm{d}t$. $\boxtimes$

注: 以上证明表明, 如果 f 有一阶偏导函数, 并且 $\left|\dfrac{\partial f}{\partial x}(x,t)\right| \leqslant \varphi$, 那么 F 可导, 并且可以在积分号下求导. 为证明可导性, 没有必要假设对任意 t, $x \longmapsto \dfrac{\partial f}{\partial x}(x,t)$ 连续.

推论 2.5.2.7 设 $f : J \times I \longmapsto \mathbb{K}$. 假设:

(i) 对任意 $x \in J$, $t \longmapsto f(x,t)$ 在 I 上分段连续且可积;
(ii) 对任意 $t \in I$, $x \longmapsto f(x,t)$ 在 J 上 $\mathcal{C}^1$;
(iii) 对任意 $x \in J$, $t \longmapsto \dfrac{\partial f}{\partial x}(x,t)$ 在 I 上分段连续;
(iv) 对任意闭子区间 $K = [a,b] \subset J$, 存在在 I 上分段连续、恒正且可积的函数 φ_K 使得

$$\forall (x,t) \in K \times I, \ \left| \frac{\partial f}{\partial x}(x,t) \right| \leqslant \varphi_K(t).$$

那么, 函数 $F : x \longmapsto \displaystyle\int_I f(x,t)\,\mathrm{d}t$ 在 J 上 $\mathcal{C}^1$, 且有 $\forall x \in J$, $F'(x) = \displaystyle\int_I \frac{\partial f}{\partial x}(x,t)\,\mathrm{d}t$.

证明:

在推论的假设下, 直接应用含参积分的可导性定理, 可得 F 在任意闭子区间 $K \subset J$ 上 $\mathcal{C}^1$, 并且可以在积分号下求导. 所以, F 在 J 上 $\mathcal{C}^1$, 且有相应的导函数表达式. $\boxtimes$

推论 2.5.2.8(积分区间是闭区间的情况) 设 $f : J \times [a,b] \longrightarrow \mathbb{K}$. 假设:

(i) f 在 $J \times [a,b]$ 上连续;

(ii) f 在 $J \times [a,b]$ 上有关于第一个位置的一阶偏导数, 并且 $\dfrac{\partial f}{\partial x}$ 在 $J \times [a,b]$ 上连续.

那么, $F : x \longmapsto \displaystyle\int_a^b f(x,t)\,\mathrm{d}t$ 在 J 上 $\mathcal{C}^1$, 且有 $\forall x \in J$, $F'(x) = \displaystyle\int_a^b \dfrac{\partial f}{\partial x}(x,t)\,\mathrm{d}t$.

证明:

在此推论的假设下, 上一个推论中的假设 (i)、(ii) 和 (iii) 是满足的. 因此, 只需验证控制假设.

设 K 是 J 的一个闭子区间. 那么, $K \times [a,b]$ 是紧的, 又因为 $\dfrac{\partial f}{\partial x}$ 是连续的, 所以 $\dfrac{\partial f}{\partial x}$ 在这个紧集上有界, 即存在 $M \geqslant 0$ 使得

$$\forall (x,t) \in K \times [a,b], \quad \left| \frac{\partial f}{\partial x}(x,t) \right| \leqslant M.$$

而取值为 M 的常函数在 $[a,b]$ 上分段连续、恒正且可积. ◻

推论 2.5.2.9(积分区间是闭区间的情况) 设 $f : J \times [a,b] \longrightarrow \mathbb{K}$. 假设 f 在一个包含 $J \times [a,b]$ 的开集 U 上是 $\mathcal{C}^1$ 的(作为双变量函数). 那么, $F : x \longmapsto \displaystyle\int_a^b f(x,t)\,\mathrm{d}t$ 在 J 上 $\mathcal{C}^1$, 且有 $\forall x \in J$, $F'(x) = \displaystyle\int_a^b \dfrac{\partial f}{\partial x}(x,t)\,\mathrm{d}t$.

注:

- 我们决不能混淆假设! 当积分区间不是紧集时, 控制假设是必要的! 最坏的情况是, 只记住第一个定理, 并在积分区间是紧集时自行证明控制假设成立.
- 一般来说, 定理的前提是不成立的. 在实践中(正如函数项级数那样), 我们应用的是在 J 的任意闭子区间上有控制假设的第一个推论(即对任意 $[a,b] \subset J$ 在 $[a,b] \times I$ 上有控制假设).
- 最后一个推论(即 f 在一个包含 $J \times [a,b]$ 的开集上 $\mathcal{C}^1$ 的情况)是实用的, 因为它将定理的四个假设简化为一个. 但是, 它需要验证 f 是 $\mathcal{C}^1$ 的.
- 这个定理及其推论只给出了交换求导和积分顺序的充分条件.

例 2.5.2.10 考虑函数 f 定义如下:

$$\forall x \in \mathbb{R}, \quad f(x) = \int_0^1 \frac{e^{-x(1+t^2)}}{1+t^2}\,\mathrm{d}t.$$

显然, 函数 $(x,t) \longmapsto \dfrac{e^{-x(1+t^2)}}{1+t^2}$ 是在 $\mathbb{R}^2$ 上 $\mathcal{C}^1$ 的. 根据含参积分的可导性定理的推论(积分区间是闭区间的情况), f 在 $\mathbb{R}$ 上 $\mathcal{C}^1$, 且有

$$\forall x \in \mathbb{R}, \ f'(x) = \int_0^1 \frac{-(1+t^2)e^{-x(1+t^2)}}{1+t^2}\,\mathrm{d}t = -\int_0^1 e^{-x(1+t^2)}\,\mathrm{d}t.$$

对 $x \in \mathbb{R}$, 令 $g(x) = f(x^2)$. 由函数的复合知, g 在 $\mathbb{R}$ 上 $\mathcal{C}^1$, 并且对任意实数 x, 有

$$g'(x) = 2x f'(x^2) = -2x \int_0^1 e^{-x^2(1+t^2)}\,\mathrm{d}t = -2e^{-x^2} \int_0^1 e^{-x^2 t^2} x\,\mathrm{d}t = -2e^{-x^2} \int_0^x e^{-u^2}\,\mathrm{d}u.$$

因此, 函数 $x \longmapsto g(x) + \left(\displaystyle\int_0^x e^{-u^2}\,\mathrm{d}u \right)^2$ 在区间 $\mathbb{R}$ 上的导数恒为零, 故它是一个常函数. 又因为 $g(0) = \dfrac{\pi}{4}$, 所以,

$$\forall x \in \mathbb{R}, \ g(x) + \left(\int_0^x e^{-u^2}\,\mathrm{d}u \right)^2 = \frac{\pi}{4}.$$

另一方面, 对任意实数 x 和任意 $t \in [0,1]$, $0 \leqslant \dfrac{e^{-x^2(1+t^2)}}{1+t^2} \leqslant e^{-x^2}$. 因此, 通过积分可得

$$\forall x \in \mathbb{R}, \ 0 \leqslant g(x) \leqslant e^{-x^2}.$$

从而得到 $\displaystyle\lim_{x \to +\infty} g(x) = 0$, 所以, $\left(\displaystyle\lim_{x \to +\infty} \int_0^x e^{-u^2}\,\mathrm{d}u \right)^2 = \dfrac{\pi}{4}$.

习题 2.5.2.11 考虑由以下关系式定义的函数 f: $f(x) = \displaystyle\int_0^{+\infty} e^{-t^2} \cos(xt)\,\mathrm{d}t$.

1. 证明 f 在 $\mathbb{R}$ 上 $\mathcal{C}^1$.
2. 确定 f 在 $+\infty$ 处的极限.
3. 证明 f 是一个一阶线性微分方程的解.
4. 导出函数 f 的简单表达式.

定理 2.5.2.12 设 $n \in \mathbb{N}^\star$, $f : J \times I \longmapsto \mathbb{K}$. 假设:

(i) 对任意 $t \in I$, $x \longmapsto f(x,t)$ 在 J 上 $\mathcal{C}^n$;

(ii) 对任意 $k \in [\![0,n]\!]$, 对任意 $x \in J$, $t \longmapsto \dfrac{\partial^k f}{\partial x^k}(x,t)$ 在 I 上分段连续;

(iii) 对任意 $k \in [\![0,n]\!]$, 存在在 I 上分段连续、恒正且可积的函数 φ_k 使得

$$\forall (x,t) \in J \times I, \ \left| \frac{\partial^k f}{\partial x^k}(x,t) \right| \leqslant \varphi_k(t).$$

那么, 函数 $F : x \longmapsto \displaystyle\int_I f(x,t)\,\mathrm{d}t$ 在 J 上 $\mathcal{C}^n$, 且有

$$\forall k \in [\![0,n]\!], \ \forall x \in J, \ F^{(k)}(x) = \int_I \frac{\partial^k f}{\partial x^k}(x,t)\,\mathrm{d}t.$$

注： 这个定理不是最普遍的, 你们可能会注意到有些假设是多余的. 尽管如此, 它是最容易记住的版本: 我们证明各阶偏导函数 $\dfrac{\partial^k f}{\partial x^k}$ 满足控制假设, 并且关于 t 是分段连续的.

证明：

我们对 $n \in \mathbb{N}^*$ 进行数学归纳来证明定理.

初始化：

当 $n = 1$ 时, 性质 (ii) 表明 $t \longmapsto f(x,t)$ 在 I 上分段连续, (iii) 保证这个函数在 I 上可积. 并且, (iii) 还保证了 $\dfrac{\partial f}{\partial x}$ 有控制函数. 那么, 我们可以应用含参积分的可导性定理, 从而得到结论对 $n = 1$ 成立.

递推：

假设结论对某个 $n \geqslant 1$ 成立, 我们要证明结论对 $n+1$ 也成立. 设 f 是从 $J \times I$ 到 $\mathbb{K}$ 的函数, 且满足定理的 $n+1$ 阶的假设. 那么, f 也满足定理的 n 阶的假设. 由归纳假设知, $F : x \longmapsto \displaystyle\int_I f(x,t)\,\mathrm{d}t$ 在 J 上 $\mathcal{C}^n$, 并且

$$\forall k \in [\![0,n]\!],\ \forall x \in J,\ F^{(k)}(x) = \int_I \frac{\partial^k f}{\partial x^k}(x,t)\,\mathrm{d}t.$$

特别地, $F^{(n)}$ 在 J 上有定义, 且 $F^{(n)} : x \longmapsto \displaystyle\int_I \frac{\partial^n f}{\partial x^n}(x,t)\,\mathrm{d}t$. 那么有

- 根据假设, 对任意 $x \in J$, $t \longmapsto \dfrac{\partial^n f}{\partial x^n}(x,t)$ 在 I 上分段连续且可积(因为控制函数 φ_n 在 I 上可积)；

- 对任意 $t \in I$, 函数 $x \longmapsto \dfrac{\partial^n f}{\partial x^n}(x,t)$ 在 J 上 $\mathcal{C}^1$(因为 $x \longmapsto f(x,t)$ 在 J 上 $\mathcal{C}^{n+1}$)；

- 对任意 $x \in J$, $t \longmapsto \dfrac{\partial}{\partial x}\left(\dfrac{\partial^n f}{\partial x^n}\right)(x,t)$ 即 $t \longmapsto \dfrac{\partial^{n+1} f}{\partial x^{n+1}}(x,t)$ 在 I 上分段连续；

- 函数 φ_{n+1} 在 I 上分段连续、恒正且可积, 并且满足

$$\forall (x,t) \in J \times I,\ \left|\frac{\partial}{\partial x}\left(\frac{\partial^n f}{\partial x^n}\right)(x,t)\right| = \left|\frac{\partial^{n+1} f}{\partial x^{n+1}}(x,t)\right| \leqslant \varphi_{n+1}(t).$$

对 $\dfrac{\partial^n f}{\partial x^n}$ 应用可导性定理, 可得 $F^{(n)}$ 在 J 上 $\mathcal{C}^1$(即 F 是 $\mathcal{C}^{n+1}$ 的), 且

$$\forall x \in J,\ F^{(n+1)}(x) = \int_I \frac{\partial^{n+1} f}{\partial x^{n+1}}(x,t)\,\mathrm{d}t.$$

这证得结论对 $n+1$ 也成立, 归纳完成. $\boxtimes$

注： 当然, 我们也有这个定理的另一个版本, 也是在实践中常用的版本: 在任意闭子区间

上满足控制假设.

例 2.5.2.13 考虑函数 f 定义为: $f(x) = \int_0^{+\infty} \dfrac{e^{-xt^2}}{3+\cos(t)}\,\mathrm{d}t$.

- 确定 f 的定义域.

  * 首先, 对任意实数 x, 函数 $g(x,\cdot): t \longmapsto \dfrac{e^{-xt^2}}{3+\cos(t)}$ 在 $[0,+\infty)$ 上连续. 因此, 它在 $[0,+\infty)$ 上可积当且仅当它在 $+\infty$ 的邻域内可积.

  * 其次, 如果 $x>0$, 那么 $\dfrac{e^{-xt^2}}{3+\cos(t)} \underset{t\to+\infty}{=} o\left(\dfrac{1}{t^2}\right)$, 因此 $g(x,\cdot)$ 在 $+\infty$ 的邻域内可积. 所以, $g(x,\cdot)$ 在 $[0,+\infty)$ 上可积.

  * 最后, 如果 $x \leqslant 0$, 那么对任意 $t \geqslant 0$, $\dfrac{e^{-xt^2}}{3+\cos(t)} \geqslant \dfrac{1}{4}$, 且取值为 $\dfrac{1}{4}$ 的常函数在 $[0,+\infty)$ 上的积分是发散的. 由正值函数的比较知, $\displaystyle\int_{[0,+\infty)} g(x,t)\,\mathrm{d}t$ 是发散的.

这证得, f 的定义域是 $(0,+\infty)$.

- 下面证明 f 在 $(0,+\infty)$ 上 $\mathcal{C}^\infty$.

  * 对任意 $x>0$, 函数 $t \longmapsto \dfrac{e^{-xt^2}}{3+\cos(t)}$ 在 $[0,+\infty)$ 上连续(从而分段连续);

  * 对任意 $t \geqslant 0$, 函数 $x \longmapsto \dfrac{e^{-xt^2}}{3+\cos(t)}$ 在 $(0,+\infty)$ 上 $\mathcal{C}^\infty$;

  * 对任意自然数 n, 对任意 $x>0$ 和 $t \geqslant 0$, $\dfrac{\partial^n g}{\partial x^n}(x,t) = \dfrac{(-1)^n t^{2n} e^{-xt^2}}{3+\cos(t)}$. 因此,

  (i) 对任意 $x \in (0,+\infty)$, $t \longmapsto \dfrac{(-1)^n t^{2n} e^{-xt^2}}{3+\cos(t)}$ 在 $[0,+\infty)$ 上分段连续;

  (ii) 对任意 $a>0$, 我们有

$$\forall (x,t) \in [a,+\infty) \times [0,+\infty), \ \left|\dfrac{(-1)^n t^{2n} e^{-xt^2}}{3+\cos(t)}\right| \leqslant \dfrac{t^{2n} e^{-at^2}}{2},$$

  并且函数 $t \longmapsto \dfrac{t^{2n} e^{-at^2}}{2}$ 在 $[0,+\infty)$ 上连续、恒正且可积(因为它在 $+\infty$ 的邻域内是 $o\left(\dfrac{1}{t^2}\right)$).

所以, 对任意 $a>0$, f 在 $[a,+\infty)$ 上 $\mathcal{C}^\infty$, 并且

$$\forall n \in \mathbb{N}, \forall x \in [a,+\infty), \ f^{(n)}(x) = \int_0^{+\infty} \dfrac{(-1)^n t^{2n} e^{-xt^2}}{3+\cos(t)}\,\mathrm{d}t.$$

这对任意 $a>0$ 都成立, 所以 f 在 $(0,+\infty)$ 上 $\mathcal{C}^\infty$.

推论 2.5.2.14(积分区间是闭区间的情况) 设 $f: J \times [a,b] \longrightarrow \mathbb{K}$, $n \in \mathbb{N}^\star$. 假设:

(i) f 在 $J \times [a,b]$ 上连续;

(ii) 对任意自然数 $k \in [\![1,n]\!]$, $\dfrac{\partial^k f}{\partial x^k}$ 在 $J \times [a,b]$ 上有定义且连续.

那么, 函数 $F: x \longmapsto \displaystyle\int_a^b f(x,t)\,\mathrm{d}t$ 在 J 上 $\mathcal{C}^n$, 且有

$$\forall k \in [\![0,n]\!], \forall x \in J, F^{(k)}(x) = \int_a^b \frac{\partial^k f}{\partial x^k}(x,t)\,\mathrm{d}t.$$

证明:

证明留作练习. $\boxtimes$

推论 2.5.2.15 如果 f 是在一个包含 $J \times [a,b]$ 的开集 U 上 $\mathcal{C}^\infty$ 的双变量函数, 那么, 函数 $F: x \longmapsto \displaystyle\int_a^b f(x,t)\,\mathrm{d}t$ 是在 J 上 $\mathcal{C}^\infty$ 的, 且有

$$\forall k \in \mathbb{N}, \forall x \in J, F^{(k)}(x) = \int_a^b \frac{\partial^k f}{\partial x^k}(x,t)\,\mathrm{d}t.$$

2.5.3 Γ (伽马) 函数

定义 2.5.3.1 Γ 函数, 记为 Γ, 是一个单复变量的函数, 对 $z \in \mathbb{C}$, 当 $\mathrm{Re}(z) > 0$ 时有定义, 其表达式为

$$\Gamma(z) = \int_0^{+\infty} t^{z-1} e^{-t}\,\mathrm{d}t.$$

命题 2.5.3.2 设 $z \in \mathbb{C}$. 那么, $t \longmapsto t^{z-1} e^{-t}$ 在 $(0, +\infty)$ 上可积当且仅当 $\mathrm{Re}(z) > 0$.

证明:

- 首先, 对任意 $z = x + iy \in \mathbb{C}$, 函数 $f: t \longmapsto t^{z-1} e^{-t}$ 在 $(0, +\infty)$ 上连续, 因为

$$\forall t \in (0, +\infty), \, t^{z-1}e^{-t} = \exp((z-1)\ln(t))e^{-t}$$
$$= \exp((x-1)\ln t + iy\ln t)e^{-t}$$
$$= t^{x-1}e^{-t}e^{iy\ln t}.$$

因此它是在 $(0, +\infty)$ 上连续的函数的乘积.

- 其次, 设 $z = x + iy \in \mathbb{C}$, 其中 $(x,y) \in \mathbb{R}^2$. 那么对任意 $t > 0$, 有
$$|t^{z-1}e^{-t}| = t^{x-1}e^{-t}.$$

因此可得

  * $|t^{z-1}e^{-t}| \underset{t \to +\infty}{=} o\left(\dfrac{1}{t^2}\right)$, 因为 $\lim\limits_{t \to +\infty} (t^{x+1}e^{-t}) = 0$. 所以, f 在 $[1, +\infty)$ 上可积;

  * $|t^{z-1}e^{-t}| \underset{t \to 0}{\sim} t^{x-1}$, 故该函数在 $(0,1]$ 上可积当且仅当 $x > 0$.

所以, f 在 $(0, +\infty)$ 上可积当且仅当 $\mathrm{Re}(z) = x > 0$. $\boxtimes$

注:

- 上述命题表明, Γ 函数在复半平面 $\mathrm{Re}(z) > 0$ 上是良定义的.
- 在接下来的课程中, 我们只讨论实的 Γ 函数, 即把 Γ 限制到 $\mathbb{R}$ 上. 这个限制函数仍然记为 Γ, 它定义在 $(0, +\infty)$ 上.
- Γ 函数是数学中的一个参考函数, 在许多领域都有应用. 特别地, 我们将在随后的概率课程和复分析课程中再次看到 Γ 函数.

习题 2.5.3.3 通过换元积分, 证明 $\Gamma\left(\dfrac{1}{2}\right) = \sqrt{\pi}$.

定理 2.5.3.4 定义在 $(0, +\infty)$ 上的 Γ 函数满足下列性质:

(i) $\forall x \in (0, +\infty), \, \Gamma(x+1) = x\Gamma(x)$;

(ii) $\forall n \in \mathbb{N}, \, \Gamma(n+1) = n!$;

(iii) $\Gamma(x) \underset{x \to 0}{\sim} \dfrac{1}{x}$ 并且 $\forall \alpha > 0, \, x^\alpha \underset{x \to +\infty}{=} o(\Gamma(x))$;

(iv) Γ 在 $(0, +\infty)$ 上 $\mathcal{C}^\infty$, 且有
$$\forall n \in \mathbb{N}, \, \forall x > 0, \, \Gamma^{(n)}(x) = \int_0^{+\infty} (\ln t)^n t^{x-1}e^{-t}\, \mathrm{d}t;$$

(v) Γ 和 $\ln\Gamma$ 都是凸函数.

证明:

● 证明 (i).

设 $x > 0$. 函数 $v : t \longmapsto -e^{-t}$ 和 $u : t \longmapsto t^x$ 都在 $(0, +\infty)$ 上 $\mathcal{C}^1$, 且 $u \times v$ 在 0 和 $+\infty$ 处有有限的极限(极限值为零). 并且, 由于 $x > 0$, 定义 $\Gamma(x)$ 和 $\Gamma(x+1)$ 的积分是收敛的. 因此, 我们可以应用分部积分公式, 从而得到

$$\Gamma(x+1) = \int_0^{+\infty} u(t)v'(t)\,\mathrm{d}t = \Big[u(t)v(t)\Big]_0^{+\infty} - \int_0^{+\infty} u'(t)v(t)\,\mathrm{d}t = x\Gamma(x).$$

● 直接计算可得 $\Gamma(1) = 1$, 然后借助 (i) 可以用数学归纳法证得性质 (ii).

● 证明 (iii).

对 $x > 0$, 由 (i) 知, $\Gamma(x) = \dfrac{\Gamma(x+1)}{x}$. 根据 Γ 函数在 1 处的连续性(稍后我们会证明性质 (iv)), 我们得到

$$\Gamma(x) \underset{x \to 0^+}{\sim} \frac{\Gamma(1)}{x}, \quad \text{即} \quad \Gamma(x) \underset{x \to 0^+}{\sim} \frac{1}{x}.$$

其次, 对任意 $x \geqslant 1$, 我们有

$$\Gamma(x) = \int_0^{+\infty} t^{x-1}e^{-t}\,\mathrm{d}t \geqslant \int_x^{+\infty} t^{x-1}e^{-t}\,\mathrm{d}t.$$

又因为, 对任意 $t \in [x, +\infty)$, $t^{x-1}e^{-t} \geqslant x^{x-1}e^{-t}$, 且函数 $t \longmapsto e^{-t}$ 在 $[0, +\infty)$ 上可积故也在 $[x, +\infty)$ 上可积. 所以,

$$\Gamma(x) \geqslant x^{x-1} \int_x^{+\infty} e^{-t}\,\mathrm{d}t = x^{x-1}e^{-x}.$$

那么, 对任意 $\alpha \in \mathbb{R}$ 和任意 $x \geqslant 1$, 我们有

$$\frac{\Gamma(x)}{x^\alpha} \geqslant e^{(x-1)\ln x - \alpha \ln x - x}.$$

从而得到 $\displaystyle \lim_{x \to +\infty} \frac{\Gamma(x)}{x^\alpha} = +\infty$, 故 $x^\alpha \underset{x \to +\infty}{=} o(\Gamma(x))$.

● 证明 (iv).

对 $(x, t) \in (0, +\infty)^2$, 令 $g(x, t) = t^{x-1}e^{-t} = e^{(x-1)\ln t}e^{-t}$, 从而,

$$\forall x \in (0, +\infty), \ \Gamma(x) = \int_0^{+\infty} g(x, t)\,\mathrm{d}t.$$

∗ 对任意实数 $t > 0$, $x \longmapsto g(x, t)$ 在 $(0, +\infty)$ 上 $\mathcal{C}^\infty$, 且有

$$\forall n \in \mathbb{N}, \ \forall (x, t) \in (0, +\infty)^2, \ \frac{\partial^n g}{\partial x^n}(x, t) = (\ln t)^n t^{x-1}e^{-t}.$$

∗ 对任意自然数 $n \in \mathbb{N}$ 和任意实数 $x > 0$, $t \longmapsto \dfrac{\partial^n g}{\partial x^n}(x, t)$ 在 $(0, +\infty)$ 上连续从而分段连续.

* 设 $0 < a < b$. 那么, 对任意自然数 $n \in \mathbb{N}$, 我们有

$$\forall (x,t) \in [a,b] \times (0,+\infty), \; \left| \frac{\partial^n g}{\partial x^n}(x,t) \right| \leqslant \varphi_{[a,b]}(t),$$

其中对 $t > 0$, $\varphi_{[a,b]}(t) = \begin{cases} |\ln t|^n t^{a-1} e^{-t}, & t \in (0,1), \\ |\ln t|^n t^{b-1} e^{-t}, & t \in [1,+\infty). \end{cases}$ (这两种
情况的区分源于函数 $x \longmapsto t^{x-1}$ 当 $t \geqslant 1$ 时单调递增, 当 $t \in (0,1)$
时单调递减.)

* 显然, $\varphi_{[a,b]}$ 在 $(0,+\infty)$ 上分段连续且恒正, 另一方面,

$$\varphi_{[a,b]}(t) \underset{t \to 0^+}{\sim} |\ln t|^n t^{a-1} \underset{t \to 0^+}{\sim} \frac{1}{t^{1-a}|\ln t|^{-n}}.$$

由于 $a > 0$, 故 $1 - a < 1$, 因此, 根据在 0 处的 Bertrand 判据, 我
们知道, 函数 $t \longmapsto |\ln t|^n t^{a-1}$ 在 $\left(0, \dfrac{1}{e}\right)$ 上可积. 由正值函数的比较
知, $\varphi_{[a,b]}$ 在 $\left(0, \dfrac{1}{e}\right)$ 上可积, 故在 $(0,1]$ 上可积.

* 最后, 由比较增长率知, $\varphi_{[a,b]}(t) \underset{t \to +\infty}{=} o\left(\dfrac{1}{t^2}\right)$, 其中 $t \longmapsto \dfrac{1}{t^2}$ 在
$[1,+\infty)$ 上分段连续、恒正且可积(根据 Riemann 判据). 由正值函
数的比较知, $\varphi_{[a,b]}$ 在 $[1,+\infty)$ 上可积.

* 因此证得 $\varphi_{[a,b]}$ 在 $(0,+\infty)$ 上可积.

根据含参积分的可导性定理, Γ 函数在 $(0,+\infty)$ 上 $\mathcal{C}^\infty$, 并且,

$$\forall n \in \mathbb{N}, \forall x \in (0,+\infty), \; \Gamma^{(n)}(x) = \int_0^{+\infty} (\ln t)^n t^{x-1} e^{-t} \, \mathrm{d}t.$$

● 证明 (v). Γ 的凸性是显然的, 因为我们刚刚证得, Γ 函数是 $\mathcal{C}^2$ 的(从而是
D^2 的), 并且,

$$\forall x \in (0,+\infty), \; \Gamma''(x) = \int_0^{+\infty} (\ln t)^2 t^{x-1} e^{-t} \, \mathrm{d}t \geqslant 0.$$

这是因为被积函数在区间 $(0,+\infty)$ 上恒正.
其次, 注意到 Γ 函数的值是大于零的(它是一个在区间 $(0,+\infty)$ 上连续、恒
正且不恒为零的函数的积分). 因此, $g = \ln \Gamma$ 是在 $(0,+\infty)$ 上 $\mathcal{C}^2$ 的(事实上
是 $\mathcal{C}^\infty$ 的), 并且,

$$g' = \frac{\Gamma'}{\Gamma}, \quad g'' = \frac{\Gamma''\Gamma - \Gamma'^2}{\Gamma^2}.$$

又因为, 对 $x > 0$, 我们有

$$(\ln t) t^{x-1} e^{-t} = \left((\ln t) t^{\frac{x-1}{2}} e^{-\frac{t}{2}} \right) \times \left(t^{\frac{x-1}{2}} e^{-\frac{t}{2}} \right),$$

并且函数 $u : t \longmapsto (\ln t) t^{\frac{x-1}{2}} e^{-\frac{t}{2}}$ 和 $v : t \longmapsto t^{\frac{x-1}{2}} e^{-\frac{t}{2}}$ 是在 $L^2((0,+\infty))$ 中的.
根据 Cauchy-Schwarz 不等式, 我们得到

$$\left| \int_0^{+\infty} uv \right|^2 \leqslant \left(\int_0^{+\infty} |u|^2 \right) \times \left(\int_0^{+\infty} |v|^2 \right).$$

替换可得

$$(\Gamma'(x))^2 \leqslant \Gamma(x)\Gamma''(x),$$

所以 $g'' \geqslant 0$. 这证得 $g = \ln \Gamma$ 是一个凸函数.　　　　　　　　□

注：事实上, 没有必要证明 Γ 是凸函数. 练习：证明由 $\ln \Gamma$ 是凸函数可以推出 Γ 是凸函数.

2.6　双变量函数的积分

2.6.1　在闭矩形区域上的 Fubini(富比尼)定理

定理 2.6.1.1(闭区间上的 Fubini 定理)　设 f 是一个在 $[a,b] \times [c,d]$ 上连续的函数. 那么,

(i) 函数 $x \longmapsto \displaystyle\int_c^d f(x,y)\,\mathrm{d}y$ 在 $[a,b]$ 上连续;

(ii) 函数 $y \longmapsto \displaystyle\int_a^b f(x,y)\,\mathrm{d}x$ 在 $[c,d]$ 上连续;

(iii) 这两个函数的积分相等, 即

$$\int_a^b \left(\int_c^d f(x,y)\,\mathrm{d}y \right)\mathrm{d}x = \int_c^d \left(\int_a^b f(x,y)\,\mathrm{d}x \right)\mathrm{d}y.$$

这个共同的值称为 f 在 $[a,b] \times [c,d]$ 上的二重积分, 并记为

$$\iint_{[a,b] \times [c,d]} f \quad \text{或} \quad \iint_{[a,b] \times [c,d]} f(x,y)\,\mathrm{d}x\,\mathrm{d}y.$$

证明：

- 首先, 由于 f 在 $[a,b] \times [c,d]$ 上连续, 根据含参积分的连续性定理(积分区间是闭区间的情况), 函数 $x \longmapsto \displaystyle\int_c^d f(x,y)\,\mathrm{d}y$ 和 $y \longmapsto \displaystyle\int_a^b f(x,y)\,\mathrm{d}x$ 分别在 $[a,b]$ 和 $[c,d]$ 上连续.

- 考虑如下定义的函数 $G : \forall t \in [c,d]$, $G(t) = \displaystyle\int_a^b \left(\int_c^t f(x,y)\,\mathrm{d}y \right)\mathrm{d}x$.

那么, G 是一个含参积分函数, 可以写成: $\forall t \in [c,d]$, $G(t) = \int_a^b g(t,x)\,\mathrm{d}x$,

其中, 对 $(x,t) \in [a,b] \times [c,d]$, $g(t,x) = \int_c^t f(x,y)\,\mathrm{d}y$.

证明 G 是 $\mathcal{C}^1$ 的, 并且可以在积分号下求导.

* 对任意 $t \in [c,d]$, 函数 $x \longmapsto g(t,x) = \int_c^t f(x,y)\,\mathrm{d}y$ 在 $[a,b]$ 上连续(由闭区间上的含参积分的连续性定理可知), 因此此在 $[a,b]$ 上可积.

* 对任意 $x \in [a,b]$, 函数 $t \longmapsto \int_c^t f(x,y)\,\mathrm{d}y$ 在 $[c,d]$ 上 $\mathcal{C}^1$(因为 f 的部分映射都是连续的), 所以 g 在任意 $(t,x) \in [c,d] \times [a,b]$ 处有关于第一个位置的一阶偏导数, 并且,

$$\forall (t,x) \in [c,d] \times [a,b],\ \frac{\partial g}{\partial t}(t,x) = f(x,t).$$

* 由于 f 是连续的, 对任意 $t \in [c,d]$, $x \longmapsto \dfrac{\partial g}{\partial t}(t,x)$ 在 $[a,b]$ 上连续(从而分段连续), 并且对任意 $x \in [a,b]$, $t \longmapsto \dfrac{\partial g}{\partial t}(t,x)$ 在 $[c,d]$ 上连续.

* 最后, 对任意 $(t,x) \in [c,d] \times [a,b]$,

$$\left| \frac{\partial g}{\partial t}(t,x) \right| = |f(x,t)| \leqslant \max_{[a,b] \times [c,d]} |f|.$$

最大值有定义, 因为 f 在紧集 $[a,b] \times [c,d]$ 上连续.

那么, 我们得到, G 在 $[c,d]$ 上 $\mathcal{C}^1$, 并且,

$$\forall t \in [c,d],\ G'(t) = \int_a^b \frac{\partial g}{\partial t}(t,x)\,\mathrm{d}x = \int_a^b f(x,t)\,\mathrm{d}x.$$

因为 G 是 $\mathcal{C}^1$ 的, 所以有 $G(d) - G(c) = \int_c^d G'(t)\,\mathrm{d}t$, 即

$$\int_a^b \left(\int_c^d f(x,y)\,\mathrm{d}y \right) \mathrm{d}x - \int_a^b \left(\int_c^c f(x,y)\,\mathrm{d}y \right) \mathrm{d}x = \int_c^d \left(\int_a^b f(x,t)\,\mathrm{d}x \right) \mathrm{d}t,$$

也即 $\int_a^b \left(\int_c^d f(x,y)\,\mathrm{d}y \right) \mathrm{d}x = \int_c^d \left(\int_a^b f(x,y)\,\mathrm{d}x \right) \mathrm{d}y.$ $\boxtimes$

<u>注:</u> 我们可以简化证明过程. 事实上, 函数 G 是通过含参积分定义的. 如果我们证明

$$g : (t,x) \longmapsto \int_c^t f(x,y)\,\mathrm{d}y$$

是一个连续函数, 它有关于第一个位置的一阶偏导函数, 且该偏导函数作为双变量函数是连

续的, 那么我们可以直接应用闭区间上的含参积分的可导性定理. $\frac{\partial g}{\partial t}$ 的存在性和连续性是显然的, 因为 $t \longmapsto \int_c^t f(x,y)\,\mathrm{d}y$ 是 $\mathcal{C}^1$ 的(它是一个连续函数的原函数). 唯一的 "困难" 在于证明 g 的连续性. 我们将在习题中看到这一点, 但你们可以立即证明这一点!

推论 2.6.1.2　设 g 和 h 是两个分别在 $[a,b]$ 和 $[c,d]$ 上连续的函数. 那么, 定义为

$$\forall (x,y) \in [a,b] \times [c,d], \ f(x,y) = g(x)h(y)$$

的函数 f 在 $[a,b] \times [c,d]$ 上连续, 且有

$$\iint_{[a,b] \times [c,d]} f = \left(\int_a^b g(x)\,\mathrm{d}x \right) \times \left(\int_c^d h(y)\,\mathrm{d}y \right).$$

例 2.6.1.3　计算 $\displaystyle\iint_{[0,1]^2} \frac{1}{1+x+y}\,\mathrm{d}x\,\mathrm{d}y$.

2.6.2　正值函数在区域 $I \times J$ 上的积分

定义 2.6.2.1　设 I 和 J 是任意两个内部非空的区间, $f : I \times J \longrightarrow [0, +\infty)$ 是一个连续的映射. 我们称 f 在 $I \times J$ 上可积, 若存在 $M \geqslant 0$ 使得

$$\forall (K,L) \in S(I) \times S(J), \ \iint_{K \times L} f \leqslant M.$$

此时, 我们定义 f 在 $I \times J$ 上的积分 (记为 $\displaystyle\iint_{I \times J} f$) 为

$$\iint_{I \times J} f = \sup_{(K,L) \in S(I) \times S(J)} \iint_{K \times L} f.$$

注:　与单变量函数的情况类似, 可以注意到以下几点:

- 这个定义有意义, 因为一方面, 如果 $K \in S(I)$ 且 $L \in S(J)$, 那么 f 在 $K \times L$ 上的二重积分已经在上一小节中定义过, 另一方面, $\mathbb{R}$ 的任意非空有上界的子集都有上确界.

- 如果 $I = [a,b]$, $J = [c,d]$, 且 f 在 $I \times J$ 上连续且恒正, 那么 f 在 $I \times J$ 上的积分(在定理 2.6.1.1 的定义的意义下)与它在 $[a,b] \times [c,d]$ 上的二重积分是相同的.

- 根据定义, 如果 f 在 $I \times J$ 上连续、恒正且可积, 那么 $\displaystyle\iint_{I \times J} f \geqslant 0$.

- 如果 f 在 $I \times J$ 上连续、恒正且可积, 那么对任意 $I_1 \subset I$ 和任意 $J_1 \subset J$, f 在 $I_1 \times J_1$ 上可积, 并且有

$$\iint_{I_1 \times J_1} f \leqslant \iint_{I \times J} f.$$

性质:

与单实变量的正值函数同理, 可以证明:

- 如果 f 在 $I \times J$ 上连续、恒正且可积, 那么 f 在 $\mathring{I} \times \mathring{J}$ 上可积, 且 $\iint_{\mathring{I} \times \mathring{J}} f = \iint_{I \times J} f$.

- 如果 $0 \leqslant f \leqslant g$, 且 f 和 g 都在 $I \times J$ 上连续, 那么,

$$g \text{ 可积} \implies f \text{ 可积}.$$

- 如果 f 在 $I \times J$ 上连续且恒正, 那么对 $I \times J$ 的任意闭矩形穷举序列(exhaustive de pavés compacts)$(P_n)_{n \in \mathbb{N}}$, 即任意形如 $P_n = I_n \times J_n$ 的序列, 其中 $(I_n)_{n \in \mathbb{N}}$ 和 $(J_n)_{n \in \mathbb{N}}$ 分别是 I 和 J 的递增闭子区间序列且序列的并集分别是 I 和 J, 那么以下叙述相互等价:

(i) f 在 $I \times J$ 上可积;

(ii) 序列 $(u_n) = \left(\iint_{I_n \times J_n} f \right)_{n \in \mathbb{N}}$ 有上界;

(iii) 序列 $(u_n) = \left(\iint_{I_n \times J_n} f \right)_{n \in \mathbb{N}}$ 收敛.

当上述等价条件之一满足时, 我们有: $\iint_{I \times J} f = \lim_{n \to +\infty} \iint_{I_n \times J_n} f$.

- 如果 f 和 g 在 $I \times J$ 上连续、恒正且可积, 并且 $\lambda \geqslant 0$, 那么 $f + g$ 和 λf 在 $I \times J$ 上可积, 并且,

$$\iint_{I \times J} (\lambda f + g) = \lambda \iint_{I \times J} f + \iint_{I \times J} g.$$

习题 2.6.2.2 证明由 $f(x,y) = e^{-(x^2+y^2)}$ 定义的函数在 $\mathbb{R}^2$ 上可积, 并计算 $\iint_{\mathbb{R}^2} f$.

2.6.3 实值或复值函数在区域 $I \times J$ 上的积分

与单变量函数类似, 我们有以下定义和定理.

定义 2.6.3.1 设 f 是一个在 $I \times J$ 上连续的实值或复值函数. 我们称 f 在 $I \times J$ 上可积, 若连续的正值函数 $|f|$ 在 $I \times J$ 上可积.

定理 2.6.3.2　设 f 是一个在 $I \times J$ 上连续的函数.

(i) 假设 f 是实值函数. 那么,

$$f \text{ 在 } I \times J \text{ 上可积} \iff f_+ \text{ 和 } f_- \text{ 都在 } I \times J \text{ 上可积.}$$

当 f 在 $I \times J$ 上可积时, 我们定义 f 在 $I \times J$ 上的积分 (记为 $\iint_{I \times J} f$) 为

$$\iint_{I \times J} f = \iint_{I \times J} f_+ - \iint_{I \times J} f_-.$$

(ii) 假设 f 是复值函数. 那么,

$$f \text{ 在 } I \times J \text{ 上可积} \iff \operatorname{Re}(f) \text{ 和 } \operatorname{Im}(f) \text{ 都在 } I \times J \text{ 上可积.}$$

当 f 在 $I \times J$ 上可积时, 我们定义 f 在 $I \times J$ 上的积分 (记为 $\iint_{I \times J} f$) 为

$$\iint_{I \times J} f = \left(\iint_{I \times J} \operatorname{Re}(f) \right) + i \left(\iint_{I \times J} \operatorname{Im}(f) \right).$$

二重积分的性质:

和单变量函数的情况一样, 我们证明:

- 如果 f 在 $I \times J$ 上连续且可积, 那么对 $I \times J$ 的任意闭矩形穷举序列 $(P_n)_{n \in \mathbb{N}}$,
$$\lim_{n \to +\infty} \iint_{P_n} f = \iint_{I \times J} f.$$

- 如果 f 和 g 在 $I \times J$ 上连续且可积, $(\lambda, \mu) \in \mathbb{K}^2$, 那么 $\lambda f + \mu g$ 在 $I \times J$ 上连续且可积, 且有 $\iint_{I \times J} (\lambda f + \mu g) = \lambda \iint_{I \times J} f + \mu \iint_{I \times J} g.$

- 如果 f 和 g 在 $I \times J$ 上连续且可积, 且 $f \leqslant g$, 那么, $\iint_{I \times J} f \leqslant \iint_{I \times J} g.$

- 如果 f 在 $I \times J$ 上连续且可积, 那么, $\left| \iint_{I \times J} f \right| \leqslant \iint_{I \times J} |f|.$

习题 2.6.3.3　证明由 $f(x,y) = xye^{-x^2-y^2+ixy}$ 定义的函数 f 在 $\mathbb{R}^2$ 上可积.

2.6.4　Fubini 定理

我们已经学习过二重级数的 Fubini 定理. 在这一小节中, 我们将看到完全相同的定理(分为正值函数和非正值函数两种情况), 只需要添加一些技术性假设(以确保我们可以研究相应函数的可积性).

在本小节中, 我们将给出 Fubini 定理的一般版本, 它是非常灵活和易于运用的(但需要了解可测函数的概念). 在此我们不学习可测函数的概念, 只需记住任何连续或分段连续的函数都是可测的. 在实践中,没有不可测的函数!

定理 2.6.4.1(正值函数的 Fubini 定理)　设 $f : I \times J \longrightarrow \mathbb{R}^+$ 是一个<u>正值</u>的可测函数. 那么以下性质相互等价:

(i) f 在 $I \times J$ 上可积;

(ii) 对几乎所有 $x \in I$, $y \longmapsto f(x,y)$ 在 J 上可积, 并且在 I 上几乎处处有定义的可测函数 $x \longmapsto \displaystyle\int_J f(x,y)\,\mathrm{d}y$ 在 I 上可积;

(iii) 对几乎所有 $y \in J$, $x \longmapsto f(x,y)$ 在 I 上可积, 并且在 J 上几乎处处有定义的可测函数 $y \longmapsto \displaystyle\int_I f(x,y)\,\mathrm{d}x$ 在 J 上可积.

当等价条件之一满足时, 我们有

$$\iint_{I \times J} f(x,y)\,\mathrm{d}x\,\mathrm{d}y = \int_I \left(\int_J f(x,y)\,\mathrm{d}y \right) \mathrm{d}x = \int_J \left(\int_I f(x,y)\,\mathrm{d}x \right) \mathrm{d}y.$$

定理 2.6.4.2(Fubini 定理)　设 f 是一个在 $I \times J$ 上可测的实值或复值函数. 那么以下性质相互等价:

(i) f 在 $I \times J$ 上可积;

(ii) 对几乎所有 $x \in I$, $y \longmapsto |f(x,y)|$ 在 J 上可积, 并且在 I 上几乎处处有定义的可测函数 $x \longmapsto \displaystyle\int_J |f(x,y)|\,\mathrm{d}y$ 在 I 上可积;

(iii) 对几乎所有 $y \in J$, $x \longmapsto |f(x,y)|$ 在 I 上可积, 并且在 J 上几乎处处有定义的可测函数 $y \longmapsto \displaystyle\int_I |f(x,y)|\,\mathrm{d}x$ 在 J 上可积.

当等价条件之一满足时, 我们有:

(1) 对几乎所有 $x \in I$, $y \longmapsto f(x,y)$ 在 J 上可积, 并且函数 $x \longmapsto \displaystyle\int_J f(x,y)\,\mathrm{d}y$ 在 I 上几乎处处有定义、可测且可积;

(2) 对几乎所有 $y \in J$, $x \longmapsto f(x,y)$ 在 I 上可积, 并且函数 $y \longmapsto \displaystyle\int_I f(x,y)\,\mathrm{d}x$ 在 J 上几乎处处有定义、可测且可积;

(3) $\displaystyle\iint_{I \times J} f(x,y)\,\mathrm{d}x\,\mathrm{d}y = \int_I \left(\int_J f(x,y)\,\mathrm{d}y \right) \mathrm{d}x = \int_J \left(\int_I f(x,y)\,\mathrm{d}x \right) \mathrm{d}y.$

<u>注:</u>

- Fubini 定理告诉我们, 事实上, 一个符号任意的函数 f 在 $I \times J$ 上可积当且仅当积分 $\displaystyle\iint_I \left(\int_J |f(x,y)| \,\mathrm{d}y \right) \mathrm{d}x$ 或 $\displaystyle\iint_J \left(\int_I |f(x,y)| \,\mathrm{d}x \right) \mathrm{d}y$ 是有限的. 在这种情况下, 三个积分都是有限的, 并且三个积分(被积函数不带绝对值)的值是相等的. 问题是要知道我们可以对什么类型的函数积分.

- 在实践中, 我们正是用这个定理来证明双变量函数的可积性, 并证明可以交换积分顺序.

- 在实践中, 我们将证明函数是分段连续的或连续的(如果是含参积分的话).

例 2.6.4.3　证明 $f : (x,y) \longmapsto \dfrac{e^{-|x|}\sqrt{|y|}}{1+y^2}$ 在 $\mathbb{R}^2$ 上可积.

- 函数 f 在 $\mathbb{R}^2$ 上连续从而可测, 并且恒正;

- 那么, 对任意 $y \in \mathbb{R} \setminus \{0\}$, $x \longmapsto f(x,y)$ 在 $\mathbb{R}$ 上连续且可积(指数函数的性质), 并且

$$\int_{\mathbb{R}} f(x,y) \,\mathrm{d}x = \frac{2}{\sqrt{|y|}(1+y^2)}.$$

- 函数 $y \longmapsto \dfrac{2}{\sqrt{|y|}(1+y^2)}$ 在 $\mathbb{R}^{\star}$ 上连续, 且是偶函数. 为证明它在 $\mathbb{R}$ 上可积, 必须且只需证明它在 $(0, +\infty)$ 上可积. 又因为,

  * $\dfrac{2}{\sqrt{|y|}(1+y^2)} \underset{y \to 0^+}{\sim} \dfrac{2}{\sqrt{y}}$, 并且 $y \longmapsto \dfrac{2}{\sqrt{y}}$ 在 $(0,1]$ 上分段连续、恒正且可积 (Riemann 判据). 由正值函数的比较知, $y \longmapsto \dfrac{2}{\sqrt{|y|}(1+y^2)}$ 在 $(0,1]$ 上可积;

  * 同理, $\dfrac{2}{\sqrt{|y|}(1+y^2)} \underset{y \to +\infty}{\sim} \dfrac{2}{y^{\frac{5}{2}}}$, 通过正值函数的比较(以及 Riemann 判据), 可以证得 $y \longmapsto \dfrac{2}{\sqrt{|y|}(1+y^2)}$ 在 $[1, +\infty)$ 上可积.

  这证得 $y \longmapsto \dfrac{2}{\sqrt{|y|}(1+y^2)}$ 在 $(0, +\infty)$ 上可积, 从而在 $\mathbb{R}$ 上可积(因为它是偶函数).

根据正值函数的 Fubini 定理, f 在 $\mathbb{R}^2$ 上可积.

习题 2.6.4.4　设 f 是一个由以下关系定义的函数:

$$\forall (x,y) \in \mathbb{R}^2, \, f(x,y) = \sum_{n=1}^{+\infty} \frac{e^{-n^2 y}}{n+x^2}.$$

1. 确定 f 的定义域.
2. 证明 f 在它的定义域上连续.
3. 证明 f 在定义域上 $\mathcal{C}^1$.
4. 证明 $F : x \longmapsto \displaystyle\int_0^{+\infty} f(x,y) \,\mathrm{d}y$ 在 $\mathbb{R}$ 上连续.

5. 确定 F 在 $+\infty$ 处和在 $-\infty$ 处的等价表达式.

6. F 在 $\mathbb{R}$ 上可积吗? 清楚地验证你的回答.

7. 证明: f 在 $\mathbb{R} \times (0, +\infty)$ 上可积, 并且 $\displaystyle\iint_{\mathbb{R} \times (0, +\infty)} f(x, y) \, \mathrm{d}x \, \mathrm{d}y = \pi \zeta\left(\dfrac{5}{2}\right)$.

⚠ **注意:** 如果去掉一部分假设, 积分不一定可以交换顺序.

习题 2.6.4.5 设 f 是一个定义在 $(0, 1]^2$ 上表达式为 $f(x, y) = \dfrac{x^2 - y^2}{(x^2 + y^2)^2}$ 的函数.

1. 注意到 $\dfrac{\mathrm{d}}{\mathrm{d}x}\left(x \longmapsto \dfrac{-x}{x^2 + y^2}\right) = \left(x \longmapsto \dfrac{x^2 - y^2}{(x^2 + y^2)^2}\right)$, 计算以下积分值(如果存在的话):

$$\int_0^1 \left(\int_0^1 f(x, y) \, \mathrm{d}x\right) \mathrm{d}y \ \text{和} \ \int_0^1 \left(\int_0^1 f(x, y) \, \mathrm{d}y\right) \mathrm{d}x.$$

2. 我们能从中得出什么结论?

习题 2.6.4.6 我们想要计算积分: $I = \displaystyle\int_0^{+\infty} \left(\int_x^{+\infty} e^{-t^2} \, \mathrm{d}t\right) \mathrm{d}x$.

1. 验证 I 是良定义的.
2. 通过考虑定义如下的函数 $f : \forall (x, t) \in [0, +\infty)^2$, $f(x, t) = e^{-t^2} \chi_{\{t \geqslant x\}}$, 确定 I 的值.
3. 为什么前面的推导是缺乏依据的?
4. 利用分部积分, 重新求得 I 的值.

2.6.5 二重积分的计算

在这一部分中, 我们不讨论积分存在的理论问题. 目的是通过例子学习计算二重积分的一些方法.

例 2.6.5.1 我们想计算 $\displaystyle\iint_D \mathrm{d}x \, \mathrm{d}y$, 其中 $D = \left\{(x, y) \in \mathbb{R}^2 \,\middle|\, \dfrac{x^2}{a^2} + \dfrac{y^2}{b^2} \leqslant 1\right\}$ (即计算该椭圆的面积). 由对称性知, 只需计算:

$$I_1 = \iint_{D_1} \mathrm{d}x \, \mathrm{d}y,$$

其中 $D_1 = \left\{(x, y) \in [0, +\infty)^2 \,\middle|\, \dfrac{x^2}{a^2} + \dfrac{y^2}{b^2} \leqslant 1\right\}$. 那么, I_1 可以写成

$$I_1 = \int_0^a \left(\int_0^{b\sqrt{1-\frac{x^2}{a^2}}} \mathrm{d}y \right) \mathrm{d}x$$

$$= \int_0^a b\sqrt{1 - \frac{x^2}{a^2}} \, \mathrm{d}x$$

$$= \int_0^{\frac{\pi}{2}} b\sqrt{1 - \sin^2(t)} \, a\cos(t) \, \mathrm{d}t$$

$$= ab \int_0^{\frac{\pi}{2}} \cos^2(t) \, \mathrm{d}t$$

$$= \frac{\pi ab}{4}.$$

从而得到这个椭圆的面积是 $I = 4I_1 = \pi ab$.

习题 2.6.5.2　通过应用格林公式[①], 求得上述结果.

这个例子是以下一般性质的一个特例.

垂直或水平扫射区域(balayage vertical ou horizontal)

假设区域 D 为:

- 一个垂直扫射区域: $(x,y) \in D \iff a \leqslant x \leqslant b$ 且 $g(x) \leqslant y \leqslant h(x)$, 其中 g 和 h 是两个在 $[a,b]$ 上连续的函数, 且 $g \leqslant h$. 那么,
$$\iint_D f(x,y) \, \mathrm{d}x \, \mathrm{d}y = \int_a^b \left(\int_{g(x)}^{h(x)} f(x,y) \, \mathrm{d}y \right) \mathrm{d}x.$$

- 一个水平扫射区域: $(x,y) \in D \iff c \leqslant y \leqslant d$ 且 $\varphi(y) \leqslant x \leqslant \psi(y)$, 其中 φ 和 ψ 是两个在 $[c,d]$ 上连续的函数, 且 $\varphi \leqslant \psi$. 那么,
$$\iint_D f(x,y) \, \mathrm{d}x \, \mathrm{d}y = \int_c^d \left(\int_{\varphi(y)}^{\psi(y)} f(x,y) \, \mathrm{d}x \right) \mathrm{d}y.$$

例 2.6.5.3　我们想计算积分 $J = \displaystyle\iint_D \frac{1}{(1+x^2)(1+y^2)} \, \mathrm{d}x \, \mathrm{d}y$ 的值, 其中, 积分区域定义为
$$D = \{(x,y) \in \mathbb{R}^2 \mid 0 \leqslant x \leqslant 1 \text{ 且 } 0 \leqslant y \leqslant x\}.$$

应用上述方法, 得到
$$J = \int_0^1 \left(\int_0^x \frac{1}{(1+x^2)(1+y^2)} \, \mathrm{d}y \right) \mathrm{d}x = \int_0^1 \frac{\arctan(x)}{1+x^2} \, \mathrm{d}x = \left[\frac{1}{2}\arctan(x)^2 \right]_0^1 = \frac{\pi^2}{32}.$$

---

① 参见《大学数学进阶 1》中关于微分演算的内容.

习题 2.6.5.4　我们想计算积分 $K = \iint_D (x^2 + y^2)\,\mathrm{d}x\,\mathrm{d}y$ 的值, 其中, 积分区域定义为

$$D = \{(x,y) \in \mathbb{R}^2 \mid x \geqslant 0 \text{ 且 } y^2 + 2x \leqslant 1\}.$$

1. 给出区域 D 的一种更简单的表示方式, 即给出 D 的垂直扫射表示.
2. 导出 K 的值.
3. 确定 D 的水平扫射表示, 并且重新求得 K 的值.
4. 3 的计算和 2 的计算真有什么不同吗?

2.6.6　二重积分的换元法

定理 2.6.6.1(换元积分)　设 U 和 V 是 $\mathbb{R}^2$ 的两个开集, φ 是从 U 到 V 的一个 $\mathcal{C}^1$ 微分同胚. 设 D 是包含于 V 中的一个 "简单的" 区域. 记 $\Delta = \varphi^{-1}(D)$. 那么, 对任意在 D 上连续的函数 f,

$$\iint_D f(x,y)\,\mathrm{d}x\,\mathrm{d}y = \iint_\Delta f(\varphi(u,v))|\det J_\varphi(u,v)|\,\mathrm{d}u\,\mathrm{d}v.$$

此时称我们进行了 $(x,y) = \varphi(u,v)$ 的换元.

注:

- 注意雅可比行列式的绝对值!
- 直观地说, 雅可比行列式的绝对值可以看作是面积单位的变化.
- 如果雅可比行列式为零(这通常是极坐标的情况), 可以通过去掉 $r=0$ 的情况(即修改区域)来避开这个问题.

例 2.6.6.2　我们想计算积分 $I = \iint_D (x^2 + 8xy - y^2)\,\mathrm{d}x\,\mathrm{d}y$, 其中, 积分区域 D 是圆环 $D = \{(x,y) \in \mathbb{R}^2 \mid 1 \leqslant x^2 + y^2 \leqslant 2\}$. 我们取 $\Delta = [1,2] \times [-\pi, \pi)$, 并定义 φ 如下:

$$\forall (r,\theta) \in \Delta, \varphi(r,\theta) = (r\cos(\theta), r\sin(\theta)).$$

显然, φ 是从 Δ 到 D 的双射, φ 在 Δ 上 $\mathcal{C}^1$, 且有

$$\forall (r,\theta) \in \Delta, |J_\varphi(r,\theta)| = r.$$

因此,

$$I = \iint_{[1,2]\times[-\pi,\pi)} (r^2\cos(2\theta) + 4r^2\sin(2\theta))r\,\mathrm{d}r\,\mathrm{d}\theta.$$

习题 2.6.6.3　利用二重积分和极坐标变换来计算积分 $\int_{-\infty}^{+\infty} e^{-x^2}\,\mathrm{d}x$ 的值.

第 3 章 概 率

预备知识 学习本章之前, 需已经熟练掌握以下知识:

- 有限概率: 特别地, 二项分布和超几何分布(《大学数学入门 2》);

- 离散型概率(《大学数学基础 2》);

- 事件 σ 代数、概率测度、随机变量、分布函数的概念(《大学数学基础 2》);

- 任意区间上的积分(本书第 2 章以及《大学数学基础 2》);

- Γ(伽马)函数(本书第 2 章);

- 函数项序列和级数(《大学数学进阶 1》);

- 事件或随机变量的独立性(《大学数学入门 2》和《大学数学基础 2》);

- 二重积分的 Fubini 定理(本书第 2 章).

不要求已了解任何与连续概率概念有关的具体知识.

3.1 事件 σ 代数的概念和概率测度的定义(回顾)

记号: 在本章中, 如果 Ω 是一个取定的集合且 $A \subset \Omega$, 我们记 $\overline{A} = \Omega \setminus A$ 为 A 在 Ω 中的补集. 这不是 A 的闭包, 当 Ω 不是一个赋范向量空间时, 闭包一词是毫无意义的!

3.1.1 事件 σ 代数及其性质

在《大学数学入门 2》的课程中, 我们学习了以下定义和性质.

回顾: 设 Ω 是一个非空有限集.

- **定义:** 一个事件 A 是 Ω 的一个子集, 即 $A \in \mathcal{P}(\Omega)$;
- **性质:**
  * Ω 是一个事件;
  * 如果 A 是一个事件, 那么 $\overline{A} = \Omega \setminus A$ 也是一个事件(称为 A 的对立事件, 也称逆事件或补事件);
  * 如果 $A_1, \cdots, A_n$ 都是事件, 那么 $\bigcup_{i=1}^{n} A_i$ 也是一个事件.
- **定义:** Ω 上的一个概率是一个映射 $P : \mathcal{P}(\Omega) \longrightarrow \mathbb{R}$ 满足:
  (i) $\forall A \in \mathcal{P}(\Omega), P(A) \in [0,1]$;
  (ii) $P(\Omega) = 1$;
  (iii) $\forall (A,B) \in \mathcal{P}(\Omega)^2, (A \cap B = \varnothing \implies P(A \cup B) = P(A) + P(B))$.
- **性质:** 如果 P 是 Ω 上的一个概率, 那么对任意互不相交的子集 $A_1, \cdots, A_n$, 有

$$P\left(\bigcup_{i=1}^{n} A_i\right) = \sum_{i=1}^{n} P(A_i).$$

如果现在考虑的是任意集合, 即不一定是有限的集合, 则必须调整(即修改)定义. 首先, 在做一个随机试验时, 必须给出一个集合, 这个集合中的元素就是事件. 这个"事件的集合"就是我们所说的事件 σ 代数.

事件 σ 代数和概率测度的概念在《大学数学基础 2》的概率一章中学习过. 下面回顾一些主要定义和性质.

定义 3.1.1.1　设 Ω 是一个集合. 我们称集合 $\mathcal{T} \subset \mathcal{P}(\Omega)$ 为一个事件 σ 代数(tribu), 若它满足以下三个性质:

P1 : $\Omega \in \mathcal{T}$;

P2 : $\forall A \in \mathcal{T}, \overline{A} \in \mathcal{T}$　($\mathcal{T}$ 对逆封闭),

P3 : $\forall (A_n)_{n \in \mathbb{N}} \in \mathcal{T}^{\mathbb{N}}, \bigcup_{n \in \mathbb{N}} A_n \in \mathcal{T}$　($\mathcal{T}$ 对可数并封闭),

二元组 $(\Omega, \mathcal{T})$ 称为可概率化的空间(espace probabilisable), $\mathcal{T}$ 中的元素称为 Ω 的事件.

例 3.1.1.2　我们总是可以选取 $\mathcal{T} = \mathcal{P}(\Omega)$: 这是 Ω 上的一个事件 σ 代数, 称为离散的事件 σ 代数(tribu discrète).

例 3.1.1.3　如果我们令 $\mathcal{T} = \{\varnothing, \Omega\}$, 那么 $\mathcal{T}$ 也是 Ω 上的一个事件 σ 代数.

<u>注</u>: 可能有人会问, 为什么不总是选择 $\mathcal{P}(\Omega)$ 作为事件 σ 代数, 即为什么 Ω 的任意子集不一定是一个事件.

首先, 让我们举个例子. 我们掷一个质地均匀的骰子, 一直掷下去直到出现 6 就停止. 那么, 我们可以考虑把样本空间 Ω 定义为由有限序列(对应着在有限次投掷之后得到 6 的情况)和不包含 6 的无限序列(对应着一直得不到 6 的情况)构成的集合. 在这个例子中, 有限序列 $(1,1)$ 不是一个事件.

事实上, 主要的想法是, 在进行随机试验时, 根据我们试图分析的内容, 我们将优先考虑某些结果, 这些可能的结果称为事件.

命题 3.1.1.4　设 $(\Omega, \mathcal{T})$ 是一个可概率化的空间. 那么,

(i) $\varnothing \in \mathcal{T}$;

(ii) $\forall n \in \mathbb{N}, \forall (A_i)_{0 \leqslant i \leqslant n} \in \mathcal{T}^{n+1}, \bigcup_{i=0}^{n} A_i \in \mathcal{T}$;

(iii) $\forall (A_n)_{n \in \mathbb{N}} \in \mathcal{T}^{\mathbb{N}}, \bigcap_{n \in \mathbb{N}} A_n \in \mathcal{T}$ 且 $\forall N \in \mathbb{N}, \bigcap_{n=0}^{N} A_n \in \mathcal{T}$;

(iv) $\forall (A, B) \in \mathcal{T}^2, A \setminus B \in \mathcal{T}$.

证明 :

• 证明 (i).
取 $A = \Omega \in \mathcal{T}$. 由于 $\mathcal{T}$ 对逆封闭, 故 $\varnothing = \overline{\Omega} \in \mathcal{T}$.

• 证明 (ii).

设 $n \in \mathbb{N}$, $(A_1, \cdots, A_n) \in \mathcal{T}^{n+1}$. 对任意 $i \geqslant n+1$, 令 $A_i = \varnothing$. 那么, 由 $\mathcal{T}$ 对可数并封闭知,

$$\bigcup_{i \in \mathbb{N}} A_i \in \mathcal{T}, \quad 即 \quad \bigcup_{i=0}^{n} A_i \in \mathcal{T}.$$

• 证明 (iii).

设 $(A_n)_{n \in \mathbb{N}} \in \mathcal{T}^{\mathbb{N}}$. 那么有 $(\overline{A_n})_{n \in \mathbb{N}} \in \mathcal{T}^{\mathbb{N}}$. 因此得到 $\bigcup\limits_{n \in \mathbb{N}} \overline{A_n} \in \mathcal{T}$, 从而有

$$\bigcap_{n \in \mathbb{N}} A_n = \overline{\bigcup_{n \in \mathbb{N}} \overline{A_n}} \in \mathcal{T}.$$

同理可证, $\mathcal{T}$ 对有限交封闭(因为 $\mathcal{T}$ 对有限并封闭).

• 最后, 证明 (iv).

设 $A \in \mathcal{T}$, $B \in \mathcal{T}$. 那么, $\overline{B} \in \mathcal{T}$, 故 $A \setminus B = A \cap \overline{B} \in \mathcal{T}$. ⊠

命题 3.1.1.5 设 Ω 是一个集合, $(\mathcal{T}_i)_{i \in I}$ 是 Ω 的一个非空的事件 σ 代数族. 那么, $\bigcap\limits_{i \in I} \mathcal{T}_i$ 是 Ω 的一个事件 σ 代数.

证明:

令 $\mathcal{T} = \bigcap\limits_{i \in I} \mathcal{T}_i$. 要证明这是一个事件 σ 代数.

• 首先, 由于对任意 $i \in I$, $\Omega \in \mathcal{T}_i$, 可得 $\Omega \in \mathcal{T}$.

• 另一方面, 设 $A \in \mathcal{T}$, $i \in I$. 我们有 $A \in \mathcal{T}_i$. 又因为 $\mathcal{T}_i$ 是一个事件 σ 代数, 故 $\overline{A} \in \mathcal{T}_i$. 所以,

$$\overline{A} \in \bigcap_{i \in I} \mathcal{T}_i, \quad 即 \quad \overline{A} \in \mathcal{T}.$$

• 最后, 设 $(A_n)_{n \in \mathbb{N}}$ 是 $\mathcal{T}$ 的一个元素族. 设 $i \in I$. 那么, 对任意自然数 n, $A_n \in \mathcal{T}_i$, 从而由 $\mathcal{T}_i$ 是一个事件 σ 代数知, $\bigcup_{n \in \mathbb{N}} A_n \in \mathcal{T}_i$. 这对任意 $i \in I$ 都成立, 所以

$$\left(\bigcup_{n \in \mathbb{N}} A_n \right) \in \bigcap_{i \in I} \mathcal{T}_i = \mathcal{T}.$$

这证得 $\bigcap\limits_{i \in I} \mathcal{T}_i$ 是 Ω 的一个事件 σ 代数. ⊠

推论 3.1.1.6 设 Ω 是一个非空的集合, $X \subset \mathcal{P}(\Omega)$. 那么, 存在唯一的包含 X 的(在集合包含意义下)最小的事件 σ 代数 $\mathcal{T}(X)$. 我们称 $\mathcal{T}(X)$ 为由 X 生成的事件 σ 代数.

证明:

我们取 $\mathcal{T}(X) = \bigcap_{\substack{\mathcal{T} \text{ 是 } \Omega \text{的事件} \sigma \text{代数} \\ X \subset \mathcal{T}}} \mathcal{T}.$

那么, $\mathcal{T}(X)$ 是 Ω 的事件 σ 代数的非空交(因为 $\mathcal{P}(\Omega)$ 就是一个包含 X 的事件 σ 代数), 由上一命题知, 这是一个事件 σ 代数.

并且, 根据定义, 如果 $\mathcal{T}_0$ 是 Ω 的一个包含 X 的事件 σ 代数, 那么 $\mathcal{T}(X) \subset \mathcal{T}_0$. 这证得 $\mathcal{T}(X)$ 在集合包含意义下是最小的.

最后, 如果 $\mathcal{T}_0$ 也是在集合包含意义下最小的事件 σ 代数, 那么上述包含关系就是一个等式, 这证得唯一性. $\boxtimes$

习题 3.1.1.7 设 Ω 是一个集合, $A \subset \Omega$. 确定由 $\{A\}$ 生成的事件 σ 代数.

定义 3.1.1.8 我们称由 $\mathbb{R}$ 的闭区间的集合生成的事件 σ 代数为 $\mathbb{R}$ 的博雷尔 σ 代数或博雷尔集类(tribu des boréliens), 记为 $\mathcal{B}^1(\mathbb{R})$.

注:

- 根据定义, 博雷尔 σ 代数是 $\mathbb{R}$ 的包含任意闭区间 $[a, b](a \leqslant b)$ 的最小的事件 σ 代数.
- 博雷尔集类包含任意单点集, 因为对任意 $a \in \mathbb{R}$, $[a, a] = \{a\}$.
- 这个 σ 代数也包含任意开区间 $(a, b)(-\infty \leqslant a \leqslant b \leqslant +\infty)$, 因此包含 $\mathbb{R}$ 的任意区间(开的、闭的、半开半闭的等等). 事实上, 如果 a 和 b 是两个实数, 那么,

$$(a, b) = \bigcup_{n \in \mathbb{N}^\star} \left[a + \frac{1}{n}, b - \frac{1}{n}\right], \quad [a, +\infty) = \bigcup_{n \in \mathbb{N}} [a, n], \quad (-\infty, b) = \bigcup_{n \in \mathbb{N}^\star} \left[-n, b - \frac{1}{n}\right],$$

其中 $[x, y] = \varnothing$ 若 $x > y$.
- 我们也可以证明, 这是由 $\mathbb{R}$ 的开集(或闭集)生成的事件 σ 代数.

3.1.2 概率测度

定义 3.1.2.1 设 $(\Omega, \mathcal{T})$ 是一个可概率化的空间. 我们定义 $\mathcal{T}$ 上的概率测度为任意映射 $P : \mathcal{T} \longrightarrow \mathbb{R}$ 使得:

(i) $\forall A \in \mathcal{T}$, $P(A) \in [0,1]$;

(ii) $P(\Omega) = 1$;

(iii) 对任意由 $\mathcal{T}$ 中两两不相交的元素构成的序列 $(A_n)_{n \in \mathbb{N}}$, 有

$$P\left(\bigcup_{n \in \mathbb{N}} A_n\right) = \sum_{n \in \mathbb{N}} P(A_n).$$

那么, 我们称 $(\Omega, \mathcal{T}, P)$ 是一个概率空间(espace probabilisé).

注:

- 首先, 注意到这个概念推广了在有限集合中看到的概念(《大学数学入门 2》). 事实上, 如果 Ω 是一个有限的集合, 并且 $\mathcal{T} = \mathcal{P}(\Omega)$, 那么一个两两不相容的子集序列 $(A_n)_{n \in \mathbb{N}}$ 必然是定常的(stationnaire): 从某个 $N \in \mathbb{N}$ 开始, 对任意 $n \geqslant N$, $A_n = \varnothing$. 此时有

$$\bigcup_{n \in \mathbb{N}} A_n = \bigcup_{n=0}^{N} A_n \quad \text{且} \quad \sum_{n \in \mathbb{N}} P(A_n) = \sum_{n=0}^{N} P(A_n).$$

- 性质 (iii) 表明, 如果 $(A_n)_{n \in \mathbb{N}}$ 是由事件 σ 代数 $\mathcal{T}$ 中的互不相容的元素构成的序列, 那么级数 $\sum P(A_n)$ 是收敛的, 且该级数的和等于 $P(A)$(A 是所有 A_n 的并).

- 性质 (iii) 应该理解为连续的性质. 简单地说, 若这些 A_n 是互不相容的事件, 则有

$$P\left(\lim_{n \to +\infty} \bigcup_{k=0}^{n} A_k\right) = \lim_{n \to +\infty} \sum_{k=0}^{n} P(A_k) = \lim_{n \to +\infty} P\left(\bigcup_{k=0}^{n} A_k\right).$$

例 3.1.2.2 如果取定 Ω, 配备离散的事件 σ 代数 $\mathcal{P}(\Omega)$, 以及一个元素 $\omega_0 \in \Omega$, 那么, 映射

$$\delta_{\omega_0} : \begin{array}{ccc} \mathcal{P}(\Omega) & \longrightarrow & \mathbb{R}, \\ A & \longmapsto & \begin{cases} 1, & \omega_0 \in A, \\ 0, & \text{其他} \end{cases} \end{array}$$

是一个概率测度, 称为在 ω_0 的 Dirac (狄拉克)测度.

命题 **3.1.2.3** 设 $(\Omega, \mathcal{T}, P)$ 是一个概率空间(espace probabilisé). 那么,

(i) $P(\varnothing) = 0$;

(ii) 如果 $n \in \mathbb{N}$, $A_0, \cdots, A_n$ 是两两不相容的事件, 那么,

$$P\left(\bigcup_{k=0}^{n} A_k\right) = \sum_{k=0}^{n} P(A_k);$$

(iii) 对任意 $A \in \mathcal{T}$, $P(\overline{A}) = 1 - P(A)$;

(iv) 对任意 $(A, B) \in \mathcal{T}^2$, $P(A \cup B) = P(A) + P(B) - P(A \cap B)$;

(v) 如果 $(A, B) \in \mathcal{T}^2$ 且 $A \subset B$, 那么 $P(A) \leqslant P(B)$ 且 $P(B \setminus A) = P(B) - P(A)$.

证明:

• 证明 (i).

令 $A_0 = \Omega$, 并对 $n \geqslant 1$ 令 $A_n = \varnothing$. 那么, (A_n) 是 $\mathcal{T}$ 的一个两两不相容的事件序列. 因此,

$$1 = P(\Omega) = P\left(\bigcup_{n \in \mathbb{N}} A_n\right) = \sum_{n=0}^{+\infty} P(A_n) = 1 + \sum_{n=1}^{+\infty} P(\varnothing),$$

因此得到, $\sum_{n=1}^{+\infty} P(\varnothing) = 0$. 又因为, 根据概率的定义, $P(\varnothing) \geqslant 0$. 由此可得,

$$0 \leqslant P(\varnothing) \leqslant \sum_{n=1}^{+\infty} P(\varnothing) = 0, \quad \text{即} \quad P(\varnothing) = 0.$$

• 性质 (ii) 是显然的, 只需对 $k \geqslant n+1$ 选取 $A_k = \varnothing$.

• 性质 (iii) 是性质 (ii) 的直接结果. 事实上, 如果 $A \in \mathcal{T}$, 那么 $\overline{A} \in \mathcal{T}$, $A \cup \overline{A} = \Omega$, 并且 A 和 $\overline{A}$ 是不相容的. 因此, $1 = P(\Omega) = P(A) + P(\overline{A})$.

• 证明 (iv). 设 A 和 B 是 Ω 的两个子集. 那么,

$$A \cup B = A \sqcup \left(B \setminus (A \cap B)\right), \ B = (A \cap B) \sqcup \left(B \setminus (A \cap B)\right) \text{ (不相交并集)}.$$

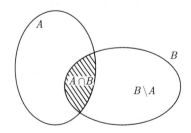

所以,

$$P(A \cup B) = P(A) + P(B \setminus (A \cap B)), \quad P(B) = P(A \cap B) + P(B \setminus (A \cap B)).$$

因此, 通过替换可得: $P(A \cup B) = P(A) + P(B) - P(A \cap B)$.

- 证明 (v). 设 A 和 B 是 Ω 的两个子集满足 $A \subset B$. 那么有

$$B = A \sqcup (B \setminus A) \quad (\text{不相交并集}).$$

所以, $P(B) = P(A) + P(B \setminus A)$, 从而 $P(B \setminus A) = P(B) - P(A)$. 最后, 由 P 是正的知 $P(B \setminus A) \geqslant 0$. 因此, $P(B) = P(A) + P(B \setminus A) \geqslant P(A)$. ◻

定理 3.1.2.4(单调极限定理) 设 $(\Omega, \mathcal{T}, P)$ 是一个概率空间.

(i) 对任意由 $\mathcal{T}$ 的元素构成的递增序列 $(A_n)_{n \in \mathbb{N}}$, 我们有

$$P\left(\bigcup_{n=0}^{+\infty} A_n\right) = \lim_{n \to +\infty} P(A_n).$$

(ii) 对任意由 $\mathcal{T}$ 的元素构成的递减序列 $(B_n)_{n \in \mathbb{N}}$, 我们有

$$P\left(\bigcap_{n=0}^{+\infty} B_n\right) = \lim_{n \to +\infty} P(B_n).$$

证明:

- 证明 (i).

设 $(A_n)_{n \in \mathbb{N}}$ 是 $\mathcal{T}$ 的元素的一个递增序列. 首先注意到, 这个叙述是有意义的, 因为 $\bigcup_{n \in \mathbb{N}} A_n \in \mathcal{T}$.

证明的思路是找到一个互不相容的事件序列 (A'_n) 使得对任意自然数 n, $\bigcup_{k=0}^{n} A_k = \bigcup_{k=0}^{n} A'_k$. 为此, 我们定义序列 (A'_n) 如下: 令 $A'_0 = A_0$ 并且 对 $n \geqslant 1$, 令 $A'_n = A_n \setminus A_{n-1}$.

首先, 显然如果 $i \neq j$, 则 $A'_i \cap A'_j = \varnothing$. 事实上, 如果 $i < j$, 那么我们有 $A'_i \subset A_i \subset A_{j-1}$ 且 $A'_j = A_j \setminus A_{j-1} = A_j \cap \overline{A_{j-1}}$, 故 $A'_i \cap A'_j = \varnothing$. 由构造知 $\bigcup_{k=0}^{n} A'_k \subset \bigcup_{k=0}^{n} A_k$.

另一方面, 设 $n \in \mathbb{N}$, $x \in \bigcup_{k=0}^{n} A_k = A_n$. 若 $x \in A_0$, 则 $x \in A'_0 \subset \bigcup_{k=0}^{n} A'_k$. 否则, 集合 $\{k \in [\![0,n]\!] \mid x \notin A_k\}$ 是 $\mathbb{N}$ 的一个非空有上界的子集, 因此有 最大值, 记为 p. 那么 $p < n$, 这是因为 $x \in A_n$ 且根据定义, $x \notin A_p$ 但 $x \in A_{p+1}$(由最大值的定义). 因此, $x \in A_{p+1} \setminus A_p = A'_{p+1} \subset \bigcup_{k=0}^{n} A'_k$. 证得 $\bigcup_{k=0}^{n} A_k \subset \bigcup_{k=0}^{n} A'_k$. 那么有

$$P\left(\bigcup_{n=0}^{+\infty} A_n\right) = P\left(\bigcup_{n=0}^{+\infty} A_n'\right)$$

$$= \sum_{n=0}^{+\infty} P(A_n')$$

$$= \lim_{n \to +\infty} \left(P(A_0) + \sum_{k=1}^{n} \left(P(A_k) - P(A_{k-1})\right)\right)$$

$$= \lim_{n \to +\infty} P(A_n).$$

● 证明 (ii).

如果 (B_n) 是 $\mathcal{T}$ 中元素的一个递减序列, 那么 $(\overline{B_n})$ 是一个递增序列. 根据 (i) 以及概率的性质, 有

$$P\left(\bigcap_{n \in \mathbb{N}} B_n\right) = 1 - P\left(\bigcup_{n \in \mathbb{N}} \overline{B_n}\right)$$

$$= 1 - \lim_{n \to +\infty} P(\overline{B_n})$$

$$= \lim_{n \to +\infty} \left(1 - P(\overline{B_n})\right)$$

$$= \lim_{n \to +\infty} P(B_n). \qquad \boxtimes$$

推论 3.1.2.5　设 $(A_k)_{k \in \mathbb{N}}$ 是任意一个事件序列. 那么,

$$P\left(\bigcup_{k=0}^{+\infty} A_k\right) = \lim_{n \to +\infty} P\left(\bigcup_{k=0}^{n} A_k\right) \quad \text{且} \quad P\left(\bigcap_{k=0}^{+\infty} A_k\right) = \lim_{n \to +\infty} P\left(\bigcap_{k=0}^{n} A_k\right).$$

3.2　实随机变量、分布函数和概率分布律

3.2.1　实随机变量

定义 3.2.1.1　设 $(\Omega, \mathcal{T})$ 是一个可概率化的空间(espace probabilisable). 我们定义 $(\Omega, \mathcal{T})$ 上的实随机变量为任意映射 $X : \Omega \longrightarrow \mathbb{R}$ 使得

$$\forall B \in \mathcal{B}^1(\mathbb{R}), \, X^{-1}(B) \in \mathcal{T}.$$

换言之, X 是一个实随机变量, 若 $\mathbb{R}$ 的任意博雷尔(Borel)集在 X 下的原像是 $\mathcal{T}$ 中的元素.

注:

- 我们知道, 对于映射 $f: E \longrightarrow F$, 其中 E 和 F 是两个赋范向量空间, 有以下结论: f 是连续的当且仅当 F 的任意开集在 f 下的原像是 E 的一个开集. 因此, 实随机变量的定义是完全相似的.

- 这个定义的一个问题是我们没有博雷尔集的简单表示. 因此, 这不是一个实用的判据. 我们将引入一些额外的技术工具, 以获得随机变量的更简单的刻画. 在第一次阅读时, 可以忽略这些结论的证明过程.

- 最后, 随机变量的概念可以推广到 $X: \Omega \longrightarrow \mathbb{R}^n$(或 $\mathbb{C}$), 通过 $\mathbb{R}^n$(或 $\mathbb{C}$)的博雷尔集在 X 下的原像是事件 σ 代数中的元素来定义. 我们称之为随机向量或复随机变量. 本课程仅限于对实随机变量的学习.

引理 3.2.1.2 设 $X: \Omega \longrightarrow \Omega'$ 是一个映射, $\mathcal{T}'$ 是 Ω' 的一个事件 σ 代数. 那么, $X^{-1}(\mathcal{T}')$ 是 Ω 的一个事件 σ 代数.

证明:

- 首先, 根据定义, $\mathcal{T} = X^{-1}(\mathcal{T}') = \{X^{-1}(U) \mid U \in \mathcal{T}'\}$.

- 由于 $\mathcal{T}'$ 是 Ω' 的一个事件 σ 代数, 故 $\Omega' \in \mathcal{T}'$. 因此, $X^{-1}(\Omega') \in \mathcal{T}$, 即 $\Omega \in \mathcal{T}$.

- 证明 $\mathcal{T}$ 是对逆封闭的.
设 $A \in \mathcal{T}$. 那么, 存在 $U \in \mathcal{T}'$ 使得 $A = X^{-1}(U)$. 我们有

$$\overline{A} = \Omega \setminus A = \Omega \setminus X^{-1}(U) = X^{-1}(\Omega' \setminus U) = X^{-1}(\overline{U}).$$

又因为 $U \in \mathcal{T}'$ 且 $\mathcal{T}'$ 是一个事件 σ 代数, 所以, $\overline{U} \in \mathcal{T}'$, 从而 $\overline{A} \in \mathcal{T}$.

- 最后, 证明 $\mathcal{T}$ 对可数并封闭.
设 $(A_n)_{n \in \mathbb{N}}$ 是 $\mathcal{T}$ 的一个元素序列. 那么, 对任意自然数 n, 存在 $U_n \in \mathcal{T}'$ 使得 $A_n = X^{-1}(U_n)$. 因此有

$$\bigcup_{n \in \mathbb{N}} A_n = \bigcup_{n \in \mathbb{N}} X^{-1}(U_n) = X^{-1}\left(\bigcup_{n \in \mathbb{N}} U_n\right).$$

又因为 $\left(\bigcup_{n \in \mathbb{N}} U_n\right) \in \mathcal{T}'$(因 $\mathcal{T}'$ 是一个事件 σ 代数), 所以 $\bigcup_{n \in \mathbb{N}} A_n \in \mathcal{T}$.
这证得 $X^{-1}(\mathcal{T}')$ 是 Ω 的一个事件 σ 代数. $\boxtimes$

> **引理 3.2.1.3** 设 $X : \Omega \longrightarrow \Omega'$ 是一个映射, S 是 $\mathcal{P}(\Omega')$ 的一个子集. 那么,
>
> $$\mathcal{T}(X^{-1}(S)) = X^{-1}(\mathcal{T}(S)),$$
>
> 其中, $\mathcal{T}(S)$ 和 $\mathcal{T}(X^{-1}(S))$ 分别表示由 S 和 $X^{-1}(S)$ 生成的事件 σ 代数.

证明:

- 证明 $\mathcal{T}(X^{-1}(S)) \subset X^{-1}(\mathcal{T}(S))$.

因为 $\mathcal{T}(S)$ 是 Ω' 的一个事件 σ 代数, 上述引理表明, $X^{-1}(\mathcal{T}(S))$ 是 Ω 的一个事件 σ 代数. 并且, 由于 $S \subset \mathcal{T}(S)$, 我们有 $X^{-1}(S) \subset X^{-1}(\mathcal{T}(S))$. 因此, $X^{-1}(\mathcal{T}(S))$ 是 Ω 的一个包含 $X^{-1}(S)$ 的事件 σ 代数. 所以, $X^{-1}(\mathcal{T}(S))$ 包含了 Ω 的包含 $X^{-1}(S)$ 的最小的事件 σ 代数, 即 $\mathcal{T}(X^{-1}(S)) \subset X^{-1}(\mathcal{T}(S))$.

- 下面证明另一边包含关系.

考虑集合 $\mathcal{A} = \{B \in \mathcal{P}(\Omega') \mid X^{-1}(B) \in \mathcal{T}(X^{-1}(S))\}$, 要证明 $\mathcal{T}(S) \subset \mathcal{A}$. 为此, 只需证明 $\mathcal{A}$ 是 Ω' 的一个包含 S 的事件 σ 代数.

(1) 证明 $\mathcal{A}$ 是一个事件 σ 代数.

  * 首先, $X^{-1}(\Omega') = \Omega \in \mathcal{T}(X^{-1}(S))$, 故 $\Omega' \in \mathcal{A}$.

  * 接下来, 设 $B \in \mathcal{A}$. 那么, $X^{-1}(B) \in \mathcal{T}(X^{-1}(S))$. 又因为 $\mathcal{T}(X^{-1}(S))$ 是一个事件 σ 代数, 故 $\overline{X^{-1}(B)} \in \mathcal{T}(X^{-1}(S))$, 即 $X^{-1}(\overline{B}) \in \mathcal{T}(X^{-1}(S))$. 因此, $\overline{B} \in \mathcal{A}$.

  * 最后, 设 $(B_n)_{n \in \mathbb{N}}$ 是 $\mathcal{A}$ 的一个元素序列. 根据定义, 对任意 $n \in \mathbb{N}$, $X^{-1}(B_n) \in \mathcal{T}(X^{-1}(S))$. 从而有

    $$\bigcup_{n \in \mathbb{N}} X^{-1}(B_n) \in \mathcal{T}(X^{-1}(S)), \quad \text{即} \quad X^{-1}\left(\bigcup_{n \in \mathbb{N}} B_n\right) \in \mathcal{T}(X^{-1}(S)).$$

    这证得 $\bigcup_{n \in \mathbb{N}} B_n \in \mathcal{A}$.

  因此, 我们证得 $\mathcal{A}$ 确实是 Ω' 的一个事件 σ 代数.

(2) 证明 $\mathcal{A}$ 包含 S.

  根据定义, 如果 $B \in S$, 那么

  $$X^{-1}(B) \in X^{-1}(S) \subset \mathcal{T}(X^{-1}(S)).$$

  因此, $B \in \mathcal{A}$, 故 $S \subset \mathcal{A}$. $\boxtimes$

定理 3.2.1.4 设 $(\Omega, \mathcal{T})$ 是一个可概率化的空间, X 是一个从 Ω 到 $\mathbb{R}$ 的映射. 那么, 以下叙述相互等价:

(i) X 是一个随机变量;

(ii) 对任意闭区间 $[a, b] \subset \mathbb{R}$, $X^{-1}([a, b]) \in \mathcal{T}$.

证明:

- (i) $\Longrightarrow$ (ii) 是显然的, 因为 $\mathbb{R}$ 的闭区间一定是 $\mathbb{R}$ 的博雷尔集.

- 证明 (ii) $\Longrightarrow$ (i).

假设 (ii) 成立. 记 S 为 $\mathbb{R}$ 的闭子区间的集合. 由 (ii) 知, $X^{-1}(S) \subset \mathcal{T}$. 因此, $\mathcal{T}(X^{-1}(S)) \subset \mathcal{T}$. 而根据上述引理, 有

$$\mathcal{T}(X^{-1}(S)) = X^{-1}(\mathcal{T}(S)).$$

所以,

$$X^{-1}(\mathcal{B}^1(\mathbb{R})) \subset \mathcal{T},$$

即 X 是一个随机变量. $\boxtimes$

命题 3.2.1.5 设 $(\Omega, \mathcal{T})$ 是一个可概率化的空间. 我们有:

(i) $(\Omega, \mathcal{T})$ 上的实随机变量的集合是一个 $\mathbb{R}$-代数. 换言之, 如果 $X : \Omega \longrightarrow \mathbb{R}$ 和 $Y : \Omega \longrightarrow \mathbb{R}$ 是两个随机变量, 且 $\lambda \in \mathbb{R}$, 那么, $X + Y$、λX 和 $X \times Y$ 都是随机变量.

(ii) 如果 X 是 Ω 上的一个随机变量, 并且 X 在 Ω 上恒不为零, 那么 $\frac{1}{X}$ 也是一个随机变量.

(iii) 如果 X 和 Y 是 $(\Omega, \mathcal{T})$ 上的两个实随机变量, 那么, $|X|$、$\sup(X, Y)$ 和 $\inf(X, Y)$ 也是 $(\Omega, \mathcal{T})$ 上的随机变量.

注:

- 特别地, 任意从 Ω 到 $\mathbb{R}$ 的常值映射都是一个实随机变量.

- 定义在同一个概率空间上的随机变量的任意线性组合还是一个随机变量.

习题 3.2.1.6 证明: 如果 X 是 $(\Omega, \mathcal{T})$ 上的一个实随机变量, 那么 $\lambda X (\lambda \in \mathbb{R})$ 和 $|X|$ 是实随机变量.

命题 3.2.1.7 设 X 是一个实随机变量, φ 是一个在区间 I 上分段连续(或除有限个点外连续)的函数. 假设 $X(\Omega) \subset I$ (以使得 $Y = \varphi \circ X$ 是良定义的). 那么, $Y = \varphi \circ X$ 也是一个随机变量.

证明:

证明略.   ☒

记号和缩写:

- 我们常常说随机变量而不说实随机变量.
- 如果 X 是 $(\Omega, \mathcal{T})$ 上的一个实随机变量, 那么, $X^{-1}([a,b])$ 经常记为 $\{X \in [a,b]\}$, 或 $\{a \leqslant X \leqslant b\}$, 或 $(a \leqslant X \leqslant b)$. 同样地, 我们把事件 $X^{-1}((-\infty, a])$ 记为 $\{X \leqslant a\}$(或 $(X \leqslant a)$).

3.2.2 实随机变量的分布函数和概率分布律

定义 3.2.2.1 设 $(\Omega, \mathcal{T}, P)$ 是一个概率空间, $X : \Omega \longrightarrow \mathbb{R}$ 是一个实随机变量. 我们定义 X 的分布函数为映射 $F : \begin{array}{ccc} \mathbb{R} & \longrightarrow & \mathbb{R}, \\ x & \longmapsto & P(X \leqslant x). \end{array}$

习题 3.2.2.2 画出服从参数为 $p \in [0,1]$ 的 Bernoulli(伯努利)分布律的随机变量的分布函数的图像.

命题 3.2.2.3 设 X 是概率空间 $(\Omega, \mathcal{T}, P)$ 上的一个实随机变量, 并设 F 是它的分布函数. 那么,

(i) $\forall x \in \mathbb{R}, 0 \leqslant F(x) \leqslant 1$;

(ii) F 在 $\mathbb{R}$ 上单调递增, $\lim\limits_{x \to -\infty} F(x) = 0$, $\lim\limits_{x \to +\infty} F(x) = 1$;

(iii) F 在任意 $a \in \mathbb{R}$ 处是右连续的, 并且有有限的左极限;

(iv) $\forall (a,b) \in \mathbb{R}^2, (\, a < b \Longrightarrow P(a < X \leqslant b) = F(b) - F(a) \,)$;

(v) 对任意实数 a, $(\, \lim\limits_{\substack{x \to a \\ x < a}} F(x) = F(a) \iff P(X = a) = 0 \,)$.

证明:

- 性质 (i) 是显然的, 因为对任意实数 x, $P(X \leqslant x) \in [0,1]$.

- 证明 (ii).

F 的单调递增性是显然的, 因为如果 $x < y$, 那么 $\{X \leqslant x\} \subset \{X \leqslant y\}$.

因为 F 单调递增有上界(或有下界), 所以根据单调极限定理, 它在 $+\infty$ 处(或在 $-\infty$ 处)有有限的极限. 因此, 根据极限的序列刻画, 我们有

$$\lim_{x \to +\infty} F(x) = \lim_{n \to +\infty} F(n).$$

对任意 $n \in \mathbb{N}$, 令 $A_n = \{X \leqslant n\}$. 那么, 序列 $(A_n)_{n \in \mathbb{N}}$ 是 $\mathcal{T}$ 的一个元素序列(因为 X 是 $(\Omega, \mathcal{T})$ 上的一个实随机变量)且是单调递增的. 应用单调极限定理, 我们得到

$$P\Big(\bigcup_{n \in \mathbb{N}} A_n\Big) = \lim_{n \to +\infty} P(A_n).$$

又因为, 一方面, 对任意自然数 n, 由定义知 $P(A_n) = F(n)$, 另一方面有 $\bigcup_{n \in \mathbb{N}} A_n = \Omega$. 所以, $\lim_{n \to +\infty} F(n) = P(\Omega) = 1$, 故 $\lim_{x \to +\infty} F(x) = 1$.

对 $n \in \mathbb{N}$ 考虑事件 $B_n = \{X \leqslant -n\}$, 这是一个单调递减且交集为空集的事件序列, 可以证明 $\lim_{x \to -\infty} F(x) = P(\varnothing) = 0$.

- 证明 (iii).

因为函数 F 在 $\mathbb{R}$ 上单调递增, 由单调极限定理知, F 在任意 $a \in \mathbb{R}$ 处有有限的左右极限. 设 $a \in \mathbb{R}$. 那么有

$$\lim_{\substack{x \to a \\ x > a}} F(x) = \lim_{n \to +\infty} F\left(a + \frac{1}{n+1}\right).$$

又因为, 事件 $A_n = \left\{X \leqslant a + \dfrac{1}{n+1}\right\}$ 形成一个递减的序列. 所以,

$$\begin{aligned}
\lim_{\substack{x \to a \\ x > a}} F(x) &= \lim_{n \to +\infty} F\left(a + \frac{1}{n+1}\right) \\
&= \lim_{n \to +\infty} P(A_n) \\
&= P\Big(\bigcap_{n \in \mathbb{N}} A_n\Big) \\
&= P(\{X \leqslant a\}) \\
&= F(a).
\end{aligned}$$

- 证明 (iv).

设 $(a,b) \in \mathbb{R}^2$ 使得 $a < b$. 注意到 $\{X \leqslant a\} \subset \{X \leqslant b\}$, 直接有

$$\begin{aligned}
P(a < X \leqslant b) &= P(\{X \leqslant b\} \setminus \{X \leqslant a\}) \\
&= P(\{X \leqslant b\}) - P(\{X \leqslant a\}) \\
&= F(b) - F(a).
\end{aligned}$$

- 证明 (v).

设 $a \in \mathbb{R}$. 我们已经知道, F 在 a 处有有限的左极限. 对 $n \in \mathbb{N}^{\star}$, 定义事件 $A_n = \left\{ a - \dfrac{1}{n} < X \leqslant a \right\}$. 那么有

$$
\begin{aligned}
\lim_{\substack{x \to a \\ x < a}} F(x) = F(a) &\Longleftrightarrow \lim_{n \to +\infty} \left(F\left(a - \frac{1}{n} \right) - F(a) \right) = 0 \\
&\Longleftrightarrow \lim_{n \to +\infty} P(A_n) = 0 \\
&\Longleftrightarrow P(\cap_{n \in \mathbb{N}} A_n) = 0 \\
&\Longleftrightarrow P(X = a) = 0.
\end{aligned}
$$

上述最后的等价式通过对 P 应用单调极限定理得到(此处, 序列 $(A_n)_{n \in \mathbb{N}}$ 是单调递减的). $\boxtimes$

定理 3.2.2.4(定义)　设 $(\Omega, \mathcal{T}, P)$ 是一个概率空间, X 是一个实随机变量. 那么, 定义为

$$
\forall I \in \mathcal{B}^1(\mathbb{R}), \ P_X(I) = P(X^{-1}(I))
$$

的映射 P_X 是 $(\mathbb{R}, \mathcal{B}^1(\mathbb{R}))$ 上的一个概率测度. 这个测度称为随机变量 X 的概率分布律.

证明:

- 首先, 注意到 P_X 确实是从 $\mathbb{R}$ 的博雷尔集的集合映到 $\mathbb{R}$ 的映射, 并且对任意博雷尔集 I, $P_X(I) \in [0, 1]$(因为 P 是 $(\Omega, \mathcal{T})$ 上的一个概率测度).

- 此外, $P_X(\mathbb{R}) = \lim\limits_{x \to +\infty} F(x) = 1$(其中 F 是 X 的分布函数).

- 最后, 设 $(A_n)_{n \in \mathbb{N}}$ 是一个互不相容的博雷尔集的序列. 那么有

$$
X^{-1}\left(\bigcup_{n \in \mathbb{N}} A_n \right) = \bigcup_{n \in \mathbb{N}} X^{-1}(A_n) = \bigsqcup_{n \in \mathbb{N}} X^{-1}(A_n).
$$

因此,

$$
P_X\left(\bigcup_{n \in \mathbb{N}} A_n \right) = P\left(\bigsqcup_{n \in \mathbb{N}} X^{-1}(A_n) \right) = \sum_{n=0}^{+\infty} P(X^{-1}(A_n)) = \sum_{n=0}^{+\infty} P_X(A_n).
$$

这证得 P_X 确实是 $(\mathbb{R}, \mathcal{B}^1(\mathbb{R}))$ 上的一个概率测度. $\boxtimes$

注:　概率分布律的概念是非常重要的, 原因有以下两点:

- 首先, 我们可以注意到, 对在博雷尔集的集合上的任意概率测度 P_0, 都存在至少一个概率空间 $(\Omega, \mathcal{T}, P)$ 和一个随机变量 X 使得 $P_X = P_0$.

- 因此, 我们可以在不指定 $(\Omega, \mathcal{T}, P)$ 的情况下谈论以 P_X 为概率分布律的随机变量. 那么, 对 $(\mathbb{R}, \mathcal{B}^1(\mathbb{R}), P_X)$ 的研究就是 "独立的" (即不依赖于 X 的定义方式), 并且基于 X 的观测值. 关于 X 的所有主要概率信息都由分布律 P_X 给出.

定理 3.2.2.5 反过来, 如果 F 是一个从 $\mathbb{R}$ 到 $\mathbb{R}$ 的递增映射, 在任意点处右连续, 并且满足 $\lim\limits_{x \to -\infty} F(x) = 0$ 和 $\lim\limits_{x \to +\infty} F(x) = 1$, 那么存在定义在 $(\mathbb{R}, \mathcal{B}^1(\mathbb{R}))$ 上的唯一的概率测度 P 使得: $\forall x \in \mathbb{R}, P((-\infty, x]) = F(x)$. 特别地, 存在一个以 F 为分布函数的实随机变量.

3.3 有密度的实随机变量/连续型随机变量

3.3.1 定义和例子

定义 3.3.1.1 设 X 是一个实随机变量. 我们称 X 为一个有密度的随机变量(或连续型随机变量), 若 X 的分布函数 F 是在 $\mathbb{R}$ 上连续且在 $\mathbb{R}$ 上除有限个点外 $\mathcal{C}^1$ 的.

任意定义在 $\mathbb{R}$ 上、取值恒正且在 $\mathbb{R}$ 上除有限个点外满足 $F' = f$ 的函数 f 称为 X 的一个密度.

注:

- 我们说 X 的一个密度, 即密度不是唯一的. 事实上, 如果 f 和 g 是 X 的两个密度, 那么 $f = F' = g$ 在 $\mathbb{R}$ 上除可能有限个点外成立.
- 当 F 是在 $\mathbb{R}$ 上 $\mathcal{C}^1$ 的, 我们可以说函数 $F' = f$ 是 X 的密度.
- 我们也称 f 是 X 的一个概率密度.
- 离散的随机变量一定不是有密度的随机变量, 为什么? 特别地, 常值随机变量不是有密度的.

例 3.3.1.2 设定义在 $\mathbb{R}$ 上的函数 F 的表达式为 $F(x) = \dfrac{1}{2} + \dfrac{1}{\pi} \arctan(x)$.

那么, F 在 $\mathbb{R}$ 上单调递增, 在 $\mathbb{R}$ 上连续(从而在 $\mathbb{R}$ 的任意点处右连续), 且 $\lim\limits_{x \to -\infty} F(x) = 0$, $\lim\limits_{x \to +\infty} F(x) = 1$. 根据前面所学的定理, F 是某个随机变量 X 的分布函数.

由于 F 显然在 $\mathbb{R}$ 上是 $\mathcal{C}^1$ 的, 故 X 是一个有密度的随机变量, 并且 X 的一个密度定义为

$$\forall x \in \mathbb{R}, f(x) = \frac{1}{\pi(1+x^2)}.$$

习题 3.3.1.3　设 $(\alpha,\beta)\in(0,+\infty)^2$. 在什么充分必要条件下, 在 $\mathbb{R}$ 上定义为

$$\forall x\in\mathbb{R},\ f(x)=\begin{cases}\beta\dfrac{|\sin(x^\alpha)|}{x^\alpha},&x>0,\\0,&\text{其他}\end{cases}$$

的函数 f 是某个实随机变量的一个密度?

3.3.2　有密度的随机变量的概率分布律和第一转换定理

> **定理 3.3.2.1**　设 X 是一个有密度的实随机变量. 设 F 是 X 的分布函数, f 是 X 的一个密度. 那么:
>
> (i) f 在 $\mathbb{R}$ 上除可能有限个点外连续;
>
> (ii) f 在 $\mathbb{R}$ 上恒正;
>
> (iii) 对任意实数 x, $F(x)=\displaystyle\int_{-\infty}^{x}f(t)\,\mathrm{d}t$;
>
> (iv) $\displaystyle\int_{\mathbb{R}}f(t)\,\mathrm{d}t=1$;
>
> (v) 对任意实数 a, $P_X(\{a\})=P(\{X=a\})=0$;
>
> (vi) 对任意 $(a,b)\in\mathbb{R}^2$ 使得 $a\leqslant b$, 我们有
>
> $$P(a<X<b)=P(a\leqslant X\leqslant b)=P(a<X\leqslant b)=P(a\leqslant x<b)=\int_a^b f(t)\,\mathrm{d}t.$$

证明:

- 性质 (i) 和 (ii) 可由概率密度的定义直接得到.

- 证明 (iii).

设 $x\in\mathbb{R}$. 记 $a_1<a_2<\cdots<a_n$ 为使得 F 不可导或 $f\neq F'$ 的点(由定义知只有有限个这样的点), 并记 $a_{n+1}=+\infty$. 下面证明 $F(x)=\displaystyle\int_{-\infty}^{x}f(t)\,\mathrm{d}t$.

(1) 第一种情况: $x<a_1$

那么, 在 $(-\infty,x]$ 上函数 F 是 $\mathcal{C}^1$ 的, 且 $F'=f$. 因此, 对任意 $a<x$, 有

$$F(x)-F(a)=\int_a^x f(t)\,\mathrm{d}t.$$

并且, F 在 $-\infty$ 处有有限的极限. 所以, 广义积分 $\displaystyle\int_{-\infty}^{x}f(t)\,\mathrm{d}t$ 收敛, 且有

$$\int_{-\infty}^{x} f(t)\,\mathrm{d}t = F(x) - \lim_{a \to -\infty} F(a) = F(x).$$

(2) 第二种情况：存在 $p \in [\![1,n]\!]$ 使得 $a_p \leqslant x < a_{p+1}$

F 在 $(-\infty, a_1)$、(a_k, a_{k+1}) $(1 \leqslant k < p)$ 以及 (a_p, x) 上都是 $\mathcal{C}^1$ 的，并且在这些区间上都有 $F' = f$.

＊ 对 $a < b < a_1$, $F(b) - F(a) = \displaystyle\int_{a}^{b} f(t)\,\mathrm{d}t$.

因为 F 在 $-\infty$ 处有有限的极限，且 F 在 a_1 处连续，所以 $\displaystyle\int_{-\infty}^{a_1} f(t)\,\mathrm{d}t$ 收敛，且有
$$\int_{-\infty}^{a_1} f(t)\,\mathrm{d}t = \lim_{\substack{b \to a_1 \\ b < a_1}} F(b) - \lim_{a \to -\infty} F(a) = F(a_1).$$

＊ 设 $k < p$. 对 $a_k < a < b < a_{k+1}$, $\displaystyle\int_{a}^{b} f(t)\,\mathrm{d}t = F(b) - F(a)$. 由 F 在 $\mathbb{R}$ 上连续知，$\displaystyle\int_{a_k}^{a_{k+1}} f(t)\,\mathrm{d}t$ 收敛，且有 $\displaystyle\int_{a_k}^{a_{k+1}} f(t)\,\mathrm{d}t = F(a_{k+1}) - F(a_k)$.

＊ 最后，同理可得 $\displaystyle\int_{a_p}^{x} f(t)\,\mathrm{d}t = F(x) - F(a_p)$.

因此得到，$\displaystyle\int_{-\infty}^{x} f(t)\,\mathrm{d}t$ 收敛，并且，

$$\int_{-\infty}^{x} f(t)\,\mathrm{d}t = \int_{-\infty}^{a_1} f(t)\,\mathrm{d}t + \sum_{k=1}^{p-1} \int_{a_k}^{a_{k+1}} f(t)\,\mathrm{d}t + \int_{a_p}^{x} f(t)\,\mathrm{d}t$$
$$= F(a_1) + \sum_{k=1}^{p-1} (F(a_{k+1}) - F(a_k)) + F(x) - F(a_p)$$
$$= F(x).$$

- 性质 (iv) 由性质 (iii) 和 $\displaystyle\lim_{x \to +\infty} F(x) = 1$ 可得.

- 设 $a \in \mathbb{R}$. 因为 F 在 a 处连续，所以 $\displaystyle\lim_{\substack{x \to a \\ x < a}} F(x) = F(a)$. 从而根据命题 3.2.2.3，有
$$P_X(\{a\}) = F(a) - \lim_{\substack{x \to a \\ x < a}} F(x) = 0.$$

- 最后，如果 $a \leqslant b$ 是两个实数，那么有
$$P(\{a < X \leqslant b\}) = F(b) - F(a) = \int_{-\infty}^{b} f(t)\,\mathrm{d}t - \int_{-\infty}^{a} f(t)\,\mathrm{d}t = \int_{a}^{b} f(t)\,\mathrm{d}t,$$
和
$$P(\{a \leqslant X \leqslant b\}) = P(\{a < X \leqslant b\}) + P(\{X = a\}) = P(\{a < X \leqslant b\}). \quad \boxtimes$$

定理 3.3.2.2　任意在 $\mathbb{R}$ 上恒正、在 $\mathbb{R}$ 上除有限个点外连续且使得 $\displaystyle\int_{\mathbb{R}} f = 1$ 的函数 f 是某个实随机变量的一个概率密度.

证明:

对 $x \in \mathbb{R}$, 令 $\displaystyle F(x) = \int_{-\infty}^{x} f(t)\,\mathrm{d}t$. 下面证明 F 是一个分布函数.

- 首先, F 是良定义的, 因为根据定义, 由 $\displaystyle\int_{\mathbb{R}} f$ 收敛知, 对任意实数 x, f 在 $(-\infty, x]$ 上的积分收敛.

- 因为 f 恒正, 所以 F 在 $\mathbb{R}$ 上单调递增.

- 并且, 根据积分收敛的定义以及 $\displaystyle\int_{\mathbb{R}} f = 1$ 的假设, 我们有 $\displaystyle\lim_{x \to -\infty} F(x) = 0$ 和 $\displaystyle\lim_{x \to +\infty} F(x) = 1$.

- 最后, F 在 $\mathbb{R}$ 上连续(参见积分课程内容)且在 $\mathbb{R}$ 上除 f 不连续的点外 $\mathcal{C}^1$. 事实上, 如果 x_0 是 f 的一个连续点, 设 $\varepsilon > 0$. 那么, 存在 $\alpha > 0$ 使得

$$\forall x \in [x_0 - \alpha, x_0 + \alpha],\ |f(x) - f(x_0)| \leqslant \varepsilon.$$

设 $x \in [x_0 - \alpha, x_0 + \alpha] \setminus \{x_0\}$. 那么有

$$\left| \frac{F(x) - F(x_0)}{x - x_0} - f(x_0) \right| = \left| \frac{1}{x - x_0} \int_{x_0}^{x} (f(t) - f(x_0))\,\mathrm{d}t \right|$$
$$\leqslant \frac{1}{|x - x_0|} \varepsilon |x - x_0|$$
$$\leqslant \varepsilon.$$

这证得 F 在 x_0 处可导且 $F'(x_0) = f(x_0)$. $\boxtimes$

例 3.3.2.3　考虑在 $\mathbb{R}$ 上定义如下的函数 f:

$$f(x) = e^{-x} \chi_{[0, +\infty)}(x) = \begin{cases} e^{-x}, & x \geqslant 0, \\ 0, & \text{其他}. \end{cases}$$

那么, f 显然在 $\mathbb{R}$ 上恒正, 且在 $\mathbb{R}$ 上除 0 外连续. 并且, 对任意 $x < 0$, $f(x) = 0$. 因此,

$$\int_{-\infty}^{0} f(t)\,\mathrm{d}t \ \text{收敛且值为 0}.$$

另一方面, 我们已知 $\displaystyle\int_{0}^{+\infty} f(t)\,\mathrm{d}t$ 收敛且值为 1. 所以, $\displaystyle\int_{\mathbb{R}} f$ 收敛且 $\displaystyle\int_{\mathbb{R}} f = 1$. 因此, f 是一个概率密度.

注：稍后我们会看到, 以 f 为密度的随机变量 X 是服从参数为 1 的指数分布律的.

定理 3.3.2.4(第一转换(Transfert)定理) 设 X 是一个有密度的随机变量, f 是 X 的一个密度, I 和 J 是两个区间且 $\varphi : I \longrightarrow J$ 是一个 $\mathcal{C}^1$-微分同胚. 假设 $X(\Omega) \subset I$. 那么 $Y = \varphi \circ X$ 是一个有密度的实随机变量, 且它的一个密度 g 可由下式给出:

$$\forall y \in \mathbb{R}, g(y) = \frac{f(\varphi^{-1}(y))}{|\varphi'(\varphi^{-1}(y))|} \chi_J(y).$$

注：在证明之前, 必须指出的是, 上面的记号是不恰当的, 因为 φ^{-1} 不是在 $\mathbb{R}$ 上有定义的. 严格地说, 应该写为:

$$\forall y \in \mathbb{R}, g(y) = \begin{cases} \dfrac{f(\varphi^{-1}(y))}{|\varphi'(\varphi^{-1}(y))|}, & y \in J, \\ 0, & y \notin J. \end{cases}$$

在这一章中, 我们使用定理中区间 J 的特征函数的符号来简化表述.

第一转换定理的证明:

首先, 因为 φ 是从 I 到 J 的一个 $\mathcal{C}^1$-微分同胚, 所以, φ' 在 I 上恒不为零, φ^{-1} 在 J 上是 $\mathcal{C}^1$ 的, 且 $(\varphi^{-1})' = \dfrac{1}{\varphi' \circ \varphi^{-1}}$. 并且, 由于 φ' 连续且恒不为零, 故它在 $\mathbb{R}$ 上符号严格恒定(即恒大于零或恒小于零).

- 我们先考虑 φ' 在 I 上恒大于零的情况.

  (1) 首先, 对任意闭区间 $[a, b] \subset \mathbb{R}$, 我们有

    * 如果 $[a, b] \subset J$, 那么 $Y^{-1}([a, b]) = X^{-1}(\varphi^{-1}([a, b]))$. 又因为, φ^{-1} 是连续的, 故 $\varphi^{-1}([a, b])$ 是一个闭区间, 从而 $X^{-1}(\varphi^{-1}([a, b]))$ 是(Ω 上的事件 σ 代数) $\mathcal{T}$ 的一个元素.

    * 如果 $a \in J$, 并且 $b > \sup J$ 或 $b = \sup J \notin J$, 那么, 作为两个博雷尔集的交集, 集合 $\varphi^{-1}([a, b]) = I \cap [\varphi^{-1}(a), +\infty)$ 是 $\mathbb{R}$ 的一个博雷尔集, 并且由于 X 是一个实随机变量, 故 $X^{-1}(\varphi^{-1}([a, b]))$ 是 $\mathcal{T}$ 的一个元素.

    * 其他情况也用类似的方式处理.

    这就证得 Y 是一个实随机变量.

  (2) 接下来, 设 F 和 G 分别是 X 和 Y 的分布函数. 根据假设, X 是一个有密度的实随机变量, 所以 F 在 $\mathbb{R}$ 上连续, 并且存在一个有限点集 A 使得在 $\mathbb{R} \setminus A$ 上 F 是 $\mathcal{C}^1$ 的且 $F' = f$.

    下面我们来确定 G 的表达式, 并研究它的正则性.

* 对任意 $y \in J$, 我们有

$$G(y) = P(\{Y \leqslant y\}) = P(\{X \leqslant \varphi^{-1}(y)\}) = F(\varphi^{-1}(y)).$$

因此, G 在 J 上连续, 在 $J \setminus \varphi(A)$ 上 $\mathcal{C}^1$, 并且对任意 $y \in J \setminus \varphi(A)$, 我们有

$$G'(y) = (\varphi^{-1})'(y) \times F'(\varphi^{-1}(y)) = \frac{f(\varphi^{-1}(y))}{\varphi'(\varphi^{-1}(y))}.$$

* 如果 $\inf J = -\infty$, 没什么需要证明的. 否则, 对任意 $y < \inf J$(或任意 $y \leqslant \inf J$ 若 $\inf J \notin J$), 有 $G(y) = P(\{Y \leqslant y\}) = P(\varnothing) = 0$. 所以, 在此区间上 G 是 $\mathcal{C}^1$ 的并且 $G' = 0$.

* 如果 $\sup J = +\infty$, 没什么需要证明的. 否则, 对任意 $y > \sup J$ (或 $y \geqslant \sup J$ 若 $\sup J \notin J$), $G(y) = 1$. 因此, 在此区间上 G 是 $\mathcal{C}^1$ 的且 $G' = 0$.

所以, 我们证得 G 在 $\mathbb{R}$ 上除可能 $\inf J$ 和 $\sup J$(若这两点是实数)外连续、在 $\mathbb{R}$ 上除有限个点外 $\mathcal{C}^1$, 并且在这些点之外, 我们有

$$G'(y) = \frac{f(\varphi^{-1}(y))}{|\varphi'(\varphi^{-1}(y))|} \chi_J(y).$$

因此, 为得出 Y 有密度的结论, 只剩下证明 G 在 $\inf J$ 和 $\sup J$(当它们为实数时)处连续. 我们以 $\beta = \sup J \in \mathbb{R}$ 且 $\alpha = \inf J \in \mathbb{R}$ 的情况为例来证明.

因为分布函数在任意点处都是右连续的, 所以必须且只需证明左连续性. 取 $a = \inf I$ 和 $b = \sup I$ 以使得 $\lim\limits_{\substack{y \to \beta \\ y < \beta}} \varphi^{-1}(y) = b$.

* 对 α, 结论是显然的, 因为对 $y < \alpha$, $G(y) = 0$, 并且,

$$G(\alpha) = P(\{Y \leqslant \alpha\}) = P(\{Y = \alpha\}) = P(\{X = a\}) = 0.$$

* 对 β, $\lim\limits_{\substack{y \to \beta \\ y < \beta}} G(y) = F(\lim\limits_{\substack{y \to \beta \\ y < \beta}} \varphi^{-1}(y)) = F(b) = 1 = G(\beta).$

这就证得当 $\varphi' > 0$ 时定理的结论.

* 当 $\varphi' < 0$ 时, 证明是类似的, 区别只在于

$$\begin{aligned} \forall y \in J, G(y) &= P(\{\varphi \circ X \leqslant y\}) \\ &= P(\{X \geqslant \varphi^{-1}(y)\}) \\ &= P(\{X > \varphi^{-1}(y)\}) \quad \text{(因为 } X \text{ 是有密度的)} \\ &= 1 - F(\varphi^{-1}(y)). \end{aligned}$$

这解释了负号的出现. $\boxtimes$

注： 事实上, 这是广义积分换元定理的直接结果. 为什么?

例 3.3.2.5 设 X 是一个服从参数为 1 的指数分布律的随机变量(参见例 3.3.2.3). 那么, $Y = e^X$ 的一个概率密度定义为:

$$\forall y \in \mathbb{R}, g(y) = \frac{f(\ln(y))}{y}\chi_{(0,+\infty)}(y).$$

换言之, $g(y) = \begin{cases} 0, & y < 1, \\ \dfrac{1}{y^2}, & y \geqslant 1. \end{cases}$

注：

- 这个定理很重要, 但证明更重要. 事实上, 在实践中, φ 并不总是双射, 因此必须调整上述证明.
- 在实践中, 当我们有 $F_Y = F_X \circ \varphi$ 时, 我们对分布函数进行"处处"求导并称所得的函数是 Y 的一个密度.

例 3.3.2.6 假设 X 服从参数为 1 的指数分布律, $Y = X^2$. 证明 Y 是一个有密度的随机变量并确定它的一个密度.

设 $y \in \mathbb{R}$. 我们有

$$F_Y(y) = P(\{Y \leqslant y\}) = P(\{X^2 \leqslant y\}).$$

区分 $y \leqslant 0$ 和 $y > 0$ 两种情况, 我们有

$$F_Y(y) = \begin{cases} 0, & y \leqslant 0, \\ F_X(\sqrt{y}) - F_X(-\sqrt{y}), & y > 0 \end{cases} = \begin{cases} 0, & y \leqslant 0, \\ F_X(\sqrt{y}), & y > 0 \end{cases}$$

(因为 $F_X(x) = 0$ 若 $x \leqslant 0$). 那么, 显然 F_Y 在 $(-\infty, 0)$ 和 $(0, +\infty)$ 上连续(在各自定义域内连续的函数的复合). 并且, F_Y 显然在 0 处左连续, 又因为它是一个分布函数, 所以 F_Y 在 0 处连续. 这证得 F_Y 在 $\mathbb{R}$ 上连续.

另一方面, 因为 F_X 在 $\mathbb{R}$ 上除一个有限点集外 $\mathcal{C}^1$, 显然 F_Y 也是如此. 这证得 Y 是一个有密度的随机变量.

然后, 为了确定 Y 的一个密度, 我们对 F_Y 求导. 在那个有限点集外, 有

$$F_Y'(y) = \begin{cases} 0, & y \leqslant 0, \\ \dfrac{1}{2\sqrt{y}}e^{-\sqrt{y}}, & y > 0. \end{cases}$$

因此, 我们可以选择在 $\mathbb{R}$ 上定义如下的函数 g 作为 Y 的一个密度:

$$\forall y \in \mathbb{R}, g(y) = \begin{cases} 0, & y \leqslant 0, \\ \dfrac{1}{2\sqrt{y}}e^{-\sqrt{y}}, & y > 0. \end{cases}$$

习题 3.3.2.7 设 X 是一个服从 Cauchy 分布律的随机变量, 即它的一个密度定义为: 对任意实数 x, $f(x) = \dfrac{1}{\pi(1+x^2)}$. 假设随机变量 X 恒不为零, 确定 $Y = \dfrac{1}{X}$ 的概率分布律.

3.3.3 数学期望及其性质, 以及第二转换定理

定义 3.3.3.1 设 X 是一个有密度的实随机变量, f 是 X 的一个密度. 我们称 X 有数学期望(简称有期望), 若 $x \longmapsto xf(x)$ 在 $\mathbb{R}$ 上<u>可积</u>. 此时, 我们定义 X 的数学期望(记为 $E(X)$)为
$$E(X) = \int_{-\infty}^{+\infty} xf(x)\,\mathrm{d}x.$$

注:

- 这个定义是有意义的, 因为期望的值并不依赖于 X 的密度的选择.
- 这是连续型随机变量的数学期望的定义. 事实上, 对于离散型随机变量, 我们知道,
$$\begin{aligned} E(X) &= \sum_i x_i P(\{X = x_i\}) \\ &= \sum_i x_i (P(\{X \leqslant x_i\}) - P(\{X \leqslant x_{i-1}\})) \\ &= \sum_i x_i (F(x_i) - F(x_{i-1})), \end{aligned}$$

前提是上述数族是可和的. 通过记 $\mathrm{d}x_i = x_i - x_{i-1}$, 这个和数可以解释如下:
$$E(X) \approx \sum_i x_i F'(x_i)(x_i - x_{i-1}) \approx \sum_i x_i f(x_i)\,\mathrm{d}x_i.$$

用积分代替求和, 我们重新得到定义中的表达式.

- 因此, 目前我们可以定义一个离散或有密度的实随机变量的数学期望. 以后你们会看到, 在一般情况下, 定义在 $(\Omega, \mathcal{T}, P)$ 上的随机变量 X 的数学期望总是定义为
$$E(X) = \int_\Omega X\,\mathrm{d}P,$$
前提是 X 是 P-可积的. 这就是为什么在定义中, 我们要求 $x \longmapsto xf(x)$ 是可积的, 尽管事实上, 因为 $x \longmapsto xf(x)$ 分别在 $(-\infty, 0]$ 和 $[0, +\infty)$ 上符号恒定, 这个要求等价于积分收敛.

例 3.3.3.2 设 X 是一个服从参数为 1 的指数分布律的随机变量, 即它的一个密度函数的表达式为 $f(x) = e^{-x}\chi_{[0,+\infty)}(x)$. 那么,

$*$ $\int_{-\infty}^{0} |xf(x)|\,\mathrm{d}x$ 收敛, 因为对任意 $x < 0$, $f(x) = 0$;

$*$ 对 $b > 0$, $\int_{0}^{b} |xf(x)|\,\mathrm{d}x = \int_{0}^{b} xe^{-x}\,\mathrm{d}x = 1 - e^{-b} - be^{-b}$. 当 b 趋于 $+\infty$ 时, 最后的表达式趋于 1. 因此, $\int_{0}^{+\infty} xf(x)\,\mathrm{d}x$ 是绝对收敛的.

这证得 X 有数学期望, 并且,

$$E(X) = \int_{\mathbb{R}} xf(x)\,\mathrm{d}x = \int_{-\infty}^{0} xf(x)\,\mathrm{d}x + \int_{0}^{+\infty} xe^{-x}\,\mathrm{d}x = 1.$$

⚠️ **注意**: 某些随机变量是没有数学期望的. 例如, 如果 X 服从 Cauchy 分布律, 即 X 的一个密度为: $\forall x \in \mathbb{R}, f(x) = \dfrac{1}{\pi(1+x^2)}$. 那么,

$$xf(x) \underset{x\to+\infty}{\sim} \frac{1}{\pi x}.$$

由正值函数的比较, 我们知道, $\int_{1}^{+\infty} xf(x)\,\mathrm{d}x$ 和 $\int_{1}^{+\infty} \dfrac{\mathrm{d}x}{\pi x}$ 有相同的敛散性, 即都是发散的. 因此, X 没有数学期望.

定理 3.3.3.3 (第二转换(transfert)定理) 设 X 是一个密度为 f 的随机变量, I 是一个包含 $X(\Omega)$ 的区间, φ 是一个在 I 上除可能有限个点外连续的函数. 那么, 随机变量 $Y = \varphi \circ X$ 有数学期望当且仅当

$$\int_{I} |\varphi(x)| f(x)\,\mathrm{d}x \quad \text{收敛}.$$

此时有 $E(Y) = \int_{I} \varphi(x) f(x)\,\mathrm{d}x$.

证明:

> 证明略. 不需要掌握. ⊠

定理 3.3.3.4 设 X 和 Y 是定义在同一个概率空间上的两个随机变量, $(\lambda, \mu) \in \mathbb{R}^2$. 如果 X 和 Y 有期望, 那么 $\lambda X + \mu Y$ 也有期望, 并且,

$$E(\lambda X + \mu Y) = \lambda E(X) + \mu E(Y).$$

⚠ **注意：** 一个经典的严重错误是说"数学期望的线性性是显然的, 因为我们有

$$\int_{\mathbb{R}} x(f(x) + g(x))\,\mathrm{d}x = \int_{\mathbb{R}} xf(x)\,\mathrm{d}x + \int_{\mathbb{R}} xg(x)\,\mathrm{d}x".$$

事实上, $f + g$ 不是 $X + Y$ 的一个密度. 有什么简单的论据可以证明这一点?

<u>注</u>：我们注意到, 在一般情况下, X 的期望是由 $E(X) = \int_{\Omega} X\,\mathrm{d}P$ 定义的, 这使得我们可以说, 期望的线性性是显然的, 因为积分是线性的. 目前唯一的问题是, 我们无法定义什么是在 Ω 上关于测度 P 的积分.

习题 3.3.3.5　在 $Y = 1$, $\mu = 1$, X 是一个密度为 f 的随机变量的特殊情况下, 证明数学期望的线性性.

命题 3.3.3.6　设 X 是一个实随机变量. 如果 X 有数学期望, 且 $P(\{X < 0\}) = 0$ (此时称 $X \geqslant 0$ 几乎必然成立), 那么,
$$E(X) \geqslant 0.$$

证明：

我们只给出 X 是有密度的且 f 是 X 的一个密度的情况下的证明. 事实上, 如果 $P(\{X < 0\}) = 0$, 那么对任意 $x < 0$,
$$0 \leqslant F(x) = P(\{X \leqslant x\}) \leqslant P(\{X < 0\}) = 0.$$
因此, $f(x) = 0$ 对所有 $x < 0$ 除可能有限个点外成立. 所以,
$$\int_{-\infty}^{0} xf(x)\,\mathrm{d}x = 0,$$
从而,
$$E(X) = \int_{\mathbb{R}} xf(x)\,\mathrm{d}x = \int_{0}^{+\infty} xf(x)\,\mathrm{d}x \geqslant 0,$$
因为 $x \longmapsto x$ 和 $x \longmapsto f(x)$ 都在 $[0, +\infty)$ 上恒正. ⊠

推论 3.3.3.7　设 X 和 Y 是定义在概率空间 $(\Omega, \mathcal{T}, P)$ 上的两个随机变量. 如果 X 和 Y 都有期望, 并且 $P(\{X > Y\}) = 0$(此时称 $X \leqslant Y$ 几乎处处成立或几乎必然成立), 那么 $E(X) \leqslant E(Y)$.

证明：

事实上, 令 $Z = Y - X$, 那么 Z 是一个随机变量, 我们有 $0 \leqslant Z$ 几乎必然成立, 并且 Z 有数学期望. 根据上述命题, $0 \leqslant E(Z) = E(Y) - E(X)$. ☒

3.3.4 方差和标准差

定义 3.3.4.1 我们称一个密度为 f 的实随机变量 X 有 n 阶矩($n \in \mathbb{N}$), 若随机变量 X^n 有数学期望. 此时, 我们定义 X 的 n 阶矩(记为 $M_n(X)$)为: $M_n(X) = E(X^n)$.

注:

- 对任意实随机变量 X, $X^0 = 1$(值为 1 的常函数). 因此 0 阶矩总是有定义的, 且 $M_0 = 1$.
- 根据定义, 随机变量的 1 阶矩如果存在, 就是 X 的数学期望.

命题 3.3.4.2 设 $n \in \mathbb{N}^\star$, X 是一个密度为 f 的随机变量. 那么,

$$X \text{有} n \text{阶矩} \iff x \longmapsto x^n f(x) \text{ 在 } \mathbb{R} \text{ 上可积.}$$

此时, 我们有以下等式: $M_n(X) = \displaystyle\int_{-\infty}^{+\infty} x^n f(x)\, \mathrm{d}x.$

证明:

这是第二转换定理的直接结果, 其中 $\varphi(x) = x^n$. ☒

习题 3.3.4.3 证明服从参数为 1 的指数分布律的随机变量有任意阶的矩, 并且求出它的各阶矩.

定义 3.3.4.4 设 X 是一个实随机变量.

(i) 我们称 X 有方差, 若 X 有期望且实随机变量 $Y = (X - E(X))^2$ 有期望. 此时, 我们定义 X 的方差(记为 $V(X)$)为

$$V(X) = E\big((X - E(X))^2\big).$$

(ii) 如果 X 有方差, 我们定义 X 的标准差(记为 $\sigma(X)$)为: $\sigma(X) = \sqrt{V(X)}$.

命题 3.3.4.5　设 X 是一个密度为 f 的随机变量, 并且其数学期望 $E(X) = m$. 那么, X 有方差当且仅当

$$x \longmapsto (x - m)^2 f(x) \ \text{在} \ \mathbb{R} \ \text{上可积}.$$

此时, $V(X) = \displaystyle\int_{\mathbb{R}} (x - m)^2 f(x) \, \mathrm{d}x$.

证明:

$\quad$ | 同样, 这是第二转换定理的直接结果, 其中 $\varphi(x) = (x - m)^2$. $\qquad\qquad$ ⊠

例 3.3.4.6　设 X 是一个有密度的随机变量, 它的一个密度定义为

$$\forall x \in \mathbb{R}, \ f(x) = \chi_{[0,1]}(x).$$

1. 首先, 验证 f 确实是一个概率密度.

2. X 有数学期望, 且 $E(X) = \displaystyle\int_0^1 x \, \mathrm{d}x = \dfrac{1}{2}$.

3. 接下来, 函数 $x \longmapsto \left(x - \dfrac{1}{2}\right)^2 f(x)$ 显然在 $\mathbb{R}$ 上可积(因为它在 $\mathbb{R} \setminus [0,1]$ 上恒为零且在闭区间 $[0,1]$ 上连续). 因此, X 有方差, 并且,

$$V(X) = \int_0^1 \left(x - \frac{1}{2}\right)^2 \mathrm{d}x = \left[\frac{\left(x - \frac{1}{2}\right)^3}{3}\right]_0^1 = \frac{1}{12}.$$

习题 3.3.4.7　设 X 是一个服从参数为 1 的指数分布律的随机变量. 证明 X 有方差并计算其方差.

命题 3.3.4.8　设 X 是一个随机变量, a, b 是两个实数. 假设 X 有方差. 那么, $aX + b$ 有方差和标准差, 并且,

$$V(aX + b) = a^2 V(X), \ \text{以及} \ \sigma(aX + b) = |a|\sigma(X).$$

命题 3.3.4.9　设 X 是一个实随机变量. 那么, X 有方差当且仅当它有 2 阶矩. 此时, 我们有 Huygens(惠更斯)公式: $V(X) = E(X^2) - E(X)^2 = M_2(X) - E(X)^2$.

证明:

> 证明略. 当 X 有密度时命题的证明留作练习. ⊠

定义 3.3.4.10 设 X 是一个实随机变量. 我们称:

(i) X 是中心的(centrée), 若 X 有期望且 $E(X) = 0$;

(ii) X 是约化的(réduite), 若 X 有标准差且 $\sigma(X) = 1$;

(iii) X 是标准化的(centrée-réduite), 若 X 是中心的且约化的.

例 3.3.4.11 设 X 服从参数为 1 的指数分布律. 那么, X 不是中心的, 因为 $E(X) = 1 \neq 0$, 但它是约化的, 因为 $\sigma(X) = 1$.

命题 3.3.4.12 设 X 是一个有密度的随机变量, 有数学期望 $\mu = E(X)$ 和标准差 $\sigma > 0$. 那么, 随机变量 $X^\star = \dfrac{X - \mu}{\sigma}$ 是一个标准化的有密度的随机变量.

证明:

> 这是数学期望和标准差的计算法则的直接结果. 证明留作练习. ⊠

3.3.5 Markov(马尔可夫)不等式和 Bienaymé-Tchebychev (别奈梅-切比雪夫)不等式

定理 3.3.5.1(Markov(马尔可夫)不等式) 设 X 是一个有期望的随机变量. 那么,

$$\forall t > 0, \, P(\{|X| \geq t\}) \leq \frac{E(|X|)}{t}.$$

证明:

我们只证明 X 是有密度的随机变量的情况. 设 $t > 0$. 那么, 由第二转换定理有

$$E(|X|) = \int_{\mathbb{R}} |x| f(x) \, dx \geqslant \int_{-\infty}^{-t} |x| f(x) \, dx + \int_{t}^{+\infty} |x| f(x) \, dx.$$

又因为, 对任意实数 $x \in (-\infty, -t] \cup [t, +\infty)$, $|x| \geqslant t$, 且 f 恒正, 所以

$$\forall x \in (-\infty, -t] \cup [t, +\infty), \ |x| f(x) \geqslant t f(x).$$

由积分的单调性和线性性, 有

$$E(|X|) \geqslant t \left(\int_{-\infty}^{-t} f(x) \, dx + \int_{t}^{+\infty} f(x) \, dx \right),$$

即

$$E(|X|) \geqslant t P(\{|X| \geqslant t\}). \qquad \boxtimes$$

注: 如果使用更高级的积分工具, 这个不等式更容易证明. 事实上, 如果令 $Y = t\chi_{\{|X| \geqslant t\}}$, 那么 Y 是一个(离散的)随机变量, 且 $Y \leqslant |X|$. 根据数学期望的单调递增性, 我们可以得到 $E(Y) \leqslant E(|X|)$, 即 $t \times P(\{|X| \geqslant t\}) \leqslant E(|X|)$.

定理 3.3.5.2 (Bienaymé-Tchebychev(别奈梅-切比雪夫)不等式)　设 X 是一个有 2 阶矩的随机变量. 那么, X 有期望和方差, 并且,

$$\forall t > 0, \ P(\{|X - E(X)| \geqslant t\}) \leqslant \frac{V(X)}{t^2}.$$

证明:

- 首先, 证明如果 X 有 2 阶矩, 那么 X 有数学期望.
  * 对任意 $x \in [-1, 1]$, $0 \leqslant |x| f(x) \leqslant f(x)$. 又因为 $\int_{\mathbb{R}} f$ 收敛, 故 $\int_{-1}^{1} f$ 收敛. 由此可得 $\int_{-1}^{1} |x| f(x) \, dx$ 收敛(正值函数的比较法则).
  * 对任意 $x \in (-\infty, -1] \cup [1, +\infty)$, $|x f(x)| = |x| f(x) \leqslant x^2 f(x)$. 又因为, 根据假设, f 有 2 阶矩, 所以, $\int_{\mathbb{R}} x^2 f(x) \, dx$ 收敛. 从而有

    $$\int_{-\infty}^{-1} x^2 f(x) \, dx \ \text{和} \ \int_{1}^{+\infty} x^2 f(x) \, dx \ \text{收敛}.$$

    因为 $x \longmapsto |x| f(x)$ 是正值函数, 由正值函数的比较可得,

    $$\int_{-\infty}^{-1} |x| f(x) \, dx \ \text{和} \ \int_{1}^{+\infty} |x| f(x) \, dx \text{收敛}.$$

因此, $\displaystyle\int_{-1}^{1}|x|f(x)\,\mathrm{d}x$, $\displaystyle\int_{-\infty}^{-1}|x|f(x)\,\mathrm{d}x$ 和 $\displaystyle\int_{1}^{+\infty}|x|f(x)\,\mathrm{d}x$ 都收敛. 所以, $\displaystyle\int_{\mathbb{R}}|x|f(x)\,\mathrm{d}x$ 收敛, 即 X 有数学期望.

- 我们令 $Y=(X-E(X))^2=|Y|$. 应用 Markov 不等式, 我们得到

$$P(\{|X-E(X)|\geqslant t\})=P(\{Y\geqslant t^2\})\leqslant\frac{E(Y)}{t^2}=\frac{V(X)}{t^2}. \qquad \boxtimes$$

注: 这个证明中有一点小问题. 是什么? 验证上述证明是有效的.

注: 这些不等式是重要的, 它们将成为证明弱大数定律的基础(见 3.6.2 小节), 它们是"普遍的", 适用于任何(有数学期望或 2 阶矩的)随机变量. 然而, 它们通常是不够精确的.

如果 X 服从参数为 1 的指数分布律, 我们有 $E(X)=1$ 和 $V(X)=1$. 因此, 由 Markov 不等式可得

$$P(\{X\geqslant 2\})\leqslant\frac{E(X)}{2}, \quad \text{即} \quad P(\{X\geqslant 2\})\leqslant\frac{1}{2}.$$

而 $P(\{X\geqslant 2\})=\displaystyle\int_{2}^{+\infty}e^{-x}\,\mathrm{d}x=e^{-2}\approx 0.13$, 这个数值比 0.5 小得多. 我们将在正态分布律中再次看到这点.

3.4 常见的连续型概率分布律

3.4.1 均匀分布/一致分布

定义 3.4.1.1 设 a 和 b 是两个实数使得 $a<b$, X 是一个随机变量. 我们称 X 服从 $[a,b]$ 上的均匀分布律(或一致分布律), 当 X 有一个密度 f 定义为

$$f(x)=\begin{cases}\dfrac{1}{b-a}, & a\leqslant x\leqslant b,\\ 0, & \text{其他}.\end{cases}$$

此时记 $X\hookrightarrow\mathcal{U}([a,b])$.

注:

- f 确实是一个概率分布律, 因为在 $\mathbb{R}$ 上 $f\geqslant 0$, f 在 $\mathbb{R}$ 上除有限个点(已知有 a 和 b)外连续, 且 $\displaystyle\int_{\mathbb{R}}f=\int_{[a,b]}f=\frac{1}{b-a}\int_{a}^{b}\mathrm{d}x=1$.

- 在 $[a,b]$ 上的均匀分布律对应于有限集合上的等分布. 事实上, 在有限集合 Ω 上等分布的情况中, 对 $A \subset \Omega$, 我们有 $P(\{X \in A\}) = \dfrac{\mathrm{Card}(A)}{\mathrm{Card}(\Omega)}$. 而在连续的情况下, 如果 $a \leqslant \alpha \leqslant \beta \leqslant b$, 那么 $P(\{X \in [\alpha, \beta]\}) = \dfrac{\beta - \alpha}{b - a}$.

习题 3.4.1.2　设 X 是一个服从均匀分布律 $\mathcal{U}([a,b])$ 的随机变量.

1. 画出 X 的一个密度的图像.

2. 确定它的分布函数, 并画出分布函数的表示曲线.

3. 计算 $E(X)$、$V(X)$ 和 $\sigma(X)$.

命题 3.4.1.3　设 X 是一个实随机变量, $Y = \dfrac{X - a}{b - a}$. 那么,
$$X \hookrightarrow \mathcal{U}([a,b]) \iff Y \hookrightarrow \mathcal{U}([0,1]).$$

证明:

　　练习!　　　　　　　　　　　　　　　　　　　　　　　　　　　　　　　　$\boxtimes$

3.4.2　指数分布

定义 3.4.2.1　我们称取值在 $[0, +\infty)$ 中的随机变量 X 服从参数为 $\lambda > 0$ 的指数分布律, 若它的一个密度函数 f 定义为
$$f(x) = \begin{cases} \lambda e^{-\lambda x}, & x \geqslant 0, \\ 0, & x < 0. \end{cases}$$
此时记 $X \hookrightarrow \mathcal{E}(\lambda)$.

注:

- f 确实是一个概率密度, 因为对 $\lambda > 0$, 函数 $x \longmapsto e^{-\lambda x}$ 在 $[0, +\infty)$ 上可积, 并且
$$\int_0^{+\infty} e^{-\lambda x}\, \mathrm{d}x = \frac{1}{\lambda}.$$

- 指数分布律有 "无记忆性" 的特征, 因此, 它们经常被用来对寿命以及队列中的等待时间进行建模.

- 在物理学中, 放射性元素的寿命(即它完全分解所需的时间)是一个随机变量, 我们用指数分布律对其进行建模, 该分布律的参数可解释为平均寿命的倒数.

命题 3.4.2.2 设 X 是一个服从指数分布律 $\mathcal{E}(\lambda)$(因此 $\lambda > 0$)的随机变量. 那么, 对任意自然数 n, X 有 n 阶矩, 并且,

$$\forall n \geqslant 1, \ M_n(X) = \frac{n!}{\lambda^n}.$$

特别地, X 有期望(即 1 阶矩)和方差如下:

$$E(X) = \frac{1}{\lambda}, \quad V(X) = \frac{1}{\lambda^2}.$$

证明:

- 首先, 注意到对任意 $n \geqslant 1$, $x^n e^{-\lambda x} \underset{x \to +\infty}{=} o\left(\dfrac{1}{x^2}\right)$. 根据正值函数的比较法则, $x \longmapsto |x^n| e^{-\lambda x}$ 在 $[1, +\infty)$ 上可积. 此外, 由于 $x \longmapsto |x^n| e^{-\lambda x}$ 在闭区间 $[0, 1]$ 上连续, 故它在该区间上可积. 最后, 由 $x \longmapsto x^n f(x)$ 在 $(-\infty, 0)$ 上恒为零知, 它在 $(-\infty, 0)$ 上可积. 这证得对任意 $n \in \mathbb{N}$, 函数 $x \longmapsto x^n f(x)$ 在 $\mathbb{R}$ 上可积, 即 X 有 n 阶矩.

- 设 $n \in \mathbb{N}$. 取定 $b > 0$. 那么有

$$\int_0^b \lambda x^{n+1} e^{-\lambda x}\, \mathrm{d}x = \left[-x^{n+1} e^{-\lambda x}\right]_0^b + \int_0^b (n+1) x^n e^{-\lambda x}\, \mathrm{d}x$$

$$= -b^{n+1} e^{-\lambda b} + \frac{n+1}{\lambda} \int_0^b \lambda x^n e^{-\lambda x}\, \mathrm{d}x.$$

我们已经验证过上述积分的收敛性, 注意到 $\lim\limits_{b \to +\infty} b^{n+1} e^{-\lambda b} = 0$, 取极限可得

$$M_{n+1}(X) = \frac{n+1}{\lambda} M_n(X).$$

又已知 $M_0(X) = \displaystyle\int_0^{+\infty} \lambda e^{-\lambda x}\, \mathrm{d}x = 1$, 因此可导出

$$\forall n \in \mathbb{N}, \ M_n(X) = \frac{n!}{\lambda^n} M_0(X) = \frac{n!}{\lambda^n}.$$

- 特别地, $E(X) = M_1(X) = \dfrac{1}{\lambda}$, 并且由于 X 有 2 阶矩, 故 X 有方差, 其方差为

$$V(X) = M_2(X) - M_1(X)^2 = \frac{2}{\lambda^2} - \frac{1}{\lambda^2} = \frac{1}{\lambda^2}. \qquad \boxtimes$$

习题 3.4.2.3 利用 Γ 函数直接得出各阶矩的值.

回顾：如果 P 是 $(\Omega, \mathcal{T})$ 上的一个概率测度, B 是一个概率非零的事件, 我们在 Ω 上定义一个新的概率测度, 称为已知 B 的条件概率, 定义如下：

$$\forall A \in \mathcal{T}, \, P_B(A) = P(A|B) = \frac{P(A \cap B)}{P(B)}.$$

练习：证明这确实定义了一个概率.

定义 3.4.2.4 设 X 是一个取正值的随机变量, 满足：$\forall x \geqslant 0, \, P(\{X > x\}) > 0$. 我们称 X 是一个无记忆的随机变量若它满足：

$$\forall x, y \in \mathbb{R}^+, \, P(\{X > x + y\}|\{X > y\}) = P(\{X > x\}).$$

解释：这个等式可以用寿命来解释. 已知某物活了 y 年, 它再活 x 年的概率, 与它活 x 年的概率相同. 简单地说, 不考虑过去, 这就是"无记忆"这个术语的由来.

注：我们称 $r(x) = P(\{X > x\})$ 为生存函数.

定理 3.4.2.5 设 X 是一个取正值的有密度的实随机变量, 满足：

$$\forall x \in \mathbb{R}^+, \, P(\{X > x\}) > 0.$$

那么, 以下叙述相互等价：

 (i) X 是无记忆的；

 (ii) X 服从指数分布律.

证明：

> - (ii) $\Longrightarrow$ (i) 是显然的.
> - 证明 (i) $\Longrightarrow$ (ii).
>
> 如果 X 是没有记忆的, 对 $x \geqslant 0$, 记 $r(x) = P(\{X > x\}) = 1 - F(x)$, 那么 r 在 $[0, +\infty)$ 上连续, 并且根据假设有
>
> $$\forall x, y \in \mathbb{R}^+, \, r(x + y) = r(x) \times r(y).$$
>
> 并且, 由假设知, r 在 $[0, +\infty)$ 上恒大于零. 因此, 我们可以定义 $g = \ln r$. 那么,
>
> $$\forall (x, y) \in [0, +\infty)^2, \, g(x + y) = g(x) + g(y).$$
>
> 这是一个经典的结果：由上式以及 g 是连续的可知, g 是一个线性函数. 因此存在 $\lambda \in \mathbb{R}$ 使得：$\forall x \in \mathbb{R}^+, \, g(x) = -\lambda x$. 所以, $\forall x \in \mathbb{R}^+, \, r(x) = e^{-\lambda x}$. 并且, 因为 r 是单调递减的, 所以 $\lambda \geqslant 0$.

最后, 如果 $\lambda = 0$, 那么 r 是一个值为 1 的常函数, 这与 $\lim\limits_{x \to +\infty} r(x) = 0$ 矛盾.

所以, 当 $x < 0$ 时 $F(x) = 0$, 当 $x \geqslant 0$ 时, $F(x) = 1 - r(x) = 1 - e^{-\lambda x}$, 其中 $\lambda > 0$. 因此, X 的一个密度函数 f 为: 当 $x < 0$ 时 $f(x) = 0$, 当 $x \geqslant 0$ 时 $f(x) = \lambda e^{-\lambda x}$(我们可以修改它在 0 处的值, 所得的函数仍是 X 的一个密度). 这证得 X 服从指数分布律. $\boxtimes$

3.4.3 正态分布

正态分布律, 特别是标准化的正态分布律(也称为 Laplace-Gauss(拉普拉斯-高斯)分布律)是概率论中最重要的定律之一. 它们(在许多不同的领域)被用来模拟许多现象, 本章最后的中心极限定理可以部分地解释这一点.

定义 3.4.3.1 我们称一个有密度的随机变量 X 服从标准化的正态分布律, 若它有一个密度函数 f 定义如下:

$$\forall x \in \mathbb{R},\ f(x) = \frac{1}{\sqrt{2\pi}} \exp\left(-\frac{x^2}{2}\right).$$

此时记 $X \hookrightarrow \mathcal{N}(0,1)$.

<u>注:</u> f 确实是一个概率密度, 因为 f 在 $\mathbb{R}$ 上连续、恒正, 并且在积分课程内容中我们知道积分 $\displaystyle\int_{\mathbb{R}} f = 1$.

图3.1是密度函数 f 的表示曲线:

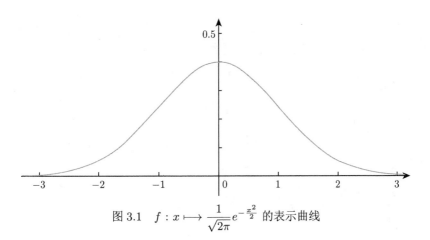

图 3.1 $\quad f : x \longmapsto \dfrac{1}{\sqrt{2\pi}} e^{-\frac{x^2}{2}}$ 的表示曲线

命题 3.4.3.2　设 X 是一个服从标准化的正态分布律 $\mathcal{N}(0,1)$ 的随机变量. 那么,

(i) 它的分布函数定义为: $\forall x \in \mathbb{R},\ F(x) = \dfrac{1}{\sqrt{2\pi}} \displaystyle\int_{-\infty}^{x} e^{-\frac{t^2}{2}}\,\mathrm{d}t$;

(ii) 它的分布函数满足: $\forall x \in \mathbb{R},\ F(-x) = 1 - F(x)$;

(iii) X 有任意阶的矩, 并且,

$$\forall n \in \mathbb{N},\ M_{2n+1}(X) = 0 \ \text{且}\ M_{2n}(X) = \frac{(2n)!}{2^n n!}.$$

特别地, $E(X) = 0,\ V(X) = 1$.

证明:

- 性质 (i) 是显然的, 这就是随机变量的密度函数的定义.

- 为证明 (ii), 有两种方法. 例如, 设 $x \in \mathbb{R}$. 那么,

$$F(-x) = \frac{1}{\sqrt{2\pi}} \int_{-\infty}^{-x} f(t)\,\mathrm{d}t.$$

作变量替换 $u = -t$, 我们得到

$$F(-x) = \frac{1}{\sqrt{2\pi}} \int_{+\infty}^{x} f(u)(-\mathrm{d}u) = \frac{1}{\sqrt{2\pi}} \int_{x}^{+\infty} f(t)\,\mathrm{d}t = 1 - F(x).$$

我们也可以通过证明定义为: $\forall x \in \mathbb{R}, g(x) = F(x) + F(-x)$ 的函数 g 是一个常函数来得到结论. 留作练习.

- 最后证明 (iii).

设 $n \in \mathbb{N}$. 函数 $x \longmapsto |x^n f(x)|$ 在 $\mathbb{R}$ 上连续, 并且由比较增长率知,

$$|x^n f(x)| \underset{x \to \pm\infty}{=} o(e^{-|x|}),$$

其中 $x \longmapsto e^{-|x|}$ 在 $\mathbb{R}$ 上(分段)连续、恒正且可积. 由正值函数的比较, 函数 $x \longmapsto x^n f(x)$ 在 $\mathbb{R}$ 上可积. 根据第二转换定理, X 有 n 阶矩. 接下来计算 n 阶矩的值.

⋆ 第一种情况 : $n = 2p+1$, 其中 $p \in \mathbb{N}$.

此时, 函数 $x \longmapsto x^{2p+1} f(x)$ 是在 $\mathbb{R}$ 上可积的奇函数. 因此, 它在 $\mathbb{R}$ 上的积分为零, 即 $M_{2p+1}(X) = 0$.

⋆ 第二种情况 : $n = 2p$, 其中 $p \in \mathbb{N}$.

此时, 我们有

$$M_n(X) = M_{2p}(X) = \int_{\mathbb{R}} \frac{1}{\sqrt{2\pi}} x^{2p} e^{-\frac{x^2}{2}} \, \mathrm{d}x = \frac{2}{\sqrt{2\pi}} \int_0^{+\infty} x^{2p} e^{-\frac{x^2}{2}} \, \mathrm{d}x.$$

作变量替换 $t = \dfrac{x^2}{2}$, 可得

$$M_{2p}(X) = \frac{2}{\sqrt{2\pi}} \int_0^{+\infty} (2t)^p e^{-t} \frac{\sqrt{2}}{2\sqrt{t}} \, \mathrm{d}t = \frac{2^p}{\sqrt{\pi}} \int_0^{+\infty} t^{p-\frac{1}{2}} e^{-t} \, \mathrm{d}t,$$

即

$$M_{2p}(X) = \frac{2^p}{\sqrt{\pi}} \Gamma\left(p + \frac{1}{2}\right).$$

又因为, 对任意 $k \in \mathbb{N}^\star$, $\dfrac{\Gamma\left(k + \dfrac{1}{2}\right)}{\Gamma\left(k - 1 + \dfrac{1}{2}\right)} = k - \dfrac{1}{2}$. 通过连乘, 可得

$$\frac{\Gamma\left(p + \dfrac{1}{2}\right)}{\Gamma\left(\dfrac{1}{2}\right)} = \prod_{k=1}^p \left(k - \frac{1}{2}\right) = \frac{(2p)!}{2^{2p} p!}.$$

最后, 因为 $\Gamma\left(\dfrac{1}{2}\right) = \sqrt{\pi}$, 我们得到 $M_{2p}(X) = \dfrac{(2p)!}{2^p p!}$.

然后依次得出 $E(X) = M_1(X) = 0$ 和 $V(X) = M_2(X) - E(X)^2 = 1$. $\boxtimes$

习题 3.4.3.3 证明对任意 $n \in \mathbb{N}$, $M_{2n+2}(X) = (2n+1)M_{2n}(X)$, 并导出 $M_{2n}(X)$ 的值.

注:

- 事实上, 关系式 (ii) 可由 f 是奇函数直接得到. 用 f 的表示曲线对结果进行图形化解释.
- 该分布函数是一个常见的函数! 我们无法给出一个比积分形式更简单的表达式.
- 在实践中, 将使用 F 的函数值表来估计 $F(x)$.

定义 3.4.3.4 我们称一个绝对连续(absolument continue)(即有密度)的随机变量服从参数为 μ 和 $\sigma > 0$ 的正态分布律, 若它有一个密度函数 g 定义为

$$\forall x \in \mathbb{R}, \ g(x) = \frac{1}{\sigma\sqrt{2\pi}} \exp\left(-\frac{1}{2}\left(\frac{x-\mu}{\sigma}\right)^2\right).$$

此时记 $X \hookrightarrow \mathcal{N}(\mu, \sigma)$.

参数为 μ 和 σ 的正态分布律的密度函数的表示曲线(图3.2):

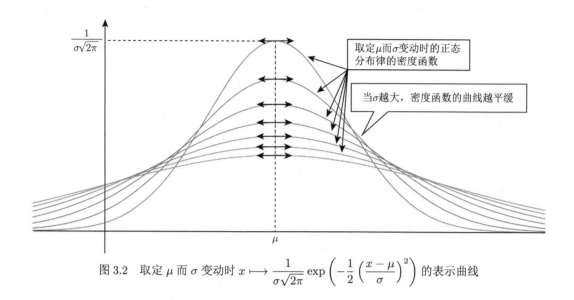

图 3.2 取定 μ 而 σ 变动时 $x \longmapsto \dfrac{1}{\sigma\sqrt{2\pi}} \exp\left(-\dfrac{1}{2}\left(\dfrac{x-\mu}{\sigma}\right)^2\right)$ 的表示曲线

<u>注：</u> 和往常一样, 我们验证 g 确实是一个概率密度. 在 $\mathbb{R}$ 上的连续性和恒正是显然的. 为证明 $\displaystyle\int_{\mathbb{R}} g = 1$, 只需在计算积分时进行变量替换 $t = \dfrac{x-\mu}{\sigma}$.

命题 3.4.3.5 设 X 是一个有密度的随机变量, $X^\star = \dfrac{X-\mu}{\sigma}$, 其中 $\sigma > 0, \mu \in \mathbb{R}$. 那么,
$$X \hookrightarrow \mathcal{N}(\mu,\sigma) \iff X^\star \hookrightarrow \mathcal{N}(0,1).$$

证明：

• 证明 $\Longrightarrow$.

假设 X 服从分布律 $\mathcal{N}(\mu,\sigma)$, 记 f 为它的常用密度. 把 x 映为 $\dfrac{x-\mu}{\sigma}$ 的函数 $\varphi : \mathbb{R} \longrightarrow \mathbb{R}$ 显然是双射、在 $\mathbb{R}$ 上 $\mathcal{C}^1$ 且导函数恒大于零. 并且, 对任意 $y \in \mathbb{R}, \varphi^{-1}(y) = \sigma y + \mu$. 根据第一转换定理, $X^\star = \varphi \circ X$ 是有密度的随机变量, 它的一个密度函数 g 为

$$\forall y \in \mathbb{R},\, g(y) = \frac{f(\varphi^{-1}(y))}{|\varphi'(\varphi^{-1}(y))|}\chi_{\mathbb{R}}(y),$$

即

$$\forall y \in \mathbb{R}, \ g(y) = \frac{\dfrac{1}{\sigma\sqrt{2\pi}} \exp\left(-\dfrac{y^2}{2}\right)}{\dfrac{1}{\sigma}} = \frac{1}{\sqrt{2\pi}} \exp\left(-\frac{y^2}{2}\right).$$

因此, $X^\star$ 服从标准化的正态分布律.

- 对于逆命题, 我们应用同一个定理, 只需把 φ 替换为 φ^{-1}, 并把 X 替换为 $X^\star$ 即可. ☒

习题 3.4.3.6 通过直接计算得到这个结果, 不使用转换定理.

推论 3.4.3.7 设 X 是一个随机变量使得 $X \hookrightarrow \mathcal{N}(\mu, \sigma)$, 其中 $\sigma > 0$. 那么, X 有数学期望和方差, 分别为

$$E(X) = \mu \ \text{ 和 } \ V(X) = \sigma^2.$$

证明:

事实上, 在上述记号下, 我们有 $X = \sigma X^\star + \mu$. 因此,

$$E(X) = \sigma E(X^\star) + \mu = \mu, \quad V(X) = \sigma^2 V(X^\star) = \sigma^2.$$

☒

3.4.4　Gamma(伽马)分布的随机变量

定义 3.4.4.1 我们称一个取正值的随机变量 X 服从分布律 $\Gamma(p, \lambda)$(参数为 $p > 0$ 和 $\lambda > 0$ 的 Γ 分布律), 若 X 是一个有密度的实随机变量且它的一个密度函数 f 定义为

$$\forall x \in \mathbb{R}, f(x) = \begin{cases} \dfrac{\lambda^p}{\Gamma(p)} e^{-\lambda x} x^{p-1}, & x > 0, \\ 0, & \text{其他}. \end{cases}$$

注:

- 这确实定义了一个概率密度: 为什么?
- 对 $p = 1$, $\Gamma(1, \lambda) = \mathcal{E}(\lambda)$ 是常见的指数分布律.
- 对 $\lambda = 1$, 我们有时也称 $\Gamma(p, 1)$ 是参数为 p 的标准 γ 分布律.

命题 3.4.4.2　设 X 是一个服从分布律 $\Gamma(p, \lambda)$ 的随机变量. 那么:

(i) X 有数学期望, 且 $E(X) = \dfrac{p}{\lambda}$;

(ii) X 有方差, 且 $V(X) = \dfrac{p}{\lambda^2}$;

(iii) X 有任意阶的矩, 并且,
$$\forall n \in \mathbb{N}^\star, \ M_n(X) = \frac{\Gamma(n+p)}{\Gamma(p)\lambda^n} = \frac{\prod_{k=0}^{n-1}(p+k)}{\lambda^n}.$$

证明:

• 直接证明 (iii), 由此可以推出 (i) 和 (ii).

设 $n \in \mathbb{N}^\star$. 为证明 X 有 n 阶矩, 我们证明函数 $f_n : x \longmapsto x^n f(x)$ 在 $\mathbb{R}$ 上可积. 另一方面, f_n 在 $(-\infty, 0]$ 上恒为零, 因此必须且只需证明 f_n 在 $(0, +\infty)$ 上可积. 又因为, 函数 f_n 在 $(0, +\infty)$ 上连续, 并且,

* $|f_n(x)| \underset{x \to 0^+}{\sim} \dfrac{\lambda^p}{\Gamma(p)} x^{n+p-1}$, 其中 $x \longmapsto \dfrac{\lambda^p}{\Gamma(p)} x^{n+p-1}$ 在 $(0, 1]$ 上分段连续、恒正且可积, 这是因为 $n+p-1 > -1$ (Riemann 判据). 由正值函数的比较知, f_n 在 $(0, 1]$ 上可积;

* $|x^n f(x)| \underset{x \to +\infty}{=} o\left(\dfrac{1}{x^2}\right)$, 其中 $x \longmapsto \dfrac{1}{x^2}$ 在 $[1, +\infty)$ 上分段连续、恒正且可积. 由正值函数的比较知, f_n 在 $[1, +\infty)$ 上可积.

这证得 f_n 在 $\mathbb{R}$ 上可积, 即 X 有 n 阶矩. 另一方面, 在积分中令 $t = \lambda x$, 可得
$$\int_{\mathbb{R}} x^n f(x) \, \mathrm{d}x = \frac{\lambda^p}{\Gamma(p)} \int_0^{+\infty} e^{-\lambda x} x^{n+p-1} \, \mathrm{d}x = \frac{\lambda^p}{\Gamma(p)} \int_0^{+\infty} e^{-t} \frac{t^{n+p-1}}{\lambda^{n+p-1}} \frac{\mathrm{d}t}{\lambda},$$

即
$$M_n(X) = \frac{1}{\Gamma(p)\lambda^n} \times \int_0^{+\infty} t^{n+p-1} e^{-t} \, \mathrm{d}t = \frac{\Gamma(n+p)}{\Gamma(p)\lambda^n}.$$

再注意到对任意实数 $x > 0$ 有 $\Gamma(x+1) = x\Gamma(x)$, 可得
$$\Gamma(n+p) = \Gamma(p) \times \prod_{k=0}^{n-1}(p+k). \qquad \boxtimes$$

命题 3.4.4.3(Γ 分布律和 γ 分布律之间的联系)　设 X 是一个随机变量. 那么,
$$X \hookrightarrow \Gamma(p, \lambda) \iff \lambda X \hookrightarrow \Gamma(p, 1).$$

换言之, X 服从分布律 $\Gamma(p, \lambda)$ 当且仅当 λX 服从参数为 p 的标准 γ 分布律.

证明：

> • 假设 $X \hookrightarrow \Gamma(p, \lambda)$.
>
> 由 $\varphi(x) = \lambda x$ 定义的函数 φ 是一个从 $\mathbb{R}$ 到 $\mathbb{R}$ 的 $\mathcal{C}^1$-微分同胚. 那么, 根据第一转换定理, $Y = \varphi(X) = \lambda X$ 是一个有密度的随机变量, 并且 Y 的一个密度为
>
> $$\forall y \in \mathbb{R}, \ g(y) = \frac{f(\varphi^{-1}(y))}{|\varphi'(\varphi^{-1}(y))|} \times \chi_{\varphi((0,+\infty))}(y),$$
>
> 即
>
> $$\forall y \in \mathbb{R}, \ g(y) = \frac{f\left(\dfrac{y}{\lambda}\right)}{\lambda} \chi_{(0,+\infty)}(y),$$
>
> 也即
>
> $$\forall y \in \mathbb{R}, \ g(y) = \begin{cases} \dfrac{1}{\Gamma(p)} e^{-y} y^{p-1}, & y > 0, \\ 0, & \text{其他.} \end{cases}$$
>
> 这证得 $\lambda X \hookrightarrow \Gamma(p, 1)$.
>
> • 逆命题的证明是一样的. $\boxtimes$

命题 3.4.4.4 (与正态分布律的联系) 设 X 是一个服从标准化的正态分布律的随机变量. 那么, $Y = X^2$ 服从分布律 $\Gamma\left(\dfrac{1}{2}, \dfrac{1}{2}\right)$.

证明：

> 首先, Y 是一个取正值的随机变量, 并且对 $y \in \mathbb{R}$, 我们有
>
> • $F_Y(y) = 0$ 若 $y \leqslant 0$, 因为 $\{X^2 \leqslant y\} \subset \{X = 0\}$;
>
> • 如果 $y > 0$, 由 X 有密度可得
>
> $$F_Y(y) = P(\{X^2 \leqslant y\}) = P(-\sqrt{y} \leqslant X \leqslant \sqrt{y}) = F_X(\sqrt{y}) - F_X(-\sqrt{y}).$$
>
> 因此, Y 的分布函数为
>
> $$\forall y \in \mathbb{R}, \ F_Y(y) = \begin{cases} F_X(\sqrt{y}) - F_X(-\sqrt{y}), & y > 0, \\ 0, & y \leqslant 0. \end{cases}$$
>
> F_Y 在 $\mathbb{R}$ 上连续(因为 F_X 在 $\mathbb{R}$ 上连续且 F_Y 显然在 0 处左连续), 在 $\mathbb{R}^\star$ 上 $\mathcal{C}^1$(因为 F_X 是在 $\mathbb{R}$ 上 $\mathcal{C}^1$ 的). 因此, Y 是有密度的, 记 f 为标准化正态分布律的常用密度, 那么 Y 的一个密度为
>
> $$\forall y \in \mathbb{R}, \ g(y) = \begin{cases} \dfrac{1}{2\sqrt{y}}\left(f(\sqrt{y}) + f(-\sqrt{y})\right), & y > 0, \\ 0, & y \leqslant 0. \end{cases}$$

或者写为

$$\forall y \in \mathbb{R},\ g(y) = \frac{1}{\sqrt{2\pi y}} e^{-\frac{y}{2}} \chi_{(0,+\infty)}(y).$$

这就是分布律 $\Gamma\left(\dfrac{1}{2}, \dfrac{1}{2}\right)$ 的常用密度. $\boxtimes$

3.5　独　立　性

3.5.1　与独立性有关的主要定义和性质的回顾

定义 3.5.1.1　设 $(\Omega, \mathcal{T}, P)$ 是一个概率空间. 我们称事件 A 和事件 B 是独立的, 若

$$P(A \cap B) = P(A) \times P(B),$$

记为 $A \perp B$.

推论 3.5.1.2　设 A 和 B 是两个事件. 如果 B 的概率非零, 那么,

$$A \perp B \iff P(A|B) = P(A).$$

定义 3.5.1.3　我们称一个事件族 $(A_n)_{n \in \mathbb{N}}$ 是相互独立的, 若对任意有限子集 $J \subset \mathbb{N}$, 都有

$$P\left(\bigcap_{j \in J} A_j\right) = \prod_{j \in J} P(A_j).$$

 注意： 独立的概念并不像人们希望的那样容易处理.

　　— $A \perp B$ 且 $A \perp C$ 不意味着 $A \perp (B \cap C)$.

　　— 即使 A、B 和 C 是两两独立的, 也不一定有 $P(A \cap B \cap C) = P(A) \times P(B) \times P(C)$. 换句话说, 相互独立事件的概念与两两独立事件的概念有很大的不同.

定义 3.5.1.4 我们称定义在同一个概率空间 $(\Omega, \mathcal{T}, P)$ 上的两个随机变量 X 和 Y 是独立的, 若对任意博雷尔集 A 和 B 都有

$$P(\{X \in A\} \cap \{Y \in B\}) = P(\{X \in A\}) \times P(\{Y \in B\}).$$

由于博雷尔集是由闭区间生成的, 因此可以证明以下命题. 这个命题的证明需要较多技巧, 此处从略.

命题 3.5.1.5 设 X 和 Y 是定义在同一个概率空间 $(\Omega, \mathcal{T}, P)$ 上的两个随机变量. 那么, 以下叙述相互等价:

(i) X 和 Y 是独立的;

(ii) 对任意包含在 $\mathbb{R}$ 中的闭区间 $[a, b]$ 和 $[c, d]$,

$$P(\{X \in [a,b]\} \cap \{Y \in [c,d]\}) = P(\{X \in [a,b]\}) \times P(\{Y \in [c,d]\}).$$

<u>注</u>: 非常积极主动的同学, 可以用以下方法证明 (ii) $\Longrightarrow$ (i).

1. 证明对任意给定的闭区间 $[c, d]$, $\mathbb{R}$ 的所有满足

$$X^{-1}(A) \in \mathcal{T} \quad \text{且} \quad P(\{X \in A\} \cap \{Y \in [c,d]\}) = P(\{X \in A\}) \times P(\{Y \in [c,d]\})$$

的子集 A 的集合是 $\mathbb{R}$ 的一个事件 σ 代数, 它包含所有闭区间, 从而包含所有博雷尔集.

2. 然后, 对给定的博雷尔集 A, 证明满足

$$Y^{-1}(B) \in \mathcal{T} \quad \text{且} \quad P(\{X \in A\} \cap \{Y \in B\}) = P(\{X \in A\}) \times P(\{Y \in B\})$$

的 $\mathbb{R}$ 的子集 B 的集合是 $\mathbb{R}$ 的一个事件 σ 代数, 它包含所有闭区间, 从而包含所有博雷尔集.

定义 3.5.1.6 设 $(X_n)_{n \in \mathbb{N}}$ 是定义在同一个概率空间 $(\Omega, \mathcal{T}, P)$ 上的一列随机变量. 我们称这些 $(X_n)_{n \in \mathbb{N}}$ 是独立的(更确切地说, 相互独立的), 若对任意有限子集 $J \subset \mathbb{N}$ 和任意博雷尔集族 $(B_j)_{j \in J}$, 我们有

$$P\left(\bigcap_{j \in J} \{X_j \in B_j\}\right) = \prod_{j \in J} P(\{X_j \in B_j\}).$$

> **命题 3.5.1.7**　设 $(X_n)_{n \in \mathbb{N}}$ 是定义在同一个概率空间 $(\Omega, \mathcal{T}, P)$ 上的一列随机变量. 那么, (X_n) 是一列独立的随机变量当且仅当
>
> $$\forall n \in \mathbb{N},\ \forall (B_0, \cdots, B_n) \in \mathcal{B}^1(\mathbb{R})^{n+1},\ P\left(\bigcap_{i=0}^{n}\{X_i \in B_i\}\right) = \prod_{i=0}^{n} P(\{X_i \in B_i\}).$$

证明:

- 正方向的推出是显然的, 因为对任意自然数 n, $[\![0, n]\!]$ 是 $\mathbb{N}$ 的一个有限子集.

- 反过来, 假设序列 $(X_n)_{n \in \mathbb{N}}$ 满足命题的条件. 设 J 是 $\mathbb{N}$ 的一个有限子集, $(B_j)_{j \in J}$ 是一个博雷尔集族. 那么 J 在 $\mathbb{N}$ 中有上界. 设 n 为 J 的一个上界. 对 $i \in [\![0, n]\!] \setminus J$, 令 $B_i = \mathbb{R}$, 那么, 一方面有

$$\bigcap_{i=0}^{n}\{X_i \in B_i\} = \bigcap_{j \in J}\{X_j \in B_j\},$$

这是因为对 $i \in [\![0, n]\!] \setminus J$, $\{X_i \in B_i\} = \{X_i \in \mathbb{R}\} = \Omega$, 并且另一方面,

$$\prod_{i=0}^{n} P(\{X_i \in B_i\}) = \prod_{j \in J} P(\{X_j \in B_j\}),$$

这是因为对 $i \in [\![0, n]\!] \setminus J$, $P(\{X_i \in B_i\}) = P(\Omega) = 1$.　　　　$\boxtimes$

和两个随机变量的情况一样, 可以证明以下命题.

> **命题 3.5.1.8**　设 $(X_n)_{n \in \mathbb{N}}$ 是定义在同一个概率空间 $(\Omega, \mathcal{T}, P)$ 上的一列随机变量. 那么, 以下叙述相互等价:
>
> (i) $(X_n)_{n \in \mathbb{N}}$ 是一列独立的随机变量;
>
> (ii) 对任意自然数 n, 对 $\mathbb{R}$ 的任意闭区间族 $([a_i, b_i])_{0 \leqslant i \leqslant n}$, 我们有
>
> $$P\left(\bigcap_{i=0}^{n}\{X_i \in [a_i, b_i]\}\right) = \prod_{i=0}^{n} P(\{X_i \in [a_i, b_i]\}).$$

最后, 下面的定理是非常重要的! 证明从略.

> **定理 3.5.1.9**　设 X 和 Y 是定义在同一个概率空间的两个随机变量, 并且它们都有数学期望. 假设 X 和 Y 是独立的. 那么, XY 有数学期望, 且 $E(XY) = E(X)E(Y)$.

推论 3.5.1.10 设 X 和 Y 是定义在同一个概率空间的两个随机变量, 并且它们都有方差. 假设 X 和 Y 是独立的. 那么, $X+Y$ 有方差, 且 $V(X+Y)=V(X)+V(Y)$.

推论 3.5.1.11 设 $(X_n)_{n\in\mathbb{N}^\star}$ 是一列两两独立的随机变量, 并且都有方差. 那么, 对任意自然数 $n \geqslant 1$, $S_n = \sum_{k=1}^{n} X_k$ 有方差, 且有 $V(S_n) = \sum_{k=1}^{n} V(X_k)$.

证明:

设 $n \geqslant 1$. 为证明 S_n 有方差, 必须且只需证明 S_n 有 2 阶矩. 我们有

$$S_n^2 = \sum_{k=1}^{n} X_k^2 + 2 \sum_{1 \leqslant i < j \leqslant n} X_i X_j.$$

此外,

∗ 对任意 $k \in [\![1,n]\!]$, X_k 有 2 阶矩(因为 X_k 有方差), 即 X_k^2 有数学期望;

∗ 对 $1 \leqslant i < j \leqslant n$, X_i 和 X_j 有数学期望且是独立的. 根据上述定理, $X_i X_j$ 有数学期望且 $E(X_i X_j) = E(X_i)E(X_j)$.

所以, S_n^2 有数学期望, 且有

$$E(S_n^2) = \sum_{k=1}^{n} E(X_k^2) + 2 \sum_{1 \leqslant i < j \leqslant n} E(X_i)E(X_j).$$

由于 S_n 有 2 阶矩, 故 S_n 有数学期望. 并且, 对任意 $k \in [\![1,n]\!]$, X_k 有期望, 因此, 由期望的线性性可得 $E(S_n) = \sum_{k=1}^{n} E(X_k)$. 从而,

$$E(S_n)^2 = \left(\sum_{k=1}^{n} E(X_k)^2 + 2 \sum_{1 \leqslant i < j \leqslant n} E(X_i)E(X_j) \right).$$

因此, S_n 的方差为

$$\begin{aligned}
V(S_n) &= E(S_n^2) - E(S_n)^2 \\
&= \sum_{k=1}^{n} E(X_k^2) - \sum_{k=1}^{n} E(X_k)^2 \\
&= \sum_{k=1}^{n} \left(E(X_k^2) - E(X_k)^2 \right) \\
&= \sum_{k=1}^{n} V(X_k). \qquad \boxtimes
\end{aligned}$$

3.5.2　两个独立且有密度的随机变量的和的密度

定理 3.5.2.1　设 X 和 Y 是定义在同一个概率空间的两个实值的随机变量. 假设:

(i) X 和 Y 分别有密度 f 和 g (f 和 g 是在 $\mathbb{R}$ 上可测且 Lebesgue 可积的正值函数,
且 $\int_{\mathbb{R}} f = \int_{\mathbb{R}} g = 1$);

(ii) X 和 Y 是独立的.

那么:

1. $X + Y$ 是一个有密度的实随机变量;

2. 定义为

$$\forall x \in \mathbb{R},\ h(x) = \int_{\mathbb{R}} f(t) g(x - t)\,\mathrm{d}t$$

的函数 h 在 $\mathbb{R}$ 上几乎处处有定义、恒正、Lebesgue 可积且 $\int_{\mathbb{R}} h = 1$;

3. 通过在没有定义的点处赋予任意正值延拓到 $\mathbb{R}$ 上之后的函数 h 是 $X + Y$ 的一个密度.

函数 h 称为 f 和 g 的卷积, 记为 $f \star g$.

注:

- 这个定理的叙述中有一点问题, 因为我们还没有定义过什么是可测函数, 以及什么叫 "Lebesgue 可积". 这些你们以后会学到的.

- 在这个定理中需要记住的是, 在一个比除有限个点外连续的函数更普遍的框架中, 当 X 和 Y 独立时 $f \star g$ 总是 $X + Y$ 的一个密度.

- 直观地说, 这对应于离散卷积的 "连续" 版本. 事实上, 我们已经看到, 如果 X 和 Y 是离散的(例如取值在 $\mathbb{N}$ 中)且独立的, 那么对任意 $N \in \mathbb{N}$,

$$P(\{X+Y=n\}) = \sum_{k=0}^{n} P(\{X = k\} \cap \{Y = n-k\}) = \sum_{k=0}^{n} P(\{X = k\}) \times P(\{Y = n-k\}).$$

记 $X = \sum_{n \in \mathbb{N}} p_n \delta_n$ 和 $Y = \sum_{n \in \mathbb{N}} q_n \delta_n$, 那么有: $X + Y = \sum_{n \in \mathbb{N}} \left(\sum_{k=0}^{n} p_k q_{n-k} \right) \delta_n$. 可以看到这里有一项是与 "$f(t)g(x - t)$" 对应的.

- 另一种理解这个结果的方式是说, 对 $\mathbb{R}^2$ 的任意博雷尔集 A, 根据独立性应有

$$P(\{(X, Y) \in A\}) = \iint_A f(x) g(y)\,\mathrm{d}x\,\mathrm{d}y.$$

事实上, 在 $A = [a,b] \times [c,d]$ 的特殊情况, 我们有

$$
\begin{aligned}
P(\{(X,Y) \in [a,b] \times [c,d]\}) &= P(\{X \in [a,b]\}) \times P(\{Y \in [c,d]\}) \\
&= \left(\int_{[a,b]} f(x)\,\mathrm{d}x\right) \times \left(\int_{[c,d]} g(y)\,\mathrm{d}y\right) \\
&= \iint_{[a,b] \times [c,d]} f(x)g(y)\,\mathrm{d}x\,\mathrm{d}y.
\end{aligned}
$$

对 $z \in \mathbb{R}$, 取 $A = \{(x,y) \in \mathbb{R}^2 \mid x + y \leqslant z\}$, 那么有

$$
\begin{aligned}
P(\{X + Y \in A\}) &= \iint_A f(x)g(y)\,\mathrm{d}x\,\mathrm{d}y \\
&= \int_{-\infty}^{+\infty} \left(\int_{-\infty}^{z-x} f(x)g(y)\,\mathrm{d}y\right)\,\mathrm{d}x.
\end{aligned}
$$

在积分中令 $t = y + x$, 可得

$$
\begin{aligned}
P(\{X + Y \in A\}) &= \int_{-\infty}^{+\infty} \left(\int_{-\infty}^{z} f(x)g(t-x)\,\mathrm{d}t\right)\,\mathrm{d}x \\
&= \int_{-\infty}^{z} \left(\int_{-\infty}^{+\infty} f(x)g(t-x)\,\mathrm{d}x\right)\,\mathrm{d}t.
\end{aligned}
$$

这两个积分是可以交换顺序的, 因为 f 和 g 是正值函数. 因此, 最后得到

$$
F_{X+Y}(z) = \int_{-\infty}^{z} (f \star g)(t)\,\mathrm{d}t.
$$

这证得 $f \star g$ 确实是 $X + Y$ 的一个密度.

命题 3.5.2.2 (两个正态分布律的和) 设 X 和 Y 是两个分别服从分布律 $\mathcal{N}(\mu, \sigma)$ 和 $\mathcal{N}(\mu', \sigma')$ 的随机变量. 假设 X 和 Y 是独立的. 那么, $X + Y \hookrightarrow \mathcal{N}(\mu + \mu', \sqrt{\sigma^2 + \sigma'^2})$.

证明:

命题的证明只是纯粹的计算, 此处从略. 然而, 对于那些有疑问的人来说, 以下是证明的大致框架.

- 首先, 证明对任意 $a > 0$ 和实数 b, c,

$$
\int_{-\infty}^{+\infty} e^{-ax^2 - bx - c}\,\mathrm{d}x = e^{\frac{\Delta}{4a}}\sqrt{\frac{\pi}{a}}.
$$

事实上, 积分收敛是没有问题的, 并且对 $x \in \mathbb{R}$,

$$-ax^2 - bx - c = -a\left(\left(x + \frac{b}{2a}\right)^2 - \frac{\Delta}{4a^2}\right).$$

通过换元 $t = \sqrt{a}\left(x + \frac{b}{2a}\right)$ 可得

$$\int_{-\infty}^{+\infty} e^{-ax^2 - bx - c}\,\mathrm{d}x = \int_{-\infty}^{+\infty} e^{-a(x+\frac{b}{2a})^2} e^{\frac{\Delta}{4a}}\,\mathrm{d}x$$
$$= e^{\frac{\Delta}{4a}} \int_{\mathbb{R}} e^{-t^2} \frac{\mathrm{d}t}{\sqrt{a}}$$
$$= e^{\frac{\Delta}{4a}} \sqrt{\frac{\pi}{a}}.$$

• 设 $f : t \mapsto \dfrac{1}{\sigma\sqrt{2\pi}} \exp\left(-\dfrac{1}{2}\left(\dfrac{t-\mu}{\sigma}\right)^2\right)$ 和 $g : t \mapsto \dfrac{1}{\sigma'\sqrt{2\pi}} \exp\left(-\dfrac{1}{2}\left(\dfrac{t-\mu'}{\sigma'}\right)^2\right)$.
设 $x \in \mathbb{R}$. 容易验证, $t \longmapsto f(x-t)g(t)$ 在 $\mathbb{R}$ 上可积, 且

$$\int_{\mathbb{R}} f(x-t)g(t)\,\mathrm{d}t = \frac{1}{2\pi\sigma\sigma'} \int_{\mathbb{R}} \exp\left(-\frac{1}{2}\left(\frac{x-t-\mu}{\sigma}\right)^2 - \frac{1}{2}\left(\frac{t-\mu'}{\sigma'}\right)^2\right)\,\mathrm{d}t.$$

又因为, 对任意 $t \in \mathbb{R}$,

$$-\frac{1}{2}\left(\frac{x-t-\mu}{\sigma}\right)^2 - \frac{1}{2}\left(\frac{t-\mu'}{\sigma'}\right)^2 = -at^2 - bt - c,$$

其中, $a = \dfrac{1}{2}\left(\dfrac{1}{\sigma^2} + \dfrac{1}{\sigma'^2}\right)$, $b = -\dfrac{x-\mu}{\sigma^2} - \dfrac{\mu'}{\sigma'^2}$, $c = \dfrac{1}{2}\left(\dfrac{x-\mu}{\sigma}\right)^2 + \dfrac{1}{2}\left(\dfrac{\mu'}{\sigma'}\right)^2$.
又因为, 一方面, 我们有

$$\frac{1}{2\pi\sigma\sigma'} \times \sqrt{\frac{\pi}{a}} = \frac{1}{\sqrt{\sigma^2 + \sigma'^2}\sqrt{2\pi}}.$$

而另一方面,

$$\Delta = \left(-\frac{x-\mu}{\sigma^2} - \frac{\mu'}{\sigma'^2}\right)^2 - \frac{\sigma^2 + \sigma'^2}{\sigma^2\sigma'^2}\left(\left(\frac{x-\mu}{\sigma}\right)^2 + \left(\frac{\mu'}{\sigma'}\right)^2\right)$$
$$= \frac{1}{\sigma^2\sigma'^2}\left[\left(\frac{\sigma'}{\sigma}(x-\mu) + \frac{\sigma}{\sigma'}\mu'\right)^2 - (\sigma^2 + \sigma'^2)\left(\left(\frac{x-\mu}{\sigma}\right)^2 + \left(\frac{\mu'}{\sigma'}\right)^2\right)\right].$$

利用关系式 $(u^2 + v^2)(w^2 + z^2) = (uw - vz)^2 + (uz + vw)^2$, 我们得到

$$(\sigma^2 + \sigma'^2)\left(\left(\frac{x-\mu}{\sigma}\right)^2 + \left(\frac{\mu'}{\sigma'}\right)^2\right) = (x - \mu - \mu')^2 + \left(\frac{\sigma'}{\sigma}(x-\mu) + \frac{\sigma}{\sigma'}\mu'\right)^2.$$

通过替换以及合并同类项, 我们得到

$$\frac{\Delta}{4a} = \frac{-(x - (\mu + \mu'))^2}{4\sigma^2 \sigma'^2} \times \frac{2\sigma^2 \sigma'^2}{\sigma^2 + \sigma'^2} = \frac{-(x - (\mu + \mu'))^2}{2(\sigma^2 + \sigma'^2)}.$$

因此, 对任意实数 x,

$$(f \star g)(x) = \frac{1}{\sqrt{\sigma^2 + \sigma'^2}\sqrt{2\pi}} \exp\left(\frac{-(x - (\mu + \mu'))^2}{2(\sigma^2 + \sigma'^2)}\right)$$

$$= \frac{1}{\sqrt{\sigma^2 + \sigma'^2}\sqrt{2\pi}} \exp\left(-\frac{1}{2}\left(\frac{x - (\mu + \mu')}{\sqrt{\sigma^2 + \sigma'^2}}\right)^2\right). \qquad \boxtimes$$

推论 3.5.2.3 如果 $n \geqslant 1$, $X_1, \cdots, X_n$ 是相互独立的实随机变量, 并且对任意 $i \in [\![1, n]\!]$ 有 $X_i \hookrightarrow \mathcal{N}(\mu_i, \sigma_i)$, 那么 $S_n = \sum_{k=1}^n X_k$ 是一个服从分布律 $\mathcal{N}(\sum_{i=1}^n \mu_i, \sqrt{\sum_{i=1}^n \sigma_i^2})$ 的实随机变量.

命题 3.5.2.4 (Γ 分布律的和) 设 X 和 Y 是定义在同一个概率空间上的两个实随机变量. 假设 $X \hookrightarrow \Gamma(p, \lambda)$, $Y \hookrightarrow \Gamma(q, \lambda)$, 并且 X 和 Y 是独立的. 那么 $X + Y \hookrightarrow \Gamma(p + q, \lambda)$.

证明:

• 根据基本定理, 我们知道, X 和 Y 的密度的卷积是 $X + Y$ 的一个密度. 记 f 和 g 分别是 X 和 Y 的常用密度, 并取定 $x \in \mathbb{R}$. 那么有以下两种情况.

* 第一种情况: $x \leqslant 0$.
  此时有
  $$h(x) = \int_{-\infty}^{+\infty} f(t)g(x - t)\,\mathrm{d}t = \int_0^{+\infty} f(t)g(x - t)\,\mathrm{d}t.$$

  这是因为 f 在 $(-\infty, 0]$ 上恒为零. 另一方面, 对任意 $t \geqslant 0$, $x - t \leqslant x \leqslant 0$, 故 $g(x - t) = 0$. 所以,
  $$h(x) = \int_0^{+\infty} f(t)g(x - t)\,\mathrm{d}t = \int_0^{+\infty} 0\,\mathrm{d}t = 0.$$

* 第二种情况: $x > 0$.
  同理可证, 此时有
  $$h(x) = \int_0^{+\infty} f(t)g(x - t)\,\mathrm{d}t = \int_0^x f(t)g(x - t)\,\mathrm{d}t.$$

  这是因为对 $t \geqslant x$ 有 $x - t \leqslant 0$. 因此得到

$$h(x) = \frac{\lambda^p \lambda^q}{\Gamma(p)\Gamma(q)} e^{-\lambda x} \int_0^x t^{p-1}(x-t)^{q-1}\,\mathrm{d}t.$$

在积分中作变量替换 $t = ux$, 可得

$$h(x) = \frac{\lambda^{p+q}}{\Gamma(p)\Gamma(q)} e^{-\lambda x} x^{p+q-1} \int_0^1 u^{p-1}(1-u)^{q-1}\,\mathrm{d}u.$$

- 所以, 令 $A = \dfrac{\lambda^{p+q}}{\Gamma(p)\Gamma(q)} \times \displaystyle\int_0^1 u^{p-1}(1-u)^{q-1}\,\mathrm{d}u$, 我们有

$$\forall x \in \mathbb{R},\, h(x) = \begin{cases} Ae^{-\lambda x} x^{p+q-1}, & x > 0, \\ 0, & \text{其他.} \end{cases}$$

因为 h 是一个概率密度, 所以 $\displaystyle\int_{\mathbb{R}} h = 1$. 因此,

$$A \int_0^{+\infty} e^{-\lambda x} x^{p+q-1}\,\mathrm{d}x = 1,$$

即(通过令 $t = \lambda x$)

$$A \times \frac{1}{\lambda^{p+q}} \Gamma(p+q) = 1,\ \text{也即}\ \ A = \frac{\lambda^{p+q}}{\Gamma(p+q)}.$$

因此, 我们得到 $X + Y$ 的一个密度 h 为

$$\forall x \in \mathbb{R},\, h(x) = \begin{cases} \dfrac{\lambda^{p+q}}{\Gamma(p+q)} e^{-\lambda x} x^{p+q-1}, & x > 0, \\ 0, & \text{其他.} \end{cases}$$

这证得 $X + Y$ 服从分布律 $\Gamma(p+q, \lambda)$. $\boxtimes$

注: 事实上, 对 $p > 0$ 和 $q > 0$ 令 $B(p,q) = \displaystyle\int_0^1 u^{p-1}(1-u)^{q-1}\,\mathrm{d}u$(称为 β 函数或第一类 Euler 积分), 可以直接证明: $\forall p > 0,\ \forall q > 0,\ B(p,q) = \dfrac{\Gamma(p)\Gamma(q)}{\Gamma(p+q)}$.

推论 **3.5.2.5** 设 $n \in \mathbb{N}^\star$, $X_1, \cdots, X_n$ 是相互独立的实随机变量, 使得对任意 $i \in [\![1, n]\!]$, $X_i \hookrightarrow \Gamma(p_i, \lambda)$. 那么, $S_n = \sum_{i=1}^n X_i$ 是一个实随机变量, 服从分布律 $\Gamma(\sum_{i=1}^n p_i, \lambda)$.

推论 **3.5.2.6** 设 $n \in \mathbb{N}^\star$, $X_1, \cdots, X_n$ 是相互独立且同分布的实随机变量, 它们服从的分布律为 $\mathcal{E}(\lambda)(\lambda > 0)$. 那么, $S_n = \sum_{k=1}^n X_k$ 服从分布律 $\Gamma(n, \lambda)$.

推论 3.5.2.7 设 $n \in \mathbb{N}^\star$, $X_1, \cdots, X_n$ 是相互独立且同分布的实随机变量, 它们服从的分布律为 $\mathcal{N}(0,1)$. 那么, 随机变量 $Y = \sum_{k=1}^{n} X_k^2$ 服从分布律 $\Gamma\left(\dfrac{n}{2}, \dfrac{1}{2}\right)$.

定义 3.5.2.8 一个服从分布律 $\Gamma\left(\dfrac{n}{2}, \dfrac{1}{2}\right)(n \in \mathbb{N}^\star)$ 的实随机变量, 称为服从自由度为 n 的 χ^2(卡方)分布. 这个分布律记为 χ_n^2.

3.6 收 敛 性

3.6.1 几乎必然收敛和依概率收敛

定义 3.6.1.1 设 $(X_n)_{n \in \mathbb{N}}$ 是定义在同一个概率空间 $(\Omega, \mathcal{T}, P)$ 上的一列随机变量, X 也是定义在 $(\Omega, \mathcal{T}, P)$ 上的一个随机变量. 我们称 (X_n) 几乎必然(或几乎处处)收敛到 X, 记为 $X_n \underset{\text{a.s.}}{\longrightarrow} X$, 若

$$P(\{\omega \in \Omega \mid \lim_{n \to +\infty} X_n(\omega) = X(\omega)\}) = 1.$$

注:

- 换言之, Ω 中使得 $(X_n(\omega))$ 收敛到 $X(\omega)$ 的 ω 的集合, 是一个概率为 1 的集合.
- 这个定义意味着集合 $\{\omega \in \Omega \mid \lim_{n \to +\infty} X_n(\omega) = X(\omega)\}$ 是事件 σ 代数 $\mathcal{T}$ 的一个元素. 这是正确的, 因为 X 和那些 X_n 都是随机变量(困难且可选做的练习: 证明这一点).
- 等价地, $X_n \underset{\text{a.s.}}{\longrightarrow} X$ 若存在概率为零的集合 A 使得

$$\forall \omega \in \overline{A}, \quad \lim_{n \to +\infty} X_n(\omega) = X(\omega).$$

例 3.6.1.2 在 $[0,1]$ 上配备均匀分布律, 并考虑一列随机变量 (X_n) 定义为

$$\forall n \in \mathbb{N}, \forall t \in [0,1], \, X_n(t) = t^n.$$

那么, (X_n) 几乎必然收敛于取值恒为零的随机变量. 为什么?

习题 3.6.1.3 考虑上一例中的随机变量序列 $(X_n)_{n \in \mathbb{N}}$, 但在 $[0,1]$ 上配备分布律 δ_1.

1. 证明 (X_n) 几乎必然收敛于取值恒为 1 的随机变量.

2. 从这个习题中可以得出什么结论?

命题 3.6.1.4 如果一列随机变量 (X_n) 几乎处处收敛, 那么它的极限是几乎必然唯一的. 换言之, 如果 $X_n \xrightarrow[\text{a.s.}]{} X$ 且 $X_n \xrightarrow[\text{a.s.}]{} Y$, 那么 $X = Y$ 是几乎必然成立的, 即

$$P(\{\omega \in \Omega \mid X(\omega) = Y(\omega)\}) = 1.$$

证明:

考虑定义如下的集合 A 和 B(我们不加证明地承认这两个集合都是 $\mathcal{T}$ 中的元素):

$$A = \{\omega \in \Omega \mid \lim_{n \to +\infty} X_n(\omega) = X(\omega)\},$$
$$B = \{\omega \in \Omega \mid \lim_{n \to +\infty} X_n(\omega) = Y(\omega)\}.$$

根据几乎必然收敛的定义, $P(A) = P(B) = 1$. 又因为,

- 对任意 $\omega \in A \cap B$, 都有 $X(\omega) = Y(\omega)$(实数列的极限的唯一性), 因此 $A \cap B \subset \{\omega \in \Omega \mid X(\omega) = Y(\omega)\}$;
- $P(A \cap B) = 1$, 因为

$$P(A \cap B) = P(A) + P(B) - P(A \cup B) = 2 - P(A \cup B) \geqslant 1.$$

因此, $1 = P(A \cap B) \leqslant P(\{\omega \in \Omega \mid X(\omega) = Y(\omega)\}) \leqslant 1.$ ⊠

定义 3.6.1.5 设 $(X_n)_{n \in \mathbb{N}}$ 是定义在同一个概率空间 $(\Omega, \mathcal{T}, P)$ 上的一列实随机变量, X 也是定义在 $(\Omega, \mathcal{T}, P)$ 上的一个实随机变量. 我们称 (X_n) 依概率收敛于 X, 若

$$\forall \varepsilon > 0, \quad \lim_{n \to +\infty} P(\{|X_n - X| \geqslant \varepsilon\}) = 0.$$

记为 $X_n \xrightarrow[P]{} X$.

例 3.6.1.6 回到 $X_n(t) = t^n$ 的例子. 对任意 $\varepsilon \in (0, 1)$ 和任意自然数 $n \geqslant 1$,

$$P(\{|X_n| \geqslant \varepsilon\}) = P(\{t \in [0, 1] \mid t^n \geqslant \varepsilon\}) = P\left(\left[\varepsilon^{\frac{1}{n}}, 1\right]\right) = 1 - \varepsilon^{\frac{1}{n}}.$$

又因为 $\lim_{n \to +\infty} \varepsilon^{\frac{1}{n}} = 1$, 所以, $\lim_{n \to +\infty} P(\{|X_n| \geqslant \varepsilon\}) = 0$. 即序列 (X_n) 依概率收敛于 0.

注：事实上, 这是一个我们稍后会看到的一般性质：几乎必然收敛可以推出依概率收敛.

习题 3.6.1.7 设 $(X_n)_{n \geqslant 1}$ 是一列实随机变量, 满足：$\forall n \in \mathbb{N}^*$, $X_n \hookrightarrow \mathcal{E}(n)$. 证明 $X_n \xrightarrow{P} 0$.

习题 3.6.1.8 设 $(X_n)_{n \geqslant 1}$ 是一列实随机变量, 满足

$$\forall n \in \mathbb{N}^*, \ X_n \hookrightarrow \mathcal{N}\left(0, \frac{1}{n}\right).$$

证明 $X_n \xrightarrow{P} 0$.

注：在这些例子中, 重要的是要记住, 对于依概率收敛的概念, 不需要知道随机变量的显式表达式. 知道 X_n 和 X 的概率分布律就足以判断是否依概率收敛. 因此, 这是一种比几乎必然收敛"弱一些"的收敛.

例 3.6.1.9 设 (X_n) 是一列服从参数为 p 的 Bernoulli 分布律且独立的随机变量. 那么, 定义为：$\forall n \geqslant 1$, $S_n = \dfrac{1}{n} \sum\limits_{k=1}^{n} X_k$ 的随机变量序列 (S_n) 依概率收敛于取值为 p 的常值随机变量.

事实上, 设 $n \geqslant 1$, 那么有：$E(S_n) = \dfrac{1}{n} \sum\limits_{k=1}^{n} E(X_k) = \dfrac{1}{n} \times np = p$, 并且由于 (X_n) 是一列独立的实随机变量, 我们有

$$V(S_n) = \frac{1}{n^2} V\left(\sum_{k=1}^{n} X_k\right) = \frac{1}{n^2} \times np(1-p).$$

根据 Markov 不等式, 对任意 $\varepsilon > 0$, 有 $P(\{|S_n - p| \geqslant \varepsilon\}) \leqslant \dfrac{V(S_n)}{\varepsilon^2}$, 即

$$P(\{|S_n - p| \geqslant \varepsilon\}) \leqslant \frac{p(1-p)}{n\varepsilon^2}.$$

从而得到 $\lim\limits_{n \to +\infty} P(\{|S_n - p| \geqslant \varepsilon\}) = 0$.

注：这个结果是稍后会学到的弱大数定律的一种特殊情况.

定理 3.6.1.10 如果实随机变量序列 (X_n) 依概率收敛, 那么其极限是几乎必然唯一的. 换言之, 如果 $X_n \xrightarrow{P} X$ 且 $X_n \xrightarrow{P} Y$, 那么 $P(\{X = Y\}) = 1$.

证明：

证明分为两步：

(i) 首先, 证明对任意 $\varepsilon > 0$, $P(\{|X - Y| \geqslant \varepsilon\}) = 0$；

(ii) 其次, 注意到 $\{X \neq Y\} = \bigcup\limits_{n \geqslant 1} \left\{|X - Y| > \dfrac{1}{n}\right\}$, 我们对该事件序列应用单调极限定理.

- 证明 (i). 设 $\varepsilon > 0$. 那么对任意 $n \in \mathbb{N}$,
$$\{|X - Y| \geqslant \varepsilon\} \subset \left\{|X - X_n| \geqslant \frac{\varepsilon}{2}\right\} \cup \left\{|Y - X_n| \geqslant \frac{\varepsilon}{2}\right\}.$$
因此,
$$P(\{|X - Y| \geqslant \varepsilon\}) \leqslant P\left(\left\{|X - X_n| \geqslant \frac{\varepsilon}{2}\right\}\right) + P\left(\left\{|Y - X_n| \geqslant \frac{\varepsilon}{2}\right\}\right).$$
对 n 趋于 $+\infty$ 取极限(可以取极限, 因为根据假设, (X_n) 依概率收敛于 X 和 Y), 我们得到 $P(\{|X - Y| \geqslant \varepsilon\}) = 0$.

- 注意到 $\{X \neq Y\} = \bigcup_{n \geqslant 1} \left\{|X - Y| > \frac{1}{n}\right\}$. 事实上,
  * 包含关系 $\bigcup_{n \geqslant 1} \left\{|X - Y| > \frac{1}{n}\right\} \subset \{X \neq Y\}$ 是显然的;
  * 反过来, 若 $\omega \in \{X \neq Y\}$ 即 $X(\omega) \neq Y(\omega)$, 则令
  $$n_0 = E\left(\frac{1}{|X(\omega) - Y(\omega)|}\right) + 1,$$
  我们有 $|X(\omega) - Y(\omega)| > \frac{1}{n_0}$, 即
  $$\omega \in \left\{\omega \in \Omega \,\middle|\, |X(\omega) - Y(\omega)| > \frac{1}{n_0}\right\} \subset \bigcup_{n \geqslant 1} \left\{|X - Y| > \frac{1}{n}\right\}.$$

- 对任意 $n \in \mathbb{N}^\star$, 令 $A_n = \left\{\omega \in \Omega \,\middle|\, |X(\omega) - Y(\omega)| > \frac{1}{n}\right\}$. 序列 (A_n) 是递增的事件序列, 并且由 (i) 知, 对任意 n, $P(A_n) = 0$. 根据单调极限定理, 得到
$$P(\{X \neq Y\}) = P\left(\bigcup_{n \geqslant 1} A_n\right) = \lim_{n \to +\infty} P(A_n) = 0. \qquad \boxtimes$$

定理 3.6.1.11　几乎必然收敛和依概率收敛与线性组合和乘法是相容的. 换言之, 如果 $X_n \xrightarrow[\text{a.s.}]{} X$ 且 $Y_n \xrightarrow[\text{a.s.}]{} Y$ (或 $X_n \xrightarrow[P]{} X$ 且 $Y_n \xrightarrow[P]{} Y$), 那么,

(i) $\forall (\lambda, \mu) \in \mathbb{R}^2$, $(\lambda X_n + \mu Y_n) \xrightarrow[\text{a.s.}]{} \lambda X + \mu Y$ (或 $(\lambda X_n + \mu Y_n) \xrightarrow[P]{} \lambda X + \mu Y$).

(ii) $(X_n Y_n) \xrightarrow[\text{a.s.}]{} XY$ (或 $(X_n Y_n) \xrightarrow[P]{} XY$).

习题 3.6.1.12　对几乎必然收敛证明上述定理, 并对依概率收敛证明性质 (i).

习题 3.6.1.13 (比较困难且可选做的)　我们想在依概率收敛的情况下证明 $(X_n Y_n)$ 依概率收敛到 XY. 取定 $\varepsilon > 0$.

1. 证明 $\{|X_nY_n - XY| \geqslant 2\varepsilon\} \subset \{|X_n| \times |Y_n - Y| \geqslant \varepsilon\} \cup \{|Y| \times |X_n - X| \geqslant \varepsilon\}$, 并导出

$$P(\{|X_nY_n - XY| \geqslant 2\varepsilon\}) \leqslant P(\{|X_n| \times |Y_n - Y| \geqslant \varepsilon\}) + P(\{|Y| \times |X_n - X| \geqslant \varepsilon\}).$$

2. 从上面的方法中得到启发, 证明

$$\forall N \in \mathbb{N}^\star, \forall n \in \mathbb{N}, P(\{|X_n| \geqslant N\}) \leqslant P\left(\left\{|X_n - X| \geqslant \frac{N}{2}\right\}\right) + P\left(\left\{|X| \geqslant \frac{N}{2}\right\}\right).$$

3. 对任意 $N \geqslant 1$ 和任意 $n \in \mathbb{N}$, 令 $X_n' = X_n - X$, $Y_n' = Y_n - Y$, 导出

$$P(\{|X_nY_n - XY| \geqslant 2\varepsilon\}) \leqslant P\left(\left\{|X_n'| \geqslant \frac{N}{2}\right\}\right) + P\left(\left\{|X| \geqslant \frac{N}{2}\right\}\right)$$
$$+ P\left(\left\{|Y_n'| \geqslant \frac{\varepsilon}{N}\right\}\right) + P(\{|Y| \geqslant N\}) + P\left(\left\{|X_n'| \geqslant \frac{\varepsilon}{N}\right\}\right).$$

4. 证明 $\lim\limits_{N \to +\infty} P\left(\left\{|X| \geqslant \dfrac{N}{2}\right\}\right) = \lim\limits_{N \to +\infty} P(\{|Y| \geqslant N\}) = 0$.

5. 给出结论.

3.6.2 大数定律

定理 3.6.2.1(弱大数定律-特殊情况) 设 (X_n) 是一列独立的实随机变量, 有相同的期望 $m \in \mathbb{R}$ 和方差 σ^2. 那么, 对 $n \geqslant 1$ 定义为 $S_n = \dfrac{1}{n} \sum\limits_{k=1}^{n} X_k$ 的序列 (S_n) 依概率收敛到取值为 m 的常值随机变量.

事实上, 这个定理有一个更一般的版本.

定理 3.6.2.2(弱大数定律) 设 (X_n) 是一列独立的随机变量, 它们都是中心的（即期望为零）且各自的方差为 $V(X_n) = \sigma_n^2$. 对 $n \geqslant 1$, 令 $S_n = \dfrac{1}{n} \sum\limits_{k=1}^{n} X_k$.

假设 $\lim\limits_{n \to +\infty} \dfrac{1}{n^2} \sum\limits_{k=1}^{n} \sigma_k^2 = 0$. 那么,

(i) $\lim\limits_{n \to +\infty} E(S_n^2) = 0$ (我们称 S_n 在 L^2 中收敛到 0);

(ii) 因此, S_n 依概率收敛于 0.

推论 **3.6.2.3**　设 (X_n) 是一列独立的实随机变量. 假设:

(i) 对任意自然数 $n \geqslant 1$, X_n 有数学期望 $E(X_n) = m_n$ 和方差 $V(X_n) = \sigma_n^2$;

(ii) $\displaystyle \lim_{n \to +\infty} \frac{1}{n} \sum_{k=1}^{n} m_k = m \in \mathbb{R}$;

(iii) $\displaystyle \lim_{n \to +\infty} \frac{1}{n^2} \sum_{k=1}^{n} \sigma_k^2 = 0$.

那么,

1. S_n 在 L^2 中收敛到 m, 即 $\displaystyle \lim_{n \to +\infty} E((S_n - m)^2) = 0$;

2. 因此, $S_n \xrightarrow[P]{} m$.

注:

- 弱大数定律有很多版本: 各个版本依赖于不同的假设. 在这里, 我们每次考虑的都是有数学期望和方差的实随机变量.
- 它被称为弱大数定律, 因为序列 (S_n) 依概率收敛. 如果 (S_n) 几乎必然收敛, 那么我们称之为强大数定律.

习题 3.6.2.4　在不进行计算的情况下, 直接证明: 一列服从参数为 p 的 Bernoulli 分布律的独立的随机变量, 依概率收敛到取值为 p 的常值随机变量.

第一个定理的证明:

> 这是第二个定理的推论的直接结果. 事实上,
>
> (i) 根据假设, 对 $n \geqslant 1$, $E(X_n) = m = m_n$ 且 $V(X_n) = \sigma^2 = \sigma_n^2$;
>
> (ii) 对 $n \geqslant 1$, $\displaystyle \frac{1}{n} \sum_{k=1}^{n} m_k = m$, 故 $\displaystyle \lim_{n \to +\infty} \frac{1}{n} \sum_{k=1}^{n} m_k = m$;
>
> (iii) 对 $n \geqslant 1$, $\displaystyle \frac{1}{n^2} \sum_{k=1}^{n} \sigma_k^2 = \frac{\sigma^2}{n}$, 故 $\displaystyle \lim_{n \to +\infty} \frac{1}{n^2} \sum_{k=1}^{n} \sigma_k^2 = 0$. $\boxtimes$

弱大数定律的证明:

> - 首先, 设 $n \geqslant 1$. 对任意 $k \in [\![1, n]\!]$, $E(X_k) = 0$ (这些实随机变量都是中心的)且 X_k 有方差 σ_k^2, 故 X_k 有 2 阶矩且 $E(X_k^2) = V(X_k) = \sigma_k^2$.
>
>   另一方面, 这些实随机变量 X_k 是独立的且有方差的, 因此有

$$V\left(\frac{1}{n}\sum_{k=1}^{n}X_k\right)=\frac{1}{n^2}\sum_{k=1}^{n}V(X_k)=\frac{1}{n^2}\sum_{k=1}^{n}\sigma_k^2.$$

最后, 由数学期望的线性性可得, $E(S_n)=\frac{1}{n}\sum_{k=1}^{n}E(X_k)=0.$ 从而有

$$E(S_n^2)=V(S_n)=\frac{1}{n^2}\sum_{k=1}^{n}\sigma_k^2.$$

根据定理的假设, 我们有 $\lim\limits_{n\to+\infty}\frac{1}{n^2}\sum_{k=1}^{n}\sigma_k^2=0,$ 即 $\lim\limits_{n\to+\infty}E(S_n^2)=0.$

• 设 $n\geqslant 1, \varepsilon>0.$ 对 S_n 应用 Tchebychev 不等式(适用, 因为我们刚刚证得 S_n 有 2 阶矩), 我们有

$$P(\{|S_n-E(S_n)|\geqslant\varepsilon\})\leqslant\frac{V(S_n)}{\varepsilon^2}.$$

又因为, 我们刚才证得 $V(S_n)=E(S_n^2)$ 和 $E(S_n)=0.$ 所以,

$$P(\{|S_n|\geqslant\varepsilon\})\leqslant\frac{E(S_n^2)}{\varepsilon^2}.$$

并且, 我们证得 $\lim\limits_{n\to+\infty}E(S_n^2)=0,$ 因此由两边夹定理可得

$$\lim\limits_{n\to+\infty}P(\{|S_n|\geqslant\varepsilon\})=0.$$

这证得 $S_n\xrightarrow[P]{}0,$ 定理得证. $\boxtimes$

推论的证明:

对 $n\geqslant 1,$ 令 $X_n'=X_n-m_n$ 和 $S_n'=\frac{1}{n}\sum_{k=1}^{n}X_k'.$

那么有

(i) (X_n') 是一列独立的随机变量;

(ii) 对任意自然数 $n\geqslant 1,$ X_n' 有数学期望, 且 $E(X_n')=E(X_n)-m_n=0,$ 故 X_n' 是中心的;

(iii) 对任意自然数 $n\geqslant 1,$ $\sigma_n'^2=V(X_n')=V(X_n)=\sigma_n^2,$ 因此由假设知, $\lim\limits_{n\to+\infty}\frac{1}{n^2}\sum_{k=1}^{n}V(X_k')=0.$

根据上述定理, S_n' 在 L^2 中收敛到 0 (因此也依概率收敛). 又因为, 对 $n\geqslant 1,$

$$S_n'=S_n-\frac{1}{n}\sum_{k=1}^{n}m_k\quad\text{且}\quad E(S_n)=\frac{1}{n}\sum_{k=1}^{n}E(X_k)=\frac{1}{n}\sum_{k=1}^{n}m_k.$$

那么, 我们有

$$
\begin{aligned}
E((S_n - m)^2) &= E(S_n'^2) + 2\left(\frac{1}{n}\sum_{k=1}^n m_k - m\right)E(S_n') + \left(\frac{1}{n}\sum_{k=1}^n m_k - m\right)^2 \\
&= E(S_n'^2) + \left(m - \frac{1}{n}\sum_{k=1}^n m_k\right)^2.
\end{aligned}
$$

又因为 $\lim\limits_{n\to+\infty} E(S_n'^2) = 0$ 且 $\lim\limits_{n\to+\infty}\left(m - \frac{1}{n}\sum_{k=1}^n m_k\right) = 0$, 结论得证.　　$\boxtimes$

3.6.3　依分布收敛

定义 3.6.3.1　设 (X_n) 是一列实随机变量, X 是一个实随机变量, 它们都定义在同一个概率空间上. 对 $n \geqslant 1$, 设 F_n 是 X_n 的分布函数. 设 F 是 X 的分布函数. 我们称 (X_n) 依分布收敛于 X, 若对 F 的任意连续点 x, 都有

$$
\lim_{n\to+\infty} F_n(x) = F(x).
$$

此时记 $X_n \xrightarrow[W]{} X$.

例 3.6.3.2　考虑之前的例子: 在 $[0,1]$ 上配备均匀分布律, 并对 $t \in [0,1]$ 和 $n \in \mathbb{N}$, 定义 $X_n(t) = t^n$. 那么, 对任意自然数 n 和任意实数 x,

$$
F_n(x) = \begin{cases} 0, & x < 0, \\ x^{\frac{1}{n}}, & x \in [0,1], \\ 1, & x > 1. \end{cases}
$$

从而可以导出

$$
\lim_{n\to+\infty} F_n(x) = \begin{cases} 0, & x \leqslant 0, \\ 1, & x > 0. \end{cases}
$$

另一方面, 零随机变量的分布函数为: $F(x) = \begin{cases} 0, & x < 0, \\ 1, & x \geqslant 0. \end{cases}$　因此, F 的唯一不连续点是 0, 并且对 $x \neq 0$, 我们有: $\lim\limits_{n\to+\infty} F_n(x) = F(x)$. 所以, (X_n) 依分布收敛于零随机变量.

例 3.6.3.3　设 (X_n) 是一列随机变量, 都服从分布律 $\mathcal{E}(n)$. 我们已经知道, (X_n) 依概率收敛于零随机变量. 对 $n \geqslant 1$, 记 F_n 为 X_n 的分布函数, 我们有

$$
\forall x \in \mathbb{R}, F_n(x) = \begin{cases} 0, & x < 0, \\ 1 - e^{-nx}, & x \geqslant 0. \end{cases}
$$

容易验证, $\lim\limits_{n\to+\infty} F_n(x) = \begin{cases} 0, & x \leqslant 0, \\ 1, & x > 0. \end{cases}$ 所以, 对任意 $x \neq 0$, $\lim\limits_{n\to+\infty} F_n(x) = F(x)$, 其中 F 是零随机变量的分布函数. 因此, (X_n) 依分布收敛于 0.

<u>注:</u> 稍后我们会看到, 依概率收敛可以推出依分布收敛, 这是个一般性质.

习题 3.6.3.4 对 $n \geqslant 1$, X_n 是在 $\left\{ \dfrac{k}{n} \mid k \in [\![1,n]\!] \right\}$ 上等分布的离散型随机变量, 即对任意 $k \in [\![1,n]\!]$, $P\left(\left\{ X_n = \dfrac{k}{n} \right\} \right) = \dfrac{1}{n}$. 对 $n \in \mathbb{N}^*$, 记 F_n 为 X_n 的分布函数.

    1. 对任意实数 x 和任意自然数 $n \geqslant 1$, 确定函数 $F_n(x)$ 的表达式.

    2. 导出 (X_n) 依分布收敛于一个服从常用的分布律的随机变量, 并确定该常用分布律.

例 3.6.3.5 设 $(X_n)_{n\geqslant 1}$ 是一列独立且同分布的实随机变量, 它们都服从分布律 $\mathcal{U}([0,1])$. 对 $n \geqslant 1$, 令
$$M_n = \max_{1 \leqslant k \leqslant n} X_k.$$
证明 (M_n) 依分布收敛于取值为 1 的常值随机变量.

    • 对 $k \in \mathbb{N}^*$, X_k 的分布函数为
$$\forall x \in \mathbb{R}, \; F(x) = \begin{cases} 0, & x < 0, \\ x, & x \in [0,1], \\ 1, & x > 1. \end{cases}$$

    • 设 $x \in \mathbb{R}$. 对 $n \geqslant 1$, 记 F_n 为 M_n 的分布函数. 那么有
$$F_n(x) = P(\{M_n \leqslant x\}) = P\left(\bigcap_{k=1}^n \{X_k \leqslant x\} \right) = \prod_{k=1}^n P(\{X_k \leqslant x\}) = F(x)^n.$$

    • 直接计算可得, F_n 在 $\mathbb{R}$ 上简单收敛到在 $(-\infty, 1)$ 上恒为零且在 $[0, +\infty)$ 上恒为 1 的函数 G, 即取值为 1 的常值随机变量的分布函数.

⚠ **注意:** 依分布收敛与常用的运算是不相容的. 可以有 $X_n \xrightarrow{W} X$ 且 $Y_n \xrightarrow{W} Y$, 但是序列 $(X_n + Y_n)$ 不依分布收敛于 $X + Y$ 的情况. 例如, 如果 X_n 和 X 都服从参数为 $\dfrac{1}{2}$ 的 Bernoulli 分布律, 且 $Y_n = 1 - X_n$, 那么 Y_n 也服从参数为 $\dfrac{1}{2}$ 的 Bernoulli 分布律. 我们有: $X_n \xrightarrow{W} X$ 且 $Y_n \xrightarrow{W} X$, 但是 $(X_n + Y_n) = (1)$ 不依分布收敛于 $2X$, 因为
$$F_{X_n+Y_n}(x) = \begin{cases} 0, & x < 1, \\ 1, & x \geqslant 1. \end{cases} \quad \text{但是,} \quad F_{2X}(x) = \begin{cases} 0, & x < 0, \\ \dfrac{1}{2}, & x \in [0, 2), \\ 1, & x \geqslant 2. \end{cases}$$

3.6.4 不同收敛模式的比较

定理 3.6.4.1 设 (X_n) 是一列实随机变量, X 是一个实随机变量, 它们都定义在同一个概率空间上. 那么,

$$(X_n \xrightarrow[\text{a.s.}]{} X) \quad \Longrightarrow \quad (X_n \xrightarrow[P]{} X) \quad \Longrightarrow \quad (X_n \xrightarrow[W]{} X).$$

上述每个逆命题都是错误的.

证明:

- 证明几乎必然收敛可以推出依概率收敛.

假设 $X_n \xrightarrow[\text{a.s.}]{} X$. 那么 $A = \{\omega \in \Omega \mid \lim\limits_{n \to +\infty} X_n(\omega) = X(\omega)\}$ 是一个概率为 1 的集合.

设 $\varepsilon > 0$. 对 $n \in \mathbb{N}$, 定义集合

$$A_n = \{\omega \in \Omega \mid |X_n(\omega) - X(\omega)| < \varepsilon\} \quad \text{和} \quad B_n = \bigcap_{k \geqslant n} A_k.$$

根据(实数列)收敛的定义, 我们有

$$A \subset \bigcup_{n \in \mathbb{N}} \bigcap_{k \geqslant n} A_k = \bigcup_{n \in \mathbb{N}} B_n.$$

因此, $1 = P(A) \leqslant P(\bigcup_{n \in \mathbb{N}} B_n)$, 故 $P(\bigcup_{n \in \mathbb{N}} B_n) = 1$. 并且, $(B_n)_{n \in \mathbb{N}}$ 是一个递增的事件序列, 从而根据单调极限定理, 我们有

$$\lim_{n \to +\infty} P(B_n) = P\left(\bigcup_{n \in \mathbb{N}} B_n\right) = 1.$$

最后, 对 $n \in \mathbb{N}$, $B_n \subset A_n$, 所以 $P(B_n) \leqslant P(A_n)$. 因此, $\lim\limits_{n \to +\infty} P(A_n) = 1$, 故 $\lim\limits_{n \to +\infty} P(\overline{A_n}) = 0$, 这证得 (X_n) 依概率收敛到 X.

- 证明依概率收敛可以推出依分布收敛.

对 $n \in \mathbb{N}$, 记 F_n 为 X_n 的分布函数. 记 F 为 X 的分布函数.

设 x 是 F 的一个连续点. 要证明 $\lim\limits_{n \to +\infty} F_n(x) = F(x)$.

设 $\varepsilon > 0$. 由 F 在 x 处连续知, 存在 $\alpha > 0$ 使得, 对任意 $t \in [x - \alpha, x + \alpha]$, $|F(t) - F(x)| \leqslant \varepsilon$. 那么, 对任意 $n \in \mathbb{N}$,

$$\{X_n \leqslant x\} \subset \{|X_n - X| > \alpha\} \cup \{X \leqslant x + \alpha\}.$$

事实上, 如果 $\omega \in \{X_n \leqslant x\}$, 那么有两种情况.

* 第一种情况: $|X_n(\omega) - X(\omega)| > \alpha$.

  此时有 $\omega \in \{|X_n - X| > \alpha\} \subset \{|X_n - X| > \alpha\} \cup \{X \leqslant x + \alpha\}$;

* 第二种情况: $|X_n(\omega) - X(\omega)| \leqslant \alpha$.

  此时有 $X(\omega) \leqslant X_n(\omega) + (X(\omega) - X_n(\omega)) \leqslant x + \alpha$, 因此有

$$\omega \in \{X \leqslant x + \alpha\} \subset \{|X_n - X| > \alpha\} \cup \{X \leqslant x + \alpha\}.$$

所以, 由概率测度的递增性, 有

$$F_n(x) \leqslant F(x + \alpha) + P(\{|X_n - X| > \alpha\}).$$

同理可证

$$\{X \leqslant x - \alpha\} \subset \{|X_n - X| > \alpha\} \cup \{X_n \leqslant x\}.$$

从而有

$$F(x - \alpha) \leqslant F_n(x) + P(\{|X_n - X| > \alpha\}).$$

因此, 对任意 $n \in \mathbb{N}$,

$$F(x - \alpha) - F(x) - P(\{|X_n - X| > \alpha\}) \leqslant F_n(x) - F(x),$$

且

$$F_n(x) - F(x) \leqslant F(x + \alpha) - F(x) + P(\{|X_n - X| > \alpha\}).$$

再考虑到 α 的定义, 有

$\forall n \in \mathbb{N}, \ -\varepsilon - P(\{|X_n - X| > \alpha\}) \leqslant F_n(x) - F(x) \leqslant \varepsilon + P(\{|X_n - X| > \alpha\})$.

又因为 (X_n) 依概率收敛到 X. 由定义知,

$$\lim_{n \to +\infty} P(\{|X_n - X| > \alpha\}) = 0.$$

所以存在一个自然数 n_0 使得

$$\forall n \geqslant n_0, \ 0 \leqslant P(\{|X_n - X| > \alpha\}) \leqslant \varepsilon.$$

那么有

$$\forall n \geqslant n_0, \ -2\varepsilon \leqslant F_n(x) - F(x) \leqslant 2\varepsilon.$$

这证得 $\lim_{n \to +\infty} F_n(x) = F(x)$, 即 (X_n) 依分布收敛于 X. $\boxtimes$

对于逆命题的反例, 可以考虑:

* 实随机变量序列依概率收敛但不是几乎必然收敛的例子

  在 $[0,1]$ 上配备均匀分布律 P. 对 $n \geqslant 2$, 存在唯一的整数 $p \geqslant 1$ 和唯一的整数 $k \in [0, 2^p)$ 使得 $n = 2^p + k$. 定义 X_n 如下:

$$X_n(x) = \begin{cases} 1, & x \in \left[\dfrac{k}{2^p}, \dfrac{k+1}{2^p}\right], \\ 0, & \text{其他}. \end{cases}$$

换言之, $X_n = \chi_{\left[\frac{k}{2^p}, \frac{k+1}{2^p}\right]}$ (区间 $\left[\dfrac{k}{2^p}, \dfrac{k+1}{2^p}\right]$ 的特征函数).

那么, 对任意 $\varepsilon \in (0, 1]$ 和任意自然数 n, 我们有 $P(\{|X_n| \geqslant \varepsilon\}) \leqslant \dfrac{1}{2^{E(\log_2(n))}}$, 因此 $\lim\limits_{n \to +\infty} P(\{|X_n| \geqslant \varepsilon\}) = 0$, 即 (X_n) 依概率收敛到零随机变量.

然而, (X_n) 不是几乎必然收敛到 0 的, 因为对任意 $x \in [0, 1]$, $(X_n(x))$ 是发散的.

- **实随机变量序列依分布收敛但不依概率收敛的例子**

  设 X 是一个服从参数为 $\dfrac{1}{2}$ 的 Bernoulli 分布律的随机变量, $Y = 1 - X$. 那么 Y 也服从参数为 $\dfrac{1}{2}$ 的 Bernoulli 分布律. 考虑常序列 $(X_n) = (Y)$. 那么 (X_n) 依分布收敛到 X (因为 $X_n = Y$ 和 X 服从相同的分布律), 但是 $|X_n - X| = |Y - X| = 1$, 因此对 $\varepsilon \in (0, 1]$, $P(\{|X_n - X| \geqslant \varepsilon\}) = 1$. 这证得 (X_n) 不是依概率收敛到 X 的.

▶ **记住：**

关于收敛性, 最重要的几点如下：

1. 依概率收敛和依分布收敛的定义;

2. 依分布收敛与常用的运算不相容;

3. 几乎必然收敛可以推出依概率收敛(反之不然);

4. 依概率收敛可以推出依分布收敛(反之不然);

5. 弱大数定律;

6. 中心极限定理(见 3.6.5 小节).

3.6.5　中心极限定理

下面的定理在概率理论中是非常重要的. 我们不加证明地给出这个定理, 因为证明需要用到远远超出你们现有知识的工具.

定理 3.6.5.1 (中心极限定理)　设 (X_n) 是一列定义在同一个概率空间、独立同分布且有方差的随机变量. 记 $\mu = E(X_n)$, σ 为 X_n 的标准差(因此它们都是常数). 对 $n \geqslant 1$, 令

$$S_n = \sum_{k=1}^n X_k \quad \text{和} \quad S_n^\star = \frac{S_n - n\mu}{\sigma\sqrt{n}}.$$

那么, 序列 $(S_n^\star)_{n \geqslant 1}$ 依分布收敛于一个服从标准化正态分布律的随机变量. 换言之, 对任意 $a < b$, $\lim\limits_{n \to +\infty} P(a < S_n^\star \leqslant b) = \dfrac{1}{\sqrt{2\pi}} \displaystyle\int_a^b e^{-x^2/2}\, \mathrm{d}x$.

推论 3.6.5.2(Moivre-Laplace (棣莫弗-拉普拉斯)定理) 设 (X_n) 是一列独立同分布的实随机变量, 它们都服从分布律 $\mathcal{B}(p)$(即参数为 p 的 Bernoulli 分布律). 那么, 对 $n \geqslant 1$ 定义为 $S_n^\star = \dfrac{\sum_{k=1}^{n} X_k - np}{\sqrt{npq}}$ 的序列依分布收敛于一个服从标准化正态分布律 $\mathcal{N}(0,1)$ 的随机变量.

3.6.6 离散型随机变量的近似

定理 3.6.6.1 设 $(X_n)_{n\in\mathbb{N}}$ 是一列取值在 $\mathbb{N}$(或 $\mathbb{Z}$)中的离散的实随机变量, X 是一个取值在 $\mathbb{N}$(或 $\mathbb{Z}$)中的实随机变量, 它们都定义在同一个概率空间上. 那么, 以下叙述相互等价:

(i) $X_n \xrightarrow[W]{} X$;

(ii) $\forall k \in \mathbb{N}, \ \lim\limits_{n\to+\infty} P(\{X_n = k\}) = P(\{X = k\})$

$\quad$ (或 $\forall k \in \mathbb{Z}, \ \lim\limits_{n\to+\infty} P(\{X_n = k\}) = P(\{X = k\})$).

证明:

我们证明随机变量取值在 $\mathbb{Z}$ 中的情况. 对 $n \in \mathbb{N}$, 记 F_n 为 X_n 的分布函数, 记 F 为 X 的分布函数.

● 证明 (i) $\Longrightarrow$ (ii).

事实上, 这部分是显然的. 假设 X_n 依分布收敛于 X. 设 $k \in \mathbb{Z}$. 那么 $k - \dfrac{1}{2}$ 和 $k + \dfrac{1}{2}$ 不是整数, 因此, F 在这些点处连续. 从而有

$$\lim_{n\to+\infty} F_n\left(k + \frac{1}{2}\right) = F\left(k + \frac{1}{2}\right) \quad \text{和} \quad \lim_{n\to+\infty} F_n\left(k - \frac{1}{2}\right) = F\left(k - \frac{1}{2}\right).$$

所以,

$$\lim_{n\to+\infty} \left(F_n\left(k + \frac{1}{2}\right) - F_n\left(k - \frac{1}{2}\right)\right) = F\left(k + \frac{1}{2}\right) - F\left(k - \frac{1}{2}\right),$$

故 $\lim\limits_{n\to+\infty} P(\{X_n = k\}) = P(\{X = k\})$, 这证得 (ii).

● 下面证明逆命题.

假设 (ii) 成立.

对 $k \in \mathbb{Z}$ 和 $n \in \mathbb{N}$, 记 $P(\{X_n = k\}) = p_{n,k}$ 和 $P(\{X = k\}) = \alpha_k$. 根据假设, 我们有

$$\forall k \in \mathbb{Z}, \ \lim_{n \to +\infty} p_{n,k} = \alpha_k.$$

∗ 首先, 对任意给定的自然数 n, 有

$$\forall k \in \mathbb{Z}, 0 \leqslant |p_{n,k} - \alpha_k| \leqslant p_{n,k} + \alpha_k.$$

又因为 $(\alpha_k)_{k \in \mathbb{Z}}$ 和 $(p_{n,k})_{k \in \mathbb{Z}}$ 是和为 1 的可和族(根据离散概率分布律的定义). 所以, 数族 $(|p_{n,k} - \alpha_k|)_{k \in \mathbb{Z}}$ 是可和的. 同理,

$$\forall k \in \mathbb{Z}, 0 \leqslant \min(p_{n,k}, \alpha_k) \leqslant \alpha_k,$$

故数族 $(\min(p_{n,k}, \alpha_k))_{k \in \mathbb{Z}}$ 是可和的.

又因为

$$\forall n \in \mathbb{N}, \ \forall k \in \mathbb{Z}, \ |p_{n,k} - \alpha_k| = p_{n,k} + \alpha_k - 2\min(p_{n,k}, \alpha_k).$$

所以, 对任意 $n \in \mathbb{N}$, 有

$$\begin{aligned}
\sum_{k \in \mathbb{Z}} |p_{n,k} - \alpha_k| &= \sum_{k \in \mathbb{Z}} p_{n,k} + \sum_{k \in \mathbb{Z}} \alpha_k - 2\sum_{k \in \mathbb{Z}} \min(p_{n,k}, \alpha_k) \\
&= 2 - 2\sum_{k \in \mathbb{Z}} \min(p_{n,k}, \alpha_k) \\
&= 2\left(1 - \sum_{k \in \mathbb{Z}} \min(p_{n,k}, \alpha_k)\right).
\end{aligned}$$

∗ 其次, 由于 $\sum_{k \in \mathbb{Z}} \alpha_k = 1$ 且这是个正数族, 故存在一个自然数 $N \geqslant 1$ 使得

$$1 - \varepsilon \leqslant \sum_{k=-N}^{N} \alpha_k \leqslant 1.$$

又因为

$$\sum_{k=-N}^{N} \min(p_{n,k}, \alpha_k) \leqslant \sum_{k \in \mathbb{Z}} \min(p_{n,k}, \alpha_k) \leqslant \sum_{k \in \mathbb{Z}} \alpha_k = 1.$$

上式中的第一个和式是有限项的和, 并且, 当 n 趋于 $+\infty$ 时这个有限和中的每一项有有限的极限, 因此有

$$\lim_{n \to +\infty} \sum_{k=-N}^{N} \min(p_{n,k}, \alpha_k) = \sum_{k=-N}^{N} \alpha_k.$$

从而存在 $n_0 \in \mathbb{N}$ 使得

$$\forall n \geqslant n_0, \ -\varepsilon + \sum_{k=-N}^{N} \alpha_k \leqslant \sum_{k=-N}^{N} \min(p_{n,k}, \alpha_k) \leqslant \varepsilon + \sum_{k=-N}^{N} \alpha_k.$$

那么有

$$\forall n \geqslant n_0, \ 1 - 2\varepsilon \leqslant \sum_{k=-N}^{N} \min(p_{n,k}, \alpha_k).$$

所以,
$$\forall n \geqslant n_0,\, 1 - 2\varepsilon \leqslant \sum_{k\in\mathbb{Z}} \min(p_{n,k},\alpha_k) \leqslant 1.$$

因此,
$$\forall n \geqslant n_0,\, 0 \leqslant \sum_{k\in\mathbb{Z}} |p_{n,k} - \alpha_k| \leqslant 4\varepsilon.$$

这证得: $\displaystyle\lim_{n\to+\infty} \sum_{k\in\mathbb{Z}} |p_{n,k} - \alpha_k| = 0.$

* 设 $x\in\mathbb{R}$. 我们有
$$\forall n\in\mathbb{N},\, |F_n(x) - F(x)| = \left| \sum_{\substack{k\in\mathbb{Z}\\ k\leqslant x}} p_{n,k} - \sum_{\substack{k\in\mathbb{Z}\\ k\leqslant x}} \alpha_k \right|.$$
$$\leqslant \sum_{\substack{k\in\mathbb{Z}\\ k\leqslant x}} |p_{n,k} - \alpha_k|$$
$$\leqslant \sum_{k\in\mathbb{Z}} |p_{n,k} - \alpha_k|.$$

又因为, 我们刚刚证得 $\displaystyle\lim_{n\to+\infty} \sum_{k\in\mathbb{Z}} |p_{n,k} - \alpha_k| = 0$, 所以,
$$\lim_{n\to+\infty} (F_n(x) - F(x)) = 0.$$

这证得 X_n 依分布收敛于 X. ◻

注:

- 因此, 这提供了一种证明一列离散型实随机变量依分布收敛于另一个离散型随机变量的"简单判据".
- 注意, 在假设中 X 是离散的! 一列离散型实随机变量依分布收敛于一个有密度的随机变量也是有可能的.

  例如, 如果 (X_n) 是一列实随机变量序列, 分别服从在 $\left\{ \dfrac{k}{n} \,\middle|\, 1 \leqslant k \leqslant n \right\}$ 上的等分布律, 那么, 容易证明 (X_n) 依分布收敛于一个服从在 $[0,1]$ 上的均匀分布律的随机变量(这是一个有密度的随机变量).

- 如果 (X_n) 是一列有密度的实随机变量(f_n 是 X_n 的一个密度), X 是一个以 f 为密度的实随机变量, 我们将证明如果"对几乎所有 x"都有 $\displaystyle\lim_{n\to+\infty} f_n(x) = f(x)$, 那么 X_n 依分布收敛于 X(类似于前一个定理). 但是, 反之不然: 如果对 $n\in\mathbb{N}$, 令
$$f_n(x) = \begin{cases} 1 - \cos(2n\pi x), & x \in [0,1], \\ 0, & 其他. \end{cases}$$

  容易看到, 这些 f_n 确实是概率密度, 以及如果 X_n 以 f_n 为密度, 那么 (X_n) 依分布收敛于一个服从 $[0,1]$ 上的均匀分布律的实随机变量, 然而对任意 $x \in (0,1)$, 序列 $(f_n(x))_{n\in\mathbb{N}}$ 发散.

- 定理的证明用到一些技巧. 通过引入一个函数项级数并应用双重极限定理, 可以给出一个稍微简单一点的证明.

习题 3.6.6.2　证明注释中认为 "显然" 的结论.

回顾： 超几何分布律 $H(n, N, M)$ 定义为

$$H(n, N, M) = \sum_k \frac{\binom{M}{k}\binom{N-M}{n-k}}{\binom{N}{n}} \delta_k,$$

其中, n, N, M 是三个自然数使得：$0 \leqslant n \leqslant N$ 且 $M < N$.

　　想象有一个盒子, 里面总共有 N 个球, 其中 M 个球是特定的(例如白色的), 我们从盒子中以不放回的方式取出 n 个球. 给出的分布律是白球的数量对应的分布律.

定理 3.6.6.3 (超几何分布由二项分布来近似)　设 $(X_N)_{N \geqslant 1}$ 是一列离散的实随机变量使得对 $N \geqslant 1$, $X_N \hookrightarrow H(n, N, M_N)$. 假设：

$$\lim_{N \to +\infty} \frac{M_N}{N} = p \in (0, 1).$$

那么,

$$\forall k \in [\![0, n]\!], \quad \lim_{N \to +\infty} P(\{X_N = k\}) = \binom{n}{k} p^k (1-p)^{n-k}.$$

因此, $(X_N)_{N \geqslant 1}$ 依分布收敛于一个服从二项分布律 $\mathcal{B}(n, p)$ 的实随机变量.

证明：

- 首先, 注意到, 根据假设, 当 N 充分大时, X_N 的取值范围是 $[\![0, n]\!]$. 事实上, 应该有 $0 \leqslant k \leqslant M_N$ 和 $0 \leqslant n - k \leqslant N - M_N$, 即

$$\max(0, n - N + M_N) \leqslant k \leqslant \min(M_N, n).$$

又因为, 当 N 趋于 $+\infty$ 时, $N - M_N \underset{N \to +\infty}{\sim} N(1-p)$ 也趋于 $+\infty$. 所以, 对充分大的 N, $\max(0, n - N + M_N) = 0$ 且 $\min(M_N, n) = n$.

- 对这样的自然数 N, 以及任意 $k \in [\![0, n]\!]$, 我们有

$$P(\{X_N = k\}) = \frac{\binom{M_N}{k}\binom{N-M_N}{n-k}}{\binom{N}{n}}.$$

因此,

$$P(\{X_N = k\}) = \frac{n! \times \prod_{i=0}^{k-1}(M_N - i) \times \prod_{i=0}^{n-k-1}(N - M_N - i)}{k! \times (n-k)! \times \prod_{i=0}^{n-1}(N - i)}.$$

化简可得

$$P(\{X_N = k\}) = \binom{n}{k} \times \prod_{i=0}^{k-1}\frac{M_N - i}{N - i} \times \prod_{i=0}^{n-k-1}\frac{N - M_N - i}{N - k - i}.$$

上述乘积中的每一项只包含有限项(项数不依赖于 N). 并且,

$$\forall i \in [\![0, k-1]\!], \frac{M_N - i}{N - i} \underset{N \to +\infty}{\sim} \frac{M_N}{N} \underset{N \to +\infty}{\sim} p,$$

同理有,

$$\forall i \in [\![0, n-k-1]\!], \frac{N - M_M - i}{N - k - i} \underset{N \to +\infty}{\sim} (1 - p).$$

根据极限的运算法则, 我们有

$$\lim_{N \to +\infty} P(\{X_N = k\}) = \binom{n}{k}p^k(1 - p)^{n-k}.$$

那么, 根据定理 3.6.6.1, (X_n) 依分布收敛于一个服从参数为 n 和 p 的二项分布律的随机变量. $\boxtimes$

实践中的应用: 当 $N \geqslant 10n$ 时, 可以用 $\mathcal{B}\left(n, \dfrac{M}{N}\right)$ 来近似 $H(n, N, M)$.

定理 3.6.6.4(二项分布律由 Poisson (泊松)分布律来近似) 设 $(X_n)_{n \geqslant 1}$ 是一列离散的随机变量, 它们分别服从二项分布律 $\mathcal{B}(n, p_n)$. 假设

$$\lim_{n \to +\infty} np_n = \lambda > 0.$$

那么, 序列 $(X_n)_{n \geqslant 1}$ 依分布收敛于一个服从参数为 λ 的 Poisson 分布律的实随机变量.

证明:

设 $k \in \mathbb{N}$. 那么对任意自然数 $n \geqslant k$,

$$P(\{X_n = k\}) = \binom{n}{k}p_n^k(1 - p_n)^{n-k}.$$

又因为, 由于 k 是取定的, 我们有 $p_n^k \underset{n \to +\infty}{\sim} \dfrac{\lambda^k}{n^k}$. 并且,

$$(1 - p_n)^{n-k} = e^{(n-k)\ln(1-\frac{\lambda}{n}+o(\frac{1}{n}))}.$$

又因为 $(n-k)\ln\left(1 - \dfrac{\lambda}{n} + o\left(\dfrac{1}{n}\right)\right) \underset{n \to +\infty}{\sim} n \times \dfrac{-\lambda}{n} \underset{n \to +\infty}{\sim} -\lambda$, 所以由指数函数的连续性可得

$$P(\{X_n = k\}) \underset{n \to +\infty}{\sim} \binom{n}{k}\dfrac{\lambda^k}{n^k}e^{-\lambda} \underset{n \to +\infty}{\sim} \dfrac{\lambda^k e^{-\lambda}}{k!}.$$

根据定理 3.6.6.1, (X_n) 依分布收敛于一个服从分布律 $\mathcal{P}(\lambda)$ 的实随机变量. ☒

实践中的应用:

- $\lim\limits_{n \to +\infty} np_n = \lambda > 0$ 可以解释为: 当 n 越来越大时, p_n 变得越来越小(对应着小概率事件);

- 在实践中, 一旦 $n \geqslant 30$, $p \leqslant 0.1$ 且 $np < 15$ 时, 我们就用 $\mathcal{P}(np)$ 来近似 $\mathcal{B}(n,p)$.

推论 3.6.6.5 (二项分布律由正态分布律来近似)　设 $(X_n)_{n \in \mathbb{N}}$ 是一列离散型随机变量, 它们分别服从分布律 $\mathcal{B}(n,p)$(其中 $p \in (0,1)$ 是取定的, 且 $q = 1 - p$), 设 $(Y_n)_{n \in \mathbb{N}}$ 是一列服从分布律 $\mathcal{N}(np, \sqrt{npq})$ 的实随机变量. 那么,

(i) 与 (Y_n) 相应的标准化随机变量序列 $(Y_n^\star)$ 是同分布的随机变量, 它们共同的概率分布律与 n 无关;

(ii) 如果 $(X_n^\star)$ 是相应于 (X_n) 的标准化实随机变量序列, 那么 $(X_n^\star)$ 依分布收敛于 $X = Y_1^\star$.

证明:

- (i) 是显然的, 因为我们已经知道, 如果 X 服从正态分布律 $\mathcal{N}(\mu, \sigma)$, 那么 $E(X) = \mu$ 且 $V(X) = \sigma^2$, 并且 $X^\star$ 服从分布律 $\mathcal{N}(0,1)$. 因此, 每个 $Y_n^\star$ 都服从标准化的正态分布律.

- 对 $n \geqslant 1$, 可以将 X_n 看作 n 个独立同分布的实随机变量的和, 这些随机变量都服从参数为 p 的 Bernoulli 分布律. 因为这些实随机变量有方差 pq, 根据中心极限定理, $X_n^\star$ 依分布收敛于一个服从分布律 $\mathcal{N}(0,1)$ 的随机变量. 因为 $Y_1^\star$ 也服从标准化的正态分布律, 所以 $(X_n^\star)$ 依分布收敛于 $Y_1^\star$. ☒

⚠️ **注意：** 这不意味着 (X_n) 依分布收敛于 (Y_n)！这个句子没有意义, 因为 Y_n 依赖于 n！

实践中的应用： 在实践中, 如果 $n \geqslant 30$, $np \geqslant 5$ 且 $nq \geqslant 5$, 那么我们可以用正态分布律 $\mathcal{N}(np, \sqrt{npq})$ 来近似二项分布律 $\mathcal{B}(n, p)$.

第 4 章　幂级数和复分析初步

预备知识　学习本章之前, 需要熟练掌握以下知识:

- 实或复数项序列和级数(《大学数学基础 2》和《大学数学进阶 1》);

- 函数项序列和级数(《大学数学进阶 1》);

- 任意区间上的积分(第 2 章);

- 单复变量函数的连续性(《大学数学进阶 1》);

- 微分演算(《大学数学进阶 1》);

- 微分形式在路径上的积分(《大学数学进阶 1》).

不需要已了解其他任何关于幂级数概念的具体知识.

4.1　单复变量函数的求导

4.1.1　定义和例子

定义 4.1.1.1　设 Ω 是 $\mathbb{C}$ 的一个开集, $f : \Omega \longrightarrow \mathbb{C}$, $z_0 \in \Omega$. 我们称 f 是在 z_0 处 $\mathbb{C}$-可导的(或简单地说, 在 z_0 处可导), 若当 z 趋于 z_0 时函数 $z \longmapsto \dfrac{f(z) - f(z_0)}{z - z_0}$ 的极限存在. 此时, 我们定义 f 在 z_0 处的导数(记为 $f'(z_0)$)为

$$f'(z_0) := \lim_{z \to z_0} \frac{f(z) - f(z_0)}{z - z_0}.$$

注:

- 这个定义是有意义的, 因为我们已经定义了单复变量复值函数的极限的概念(在赋范向量空间课程内容中, 我们知道模长是空间 $\mathbb{C}$ 上的一个 $\mathbb{C}$-范数).

- 因此, 我们可以给出以下形式化定义: 我们称 f 在 z_0 处 $\mathbb{C}$-可导, 若存在 $l \in \mathbb{C}$ 使得

$$\forall \varepsilon > 0, \exists \alpha > 0, \forall z \in \Omega, \left(0 < |z - z_0| \leqslant \alpha \Longrightarrow \left| \frac{f(z) - f(z_0)}{z - z_0} - l \right| \leqslant \varepsilon \right).$$

- 最后, 注意到 $\mathbb{C}$ 中极限的计算和 $\mathbb{R}^2$ 中的类似, 即"趋于 z_0"意味着"以任意方式趋于 z_0".

例 4.1.1.2　定义为 $\forall z \in \mathbb{C}$, $f(z) = z$ 的函数 f 是在任意 $z_0 \in \mathbb{C}$ 处 $\mathbb{C}$-可导的, 且其导数 $f'(z_0) = 1$.

例 4.1.1.3　函数 $g : z \longmapsto z^2$ 是在任意 $z_0 \in \mathbb{C}$ 处 $\mathbb{C}$-可导的, 且 $g'(z_0) = 2z_0$. 事实上, 对任意 $z \neq z_0$,

$$\frac{z^2 - z_0^2}{z - z_0} = z + z_0, \quad \text{故} \quad \lim_{\substack{z \to z_0 \\ z \neq z_0}} \frac{z^2 - z_0^2}{z - z_0} = 2z_0.$$

例 4.1.1.4　取共轭的映射在 0 处不是 $\mathbb{C}$-可导的. 事实上, 定义为 $z \longmapsto \dfrac{\bar{z} - 0}{z} = \dfrac{\bar{z}}{z}$ 的函数在 0 处没有极限, 因为

- 如果 $z \in \mathbb{R} \setminus \{0\}$, 那么 $\dfrac{\bar{z}}{z} = 1$;
- 如果 $z = ix$, 其中 $x \in \mathbb{R} \setminus \{0\}$, 那么 $\dfrac{\bar{z}}{z} = -1$.

⚠️ **注意：** 特别地, 上述例子说明了 $\mathbb{C}$-可导的概念和常见的可导概念的基本区别. 我们知道, 对于单实变量的复值函数来说, f 可导当且仅当 $\mathrm{Re}(f)$ 和 $\mathrm{Im}(f)$ 都可导. 上述例子表明, 对复变量函数而言这结论是错误的! $(z \longmapsto z$ 在任意点处都是 $\mathbb{C}$- 可导的, 但是其实部 $z \longmapsto \mathrm{Re}(z) = \dfrac{z + \bar{z}}{2}$ 不是 $\mathbb{C}$-可导的!)

命题 4.1.1.5　如果 f 在 z_0 处 $\mathbb{C}$-可导, 那么 f 在 z_0 处连续.

证明：

事实上, 对任意 $z \in \Omega \setminus \{z_0\}$, 我们有

$$f(z) - f(z_0) = \frac{f(z) - f(z_0)}{z - z_0} \times (z - z_0).$$

因此, $\lim\limits_{\substack{z \to z_0 \\ z \neq z_0}} f(z) = f(z_0)$. 又因为 $z_0 \in \Omega$, 故 $\lim\limits_{z \to z_0} f(z) = f(z_0)$.　⊠

命题 4.1.1.6　复指数函数是在 $\mathbb{C}$ 的任意点处 $\mathbb{C}$-可导的, 并且

$$\forall z \in \mathbb{C}, \ \exp'(z) = \exp(z).$$

证明：

- 首先, 因为对任意 $(z,h) \in \mathbb{C}^2$ 有 $\exp(z+h) = \exp(z) \times \exp(h)$, 所以必须且只需证明 $\exp$ 在 0 处 $\mathbb{C}$-可导且 $\exp'(0) = 1$. 事实上, 在这种情况下, 对任意 $z \in \mathbb{C}$ 和任意 $h \in \mathbb{C}^\star$, 我们将有

$$\frac{\exp(z+h) - \exp(z)}{h} = \frac{\exp(h) - 1}{h} \times \exp(z).$$

因此, 取极限可得 $\exp'(z) = \exp'(0) \times \exp(z) = \exp(z)$.

- 证明复指数函数在 0 处 $\mathbb{C}$-可导. 对任意 $z \in \mathbb{C}^\star$,

$$\frac{\exp(z) - 1}{z} = \sum_{n=1}^{+\infty} \frac{z^{n-1}}{n!} = \sum_{n=0}^{+\infty} \frac{z^n}{(n+1)!}.$$

另一方面, 由于函数项级数 $\sum u_n$(对 $n \in \mathbb{N}$, $u_n : z \longmapsto \dfrac{z^n}{(n+1)!}$)在 $\mathbb{C}$ 的任意紧子集上正规收敛, 所以它的和函数在 $\mathbb{C}$ 上连续.

特别地, 和函数在 0 处连续, 从而有

$$\lim_{\substack{z \to 0 \\ z \neq 0}} \left(\sum_{n=0}^{+\infty} \frac{z^n}{(n+1)!} \right) = 1.$$

所以,

$$\lim_{\substack{z \to 0 \\ z \neq 0}} \frac{\exp(z) - \exp(0)}{z} = 1,$$

这证得函数 exp 在 0 处 $\mathbb{C}$-可导, 并且 $\exp'(0) = 1$. ⊠

习题 4.1.1.7   通过估计和函数的上界(从而不使用双重极限定理), 直接证明复指数函数在 0 处的 $\mathbb{C}$-可导性.

命题 4.1.1.8   设 $f : \Omega \longrightarrow \mathbb{C}$, 其中 Ω 是 $\mathbb{C}$ 的一个开集, 设 $z_0 \in \Omega$. 那么以下叙述相互等价:

(i) f 在 z_0 处 $\mathbb{C}$-可导.

(ii) 存在一个从 $\mathbb{C}$ 到 $\mathbb{C}$ 的 $\mathbb{C}$-线性的映射 l_{z_0}, 使得

$$f(z_0 + h) \underset{h \to 0}{=} f(z_0) + l_{z_0}(h) + o(h).$$

(iii) 存在 $l \in \mathbb{C}$ 使得 $f(z_0 + h) \underset{h \to 0}{=} f(z_0) + l \times h + o(h)$.

当上述等价条件之一满足时, 我们有

$$l = f'(z_0) \quad \text{以及} \quad l_{z_0} : \begin{array}{ccc} \mathbb{C} & \longrightarrow & \mathbb{C}, \\ h & \longmapsto & f'(z_0) \times h. \end{array}$$

证明:

- 首先, 注意到 (ii) 与 (iii) 等价, 因为一个从 $\mathbb{C}$ 到自身的 $\mathbb{C}$-线性映射的形式为: $z \longmapsto a \times z$, 其中 $a \in \mathbb{C}$.

- (i) $\Longleftrightarrow$ (iii) 的证明留作练习, 可参考单实变量函数情况下的证明. ⊠

注: 具体地说, $\mathbb{C}$-可导函数的概念与在 $\mathbb{C}$-向量空间 $\mathbb{C}$ 的一个开集上的 $\mathbb{C}$-可微函数的概念等同.

4.1.2 $\mathbb{C}$-可导与 $\mathbb{R}^2$-可微的联系, Cauchy-Riemann(柯西-黎曼)条件

取定 $\mathbb{C}$ 的一个非空开集 Ω 和一个函数 $f : \Omega \longrightarrow \mathbb{C}$. 我们知道, 可以把 $\mathbb{C}$ 和 $\mathbb{R}^2$ 看作等同的(作为 $\mathbb{R}$-向量空间). 因此, 很自然地, 我们会考虑, 如果把 f 看作关于 x 和 y 的双变量函数, $\mathbb{C}$-可导的概念意味着什么. 从数学上讲, 这相当于考虑:

- $\mathbb{R}^2$ 的开集 U 定义为 $U = \{(x, y) \in \mathbb{R}^2 \mid x + iy \in \Omega\}$;

- 函数 $\tilde{f}: \mathbb{R}^2 \longrightarrow \mathbb{C}$ 由以下关系定义:

$$\forall (x, y) \in U, \ \tilde{f}(x, y) = f(x + iy).$$

命题 4.1.2.1　设 $z_0 = x_0 + iy_0 \in \Omega$, 那么以下命题相互等价:

(i) f 在 z_0 处 $\mathbb{C}$-可导;

(ii) $\tilde{f}$ 在 (x_0, y_0) 处可微, 且有 $\dfrac{\partial \tilde{f}}{\partial x}(x_0, y_0) + i\dfrac{\partial \tilde{f}}{\partial y}(x_0, y_0) = 0$.

并且, 当上述条件之一成立时, 我们有

$$f'(z_0) = \frac{\partial \tilde{f}}{\partial x}(x_0, y_0) = -i\frac{\partial \tilde{f}}{\partial y}(x_0, y_0).$$

证明:

- 证明 (i) $\Longrightarrow$ (ii).

假设 f 在 z_0 处 $\mathbb{C}$-可导. 那么, 存在一个 $r > 0$ 和一个定义在 $D(0, r)$ 上的复值函数 ε, 使得

$$\forall h \in D(0, r), \ f(z_0 + h) = f(z_0) + f'(z_0)h + h\varepsilon(h) \ \text{且} \ \lim_{h \to 0} \varepsilon(h) = 0.$$

设 $(a, b) \in \mathbb{R}^2$ 使得 $f'(z_0) = a + ib$. 记 $B(0, r)$ 为中心在 $(0, 0)$ 半径为 r 的开球(在 $\mathbb{R}^2$ 中配备欧几里得范数), 那么对任意 $(h_1, h_2) \in B(0, r)$, 有

$$\begin{aligned}
\tilde{f}((x_0, y_0) + (h_1, h_2)) &= f(z_0 + (h_1 + ih_2)) \\
&= f(z_0) + f'(z_0)(h_1 + ih_2) + (h_1 + ih_2)\varepsilon(h_1 + ih_2) \\
&= \tilde{f}(x_0, y_0) + (a + ib)h_1 + (ia - b)h_2 \\
&\quad + \|(h_1, h_2)\|\varphi(h_1, h_2),
\end{aligned}$$

其中, $\varphi(h_1, h_2) = \begin{cases} \dfrac{h_1 + ih_2}{|h_1 + ih_2|}\varepsilon(h_1 + ih_2), & (h_1, h_2) \neq (0, 0), \\ 0, & \text{其他}. \end{cases}$

那么有

* 一方面, $\displaystyle\lim_{(h_1, h_2) \to (0,0)} \varphi(h_1, h_2) = 0$;

* 另一方面, $(h_1, h_2) \longmapsto (a + ib)h_1 + (ia - b)h_2$ 是从 $\mathbb{R}^2$ 到 $\mathbb{C}$ 的 $\mathbb{R}$-线性的映射.

这证得 $\tilde{f}$ 在 (x_0, y_0) 处可微, 以及

$$\frac{\partial \tilde{f}}{\partial x}(x_0, y_0) = a + ib = f'(z_0) \ \text{且} \ \frac{\partial \tilde{f}}{\partial y}(x_0, y_0) = ia - b = if'(z_0).$$

所以, $\dfrac{\partial \tilde{f}}{\partial x}(x_0, y_0) + i\dfrac{\partial \tilde{f}}{\partial y}(x_0, y_0) = 0$.

• 反过来, 如果 $\tilde{f}$ 在 (x_0, y_0) 处可微, 且 $\tilde{f}$ 满足 $\dfrac{\partial \tilde{f}}{\partial x}(x_0, y_0) + i\dfrac{\partial \tilde{f}}{\partial y}(x_0, y_0) = 0$, 那么, 存在实数 $r > 0$ 和映射 $\psi : B(0, r) \longrightarrow \mathbb{C}$ 使得 $\lim\limits_{h \to 0} \psi(h) = 0$, 并且对任意 $H = (h_1, h_2) \in B(0, r)$, 有

$$\tilde{f}(x_0 + h_1, y_0 + h_2) = \tilde{f}(x_0, y_0) + \frac{\partial \tilde{f}}{\partial x}(x_0, y_0)h_1 + \frac{\partial \tilde{f}}{\partial y}(x_0, y_0)h_2 + \|H\|\psi(H).$$

那么, 对任意 $h \in D(0, r)$, $H = (\operatorname{Re}(h), \operatorname{Im}(h)) \in B(0, r)$, 因此我们有

$$\begin{aligned} f(z_0 + h) &= f(z_0) + \frac{\partial \tilde{f}}{\partial x}(x_0, y_0)\operatorname{Re}(h) + \frac{\partial \tilde{f}}{\partial y}(x_0, y_0)\operatorname{Im}(h) + \|H\|\psi(H) \\ &= f(z_0) + \frac{\partial \tilde{f}}{\partial x}(x_0, y_0)h + |h|\varepsilon(h), \end{aligned}$$

其中, 对 $h \in D(0, r)$, $\varepsilon(h) = \psi(\operatorname{Re}(h), \operatorname{Im}(h))$, 故 $\lim\limits_{h \to 0} \varepsilon(h) = 0$.

这证得 f 在 z_0 处有 1 阶极限展开, 因此, 根据上一命题(命题 4.1.1.8), f 在 z_0 处 $\mathbb{C}$-可导, 且 $f'(z_0) = \dfrac{\partial \tilde{f}}{\partial x}(x_0, y_0)$. $\boxtimes$

注: 函数 $\tilde{f}$ 是复值的, 因此可以定义它的实部和虚部. 如果记 P 和 Q 分别为 $\tilde{f}$ 的实部和虚部, 即 $\tilde{f}(x, y) = P(x, y) + iQ(x, y)$ 对 $(x, y) \in U$ 成立, 那么我们得到以下条件, 称为 Cauchy-Riemann 条件.

定理 4.1.2.2(Cauchy-Riemann (柯西-黎曼)条件) 设 f 是一个从 Ω 映到 $\mathbb{C}$ 的函数, $z_0 = x_0 + iy_0$ 是 Ω 中的一点. 我们记 $\tilde{f} : (x, y) \longmapsto f(x+iy)$, $P = \operatorname{Re}(\tilde{f})$ 以及 $Q = \operatorname{Im}(\tilde{f})$. 那么以下叙述相互等价:

(i) f 在 z_0 处 $\mathbb{C}$-可导;

(ii) $\tilde{f}$ 在 (x_0, y_0) 处 $\mathbb{R}^2$-可微并且满足 Cauchy-Riemann 条件:

$$\begin{cases} \dfrac{\partial P}{\partial x}(x_0, y_0) = \dfrac{\partial Q}{\partial y}(x_0, y_0), \\[2mm] \dfrac{\partial P}{\partial y}(x_0, y_0) = -\dfrac{\partial Q}{\partial x}(x_0, y_0). \end{cases}$$

证明:

只需用另一种方式叙述上一命题. 记 $a = (x_0, y_0)$, 我们有

$$\frac{\partial \tilde{f}}{\partial x}(a) = -i\frac{\partial \tilde{f}}{\partial y}(a) \iff \frac{\partial P}{\partial x}(a) + i\frac{\partial Q}{\partial x}(a) = -i\left(\frac{\partial P}{\partial y}(a) + i\frac{\partial Q}{\partial y}(a)\right)$$

$$\iff \begin{cases} \dfrac{\partial P}{\partial x}(x_0,y_0) = \dfrac{\partial Q}{\partial y}(x_0,y_0), \\ \dfrac{\partial P}{\partial y}(x_0,y_0) = -\dfrac{\partial Q}{\partial x}(x_0,y_0). \end{cases} \qquad \boxtimes$$

注: 接下来, 我们不再明确区分 f 和 $\tilde{f}$.

函数 $z:(x,y)\longmapsto x+iy$ 和 $\bar{z}:(x,y)\longmapsto x-iy$ 显然是在 $\mathbb{R}^2$ 上 $\mathbb{R}^2$-可微的, 因此我们可以写

$$\mathrm{d}z = \mathrm{d}x + i\,\mathrm{d}y \quad \text{和} \quad \mathrm{d}\bar{z} = \mathrm{d}x - i\,\mathrm{d}y.$$

从而导出

$$\mathrm{d}x = \frac{1}{2}\left(\mathrm{d}z + \mathrm{d}\bar{z}\right) \quad \text{和} \quad \mathrm{d}y = \frac{1}{2i}\left(\mathrm{d}z - \mathrm{d}\bar{z}\right).$$

如果函数 f (其实是 $\tilde{f}$) 在 $a=(x_0,y_0)$ 处可微, 那么有

$$\mathrm{d}f(a) = \frac{\partial f}{\partial x}(a)\,\mathrm{d}x + \frac{\partial f}{\partial y}(a)\,\mathrm{d}y$$
$$= \frac{1}{2}\left(\frac{\partial f}{\partial x}(a) - i\frac{\partial f}{\partial y}(a)\right)\mathrm{d}z + \frac{1}{2}\left(\frac{\partial f}{\partial x}(a) + i\frac{\partial f}{\partial y}(a)\right)\mathrm{d}\bar{z}.$$

这就提出了以下定义.

定义 4.1.2.3 设 f 是一个从 Ω 到 $\mathbb{C}$ 的函数, 使得 f 是在 z_0 处(其实是 $\tilde{f}$ 在 (x_0,y_0) 处) $\mathbb{R}^2$-可微的, 其中 $z_0 = x_0 + iy_0 \in \Omega$. 我们定义:

$$\frac{\partial f}{\partial z}(z_0) = \frac{1}{2}\left(\frac{\partial f}{\partial x}(z_0) - i\frac{\partial f}{\partial y}(z_0)\right),$$

$$\frac{\partial f}{\partial \bar{z}}(z_0) = \frac{1}{2}\left(\frac{\partial f}{\partial x}(z_0) + i\frac{\partial f}{\partial y}(z_0)\right).$$

注: 有了这些符号, 我们就有 $\mathrm{d}f(z_0) = \dfrac{\partial f}{\partial z}(z_0)\,\mathrm{d}z + \dfrac{\partial f}{\partial \bar{z}}(z_0)\,\mathrm{d}\bar{z}$. 因此, Cauchy-Riemann 条件可以写为

$$\frac{\partial f}{\partial \bar{z}}(z_0) = 0.$$

所以, 对一个在 z_0 处 $\mathbb{C}$-可导的函数, 我们有 $f'(z_0) = \dfrac{\partial f}{\partial z}(z_0)$.

4.1.3　全纯函数以及 $\mathbb{C}$-可导函数的运算

定义 4.1.3.1　设 Ω 是 $\mathbb{C}$ 的一个非空开集, f 是一个从 Ω 到 $\mathbb{C}$ 的函数. 我们称 f 是在 Ω 上全纯的, 若 f 在 Ω 的任意点处 $\mathbb{C}$-可导. Ω 上的全纯函数的集合记为 $\mathcal{H}(\Omega)$.

例 4.1.3.2　从上面的例子可以看出:
- 恒等映射是在 $\mathbb{C}$ 上全纯的;
- 复指数函数是在 $\mathbb{C}$ 上全纯的;
- 常函数是在 $\mathbb{C}$ 上全纯的;
- 取共轭的映射不是全纯函数.

定义 4.1.3.3　设 $f \in \mathcal{H}(\Omega)$. 定义函数 $f' : \Omega \longrightarrow \mathbb{C}$, 它把 $z_0 \in \Omega$ 映为 $f'(z_0)$. 这个函数称为 f 的导函数.

命题 4.1.3.4　设 Ω 是 $\mathbb{C}$ 的一个非空开集.

(i) 集合 $\mathcal{H}(\Omega)$ 是从 Ω 到 $\mathbb{C}$ 的所有映射的集合的一个子代数, 并且, 我们有

- $\forall (f, g) \in \mathcal{H}(\Omega)^2, \forall (\lambda, \mu) \in \mathbb{C}^2, (\lambda f + \mu g)' = \lambda f' + \mu g'$;
- $\forall (f, g) \in \mathcal{H}(\Omega)^2, (f \times g)' = f' \times g + f \times g'$.

(ii) 如果 $f \in \mathcal{H}(\Omega)$ 且 f 在 Ω 上恒不为零, 那么 $\dfrac{1}{f} \in \mathcal{H}(\Omega)$ 且 $\left(\dfrac{1}{f}\right)' = -\dfrac{f'}{f^2}$.

(iii) 如果 f 和 g 是两个在 Ω 上全纯的函数, 且 g 在 Ω 上恒不为零, 那么 $\dfrac{f}{g}$ 是在 Ω 上全纯的, 且 $\left(\dfrac{f}{g}\right)' = \dfrac{f'g - fg'}{g^2}$.

(iv) 如果 $f \in \mathcal{H}(\Omega)$, $g \in \mathcal{H}(\Omega')$ 且 $f(\Omega) \subset \Omega'$, 那么 $g \circ f \in \mathcal{H}(\Omega)$, 且
$$(g \circ f)' = f' \times (g' \circ f).$$

注:
- 显然, 复变量函数(在 $\mathbb{C}$-可导意义下)的导数的运算法则与单实变量函数的相同.

- 对于证明, 只需从 1 阶极限展开的定义开始写起, 并且证明过程与单实变量函数的相同.

- 也可以使用双变量函数的定理和可微函数的运算, 然后验证 Cauchy-Riemann 条件.

- 反过来, 要注意! 如果 f 在 Ω 上全纯, $|f|$ 和 $\bar{f}$ 一般来说不是全纯函数. 例如, 如果 $f = \mathrm{Id}_{\mathbb{C}}$, 那么 f 在 $\mathbb{C}$ 上全纯, 但是其共轭 $\bar{f}$ 在任意点处都不是 $\mathbb{C}$-可导的. 同理, 请自行验证 $|f|$ 在 $\mathbb{C}$ 的任意点处都不是 $\mathbb{C}$-可导的.

⚠ **注意:**　对于一个双实变量的复值函数 f, 我们知道, f 可微(或 $\mathcal{C}^1$)当且仅当其实部和虚部都可微(或 $\mathcal{C}^1$). 然而, 对复变量函数来说这个结论是错误的! 显然有

$$f \text{ 是全纯的} \quad \Longleftrightarrow\!\!\!\!\!/ \quad \mathrm{Re}(f) \text{ 和 } \mathrm{Im} f \text{ 是全纯的.}$$

一般来说, 一个全纯函数的实部(或虚部)不是全纯函数. 请自行证明: $z \longmapsto z$ 在 $\mathbb{C}$ 上全纯, 但是 $z \longmapsto \mathrm{Re}(z)$ 不是全纯的(事实上它在任意点处都不是 $\mathbb{C}$-可导的).

习题 4.1.3.5　刚才我们看到, 一个全纯函数的实部(或虚部)不一定是全纯函数.

1. 利用 Cauchy-Riemann 条件, 证明如果 g 是全纯的实值函数, 那么 g 是常函数.
2. 导出 $\mathrm{Re}(f)$ 和 $\mathrm{Im}(f)$ 是全纯的当且仅当 f 是常函数.

例 4.1.3.6　设 $n \in \mathbb{N}, (a_k)_{0 \leqslant k \leqslant n} \in \mathbb{C}^{n+1}$. 形如: $\forall z \in \mathbb{C}, P(z) = \sum_{k=0}^{n} a_k z^k$ 的多项式函数是在 $\mathbb{C}$ 上全纯的, 并且有

$$\forall z \in \mathbb{C}, P'(z) = \sum_{k=1}^{n} k a_k z^{k-1}.$$

例 4.1.3.7　对任意自然数 $n \geqslant 1$, 函数 $f : z \longmapsto \dfrac{1}{z^n}$ 是在 $\mathbb{C}^\star$ 上全纯的, 并且有

$$\forall z \in \mathbb{C}^\star, f'(z) = \dfrac{-n}{z^{n+1}}.$$

例 4.1.3.8　有理函数在其定义域上是全纯的.

<u>注:</u>　稍后在课程中会看到, 全纯函数的导函数仍然是全纯函数, 因此, 如果 f 是全纯的, 那么 f 是 $\mathcal{C}^\infty$ 的. 这是一个令人惊讶的结果.

4.2 幂级数和收敛半径的定义

4.2.1 幂级数的定义和运算

定义 4.2.1.1 我们定义单复变量(或单实变量)的幂级数为任意满足以下条件的函数项级数 $\sum u_n$: 存在一个序列 $(a_n)_{n\in\mathbb{N}} \in \mathbb{C}^{\mathbb{N}}$ 使得

$$\forall n \in \mathbb{N}, \forall z \in \mathbb{C}, u_n(z) = a_n z^n, \quad (\text{或 } \forall n \in \mathbb{N}, \forall x \in \mathbb{R}, u_n(x) = a_n x^n).$$

与三角级数的记号类似, 我们记 $\sum a_n z^n$ 为相应于序列 $(a_n)_{n\in\mathbb{N}}$ 的幂级数.

例 4.2.1.2 $\sum z^n$, $\sum \dfrac{z^n}{n!}$ 和 $\sum \cos(n)x^n$ 都是幂级数, 但 $\sum \dfrac{\cos(nx)}{n^2}$ 不是幂级数.

命题 4.2.1.3 记 $S(\mathbb{C})$(或 $S(\mathbb{R})$)为系数在 $\mathbb{C}$(或 $\mathbb{R}$)中的幂级数的集合. 在 $S(\mathbb{K})$ 上配备以下三个运算.

- 加法定义为: 对任意幂级数 $\sum a_n z^n$ 和 $\sum b_n z^n$,
$$\left(\sum a_n z^n\right) + \left(\sum b_n z^n\right) = \sum (a_n + b_n) z^n;$$

- 数乘定义为: 对任意幂级数 $\sum a_n z^n$ 和任意标量 $\lambda \in \mathbb{K}$,
$$\lambda \cdot \left(\sum a_n z^n\right) = \sum (\lambda a_n) z^n;$$

- 乘法定义为: 对任意幂级数 $\sum a_n z^n$ 和 $\sum b_n z^n$,
$$\left(\sum a_n z^n\right) \times \left(\sum b_n z^n\right) = \sum c_n z^n,$$
其中 $(c_n)_{n\in\mathbb{N}}$ 是序列 $(a_n)_{n\in\mathbb{N}}$ 和 $(b_n)_{n\in\mathbb{N}}$ 的卷积(或 Cauchy 积), 即
$$\forall n \in \mathbb{N}, c_n = \sum_{k=0}^{n} a_k b_{n-k}.$$

那么, $(S(\mathbb{K}), +, \times, \cdot)$ 是一个可交换的 $\mathbb{K}$-代数. 并且, 单实变量且实系数的幂级数的集合是一个可交换的 $\mathbb{R}$-代数.

证明:

证明不难, 只需计算. 留作练习. $\boxtimes$

4.2.2 收敛半径

定理 4.2.2.1(Abel(阿贝尔)引理) 设 $R > 0$, $(a_n)_{n \in \mathbb{N}} \in \mathbb{C}^{\mathbb{N}}$. 假设序列 $(a_n R^n)_{n \in \mathbb{N}}$ 是有界的. 那么, 对任意 $r \in [0, R)$, 通项为 $a_n r^n$ 的级数是绝对收敛的.

证明:

设 $M > 0$ 使得: $\forall n \in \mathbb{N}, |a_n| R^n \leqslant M$. 那么, 对任意 $r \in [0, R)$, 我们有

$$\forall n \in \mathbb{N}, |a_n r^n| \leqslant M \left(\frac{r}{R} \right)^n.$$

又因为 $0 \leqslant \frac{r}{R} < 1$, 故级数 $\sum \left(\frac{r}{R} \right)^n$ 收敛. 所以, $\sum a_n r^n$ 绝对收敛. ⊠

定理 4.2.2.2(收敛半径的定义) 设 $\sum a_n z^n$ 是一个幂级数. 那么,

(i) 集合 $I = \{ r \in \mathbb{R}^+ \mid \sum |a_n| r^n \text{ 收敛} \}$ 是 $\mathbb{R}^+$ 的一个包含 0 的区间;

(ii) 以下等式在 $\mathbb{R} \cup \{+\infty\}$ 中成立:

$$\sup I = \sup\{|z| \mid z \in \mathbb{C} \text{ 且 } \sum |a_n z^n| \text{ 收敛} \}$$
$$= \sup\{|z| \mid z \in \mathbb{C} \text{ 且 } \sum a_n z^n \text{ 收敛} \}$$
$$= \sup\{|z| \mid z \in \mathbb{C} \text{ 且 } (a_n z^n)_{n \in \mathbb{N}} \text{ 有界} \}$$
$$= \sup\{\{|z| \mid z \in \mathbb{C} \text{ 且 } \lim_{n \to +\infty} a_n z^n = 0\}.$$

这个数字记为 R, 称为幂级数 $\sum a_n z^n$ 的收敛半径.

注: 根据定义, 幂级数的收敛半径属于 $[0, +\infty]$. 所以, $R = 0$ 或 $R = +\infty$ 是完全有可能的. 例如,

- 幂级数 $\sum \frac{z^n}{n!}$ 的收敛半径是正无穷, 因为对任意 $r > 0$, $\sum \frac{r^n}{n!}$ 收敛.
- 幂级数 $\sum n! z^n$ 的收敛半径是零, 因为对任意 $r > 0$, $\sum(n! \times r^n)$ 明显发散.

证明:

- 首先, 显然有 $0 \in I$. 此外, 如果 $r \in I$, 那么 $\sum |a_n| r^n$ 收敛. 特别地, $(|a_n| r^n)_{n \in \mathbb{N}}$ 收敛到 0 故有界. 根据 Abel 引理, 对任意 $r' \in [0, r)$, $\sum |a_n| r'^n$ 收敛. 这证得 $[0, r) \subset I$, 故 I 是一个区间.

- 接下来, 令 $R = \sup I$, 以及

$$R_1 = \sup\{|z| \mid z \in \mathbb{C} \text{ 且 } \sum |a_n z|^n \text{ 收敛 }\},$$

$$R_2 = \sup\{|z| \mid z \in \mathbb{C} \text{ 且 } \sum a_n z^n \text{ 收敛 }\},$$

$$R_3 = \sup\{|z| \mid z \in \mathbb{C} \text{ 且 } (a_n z^n)_{n \in \mathbb{N}} \text{ 有界 }\},$$

$$R_4 = \sup\{\{|z| \mid z \in \mathbb{C} \text{ 且 } \lim_{n \to +\infty} a_n z^n = 0\}.$$

由于 $\mathbb{C}$ 中绝对收敛的级数是收敛的, 以及收敛级数的通项趋于 0, 并且收敛序列是有界的, 我们得到

$$R = R_1 \leqslant R_2 \leqslant R_4 \leqslant R_3.$$

还需证明 $R_3 \leqslant R_1$. 假设 $R_3 > R_1$(这说明 $R_1 \in \mathbb{R}$). 那么存在 $r \in \mathbb{R}$ 使得 $R_1 < r < R_3$. 由上确界的定义知, 存在 $r' \in (r, R_3) \cap \mathbb{R}$ 使得 $(a_n r'^n)_{n \in \mathbb{N}}$ 是有界的. 根据 Abel 引理, 我们有 $\sum |a_n| r^n$ 收敛, 这与 $r > R_1$ 矛盾. ◻

例 4.2.2.3 幂级数 $\sum z^n$ 的收敛半径为 $R = 1$. 事实上, 设 $z \in \mathbb{C}$, 我们有

- 如果 $|z| < 1$, 那么 $\sum z^n$ 收敛, 因此 $R \geqslant 1$;
- 如果 $|z| > 1$, 那么 $\sum z^n$ 明显发散, 因此 $R \leqslant 1$.

⚠️**注意**: 一般来说, 我们无法直接判断当 $|z| = R$ 时 $\sum a_n z^n$ 的敛散性.

例 4.2.2.4 考虑以下三种情况:

- $\sum z^n$ 的收敛半径为 $R = 1$, 但是对 $z \in \mathbb{U}$, $\sum z_n$ 发散;
- $\sum \dfrac{z^n}{n^2}$ 的收敛半径为 $R = 1$(为什么?), 并且显然, 对任意 $z \in \mathbb{U}$, $\sum \dfrac{z^n}{n^2}$ 绝对收敛从而收敛;
- $\sum \dfrac{z^n}{n}$(对 $n \geqslant 1$)的收敛半径为 $R = 1$, 它在 $\mathbb{U} \setminus \{1\}$ 的任意点处收敛(可利用 Abel 变换证明).

习题 4.2.2.5 设 $p \in \mathbb{N}^\star$, $(a_n)_{n \in \mathbb{N}^\star}$ 定义为: $\forall n \in \mathbb{N}^\star$, $a_n = \begin{cases} \dfrac{1}{n}, & p \mid n, \\ 0, & \text{其他}. \end{cases}$

1. 给出幂级数 $\sum a_n z^n$ 的一种 "简单" 写法.
2. 确定这个幂级数的收敛半径 R.
3. 确定当 $|z| = R$ 时 $\sum a_n z^n$ 的敛散性.

4.2.3　收敛半径的实际计算

在基本方法中, 我们在前面的例子中看到了确定"简单"幂级数的收敛半径的常用方法. 现在我们来看看一些补充的方法.

定理 4.2.3.1(D'Alembert(达朗贝尔)判据)　设 $\sum a_n z^n$ 是一个幂级数. 假设:

(i) $\exists n_0 \in \mathbb{N}, \forall n \geqslant n_0, a_n \neq 0$;

(ii) $\lim\limits_{n \to +\infty} \dfrac{|a_{n+1}|}{|a_n|} = \ell$, 其中 $\ell \in [0, +\infty]$.

那么, $\sum a_n z^n$ 的收敛半径是 $R = \dfrac{1}{\ell}$, 规定如果 $\ell = 0$, 则 $R = +\infty$, 以及如果 $\ell = +\infty$, 则 $R = 0$.

证明:

设 $z \in \mathbb{C}^{\star}$. 对 $n \in \mathbb{N}$, 令 $u_n(z) = a_n z^n$. 存在自然数 $n_0 \in \mathbb{N}$, 使得对任意 $n \geqslant n_0$, $|u_n(z)| > 0$. 并且,

$$\forall n \geqslant n_0, \frac{|u_{n+1}(z)|}{|u_n(z)|} = \frac{|a_{n+1}|}{|a_n|}|z|.$$

所以, $\lim\limits_{n \to +\infty} \dfrac{|u_{n+1}(z)|}{|u_n(z)|} = \ell|z|$. 根据 D'Alembert 判据,

- 如果 $|z| < \dfrac{1}{\ell}$, 那么 $\sum |u_n(z)|$ 收敛, 故 $R \geqslant \dfrac{1}{\ell}$;

- 如果 $|z| > \dfrac{1}{\ell}$, 那么 $\sum |u_n(z)|$ 发散, 故 $R \leqslant \dfrac{1}{\ell}$.

所以, $R = \dfrac{1}{\ell}$. ⊠

例 4.2.3.2　考虑幂级数 $\sum a_n z^n$, 其中对 $n \in \mathbb{N}$, $a_n = \dfrac{n!}{2^{2n}\sqrt{(2n)!}}$. 显然, 对任意 $n \in \mathbb{N}$, $a_n > 0$. 并且,

$$\forall n \in \mathbb{N}, \left|\frac{a_{n+1}}{a_n}\right| = \frac{n+1}{4\sqrt{(2n+2)(2n+1)}} \underset{n \to +\infty}{\sim} \frac{1}{8}.$$

所以, 该幂级数的收敛半径是 $R = 8$.

命题 4.2.3.3　设 $(a_n)_{n \in \mathbb{N}}$ 和 $(b_n)_{n \in \mathbb{N}}$ 是两个序列, 使得 $a_n \underset{n \to +\infty}{\sim} b_n$. 那么, 幂级数 $\sum a_n z^n$ 和 $\sum b_n z^n$ 有相同的收敛半径.

证明:

对任意 $z \in \mathbb{C}$, 我们有 $|a_n z^n| \underset{n \to +\infty}{\sim} |b_n z^n|$. 根据正项级数的比较, $\sum |a_n z^n|$ 和 $\sum |b_n z^n|$ 有相同的敛散性. 因此,

- 若 $|z| < R_a$, 则 $\sum |a_n z^n|$ 收敛, 故 $\sum |b_n z^n|$ 收敛. 因此, $|z| \leqslant R_b$. 这对任意 $|z| < R_a$ 成立, 故 $R_a \leqslant R_b$;
- 序列 $(a_n)_{n \in \mathbb{N}}$ 和 $(b_n)_{n \in \mathbb{N}}$ 的作用是对称的, 因此 $R_b \leqslant R_a$. ⊠

例 4.2.3.4 确定 $\sum a_n z^n$ 的收敛半径, 其中对 $n \geqslant 1$, $a_n = \left(\dfrac{n-1}{n} \right)^{n^2}$.

$$\forall n \geqslant 1, \ a_n = e^{n^2 \ln(1-\frac{1}{n})} = e^{-n-\frac{1}{2}+o(1)} \underset{n \to +\infty}{\sim} \frac{1}{\sqrt{e}e^n}.$$

因此, $\sum a_n z^n$ 的收敛半径与 $\sum b_n z^n$ 的相同, 其中, 对 $n \geqslant 1$, $b_n = \dfrac{1}{\sqrt{e} \times e^n}$.

又因为 $\sum b_n z^n = \sum \dfrac{1}{\sqrt{e}} \left(\dfrac{z}{e} \right)^n$. 因此, $\sum b_n z^n$ 绝对收敛当且仅当 $|z| < e$.

所以, $\sum a_n z^n$ 的收敛半径是 $R = e$.

习题 4.2.3.5 利用收敛半径的定义, 直接求得上述结果.

命题 4.2.3.6 设 $(a_n)_{n \in \mathbb{N}}$ 和 $(b_n)_{n \in \mathbb{N}}$ 是两个复数列. 记 R_a 和 R_b 分别为 $\sum a_n z^n$ 和 $\sum b_n z^n$ 的收敛半径. 我们有:

(i) 如果 $a_n = o(b_n)$, 那么 $R_a \geqslant R_b$;

(ii) 如果 $a_n = O(b_n)$, 那么 $R_a \geqslant R_b$;

(iii) 如果存在 $\lambda \in \mathbb{C}^\star$ 使得 $(b_n) = \lambda(a_n)$, 那么 $R_a = R_b$.

证明:

- 证明 (ii)(由此可以得到 (i)).

设 $z \in \mathbb{C}$. 由于 $a_n = O(b_n)$, 故 $|a_n z^n| = O(|b_n z^n|)$. 因此, 如果 $|z| < R_b$, 那么级数 $\sum |b_n z^n|$ 收敛. 根据正项级数的比较, $\sum |a_n z^n|$ 收敛. 所以, $|z| \leqslant R_a$. 这对任意满足 $|z| < R_b$ 的复数 z 都成立, 所以 $R_b \leqslant R_a$.

- 那么, 性质 (iii) 是显然的, 因为 $a_n = O(b_n)$ 且 $b_n = O(a_n)$. ⊠

4.2.4 幂级数的运算以及收敛半径的关系

命题 4.2.4.1 设 $\sum a_n z^n$ 和 $\sum b_n z^n$ 是两个收敛半径分别为 R_a 和 R_b 的幂级数. 那么,

(i) 它们的和 $\sum(a_n + b_n)z^n$ 是一个收敛半径为 $R \geqslant \min(R_a, R_b)$ 的幂级数. 并且, 如果 $R_a \neq R_b$, 那么 $R = \min(R_a, R_b)$.

(ii) 对任意 $\lambda \in \mathbb{C}^*$, $\sum a_n z^n$ 和 $\sum(\lambda a_n)z^n$ 有相同的收敛半径.

(iii) 最后, 这两个幂级数的乘积的收敛半径 $R \geqslant \min(R_a, R_b)$.

注: 请注意, 不等式可能是严格的. 例如,

- $\sum z^n$ 和 $\sum -z^n$ 的收敛半径都是 1, 它们的和是通项为零的幂级数, 收敛半径是 $+\infty$.
- $\sum z^n$ 的收敛半径是 1, $1 - z$ 的收敛半径是 $+\infty$, 它们的乘积是幂级数 1, 收敛半径为 $+\infty$.

证明:

- 证明 (i).

如果 $z \in \mathbb{C}$ 且 $|z| < \min(R_a, R_b)$, 那么 $\sum a_n z^n$ 和 $\sum b_n z^n$ 都绝对收敛. 因此, 它们的和也是一个绝对收敛的级数. 这证得, 如果 $|z| < \min(R_a, R_b)$, 那么 $\sum(a_n + b_n)z^n$ 绝对收敛. 所以, $\sum(a_n + b_n)z^n$ 的收敛半径 $R \geqslant \min(R_a, R_b)$.

假设 $R_a \neq R_b$. 不失一般性(否则交换两个序列的名称), 可以假设 $R_a < R_b$. 选取 $z \in \mathbb{C}$ 使得 $R_a < |z| < R_b$. 那么, $\sum b_n z^n$ 绝对收敛, 但 $\sum a_n z^n$ 发散. 因此, $\sum(a_n + b_n)z^n$ 发散. 所以, $R \leqslant R_a$.

- 性质 (ii) 已经证明过. 下面证明 (iii).

根据数项级数的课程内容, 两个绝对收敛的级数的 Cauchy 积是一个绝对收敛的级数. 从而可以马上得出结论. $\boxtimes$

推论 4.2.4.2 设 $\sum a_n z^n$ 和 $\sum b_n z^n$ 是两个收敛半径分别为 R_a 和 R_b 的幂级数. 那么,

(i) 对任意 $(\lambda, \mu) \in \mathbb{C}^2$ 和任意复数 $z \in D(0, \min(R_a, R_b))$, 我们有

$$\sum_{n=0}^{+\infty}(\lambda a_n + \mu b_n)z^n = \lambda \sum_{n=0}^{+\infty} a_n z^n + \mu \sum_{n=0}^{+\infty} b_n z^n;$$

(ii) 对任意 $z \in \mathbb{C}$ 使得 $|z| < \min(R_a, R_b)$, 我们有

$$\sum_{n=0}^{+\infty}\left(\sum_{k=0}^{n} a_k b_{n-k}\right)z^n = \left(\sum_{n=0}^{+\infty} a_n z^n\right)\left(\sum_{n=0}^{+\infty} b_n z^n\right).$$

证明:

显然, 第一个结论是收敛级数的极限运算的结果, 第二个结论是两个绝对收敛级数的 Cauchy 积的性质.　　　　　　　　　　　　　　⊠

4.3　幂级数的和函数的性质

4.3.1　幂级数的和以及收敛开圆盘

定义 4.3.1.1　设 $\sum a_n z^n$ 是一个(实或复的)幂级数, 收敛半径为 $R \in [0, +\infty]$.

- 我们定义它的收敛开圆盘(或收敛开区间若 $\mathbb{K} = \mathbb{R}$)为集合

$$D_R := D(0, R) = \{z \in \mathbb{C} \mid |z| < R\} (或 I_R = (-R, R)).$$

- 我们定义幂级数的和为表达式如下的函数 S :

$$\forall z \in \mathbb{C}, S(z) = \sum_{n=0}^{+\infty} a_n z^n.$$

注:

- 可以看出, 幂级数的和总是在收敛开圆盘上有定义. 然而, 和函数也可能在闭圆盘上有定义, 或者在闭圆盘上除一些点外有定义, 等等.
- 当收敛半径为零时, $D_R = \varnothing$.

定理 4.3.1.2(和的连续性)　收敛半径为 $R > 0$ 的幂级数在任意闭圆盘 $\overline{D}(0, r)$ 上正规收敛, 其中 $0 < r < R$. 特别地, 幂级数的和函数总是在其收敛开圆盘上连续.

证明:

设 $\sum a_n z^n$ 是一个收敛半径为 $R > 0$ 的幂级数.

- 对任意自然数 n, $u_n : z \longmapsto a_n z^n$ 在 $D(0, R)$ 上连续;
- 对任意实数 $r \in (0, R)$,

$$\forall n \in \mathbb{N}, \|u_n\|_{\infty, \overline{D}(0,r)} = |a_n| r^n.$$

又因为 $r < R$, 故 $\sum |a_n| r^n$ 收敛. 所以, $\sum u_n$ 在任意包含于收敛开圆盘的闭圆盘 $\overline{D}(0, r)$ 上正规收敛.

根据函数项级数的连续性定理, 幂级数的和函数在 $D(0,R)$ 上连续. ◻

⚠️ **注意**：在任意闭圆盘 $\overline{D}(0,r) \subset D(0,R)$ 上正规收敛, 不能推出在开圆盘 $D(0,R)$ 上正规收敛!

例 4.3.1.3 因此, 我们得到, $z \longmapsto \exp(z)$ 在 $\mathbb{C}$ 上连续, 因为这是一个收敛半径为 $+\infty$ 的幂级数的和.

4.3.2　幂级数的积分和求导

在这一节中, 我们首先建立收敛半径的一般性质(适用于实或复的幂级数). 然后, 我们将分别处理实变量幂级数的情况(可以直接应用函数项级数的相关定理)和复变量幂级数的情况.

引理 4.3.2.1 设 $\sum a_n z^n$ 是一个收敛半径为 $R \in [0, +\infty]$ 的幂级数. 那么, 幂级数 $\sum n a_n z^n$ 和 $\sum \dfrac{a_n}{n} z^n$ 的收敛半径都是 R.

证明：

- 只需证明 $\sum a_n z^n$ 和 $\sum n a_n z^n$ 有相同的收敛半径(然后可以对序列 $\left(\dfrac{a_n}{n}\right)_{n \in \mathbb{N}^*}$ 应用此结果).

- 首先, 设 R 和 R' 分别是幂级数 $\sum a_n z^n$ 和 $\sum n a_n z^n$ 的收敛半径.
显然有 $a_n = O(n a_n)$, 因此 $R \geqslant R'$.
如果 $R = 0$, 那么 $R' = 0$, 结论得证. 否则, 设 $z \in \mathbb{C}$ 使得 $|z| < R$. 取定 $r \in (|z|, R)$, 则序列 $(a_n r^n)$ 是有界的. 那么,

$$\forall n \in \mathbb{N}, \ |n a_n z^n| = |a_n r^n| \times n \times \left(\frac{|z|}{r}\right)^n.$$

令 $q = \dfrac{|z|}{r}$, 我们有 $n a_n z^n = O(n q^n)$. 又因为 $|q| < 1$, 所以通项为 $n q^n$ 的级数绝对收敛. 由此得到, $\sum n a_n z^n$ 是绝对收敛的. 因此, 这证得, 如果 $|z| < R$, 那么 $\sum n a_n z^n$ 是绝对收敛的, 所以 $R' \geqslant R$. ◻

推论 4.3.2.2 对任意非零的有理分式 Q, 幂级数 $\sum a_n z^n$ 和 $\sum Q(n) a_n z^n$ 有相同的收敛半径.

注: 幂级数 $\sum Q(n)a_n z^n$ 不一定从 $n = 0$ 开始有定义. 这个推论表明, 该级数(从某项起有定义)和 $\sum a_n z^n$ 有相同的收敛半径.

证明:

- 事实上, 直接的数学归纳法表明, 对任意 $p \in \mathbb{Z}$, $\sum n^p a_n z^n$ 和 $\sum a_n z^n$ 有相同的收敛半径.

- 其次, 如果 $\deg Q = p$, 那么 $a_n Q(n) \underset{n \to +\infty}{\sim} \lambda_p a_n n^p$, 其中 $\lambda_p \neq 0$ 是 Q 的首项系数, 因此 $\sum a_n Q(n) z^n$ 和 $\sum n^p a_n z^n$ 的收敛半径是相同的. $\boxtimes$

定理 4.3.2.3(单实变量幂级数的情况) 设幂级数 $\sum a_n x^n$ 的收敛半径为 $R > 0$. 那么, 它的和函数 S 在其收敛开区间上是 $\mathcal{C}^\infty$ 的, 并且,

$$\forall k \in \mathbb{N}, \forall x \in (-R, R), \; S^{(k)}(x) = \sum_{n=0}^{+\infty} \frac{(n+k)!}{n!} a_{n+k} x^n.$$

特别地, S 的任意阶导函数都是与 $\sum a_n x^n$ 有相同收敛半径的幂级数的和, 且

$$\forall n \in \mathbb{N}, \; a_n = \frac{S^{(n)}(0)}{n!}.$$

证明:

- 对 $n \in \mathbb{N}$, 令 $u_n : x \longmapsto a_n x^n$.

  * $\sum u_n$ 在 $(-R, R)$ 上简单收敛到 S;

  * 对任意自然数 n, $u_n \in \mathcal{C}^\infty((-R, R))$;

  * 对任意 $r \in (0, R)$, 以及任意自然数 k,

  $$\forall n \geqslant k, \; \|u_n^{(k)}\|_{\infty, [-r,r]} = \frac{n!}{(n-k)!} |a_n| r^{n-k}.$$

  又因为, 对取定的 $k \in \mathbb{N}$, $\dfrac{n!}{r^k(n-k)!}$ 是一个关于 n 的有理分式, 因此根据推论 4.3.2.2, 幂级数 $\sum \dfrac{n!}{r^k(n-k)!} a_n x^n$ 的收敛半径和 $\sum a_n x^n$ 的相同. 因为 $r < R$, 所以 $\sum \dfrac{n!}{(n-k)!} |a_n| r^{n-k}$ 收敛. 因此, 函数项级数 $\sum u_n^{(k)}$ 在任意包含于 $(-R, R)$ 的闭区间上正规收敛.

- 根据函数项级数的可导性定理, S 在 $(-R, R)$ 上 $\mathcal{C}^\infty$, 且有

$$\forall k \in \mathbb{N}, \, \forall x \in (-R, R), \, S^{(k)}(x) = \sum_{n=0}^{+\infty} u_n^{(k)}(x)$$

$$= \sum_{n=k}^{+\infty} \frac{n!}{(n-k)!} a_n x^{n-k}$$

$$= \sum_{n=0}^{+\infty} \frac{(n+k)!}{n!} a_{n+k} x^n. \qquad \boxtimes$$

推论 4.3.2.4　两个收敛半径非零的幂级数 $\sum a_n x^n$ 和 $\sum b_n x^n$ 的和函数在 0 的一个邻域内相等当且仅当 $(a_n) = (b_n)$.

证明:

事实上, 如果存在 $r > 0$ 使得 $r < \min(R_a, R_b)$, 且

$$\forall x \in (-r, r), \, S(x) = \sum_{n=0}^{+\infty} a_n x^n = \sum_{n=0}^{+\infty} b_n x^n,$$

那么, 根据上述定理, S 在 $(-r, r)$ 上 $\mathcal{C}^\infty$, 且有

$$\forall n \in \mathbb{N}, \, a_n = \frac{S^{(n)}(0)}{n!} = b_n.$$

逆命题是显然的. $\qquad \boxtimes$

注:　一个问题是, 是否任意在 0 的邻域内 $\mathcal{C}^\infty$ 的函数都可以写成幂级数的和(这称为在 0 的邻域内可展成幂级数, 会在 4.4 节学到). 回答是否定的: 不总是如此.

例 4.3.2.5　我们也可以用这个定理来证明一个函数是 $\mathcal{C}^\infty$ 的. 证明定义为

$$\forall x \in \mathbb{R}, \, f(x) = \int_0^{+\infty} \cos(xt) e^{-t^2} \, \mathrm{d}t$$

的函数 f 是在 $\mathbb{R}$ 上 $\mathcal{C}^\infty$ 的. 为此, 我们将证明

$$\forall x \in \mathbb{R}, \, f(x) = \sum_{n=0}^{+\infty} \left(\frac{(-1)^n}{(2n)!} \int_0^{+\infty} t^{2n} e^{-t^2} \, \mathrm{d}t \right) x^{2n}.$$

如果我们证得这个等式, 那么我们可以直接推断幂级数 $\sum a_n x^n$ 的收敛半径是正无穷(其中 $a_{2n+1} = 0$, $a_{2n} = \dfrac{(-1)^n}{(2n)!} \displaystyle\int_0^{+\infty} t^{2n} e^{-t^2} \, \mathrm{d}t$), 这是因为对任意实数 x, 级数 $\sum a_n x^n$ 都是收敛的. 因此, 作为这个幂级数的和, 函数 f 是在 $\mathbb{R}$ 上 $\mathcal{C}^\infty$ 的.

设 $x \in \mathbb{R}$. 对 $n \in \mathbb{N}$ 和 $t \in [0, +\infty)$, 令 $f_n(t) = (-1)^n \dfrac{x^{2n}}{(2n)!} t^{2n} e^{-t^2}$.

- 由构造, $\sum f_n$ 是一个连续从而分段连续的函数项级数, 它在 $[0,+\infty)$ 上简单收敛于 $g : t \longmapsto \cos(xt)e^{-t^2}$;

- g 在 $[0,+\infty)$ 上分段连续(实际上是连续的);

- 现在需要证明的是, 每个 f_n 都在 $[0,+\infty)$ 上可积, 且级数 $\sum \int_{[0,+\infty)} |f_n|$ 收敛. 又因为,

  * $\sum |f_n|$ 是一个分段连续且恒正的函数项级数, $\sum |f_n|$ 在 $[0,+\infty)$ 上简单收敛于函数 $h : t \longmapsto \mathrm{ch}\,(xt)e^{-t^2}$, 其中 h 在 $[0,+\infty)$ 上分段连续;

  * 函数 h 在 $[0,+\infty)$ 上可积(因为 $h(t) \underset{t\to+\infty}{=} o(e^{-t})$).

根据 Beppo-Levi 定理, 对任意自然数 n, $|f_n|$ 在 $[0,+\infty)$ 上可积, 且 $\sum \int_{[0,+\infty)} |f_n|$ 收敛.

这证得我们可以交换无穷和与积分的顺序, 从而结论得证.

注:

- 事实上, 这种方法甚至可以确定 f 的表达式. 我们知道[①]
$$\int_0^{+\infty} t^{2n}e^{-t^2}\,\mathrm{d}t = \frac{(2n)!}{n!2^{2n}} \times \frac{\sqrt{\pi}}{2}.$$
因此, 对任意实数 x,
$$f(x) = \frac{\sqrt{\pi}}{2}\sum_{n=0}^{+\infty}\frac{(-1)^n x^{2n}}{n!2^{2n}} = \frac{\sqrt{\pi}}{2}\exp\left(-\frac{x^2}{4}\right).$$

- 你们也可以与积分那章中的习题 2.5.2.11 作比较, 在那个习题中我们把 f 当做含参变量的积分进行了研究, 并且利用微分方程确定了它的表达式.

定理 4.3.2.6(单实变量幂级数的积分) 设 $\sum a_n x^n$ 是一个收敛半径为 $R > 0$ 的幂级数. 那么:

(i) 幂级数 $\sum \frac{a_n}{n+1}x^{n+1}$ 的收敛半径为 R;

(ii) 对任意 $x \in (-R,R)$,
$$\int_0^x \left(\sum_{n=0}^{+\infty} a_n t^n\right)\mathrm{d}t = \sum_{n=0}^{+\infty}\frac{a_n}{n+1}x^{n+1}.$$
我们称幂级数 $\sum \frac{a_n}{n+1}x^{n+1}$ 是由 $\sum a_n x^n$ 逐项积分导出的.

---

① 参见概率课程中服从 Γ 分布律或正态分布律的随机变量的各阶矩.

证明:

- 关于收敛半径, 这是已知的性质.

- 第二个性质是显然的, 因为函数项级数 $\sum(t \longmapsto a_n t^n)$ 在任意包含于 $(-R, R)$ 的闭区间上正规收敛, 所以我们可以直接在任意包含于 $(-R, R)$ 的闭区间上交换无穷和与积分的顺序. $\boxtimes$

注:　现在我们来看看复变量的幂级数. 我们可以建立与实变量幂级数类似的定理, 但这将是愚蠢的, 因为事实上, 全纯函数的序列(或级数)的情况要简单得多, 也令人印象深刻得多. 以下信息供参考: 可以证明, 如果 $(f_n)_{n \in \mathbb{N}}$ 是一列在开集 Ω 上全纯的函数并且在 Ω 的任意紧子集上一致收敛于 f, 那么 f 是在 Ω 上全纯的, 并且对任意自然数 k, $(f_n^{(k)})_{n \in \mathbb{N}}$ 在任意紧子集上一致收敛于 $f^{(k)}$ (注意, 全纯函数一定是 C^∞ 的, 稍后会给出证明.)

定理 4.3.2.7(单复变量的幂级数)　设 $\sum a_n z^n$ 是一个收敛半径为 $R > 0$ 的幂级数. 我们记 f 为它的和函数, (至少)在它的收敛开圆盘上有定义. 那么:

(i) 幂级数 $\sum n a_n z^{n-1}$ 的收敛半径是 R;

(ii) 函数 f 是在 $D(0, R) = D_R$ 上全纯的;

(iii) 对任意 $z \in D_R$, $f'(z) = \displaystyle\sum_{n=1}^{+\infty} n a_n z^{n-1}$.

证明:

- 定理的第一个结论已经证明过.

- 证明 (ii) 和 (iii).

设 $z_0 \in D(0, R)$. 那么 $|z_0| < R$. 选取实数 r 使得 $0 < r < R - |z_0|$. 那么, 对任意 $h \in D(0, r)$, 有 $|z_0 + h| < |z_0| + r < R$, 故 $z_0 + h \in D(0, R)$.

那么对任意 $h \in D(0, r) \setminus \{0\}$, 我们有

$$\frac{f(z_0 + h) - f(z_0)}{h} = \sum_{n=0}^{+\infty} a_n \frac{(z_0 + h)^n - z_0^n}{h}$$
$$= \sum_{n=1}^{+\infty} a_n \left(\sum_{k=0}^{n-1} (z_0 + h)^k z_0^{n-1-k} \right).$$

对 $n \geqslant 1$ 和 $h \in D(0, r)$, 令

$$f_n(h) = a_n \left(\sum_{k=0}^{n-1} (z_0 + h)^k z_0^{n-1-k} \right).$$

我们要证明

$$\lim_{\substack{h \to 0 \\ h \neq 0}} \sum_{n=1}^{+\infty} f_n(h) = \sum_{n=1}^{+\infty} n a_n z_0^{n-1}.$$

我们将简单地应用双重极限定理.

* 对任意自然数 $n \geqslant 1$, f_n 在 $D(0, r)$ 上连续, 因此,

$$\lim_{\substack{h \to 0 \\ h \neq 0}} f_n(h) = f_n(0) = a_n \sum_{k=0}^{n-1} z_0^k z_0^{n-1-k} = n a_n z_0^{n-1}.$$

* 对任意自然数 $n \geqslant 1$, 我们有

$$\forall h \in D(0, r), |f_n(h)| \leqslant |a_n| \times \left(\sum_{k=0}^{n-1} |z_0 + h|^k |z_0|^{n-1-k} \right)$$

$$\leqslant |a_n| \times \left(\sum_{k=0}^{n-1} (|z_0| + |h|)^k |z_0|^{n-1-k} \right)$$

$$\leqslant |a_n| \times \left(\sum_{k=0}^{n-1} (|z_0| + r)^k |z_0|^{n-1-k} \right)$$

$$\leqslant |a_n| \times \left(\sum_{k=0}^{n-1} (|z_0| + r)^k (|z_0| + r)^{n-1-k} \right)$$

$$\leqslant |a_n| \times n \times (|z_0| + r)^{n-1}.$$

因此, 对任意 $n \geqslant 1$, 我们有: $\|f_n\|_{\infty, D(0,r)} \leqslant n \times |a_n| \times (|z_0| + r)^{n-1}$.
又因为, $|z_0| + r < R$ 并且幂级数 $\sum n a_n z^n$ 的收敛半径也是 R. 所以, $\sum n \times |a_n| \times (|z_0| + r)^{n-1}$ 收敛. 这证得函数项级数 $\sum f_n$ 在 $D(0, r)$ 上正规收敛(从而一致收敛).

根据双重极限定理, 该幂级数的和函数在 0 处连续.

从而得到, 当 h 趋于 0 时, $h \longmapsto \dfrac{f(z_0 + h) - f(z_0)}{h}$ 的极限存在, 并且

$$\lim_{h \to 0} \left(\frac{f(z_0 + h) - f(z_0)}{h} \right) = \lim_{h \to 0} \left(\sum_{n=1}^{+\infty} f_n(h) \right)$$

$$= \sum_{n=1}^{+\infty} \lim_{h \to 0} f_n(h)$$

$$= \sum_{n=1}^{+\infty} n a_n z_0^{n-1}.$$

这证得 f 在 z_0 处 $\mathbb{C}$-可导, 且 $f'(z_0) = \sum_{n=1}^{+\infty} n a_n z_0^{n-1}$.

上述结果对任意 $z_0 \in D(0, R)$ 都成立, 故结论得证. $\boxtimes$

推论 4.3.2.8　设 f 是一个收敛半径为 $R > 0$ 的幂级数 $\sum a_n z^n$ 的和函数. 那么, f 是在 $D(0, R)$ 上无穷次 $\mathbb{C}$-可导的, 即 f 是在 $D(0, R)$ 上 $\mathcal{C}^\infty$ 的($\mathbb{C}$-可导的意义下), 且

$$\forall k \in \mathbb{N}, \forall z \in D(0, R), f^{(k)}(z) = \sum_{n=0}^{+\infty} \frac{(n+k)!}{n!} a_{n+k} z^n.$$

特别地, 对任意自然数 n, $a_n = \dfrac{f^{(n)}(0)}{n!}$.

证明:

我们刚刚证得, 一个幂级数的和函数是在 $D(0, R)$ 上 $\mathbb{C}$-可导的, 并且其导函数也是一个有相同收敛半径的幂级数的和. 直接由数学归纳法可得, f 在其收敛开圆盘上 $\mathcal{C}^\infty$, 且它的第 k-阶导函数可以通过逐项求 k-阶导数得到. ⊠

推论 4.3.2.9　如果 $\sum a_n z^n$ 和 $\sum b_n z^n$ 是两个收敛半径大于零的幂级数, 那么它们的和函数在一个半径大于零的开圆盘 $D(0, r)$ 上相等当且仅当 $(a_n) = (b_n)$.

证明:

证明与单实变量幂级数的情况相同. ⊠

推论 4.3.2.10　复指数函数是在 $\mathbb{C}$ 上 $\mathcal{C}^\infty$ 的.

证明:

这是显然的, 因为它是一个收敛半径为 $+\infty$ 的幂级数的和. ⊠

注:　我们稍后会看到, 这实际上是一个假的推论. 任意在开集上全纯的函数都必然是在该开集上 $\mathcal{C}^\infty$ 的. 这是一个令人惊讶的结果, 与单实变量函数的情况大不相同.

定义 4.3.2.11　设 $f : \Omega \longrightarrow \mathbb{C}$ 是一个函数, 其中 Ω 是 $\mathbb{C}$ 的一个开集. 我们称任意在 Ω 上全纯且满足 $F' = f$ 的函数 F 为 f 在 Ω 上的一个原函数.

注:

- 上一个注释表明, 此时 f 应该也是在 Ω 上全纯的, 否则它不可能有原函数.
- 与单实变量函数的情况不同, 在 $\mathbb{C}$ 的一个开集上连续的函数未必有原函数. 稍后我们会看到, $z \longmapsto \dfrac{1}{z}$ 在 $\mathbb{C}^\star$ 上全纯从而连续, 但它在 $\mathbb{C}^\star$ 上没有原函数.
- 如果 F 和 G 是 f 的两个原函数, 那么 $F - G$ 不一定在 Ω 上是常函数. 但是, 如果 Ω 是一个凸集或者星形集(或更一般地, 连通集)时, $F - G$ 在 Ω 上就是常函数.

习题 4.3.2.12 利用 $\tilde{F} - \tilde{G}$ 以及微分演算的知识, 验证上述注释的最后一点.

定理 4.3.2.13 设 $\sum a_n z^n$ 是一个收敛半径为 $R > 0$ 的幂级数, f 是这个幂级数的和. 那么, 定义为

$$\forall z \in D(0, R),\ F(z) = \sum_{n=0}^{+\infty} \frac{a_n}{n+1} z^{n+1}$$

的函数 F 是在 $D(0, R)$ 上全纯的, 并且是 f 的一个原函数.

证明:

> 这是显然的: 注意到 $\sum \dfrac{a_n}{n+1} z^{n+1}$ 的收敛半径也是 R, 对 F 应用幂级数的求导定理即可. $\boxtimes$

例 4.3.2.14 证明函数 $f : x \longmapsto \begin{cases} \dfrac{\sin x}{x}, & x \neq 0, \\ 1, & x = 0 \end{cases}$ 是在 $\mathbb{R}$ 上 $\mathcal{C}^\infty$ 的.

我们知道, 复指数函数是在 $\mathbb{C}$ 上 $\mathcal{C}^\infty$ 的, 且它是一个收敛半径为 $+\infty$ 的幂级数的和. 由此可得

$$\forall x \in \mathbb{R},\ \sin(x) = \frac{e^{ix} - e^{-ix}}{2i} = \sum_{n=0}^{+\infty} \frac{(-1)^n}{(2n+1)!} x^{2n+1}.$$

那么, 对任意实数 x, $f(x) = \displaystyle\sum_{n=0}^{+\infty} \frac{(-1)^n}{(2n+1)!} x^{2n}$. 因为 f 是一个收敛半径为 $R = +\infty$ 的幂级数的和, 所以 f 是在 $\mathbb{R}$ 上 $\mathcal{C}^\infty$ 的.

习题 4.3.2.15 利用含参积分直接证出该结果.

习题 4.3.2.16 证明结果对以下函数也成立: $z \longmapsto \begin{cases} \dfrac{\sin z}{z}, & z \in \mathbb{C}^\star, \\ 1, & z = 0. \end{cases}$

习题 4.3.2.17 从上面的例子中得到启发, 完成以下习题.

1. 证明 $x \longmapsto \begin{cases} \dfrac{x}{e^x - 1}, & x \in \mathbb{R}^\star, \\ 1, & x = 0 \end{cases}$ 在 $\mathbb{R}$ 上 $\mathcal{C}^\infty$.

2. 确定函数 $z \longmapsto \dfrac{z}{e^z - 1}$ 的定义域 D, 并证明这个函数可以延拓成在 $D \cup \{0\}$ 上 $\mathcal{C}^\infty$ 的函数. 这个函数可以延拓成在 $\mathbb{C}$ 上 $\mathcal{C}^\infty$ 的函数吗?

4.4 展成幂级数

4.4.1 定义以及与 Taylor(泰勒)级数的联系

定义 4.4.1.1 设函数 $f : \Omega \longrightarrow \mathbb{C}$ 定义在 0 的邻域内(其中 Ω 是 $\mathbb{R}$ 或 $\mathbb{C}$ 的一个子集). 我们称 f 在 0 处(或在 0 的邻域内)可以展成幂级数, 若存在一个收敛半径为 $R > 0$ 的幂级数 $\sum a_n z^n$ 以及 0 的一个邻域 V 使得

$$\forall z \in V, \ f(z) = \sum_{n=0}^{+\infty} a_n z^n.$$

例 4.4.1.2 复指数函数在 0 处可以展成幂级数.

例 4.4.1.3 函数 $x \longmapsto \dfrac{1}{1-x}$ (此处是单实变量的)在 0 的邻域内可以展成幂级数. 事实上,

$$\forall x \in (-1, 1), \ \frac{1}{1-x} = \sum_{n=0}^{+\infty} x^n.$$

定义 4.4.1.4 设 $f : \Omega \longrightarrow \mathbb{C}$ 定义在 $z_0 \in \Omega$ 的邻域上. 我们称 f 在 z_0 的邻域内(或在 z_0 处)可以展成幂级数, 若函数 $h \longmapsto f(z_0 + h)$ 在 0 的邻域内可以展成幂级数.

例 4.4.1.5 复指数函数在 $\mathbb{C}$ 的任意点的邻域内可以展成幂级数. 事实上, 如果 $z_0 \in \mathbb{C}$, 那么,

$$\forall h \in \mathbb{C}, \ \exp(z_0 + h) = \exp(z_0) \times \exp(h) = \sum_{n=0}^{+\infty} \frac{\exp(z_0)}{n!} h^n.$$

例 4.4.1.6   函数 $x \longmapsto \ln(x)$ 在任意 $a > 0$ 的邻域内可以展成幂级数. 事实上, 对任意 $h \in (-a, a)$, 我们有

$$\ln(a + h) = \ln(a) + \ln\left(1 + \frac{h}{a}\right)$$

$$= \ln(a) + \sum_{n=1}^{+\infty} \frac{(-1)^{n-1}}{na^n} h^n$$

$$= \sum_{n=0}^{+\infty} b_n h^n.$$

令 $b_0 = \ln(a)$, 并且对 $n \in \mathbb{N}^*$, 令 $b_n = \dfrac{(-1)^{n-1}}{na^n}$. 因为对任意 $h \in (-a, a)$, $\sum b_n h^n$ 收敛, 所以幂级数 $\sum b_n h^n$ 的收敛半径 $R \geqslant a > 0$. 这证得 $\ln$ 在 a 的邻域内可以展成幂级数.

注: 稍后我们会看到, 这是幂级数的和函数的情况. 如果 f 是一个收敛半径为 $R > 0$ 的幂级数的和, 那么 f 在任意 $z_0 \in D(0, R)$ 的邻域内可以展开成幂级数.

记号: 在法文中经常用 "f DSE en z_0" 来表示 f 在 z_0 的邻域内可以展成幂级数.

命题 4.4.1.7   如果 f 在 0 的邻域内可以展成幂级数, 那么 f 是在 0 的邻域内 $\mathcal{C}^\infty$ 的, 并且, 它的幂级数展开可以由它的 Taylor 级数给出:

$$\forall z \in V, \ f(z) = \sum_{n=0}^{+\infty} \frac{f^{(n)}(0)}{n!} z^n.$$

证明:

> 我们已经证明过这个结果.   ⊠

⚠ **注意:** 对单实变量函数来说, 逆命题是错误的. 下面的习题可作为例证.

习题 4.4.1.8   设 f 是一个在 $\mathbb{R}$ 上定义如下的函数:

$$\forall x \in \mathbb{R}^\star, \ f(x) = \exp\left(-\frac{1}{x^2}\right) \ \text{且} \ f(0) = 0.$$

1. 证明 f 是在 $\mathbb{R}$ 上 $\mathcal{C}^\infty$ 的, 并且对任意 $n \in \mathbb{N}$, $f^{(n)}(0) = 0$.
2. 导出 f 在 0 的邻域内不可以展成幂级数.

注: 稍后我们会看到, 对全纯函数来说逆命题是成立的.

推论 4.4.1.9　如果函数 f 在 z_0 的邻域内可以展成幂级数, 那么 f 是在 z_0 的邻域内 C^∞ 的, 并且它的幂级数展开可以由它的 Taylor 级数给出:

$$\forall h \in V, f(z_0 + h) = \sum_{n=0}^{+\infty} \frac{f^{(n)}(z_0)}{n!} h^n.$$

证明:

设函数 g 定义为 $g(h) = f(z_0 + h)$. 根据定义, g 在 0 的邻域内可以展成幂级数. 因此, g 是在 0 的邻域内 C^∞ 的(即 f 是在 z_0 的邻域内 C^∞ 的), 并且

$$\forall n \in \mathbb{N}, g^{(n)}(0) = f^{(n)}(z_0).$$

因此得到

$$\forall h \in V, f(z_0 + h) = g(h) = \sum_{n=0}^{+\infty} \frac{g^{(n)}(0)}{n!} h^n = \sum_{n=0}^{+\infty} \frac{f^{(n)}(z_0)}{n!} h^n. \qquad \boxtimes$$

4.4.2　常见函数的幂级数展开

我们回顾以下结论.

定理 4.4.2.1　指数函数是一个收敛半径为 $R = +\infty$ 的幂级数的和.

推论 4.4.2.2　正弦函数、余弦函数、双曲正弦函数和双曲余弦函数都是在任意点的邻域内可以展成幂级数的. 并且, 它们所展成的幂级数的收敛半径都是 $+\infty$.

证明:

这是幂级数运算的简单结果. $\qquad \boxtimes$

注:　特别地, 要记住以下展开式:

$$\forall x \in \mathbb{R}, \ \cos(x) = \sum_{n=0}^{+\infty} \frac{(-1)^n}{(2n)!} x^{2n}; \qquad \forall x \in \mathbb{R}, \ \sin(x) = \sum_{n=0}^{+\infty} \frac{(-1)^n}{(2n+1)!} x^{2n+1};$$

$$\forall x \in \mathbb{R}, \ \mathrm{ch}\,(x) = \sum_{n=0}^{+\infty} \frac{x^{2n}}{(2n)!}; \qquad \forall x \in \mathbb{R}, \ \mathrm{sh}\,(x) = \sum_{n=0}^{+\infty} \frac{x^{2n+1}}{(2n+1)!}.$$

如果我们用 $z \in \mathbb{C}$ 替换 $x \in \mathbb{R}$, 这些展开式仍然是成立的.

命题 4.4.2.3 函数 $\ln$ 在 1 的邻域内可以展成幂级数, 并且所得的幂级数的收敛半径是 $R = 1$. 确切地, 我们有

$$\forall x \in (-1, 1], \ \ln(1+x) = \sum_{n=1}^{+\infty} \frac{(-1)^{n-1}}{n} x^n.$$

证明:

参见《大学数学进阶1》中函数项序列与级数或第 2 章的内容. $\boxtimes$

习题 4.4.2.4 证明该展开式确实在 $(-1, 1]$ 上成立.

习题 4.4.2.5 证明对任意 $x \in [-1, 1]$, $\arctan(x) = \sum_{n=0}^{+\infty} \dfrac{(-1)^n}{2n+1} x^{2n+1}$.

命题 4.4.2.6 设 $\alpha \in \mathbb{R}$. 函数 $x \longmapsto (1+x)^\alpha$ 在 0 的邻域内可以展成幂级数. 并且, 如果 $\alpha \in \mathbb{R} \setminus \mathbb{N}$, 那么, 该 Taylor 级数的收敛半径是 $R = 1$, 此时有

$$\forall x \in (-1, 1), \ (1+x)^\alpha = \sum_{n=0}^{+\infty} \binom{\alpha}{n} x^n,$$

其中, 根据定义, 对 $n \in \mathbb{N}$, $\displaystyle\binom{\alpha}{n} = \frac{\alpha(\alpha-1)\cdots(\alpha-n+1)}{n!} = \frac{1}{n!} \times \prod_{k=0}^{n-1} (\alpha - k)$.

证明:

证明留作练习. 以下是证明的步骤:

- 幂级数 $\displaystyle\sum \binom{\alpha}{n} x^n$ 的收敛半径是 $R = 1$;

- 利用带积分余项的 Taylor 公式, 对 $x \in (-1,1)$, 计算

$$f(x) - \sum_{k=0}^{n} \binom{\alpha}{k} x^k ;$$

- 估计积分余项的上界, 并证明余项趋于 0. ⊠

命题 4.4.2.7　设 f 是一个在 0 的邻域内 $\mathcal{C}^\infty$ 的函数. 为了使得 f 在 0 的一个邻域上等于它的 Taylor 级数的和, 只需以下条件成立:

$$\exists r > 0,\ \exists M > 0,\ \forall n \in \mathbb{N},\ \forall x \in (-r,r),\ |f^{(n)}(x)| \leqslant M.$$

此时, 对满足条件的实数 $r > 0$, 我们有

$$\forall x \in (-r,r),\ f(x) = \sum_{n=0}^{+\infty} \frac{f^{(n)}(0)}{n!} x^n.$$

证明:

事实上, 对任意 $x \in V$ (V 是 0 的一个邻域, 使得 f 是在 V 上 $\mathcal{C}^\infty$ 的), 对任意自然数 n, 记

$$R_n(x) = f(x) - \sum_{k=0}^{n} \frac{f^{(k)}(0)}{k!} x^k.$$

根据 Taylor-Lagrange 不等式, 我们有

$$|R_n(x)| \leqslant \frac{|x|^{n+1}}{(n+1)!} \sup_{t \in [0,x] \cup [x,0]} |f^{(n+1)}(t)|.$$

如果命题的条件满足, 那么, 选取满足条件的 $r > 0$ 和 $M > 0$, 我们有

$$\forall x \in (-r,r),\ |R_n(x)| \leqslant M \frac{|x|^{n+1}}{(n+1)!}.$$

因此, 对任意 $x \in (-r,r)$, $\lim_{n \to +\infty} R_n(x) = 0$. ⊠

注:

- 我们也可以利用带积分余项的 Taylor 公式来计算 $R_n(x)$, 从而证得结论.
- 这个定理给出的是充分条件! 作为练习, 请自行证明: 如果存在 $r > 0$, $M > 0$, $n_0 \in \mathbb{N}$ 和 $R > 0$ 使得

$$\forall n \geqslant n_0,\ \forall x \in (-r,r),\ |f^{(n)}(x)| \leqslant M \times n! \times R^n,$$

那么 f 在 0 的邻域内可以展成幂级数.

4.4.3 幂级数展开的其他方法

通过求导、积分或者常用幂级数展开的乘积, 可以得到许多其他的幂级数展开式.

例 4.4.3.1 证明当 $p \in \mathbb{N}$ 时, 函数 $z \longmapsto \dfrac{1}{(1-z)^p}$ 在 0 的邻域内可以展成幂级数, 并确定这个展开式以及所得幂级数的收敛半径.

- 对 $p = 0$, 函数 $z \longmapsto 1$ 是一个收敛半径为 $R = +\infty$ 的幂级数的和.

- 假设 $p \geqslant 1$. 我们知道, 对任意 $z \in D(0, 1)$, $f(z) = \dfrac{1}{1-z} = \displaystyle\sum_{n=0}^{+\infty} z^n$. 应用推论 4.3.2.8(幂级数的和函数的求导)求 $p - 1$ 次导, 可以得到

$$\forall z \in D(0, 1), \quad f^{(p-1)}(z) = \sum_{n=0}^{+\infty} \frac{(n+p-1)!}{n!} z^n,$$

也即

$$\forall z \in D(0, 1), \quad \frac{(p-1)!}{(1-z)^p} = \sum_{n=0}^{+\infty} \frac{(n+p-1)!}{n!} z^n.$$

因此, $z \longmapsto \dfrac{1}{(1-z)^p}$ 在 0 的邻域内的幂级数展开为

$$\forall z \in D(0, 1), \quad \frac{1}{(1-z)^p} = \sum_{n=0}^{+\infty} \binom{n+p-1}{n} z^n.$$

习题 4.4.3.2 考虑定义如下的函数 $f : \forall z \in \mathbb{C}, f(z) = \dfrac{1}{z^2 - 2z\sqrt{3} + 4}$.

1. 确定 f 的定义域.
2. 对 f 进行部分分式分解.
3. 导出 f 在 0 的邻域内可以展成幂级数, 并确定它的幂级数展开式.

4.4.4 幂级数和 Fourier(傅里叶)级数的联系

重要的是要认识到, 任何一个幂级数都可以导出一个 Fourier 级数. 确切地说, 设 f 是收敛半径为 $R > 0$ 的幂级数 $\sum a_n z^n$ 的和. 那么, 对任意 $r \in [0, R)$, 定义为

$$\forall \theta \in \mathbb{R}, \quad g_r(\theta) = f(re^{i\theta}) = \sum_{n=0}^{+\infty} a_n r^n e^{in\theta}$$

的函数 g_r 是一个在 $\mathbb{R}$ 上 C^∞ 且 2π-周期的函数. 因此我们可以对它应用 Fourier 级数的定理. 特别地, 对任意 $n \in \mathbb{N}$, g_r 的第 n 个 Fourier 系数是 $c_n(g_r) = a_n r^n$. 这个联系将在 Fourier 级数的课程内容中更详细地讨论.

4.4.5　幂级数展开在微分方程求解中的应用

例 4.4.5.1　考虑方程 (E): $xy'' + y' + xy = 0$. 我们不知道这个方程的解, 也没有办法应用微分方程课程中所学的方法来求得这个方程的解集. 因此, 我们将尝试求这个方程的一个形如幂级数和函数的解.

1. 分析

   假设 $\sum a_n x^n$ 是一个收敛半径为 $R > 0$ 的幂级数, 并记 f 为幂级数 $\sum a_n x^n$ 的和.

   (a) 确定为使得 f 是 (E) 的解, 序列 $(a_n)_{n \in \mathbb{N}}$ 需要满足的充分必要条件.

   (b) 把 $(a_n)_{n \in \mathbb{N}}$ 表示成 n 的函数.

2. 综合

   (a) 确定幂级数 $\sum a_n x^n$ 的收敛半径(这些 a_n 就是上一部分求得的).

   (b) 导出 f 是 (E) 在 $\mathbb{R}$ 上的解.

▶ **方法:**　为求得微分方程的形如幂级数和函数的解, 步骤如下:

1. 假设 f 是一个收敛半径为 $R > 0$ 的幂级数 $\sum a_n x^n$ 的和;
2. 确定为使得 f 是方程的解 $(a_n)_{n \in \mathbb{N}}$ 需要满足的充分必要条件;
3. 验证对所求得的序列 $(a_n)_{n \in \mathbb{N}}$, $\sum a_n x^n$ 确实是一个收敛半径大于零的幂级数.

4.4.6　解析函数

定义 4.4.6.1　我们称函数 $f: \Omega \longrightarrow \mathbb{K}$ ($\mathbb{K} = \mathbb{R}$ 或 $\mathbb{C}$, Ω 是 $\mathbb{K}$ 的一个开集)是在 Ω 上解析的, 若 f 在任意 $z_0 \in \Omega$ 的邻域内可以展成幂级数.

例 4.4.6.2　我们已经知道, 指数函数是在 $\mathbb{C}$ 上解析的, $x \longmapsto \ln(x)$ 是在 $(0, +\infty)$ 上解析的.

定理 4.4.6.3　幂级数的和函数是在该幂级数的收敛开圆盘上解析的.

证明:

设 f 是收敛开圆盘为 $D(0,R)$ 的幂级数 $\sum a_n z^n$ 的和, 其中 $R > 0$.

设 $z_0 \in D(0,R)$. 那么,

$$\forall h \in D(0, R - |z_0|),\ |z_0 + h| \leqslant |z_0| + |h| < R,$$

故

$$f(z_0 + h) = \sum_{n=0}^{+\infty} a_n (z_0 + h)^n = \sum_{n=0}^{+\infty} \sum_{k=0}^{n} a_n \binom{n}{k} z_0^{n-k} h^k.$$

那么, 我们定义如下二重数族:

$$\forall (n,k) \in \mathbb{N}^2,\ b_{n,k} = \begin{cases} \binom{n}{k} a_n z_0^{n-k} h^k, & k \leqslant n, \\ 0, & \text{其他}. \end{cases}$$

证明数族 $(b_{n,k})_{(n,k) \in \mathbb{N}^2}$ 是可和的.

- 对任意 $n \in \mathbb{N}$, 级数 $(\sum |b_{n,k}|)_{k \in \mathbb{N}}$ 是收敛的(和式中只有有限项非零), 并且有

$$v_n := \sum_{k=0}^{+\infty} |b_{n,k}| = \sum_{k=0}^{n} \binom{n}{k} |a_n| \times |z_0|^{n-k} |h|^k = |a_n|(|z_0| + |h|)^n.$$

- 另一方面, 由于 $r = |z_0| + |h| < R$, 根据收敛半径的刻画, $\sum |a_n| r^n$ 收敛, 即 $\sum v_n$ 是一个收敛的级数.

因此, 我们得到, 数族 $(b_{n,k})_{(n,k) \in \mathbb{N}^2}$ 是可和的. 所以, 对任意自然数 k, $(\sum b_{n,k})_{n \in \mathbb{N}}$ 收敛, 并且我们可以交换求和顺序, 从而得到

$$f(z_0 + h) = \sum_{k=0}^{+\infty} \sum_{n=0}^{+\infty} b_{n,k} = \sum_{k=0}^{+\infty} \left(\sum_{n=k}^{+\infty} a_n \binom{n}{k} z_0^{n-k} \right) h^k.$$

证得存在 $r > 0$ $(r = R - |z_0|)$ 使得

$$\forall h \in D(0, r),\ f(z_0 + h) = \sum_{k=0}^{+\infty} c_k h^k,$$

其中, 对任意 $k \in \mathbb{N}$, $c_k = \sum_{n=k}^{+\infty} a_n \binom{n}{k} z_0^{n-k}$.

因此, f 在 z_0 的邻域内可展成幂级数. $\boxtimes$

命题 4.4.6.4 如果 f 是在 $\mathbb{C}$ 的一个非空开集 Ω 上解析的, 那么 f 是在 Ω 上全纯的(且在复可导的意义下是 $\mathcal{C}^\infty$ 的).

证明:

这是显然的, 因为在任意 $a \in \Omega$ 的邻域内, f 是一个幂级数的和, 故它是在该邻域上 $\mathcal{C}^\infty$ 的. ⊠

命题 4.4.6.5 如果 f 是在 $\mathbb{R}$ 的一个开区间 I 上解析的, 那么 $f \in \mathcal{C}^\infty(I)$.

最后, 让我们简要总结一下不同性质之间的联系.

$$f \text{ 是解析的 } \implies f \text{ 是 } \mathcal{C}^\infty \text{ 的 } \implies f \text{ 是可导的}$$

▶ 记住:

我们已经知道, 如果 f 是一个单实变量函数, 上述命题的每一个逆命题都是错误的.

我们将在下一节中看到, 如果 f 是一个复变量函数, 那么这三个性质是相互等价的!

4.5 全纯函数和积分计算

4.5.1 连续函数在路径上的积分

定义 4.5.1.1 设 Ω 是 $\mathbb{C}$ 的一个开集. 我们定义:

- Ω 中的弧(arc)为任意连续的映射 $\gamma: [a,b] \longrightarrow \Omega$;
- Ω 中的路径为任意连续且分段 $\mathcal{C}^1$ 的映射 $\gamma: [a,b] \longrightarrow \Omega$(即任意分段 $\mathcal{C}^1$ 的弧);
- 我们称一段弧(或一个路径)$\gamma: [a,b] \longrightarrow \Omega$ 是闭的, 若 $\gamma(a) = \gamma(b)$;
- 一个闭路径也称为一个回路.

例 4.5.1.2 任意以 $a \in \mathbb{C}$ 为圆心以 $R > 0$ 为半径的圆, 沿正方向绕行一次, 都是 $\mathbb{C}$ 中一个闭路径(或回路)的图像, 因为只需选取把 t 映为 $a + Re^{it}$ 的映射 $\gamma: [0, 2\pi] \longrightarrow \mathbb{C}$ 即可.

例 4.5.1.3 任意闭区间 $[a,b]$ 是 $\mathbb{C}$ 中一个路径的像, 因为它是映射 $t \longmapsto (1-t)a + tb$ 的图像, 其中 $t \in [0, 1]$.

定义 4.5.1.4 设 $f : \Omega \longrightarrow \mathbb{C}$ 是一个连续的映射, $\gamma : [a, b] \longrightarrow \Omega$ 是 Ω 的一个路径. 我们定义 f 在路径 γ 上的曲线积分为

$$\int_{\gamma} f(z) \, \mathrm{d}z = \int_a^b f(\gamma(t)) \gamma'(t) \, \mathrm{d}t.$$

注:

- 事实上, 这个定义对应于微分形式的曲线积分(参见《大学数学进阶 1》中的微分演算内容), 其中微分形式是 $f(z) \, \mathrm{d}z$.
- 因此, 我们得到微分演算中关于曲线积分的性质的大部分结果.

例 4.5.1.5 设 $\gamma : [0, 2\pi] \longrightarrow \mathbb{U}$, 这个映射把 t 映为 e^{it}, 设 f 是从 $\mathbb{C}^\star$ 到自身的映射, 定义为 $\forall z \in \mathbb{C}^\star, f(z) = \dfrac{1}{z}$. 那么,

$$\int_{\gamma} f(z) \, \mathrm{d}z = \int_0^{2\pi} \frac{1}{e^{it}} i e^{it} \, \mathrm{d}t = 2i\pi.$$

习题 4.5.1.6 对 $r > 0$, 我们定义映射 $\gamma_r : I = \left[-\dfrac{\pi}{2}, \dfrac{\pi}{2}\right] \longrightarrow \mathbb{C}$ 为

$$\forall t \in I, \gamma_r(t) = re^{it}.$$

证明 $\displaystyle\lim_{r \to +\infty} \int_{\gamma_r} \frac{e^{-z}}{z^2} \, \mathrm{d}z = 0.$

命题 4.5.1.7 设 $f : \Omega \longrightarrow \mathbb{C}$ 是一个映射. 如果 f 在 Ω 上有一个原函数 F, 那么对任意路径 $\gamma : [a, b] \longrightarrow \Omega$, 我们有

$$\int_{\Gamma} f(z) \, \mathrm{d}z = F(\gamma(b)) - F(\gamma(a)).$$

特别地, 对 Ω 中的任意闭路径, $\displaystyle\int_{\gamma} f(z) \, \mathrm{d}z = 0.$

证明:

- 设 F 是 f 在 Ω 上的一个原函数. 证明与对确切的微分形式的证明类似. 如果 γ 是 $\mathcal{C}^1$ 的, 那么函数 $t \longmapsto f(\gamma(t)) \gamma'(t) = F'(\gamma(t)) \gamma'(t)$ 是连续的, 并且 $F \circ \gamma$ 是它的一个原函数. 因此,

$$\int_{\gamma} f(z) \, \mathrm{d}z = \int_a^b (F \circ \gamma)'(t) \, \mathrm{d}t = F(\gamma(b)) - F(\gamma(a)).$$

如果 γ 只是分段 $\mathcal{C}^1$ 的(由定义知它是连续的), 我们选取 $[a,b]$ 的一个与 γ 相匹配的划分 $[a_k]_{0 \leqslant k \leqslant n}$, 并记 γ_k 为 $\gamma_{|(a_k, a_{k+1})}$ 的 $\mathcal{C}^1$ 延拓函数. 那么有

$$\int_\gamma f(z)\, \mathrm{d}z = \sum_{k=0}^{n-1} \int_{a_k}^{a_{k+1}} f(\gamma(t))\gamma'(t)\, \mathrm{d}t = \sum_{k=0}^{n-1} \int_{a_k}^{a_{k+1}} f(\gamma_k(t))\gamma_k'(t)\, \mathrm{d}t,$$

也即

$$\int_\gamma f(z)\, \mathrm{d}z = \sum_{k=0}^{n-1} \left(F(\gamma_k(a_{k+1})) - F(\gamma_k(a_k)) \right).$$

由于 γ 是连续的, 故有

$$\forall k \in [\![0, n-1]\!],\ \gamma_k(a_k) = \gamma(a_k) \ \text{且}\ \gamma_k(a_{k+1}) = \gamma(a_{k+1}).$$

所以, 上述和式是一个叠缩和, 因此有

$$\int_\gamma f(z)\, \mathrm{d}z = F(\gamma(a_n)) - F(\gamma(a_0)) = F(\gamma(b)) - F(\gamma(a)). \qquad \boxtimes$$

推论 4.5.1.8 函数 $z \longmapsto \dfrac{1}{z}$ 在 $\mathbb{C}^\star$ 上没有原函数.

证明:

事实上, 我们知道, 对 $t \in [0, 2\pi]$ 令 $\gamma(t) = e^{it}$, 则 γ 是一个闭路径, 然而

$$\int_\gamma \frac{\mathrm{d}z}{z} = 2i\pi \neq 0.$$

因此, 由上一定理知, $z \longmapsto \dfrac{1}{z}$ 在 $\mathbb{C}^\star$ 上没有原函数. $\qquad \boxtimes$

4.5.2　点关于路径的指数(indice d'un point par rapport à un chemin)

定义 4.5.2.1 (点关于闭路径的指数)　设 $\gamma : [a,b] \longrightarrow \mathbb{C}$ 是 $\mathbb{C}$ 中的一个闭路径.

(i) 集合 $\Omega = \mathbb{C} \setminus \gamma([a,b])$ 是 $\mathbb{C}$ 的一个开集.

(ii) 对 $z \in \Omega$, 我们定义 z 关于 γ 的指数(记为 $Ind_\gamma(z)$)为

$$Ind_\gamma(z) = \frac{1}{2i\pi} \int_\gamma \frac{\mathrm{d}\omega}{\omega - z}.$$

注:

- 由于 γ 是连续的, 故 $\gamma([a,b])$ 是紧的从而是闭的. 因此, $\mathbb{C} \setminus \gamma([a,b])$ 确实是 $\mathbb{C}$ 的一个开集.

- 指数"给出了路径 γ 绕 z 正向旋转的次数". 事实上, 如果令 $r(t) = |\gamma(t) - z|$ 以及 $\gamma(t) - z = r(t)e^{i\theta(t)}$, 对应的转数为

$$Ind_\gamma(z) = \frac{\theta(b) - \theta(a)}{2\pi}.$$

假设函数 r 和 θ 是 $\mathcal{C}^1$ 的, 则有

$$Ind_\gamma(z) = \frac{1}{2\pi} \int_a^b \theta'(t)\,\mathrm{d}t.$$

对函数关系式 $\forall t \in [a,b]\,,\ \gamma(t) - z = r(t)e^{i\theta(t)}$ 求导可得

$$\forall t \in [a,b]\,,\ \gamma'(t) = r'(t)e^{i\theta(t)} + ir(t)\theta'(t)e^{i\theta(t)}.$$

因此导出

$$\forall t \in [a,b]\,,\ \frac{\gamma'(t)}{\gamma(t) - z} = \frac{r'(t)}{r(t)} + i\theta'(t).$$

所以,

$$\begin{aligned}
i\int_a^b \theta'(t)\,\mathrm{d}t &= \int_a^b \frac{\gamma'(t)}{\gamma(t) - z}\,\mathrm{d}t - \int_a^b \frac{r'(t)}{r(t)}\,\mathrm{d}t \\
&= \int_\gamma \frac{\mathrm{d}\omega}{\omega - z} - \ln r(b) + \ln r(a) \\
&= \int_\gamma \frac{\mathrm{d}\omega}{\omega - z}.
\end{aligned}$$

- 在实践中, 我们经常利用图像来计算指数, 即计算路径 γ 绕 z 正向旋转的次数.

定理 4.5.2.2 对任意闭路径 γ, 函数 Ind_γ 取值在 $\mathbb{Z}$ 中, 它在 $\mathbb{C} \setminus \gamma([a,b])$ 的每个连通分支上是常数. 并且, 这个函数在 $|z|$ 充分大时恒为零.

证明:

证明略. 好奇的同学, 可以试着用以下方法来证明:

* 对 $z \in \Omega = \mathbb{C} \setminus \gamma([a,b])$, 令 $\varphi(t) = \exp\left(\int_a^t \frac{\gamma'(s)}{\gamma(s) - z}\,\mathrm{d}s\right)$. 我们想证明 $\varphi(b) = 1$, 为什么?
* 证明 $\frac{\varphi}{\gamma - z}$ 是连续的, 并且在除有限个点外它的导数值为零, 从而推断这个函数在 $[a,b]$ 上是常函数.
* 由于 $\gamma(a) = \gamma(b)$, 我们有 $\varphi(b) = 1$.
* 接下来, 证明这是一个连续的函数, 因此它是"分段"常数的(因为它取值为整数), 每一"段"就是我们所说的 Ω 的一个连通分支. ☒

命题 4.5.2.3 设 $a \in \mathbb{C}$, $R > 0$, γ 是一个定义在 $[0, 2\pi]$ 上的路径, 其表达式为
$$\forall t \in [0, 2\pi], \gamma(t) = a + Re^{it}.$$
那么, 定义在 $\mathbb{C} \setminus S(a, R)$ 上的函数 Ind_γ 满足:
$$Ind_\gamma(z) = \begin{cases} 1, & z \in D(a, R), \\ 0, & \text{其他}. \end{cases}$$

证明:

对任意 $z \in \mathbb{C} \setminus S(a, R)$, 根据指数的定义, 我们有
$$Ind_\gamma(z) = \frac{1}{2i\pi} \int_0^{2\pi} \frac{iRe^{it}}{a + Re^{it} - z} \, \mathrm{d}t = \frac{1}{2\pi} \int_0^{2\pi} \frac{Re^{it}}{a + Re^{it} - z} \, \mathrm{d}t.$$

- 第一种情况: $z \in D(a, R)$, 即 $|z - a| < R$. 那么,

$$\begin{aligned} Ind_\gamma(z) &= \frac{1}{2\pi} \int_0^{2\pi} \frac{1}{1 - \dfrac{z - a}{R} e^{-it}} \, \mathrm{d}t \\ &= \frac{1}{2\pi} \int_0^{2\pi} \left(\sum_{n=0}^{+\infty} \frac{(z-a)^n}{R^n} e^{-int} \right) \mathrm{d}t \quad \left(\text{因为} \left| \frac{z-a}{R} e^{-it} \right| < 1 \right) \\ &= \frac{1}{2\pi} \sum_{n=0}^{+\infty} \frac{(z-a)^n}{R^n} \int_0^{2\pi} e^{-int} \, \mathrm{d}t \quad \text{(正规收敛)} \\ &= 1. \end{aligned}$$

这是因为只有 $n = 0$ 的项非零.

- 第二种情况: $|z - a| > R$. 此时, 类似地, 我们有

$$\begin{aligned} Ind_\gamma(z) &= \frac{1}{2\pi} \int_0^{2\pi} \frac{-Re^{it}}{z - a} \times \frac{1}{1 - \dfrac{R}{z - a} e^{it}} \, \mathrm{d}t \\ &= \frac{1}{2\pi} \int_0^{2\pi} \frac{-Re^{it}}{z - a} \left(\sum_{n=0}^{+\infty} \frac{R^n}{(z-a)^n} e^{int} \right) \mathrm{d}t \quad \left(\text{因为} \left| \frac{R}{z-a} e^{it} \right| < 1 \right) \\ &= \frac{1}{2\pi} \sum_{n=0}^{+\infty} \frac{-R^{n+1}}{(z-a)^{n+1}} \int_0^{2\pi} e^{i(n+1)t} \, \mathrm{d}t \quad \text{(正规收敛)} \\ &= 0. \end{aligned}$$

这是因为每项积分都是零. $\boxtimes$

注: 不通过计算, 用图像来验证结果. 我们将在后面看到指数在留数定理中的使用. 在实践中, 几乎总是有 $Ind_\gamma(z) = 1$.

4.5.3 凸开集上的 Cauchy 定理

> **定理 4.5.3.1(凸开集上的 Cauchy 定理)** 设 Ω 是 $\mathbb{C}$ 的一个凸开集, $z_0 \in \Omega$, 函数 f 在 Ω 上连续且在 $\Omega \setminus \{z_0\}$ 上全纯. 那么对 Ω 的任意闭路径 γ,
> $$\int_\gamma f(z)\,\mathrm{d}z = 0.$$

证明:

> 证明略. ⊠

> **定理 4.5.3.2(凸开集的 Cauchy 公式)** 设 γ 是凸开集 Ω 中的一个闭路径, $f \in \mathcal{H}(\Omega)$. 那么,
> $$\forall z \in \Omega \setminus \mathrm{Im}(\gamma),\ f(z) \times Ind_\gamma(z) = \frac{1}{2i\pi} \int_\gamma \frac{f(\omega)}{\omega - z}\,\mathrm{d}\omega.$$

证明:

> 设 $z \in \Omega \setminus \mathrm{Im}(\gamma)$. 在 Ω 上定义函数 g 如下:
> $$\forall \omega \in \Omega,\ g(\omega) = \begin{cases} \dfrac{f(\omega) - f(z)}{\omega - z}, & \omega \neq z, \\ f'(z), & \omega = z. \end{cases}$$
> 那么, 函数 g 在 Ω 上连续(根据在 z 处 $\mathbb{C}$-可导的定义)且在 $\Omega \setminus \{z\}$ 上全纯. 根据 Cauchy 定理, 我们有
> $$\int_\gamma g = 0,$$
> 即
> $$\int_\gamma \frac{f(\omega)}{\omega - z}\,\mathrm{d}\omega - \int_\gamma \frac{f(z)}{\omega - z}\,\mathrm{d}\omega = 0.$$
> 上述积分有意义, 因为 $z \in \Omega \setminus \mathrm{Im}(\gamma)$. 因此, 根据指数的定义, 我们有
> $$f(z)Ind_\gamma(z) = \frac{1}{2i\pi} f(z) \int_\gamma \frac{\mathrm{d}\omega}{\omega - z} = \frac{1}{2i\pi} \int_\gamma \frac{f(z)}{\omega - z}\,\mathrm{d}\omega = \frac{1}{2i\pi} \int_\gamma \frac{f(\omega)}{\omega - z}\,\mathrm{d}\omega.\ ⊠$$

4.5.4 全纯函数的解析性

首先, 我们回顾一下解析函数的定义.

定义 4.5.4.1　我们称一个函数 $f : \Omega \longrightarrow \mathbb{C}$ 是在开集 Ω 上解析的, 若它可以在任意 $z_0 \in \Omega$ 的邻域内展成幂级数.

定理 4.5.4.2　设 f 是一个在开集 Ω 上全纯的函数. 那么, f 是在 Ω 上解析的. 特别地, f 是在 Ω 上 $\mathcal{C}^\infty$ 的(在复可导的意义下).

证明:

设 $z_0 \in \Omega$. 由于 Ω 是开的, 故存在 $R > 0$ 使得 $D(z_0, R) \subset \Omega$. 对 $0 < r < R$, 我们记 γ_r 是沿以 z_0 为中心以 r 为半径的圆周正向绕行一圈的常用的参数化曲线. 因为 f 在凸开集 $D(z_0, R)$ 上全纯且 γ 是这个开集中的一个闭路径, 所以由 Cauchy 公式可知

$$\forall z \in D(z_0, r), \, f(z) = \frac{1}{2i\pi} \int_\gamma \frac{f(\omega)}{\omega - z} \, \mathrm{d}\omega = \frac{1}{2\pi} \int_0^{2\pi} \frac{f(z_0 + re^{it})}{re^{it} + z_0 - z} re^{it} \, \mathrm{d}t.$$

因此, 对任意 $h \in D(0, r)$, 我们有

$$\begin{aligned}
f(z_0 + h) &= \frac{1}{2\pi} \int_0^{2\pi} \frac{f(z_0 + re^{it})}{re^{it} - h} re^{it} \, \mathrm{d}t \\
&= \frac{1}{2\pi} \int_0^{2\pi} \frac{f(z_0 + re^{it})}{1 - \dfrac{h}{r} e^{-it}} \, \mathrm{d}t \\
&= \frac{1}{2\pi} \int_0^{2\pi} f(z_0 + re^{it}) \sum_{n=0}^{+\infty} \frac{h^n}{r^n} e^{-int} \, \mathrm{d}t \\
&= \sum_{n=0}^{+\infty} \left(\frac{1}{2\pi} \int_0^{2\pi} \frac{f(z_0 + re^{it})}{r^n} e^{-int} \, \mathrm{d}t \right) h^n.
\end{aligned}$$

第一个展开式成立, 因为 $\left| \dfrac{h}{r} e^{-it} \right| = \left| \dfrac{h}{r} \right| < 1$, 再通过验证函数项级数 $\sum f_n$ 在闭区间 $[0, 2\pi]$ 上正规收敛知, 可以交换积分与无穷和的顺序, 其中对 $n \in \mathbb{N}$, $f_n : t \longmapsto f(z_0 + re^{it}) \dfrac{h^n}{r^n} e^{-int}$.

事实上, 因为 f 是全纯的, 故它在紧集 $S(z_0, r)$ 上是连续的, 所以,

$$\forall n \in \mathbb{N}, \forall t \in [0, 2\pi], \, |f_n(t)| \leqslant \|f\|_{\infty, S(z_0, r)} \times \frac{|h|^n}{r^n}.$$

由于 $\left|\dfrac{h}{r}\right| < 1$, 故以 $\|f\|_{\infty,S(z_0,r)} \times \dfrac{|h|^n}{r^n}$ 为通项的级数是收敛的.

这证得 $h \longmapsto f(z_0+h)$ 在 $D(0,r)$ 上等于一个幂级数的和, 即 f 确实在 z_0 的邻域内可以展成幂级数. 因此, 这证得 f 是在 Ω 上解析的.

并且, 由于 f 和一个幂级数的和在 $D(z_0,r)$ 上相等, 由此可以导出, f 是在 $D(z_0,r)$ 上 $\mathcal{C}^\infty$ 的. 所以, f 是在 Ω 的每个点的邻域内 $\mathcal{C}^\infty$ 的. 因此, f 是在 Ω 上 $\mathcal{C}^\infty$ 的. $\boxtimes$

4.5.5 解析函数零点孤立性定理

命题 4.5.5.1 设 f 是一个在非空凸开集 Ω 上全纯且不恒为零的函数. 那么, f 的零点是孤立的, 即如果 $z_0 \in \Omega$ 是函数 f 的一个零点, 那么存在 z_0 的一个邻域 $V = D(z_0,r)$ 使得 z_0 是 f 在 V 中唯一的零点.

更确切地, 存在唯一的自然数 $p \in \mathbb{N}^*$ 使得
$$\forall z \in V, f(z) = (z-z_0)^p g(z-z_0),$$
其中 g 是一个收敛半径为 $R \geqslant r$ 的幂级数的和, 且满足 $g(0) \neq 0$. 这个唯一的自然数 p 称为零点 z_0 的阶数(ordre)或重数(multiplicité).

证明:

- 唯一性几乎是显而易见的. 事实上, 如果存在两个自然数 p 和 q, 存在两个收敛半径大于零的幂级数 $\sum a_n z^n$ 和 $\sum b_n z^n$ 以及一个实数 $r > 0$ 使得
  * $a_0 \neq 0$;
  * $b_0 \neq 0$;
  * $\forall z \in D(z_0,r), (z-z_0)^p \sum\limits_{n=0}^{+\infty} a_n(z-z_0)^n = (z-z_0)^q \sum\limits_{n=0}^{+\infty} b_n(z-z_0)^n.$
  如果 $p > q$, 那么对 $z \in D(z_0,r) \setminus \{z_0\}$,
  $$(z-z_0)^{p-q} \sum_{n=0}^{+\infty} a_n(z-z_0)^n = \sum_{n=0}^{+\infty} b_n(z-z_0)^n.$$
  根据收敛半径大于零的幂级数的和函数的连续性, 在上式对 z 趋于 z_0 取极限, 可得 $0 = b_0$, 矛盾. 因此, $p \leqslant q$, 再由 p 和 q 的作用对称, 可知 $q \leqslant p$, 故 $p = q$. 那么, 对任意 $h \in D(0,r) \setminus \{0\}$, $\sum\limits_{n=0}^{+\infty} a_n h^n = \sum\limits_{n=0}^{+\infty} b_n h^n$.

根据收敛半径大于零的幂级数的和函数的连续性, 我们有

$$\forall h \in D(0,r), \ \sum_{n=0}^{+\infty} a_n h^n = \sum_{n=0}^{+\infty} b_n h^n.$$

再由收敛半径大于零的幂级数的系数的唯一性, 我们得到

$$\forall n \in \mathbb{N}, a_n = b_n.$$

这证得若存在必唯一.

● 现在证明 p 和幂级数的存在性.

设 $z_0 \in \Omega$ 是 f 的一个零点(如果存在). 根据上述定理, f 在 z_0 的邻域内可以展成幂级数. 因此, 存在 $r > 0$ 使得

$$\forall h \in D(0,r), f(z_0 + h) = \sum_{n=0}^{+\infty} \frac{f^{(n)}(z_0)}{n!} h^n.$$

因此, 为得出结论, 需要证明存在 $p \in \mathbb{N}^\star$ 使得 $f^{(p)}(z_0) \neq 0$.

用反证法. 假设 $\forall n \in \mathbb{N}, f^{(n)}(z_0) = 0$. 此时, 上述关系表明, 函数 f 在 $D(z_0, r)$ 上恒为零. 这使得我们考虑集合

$$A = \{z \in \Omega \mid \forall n \in \mathbb{N}, f^{(n)}(z) = 0\}.$$

* 首先, $z_0 \in A$, 故 A 非空.

* 其次, 根据定义, $A = \bigcap_{n \in \mathbb{N}} (f^{(n)})^{-1}(\{0\})$. 又因为每个函数 $f^{(n)}$ 是连续的, 所以对任意自然数 n, $(f^{(n)})^{-1}(\{0\})$ 作为闭集在连续映射下的原像, 是 Ω 中的闭集.

* 最后, 如果 $z \in A$, 开始的推导过程表明, 存在 $r > 0$ 使得

$$\forall h \in D(z,r), f(h) = 0.$$

特别地,

$$\forall h \in D(z,r), \forall n \in \mathbb{N}, f^{(n)}(h) = 0.$$

因此, $D(z,r) \subset A$. 这证得 A 也是 Ω 的一个开集.

由于 Ω 是一个凸集, 我们通过赋范向量空间的课程内容知道, Ω 中既开又闭的集合只有 $\varnothing$ 和 Ω. 又因为 $A \neq \varnothing$, 故 $A = \Omega$, 即 f 在 Ω 上恒为零, 这与 f 不恒为零的假设矛盾.

对于那些不记得这个拓扑结果的人来说, 我们可以再给出一个快速的证明. 事实上, 如果 A 是凸集 Ω 的一个非空的既开又闭的子集, 选取 $a \in A$. 那么, 对任意 $z \in \Omega$, 令

$$\forall t \in [0,1], \ \varphi(t) = \chi_A(a + t(z - a)).$$

函数 $t \longmapsto a + t(z-a)$ 显然是从 $[0,1]$ 到 Ω 连续的. 另一方面, 由于 A 是一个既开又闭的集合, 故 χ_A 是从 Ω 到 $\mathbb{R}$ 的连续映射. 事实上, 如果 O 是 $\mathbb{R}$ 的一个开集, 那么

$$\chi_A^{-1}(O) \in \{\varnothing, A, \Omega \setminus A, \Omega\}.$$

又因为, 集合 $\varnothing, A, \Omega \setminus A$ 和 Ω 中的每一个都是 Ω 的一个开集. 所以, $\mathbb{R}$ 的任意开集在 χ_A 下的原像是 Ω 的一个开集. 所以, χ_A 是连续的.

因此导出, φ 是从 $[0,1]$ 到 $\mathbb{R}$ 的连续函数. 根据介值定理, $\varphi([0,1])$ 是一个区间(实际上是一个闭区间). 又因为

$$\{1\} = \{\varphi(0)\} \subset \varphi([0,1]) \subset \{0,1\},$$

所以, $\varphi([0,1]) = \{1\}$, 故 $\varphi(1) = 1$, 即 $\chi_A(z) = 1$, 或 $z \in A$.

这证得对任意 $z \in \Omega$, $z \in A$, 所以 $\Omega \subset A$. $\boxtimes$

注: 事实上, 可以清楚地看到, 上面的证明适用于 $\mathbb{C}$ 的任意满足既开又闭的子集只有空集和自身的开子集, 即连通的开集. 特别地, 当 Ω 是一个星形开集时, 定理的结论仍成立.

推论 4.5.5.2(解析延拓原理(principe du prolongement analytique)) 如果 f 和 g 是非空凸开集 Ω 上的两个全纯函数, 那么以下性质相互等价:

(i) $\forall z \in \Omega$, $f(z) = g(z)$;

(ii) $\exists a \in \Omega$, $\exists r > 0$, $\forall z \in D(a,r)$, $f(z) = g(z)$;

(iii) $\exists z_0 \in \Omega$, $\forall n \in \mathbb{N}$, $f^{(n)}(z_0) = g^{(n)}(z_0)$;

(iv) 存在 $(a,b) \in \Omega^2$ 满足 $a \neq b$ 使得: $\forall z \in [a,b]$, $f(z) = g(z)$.

注:

- 注意这个结果的力量! 为了使得两个全纯函数在一个凸开集 Ω 上相等, 必须且只需它们在包含于 Ω 的一个邻域内相等, 或在包含于 Ω 的一条线段上相等!
- 同时注意到, 对于在一个区间上 $\mathcal{C}^\infty$ 的单实变量函数没有这样的结论: 为什么?
- 我们经常在含复参变量的积分中使用刻画 (iv).

例 4.5.5.3 证明对任意 $z \in \mathbb{C}$, $\int_{-\infty}^{+\infty} e^{-\frac{t^2}{2}} e^{izt} \, dt = \sqrt{2\pi} e^{-\frac{z^2}{2}}$.

对 $z \in \mathbb{C}$, 令 $f(z) = \int_{-\infty}^{+\infty} e^{-\frac{t^2}{2}} e^{izt} \, dt$ 以及 $g(z) = \sqrt{2\pi} e^{-\frac{z^2}{2}}$.

- 显然 g 在 $\mathbb{C}$ 上全纯.

- 对 $x \in \mathbb{R}$,

$$
\begin{aligned}
f(ix) &= \int_{-\infty}^{+\infty} e^{-\frac{t^2}{2}} e^{-xt} \, \mathrm{d}t \\
&= \int_{-\infty}^{+\infty} e^{-\frac{(t+x)^2}{2}} e^{\frac{x^2}{2}} \, \mathrm{d}t \\
&= e^{\frac{x^2}{2}} \int_{-\infty}^{+\infty} e^{-\frac{(t+x)^2}{2}} \, \mathrm{d}t \\
&= e^{\frac{x^2}{2}} \int_{-\infty}^{+\infty} e^{-\frac{u^2}{2}} \, \mathrm{d}u \\
&= \sqrt{2\pi} e^{\frac{x^2}{2}} \\
&= g(ix).
\end{aligned}
$$

- 最后, 证明 f 在 $\mathbb{C}$ 上全纯. 设 $z \in \mathbb{C}$.

$$
f(z) = \int_{-\infty}^{+\infty} e^{-\frac{t^2}{2}} \sum_{n=0}^{+\infty} \frac{i^n z^n t^n}{n!} \, \mathrm{d}t.
$$

请自行证明: 我们可以交换积分与求和的顺序(参见例 4.3.2.5), 从而 f 是一个收敛半径为 $R = +\infty$ 的幂级数的和. 所以, f 确实在 $\mathbb{C}$ 上全纯.

根据解析延拓原理, 在 $\mathbb{C}$ 上有 $f = g$.

习题 4.5.5.4 从含参积分可导性的证明中得到启发, 证明 f 在 $\mathbb{C}$ 上全纯.

习题 4.5.5.5 证明对任意 $x > 0$ 和任意 $s \in \mathbb{C}$ 使得 $\mathrm{Re}(s) > 0$,

$$
\int_0^{+\infty} t^{x-1} e^{-st} \, \mathrm{d}t = \frac{\Gamma(x)}{s^x}.
$$

此处, 我们不加证明地承认 $z \longmapsto z^x$ 在 $\Omega = \mathbb{C} \setminus \mathbb{R}^-$ 上的存在性以及它在 Ω 上全纯这个事实.

4.5.6 留数定理

定理 4.5.6.1(定义) 设 $f = \dfrac{g}{h}$ 是两个在凸开集或星形开集 Ω 上全纯的函数的商, 其中 h 不恒为零, 设 z_0 是 h 的一个零点(假定存在).

- 如果 g 不恒为零, 那么存在唯一的整数 $p \in \mathbb{Z}$, 唯一的复数族 $(a_n)_{n \in [p, +\infty) \cap \mathbb{Z}}$ 以及 $r > 0$ 使得

$$\forall z \in D(z_0, r) \setminus \{z_0\}, \, f(z) = \sum_{n=p}^{+\infty} a_n (z - z_0)^n \text{ 且 } a_p \neq 0.$$

  * 如果 $p \leqslant -1$, 我们称 a_{-1} 为 f 在 z_0 处的留数;
  * 如果 $p > -1$, 我们称 0 为 f 在 z_0 处的留数.

- 如果 g 恒为零, 我们定义 f 在 z_0 处的留数为 0.

在上述各种情况下, f 在 z_0 处的留数记为 $res(f, z_0)$.

注: 事实上, 我们的想法是"推广有理函数的部分分式分解". 当 g 和 h 是多项式函数且 h 不恒为零时, 我们可以把 $f = \dfrac{g}{h}$ 进行部分分式分解, 写成以下形式:

$$f(z) = Q(z) + \sum_{a \in P(f)} \sum_{k=1}^{m_a(f)} \frac{\alpha_{a,k}}{(z-a)^k},$$

其中 $P(f)$ 是 f 的极点的集合, $m_a(f)$ 是极点 a 的重数, Q 是 f 的主部(partie principale). 我们观察到, 如果取定 f 的一个极点 a_0, 那么对任意 $a \neq a_0$, 函数 $z \longmapsto \dfrac{1}{z-a}$ 在 a_0 的邻域内全纯, 从而我们可以把它在 a_0 的邻域内展成幂级数. 因此, 可以给出 f 在 a_0 的邻域内的表达式如下:

$$f(z) = \sum_{k=1}^{m_{a_0}(f)} \frac{\alpha_{a_0,k}}{(z-a_0)^k} + \varphi(z),$$

其中 $\varphi(z)$ 是一个幂级数的和(事实上是一个多项式与有限个幂级数的和).

证明:

在这个定理定义中, 唯一需要证明的是第一种情况, 其他情况都只是简单的定义. 因此, 我们假设 g 也不恒为零.

- 对于唯一性, 注意到 $f(z) \underset{z \to z_0}{\sim} a_p(z - z_0)^p$, 我们使用与解析函数零点孤立性定理的证明同样的推导过程即可.

- 证明存在性. 根据解析函数零点孤立性定理, 存在两个自然数 k 和 l, 两个全纯函数 g_1 和 h_1, 一个实数 $R > 0$ 使得

$$\forall z \in D(z_0, R),\ g(z) = (z - z_0)^k g_1(z)\ \text{且}\ g_1(z_0) \neq 0,$$
$$\forall z \in D(z_0, R),\ h(z) = (z - z_0)^l h_1(z)\ \text{且}\ h_1(z_0) \neq 0.$$

由连续性知, 存在 $r > 0$ 使得对任意 $z \in D(z_0, r)$, $g_1(z) \neq 0$ 且 $h_1(z) \neq 0$. 那么, 对任意 $z \in D(z_0, r) \setminus \{z_0\}$, 我们有

$$f(z) = (z - z_0)^{k-l} \frac{g_1(z)}{h_1(z)}.$$

又因为, 函数 $\dfrac{g_1}{h_1}$ 是在开圆盘 $D(z_0, r)$ 上全纯的, 所以它在这个开集上是解析的, 从而可以在 z_0 的邻域内展成幂级数. 不失一般性(否则选取更小的 r), 我们总是可以假设 $\dfrac{g_1}{h_1}$ 在 $D(z_0, r)$ 上是一个幂级数的和. 因此, 存在一个收敛半径大于等于 r 的幂级数 $\sum b_n z^n$ 使得

$$\forall z \in D(z_0, r),\ \frac{g_1(z)}{h_1(z)} = \sum_{n=0}^{+\infty} b_n (z - z_0)^n.$$

那么, 我们有

$$\forall z \in D(z_0, r) \setminus \{z_0\},\ f(z) = (z - z_0)^{k-l} \sum_{n=0}^{+\infty} b_n (z - z_0)^n$$
$$= \sum_{n=0}^{+\infty} b_n (z - z_0)^{n+k-l}$$
$$= \sum_{n=p}^{+\infty} a_n (z - z_0)^n,$$

其中, $p = k - l \in \mathbb{Z}$, 并且对任意 $n \in [p, +\infty) \cap \mathbb{Z}$, $a_n = b_{n-p}$. $\boxtimes$

例 4.5.6.2 设 f 是一个由关系式 $f(z) = \dfrac{1}{e^z - 1}$ 定义的函数. 我们有 $f(z) \underset{z \to 0}{\sim} \dfrac{1}{z}$. 因此, f 在 0 处有一个单重极点, 并且 f 在 0 处的留数为 1.

为了正式地证明这一点(以后不再这样做), 我们可以从指数函数的幂级数展开开始.

我们验证, 通过令 $\varphi(0) = 1$ 可以把 $\varphi: z \longmapsto \dfrac{e^z - 1}{z}$ 延拓为一个在 $\mathbb{C}$ 上全纯的函数. 事实上, 对任意 $z \in \mathbb{C} \setminus \{0\}$,

$$\frac{e^z - 1}{z} = \sum_{n=1}^{+\infty} \frac{z^{n-1}}{n!} = \sum_{n=0}^{+\infty} \frac{z^n}{(n+1)!}.$$

并且, 这个函数在开圆盘 $D(0, 2\pi)$ 上恒不为零. 因此, $\dfrac{1}{\varphi}$ 在 $D(0, 2\pi)$ 上全纯. 从而导出, 它在 0 的邻域内可以展成幂级数, 即存在 0 的一个邻域 V (可以取 $V = D(0, 2\pi)$ 但这不重要)使得

$$\forall z \in V,\ \frac{1}{\varphi(z)} = \sum_{n=0}^{+\infty} a_n z^n,$$

且 $a_0 = \dfrac{1}{\varphi(0)} = 1$. 所以,

$$\forall z \in V \setminus \{0\}, \ \frac{1}{e^z - 1} = \sum_{n=0}^{+\infty} a_n z^{n-1} = \frac{1}{z} + \sum_{n=0}^{+\infty} a_{n+1} z^n.$$

例 4.5.6.3 设 f 定义为: $f(z) = \dfrac{1}{(z^2+1)^2}$. 那么, f 是一个有理函数, 其极点为 i 和 $-i$. 因此, 它的部分分式分解可以给出它在 i 处和 $-i$ 处的留数. 事实上, 我们有

$$\forall z \in \mathbb{C} \setminus \{i, -i\}, f(z) = \frac{a}{z+i} + \frac{b}{(z+i)^2} + \frac{c}{z-i} + \frac{d}{(z-i)^2},$$

其中 $(a,b,c,d) \in \mathbb{C}^4$. 由留数的定义知, $res(f,i) = c$ 和 $res(f,-i) = a$. 直接计算可得

$$a = \frac{i}{4}, \ b = -\frac{1}{4}, \ c = -\frac{i}{4}, \ d = -\frac{1}{4}.$$

习题 4.5.6.4 设 f 是定义如下的函数: $\forall z \in \mathbb{C}, f(z) = \dfrac{z \cos(z)}{e^z - 1}$. 确定 f 的极点, 以及 f 在各个极点处的留数.

▶ 方法:

为确定 f 在 a 处的留数, 方法如下:

1. 确定 $f(a+h)$ 在 0 处的形如 $\dfrac{c}{h^p}$ 的等价表达式;
2. 如果 $p = 1$, 那么 $res(f,a) = c$;
3. 如果 $p > 1$, 那么我们对 $f(a+h)$ 进行极限展开直到 $o\left(\dfrac{1}{h}\right)$ 项. 所求的留数就是 $\dfrac{1}{h}$ 的系数;
4. 如果 $p < 1$, 那么 a 是一个 "假的极点", 相应的留数为 0.

习题 4.5.6.5 确定以下函数的极点以及函数在各个极点处的留数.

1. $f(z) = \dfrac{e^{iz}}{z^2+1}$;
2. $g(z) = \dfrac{z}{\sin^2(z)}$;
3. $h(z) = \dfrac{1}{(z^2+1)^3}$;
4. $k(z) = \dfrac{\cos(z)}{(e^z-1)^3}$.

定理 4.5.6.6(留数定理) 设 $f = \dfrac{g}{h}$ 是两个在凸开集 Ω 上全纯的函数的商, 且 h 不恒为零. 那么, 对在 Ω 中且图像不经过 f 的任一极点的任意闭路径 γ, 记 $P_\gamma(f)$ 为位于 $\mathrm{Im}(\gamma)$ 围成的区域内部的 f 的极点的集合, 我们有

$$\int_\gamma f = 2i\pi \sum_{a \in P_\gamma(f)} res(f,a) Ind_\gamma(a).$$

证明:

证明的过程从略. 证明的思路很简单:

- 首先, 验证 $P_\gamma(f)$ 是一个有限集(这是一个离散的紧集);

- 对每个极点 $a \in P_\gamma(f)$, 存在 a 的一个邻域 V_a 使得

$$f(z) = \sum_{n=1}^{p} \frac{a_{-n}}{(z-a)^n} + \sum_{n=0}^{+\infty} a_n(z-a)^n.$$

我们令 $Q_a(z) = \sum_{n=1}^{p} \dfrac{a_{-n}}{(z-a)^n}$;

- 验证函数 $\varphi : z \longmapsto f(z) - \sum_{a \in P_\gamma(f)} Q_a(z)$ 是在某个包含 $\mathrm{Im}(\gamma)$ 的凸开集(或星形开集)上全纯的;

- 应用柯西公式, 我们得到

$$0 = \frac{1}{2i\pi}\int_\gamma \varphi(z)\,\mathrm{d}z = \frac{1}{2i\pi}\int_\gamma f(z)\,\mathrm{d}z - \sum_{a \in P_\gamma(f)} \frac{1}{2i\pi}\int_\gamma Q_a(z)\,\mathrm{d}z.$$

又因为, 对 $a \in P_\gamma(f)$, Q_a 可以写成以下形式: $Q_a(z) = \sum_{n=1}^{p} \dfrac{a_{-n}}{(z-a)^n}$.

并且, 对 $n \geqslant 2$, $z \longmapsto \dfrac{1}{(z-a)^n}$ 有原函数, 因此,

$$\int_\gamma \frac{\mathrm{d}z}{(z-a)^n} = 0.$$

所以,

$$\begin{aligned} \frac{1}{2i\pi}\int_\gamma Q_a(z)\,\mathrm{d}z &= \frac{1}{2i\pi}\int_\gamma \frac{a_{-1}}{z-a}\,\mathrm{d}z \\ &= a_{-1} Ind_\gamma(a) \\ &= Ind_\gamma(a) \times res(f,a). \quad \boxtimes \end{aligned}$$

4.5.7 利用留数定理来计算积分的例子

例 4.5.7.1 我们想计算以下两个积分(存在性的验证留作练习):

$$I = \int_0^{+\infty} \cos(x^2)\,\mathrm{d}x \ \text{ 和 } \ J = \int_0^{+\infty} \sin(x^2)\,\mathrm{d}x.$$

考虑在 $\mathbb{C}$ 上定义如下的函数 $f : \forall z \in \mathbb{C},\, f(z) = e^{iz^2}$. 函数 f 是在 $\mathbb{C}$ 上全纯的. 因此, 对任意闭路径 γ, $\displaystyle\int_\gamma f(z)\,\mathrm{d}z = 0$. 现在我们将选择一条"明智的"路径, 它将帮助我们得出所求积分的值. 为此, 设 $R > 0$. 我们记 γ_R 为以 0 为圆心以 R 为半径的圆周的八分之一弧段(即 $t \longmapsto Re^{it}$, 其中 $0 \leqslant t \leqslant \dfrac{\pi}{4}$), 并考虑以下闭路径:

$$\gamma = [0, R] \cup \gamma_R \cup \left[Re^{i\pi/4}, 0\right].$$

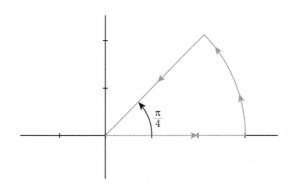

在闭区间 $[0, R]$ 上, 我们可以选取从 $[0, R]$ 映到 $\mathbb{C}$ 的 $t \longmapsto t$. 对 γ_R, 我们可以选取 $t \longmapsto Re^{it}$, 其中 $t \in \left[0, \dfrac{\pi}{4}\right]$. 最后, 对最后一段线段(该线段沿反方向行进), 我们可以选取 $t \longmapsto e^{\frac{i\pi}{4}} t$. 那么我们有

$$
\begin{aligned}
0 &= \int_\gamma f(z)\,\mathrm{d}z \\
&= \int_0^R e^{it^2}\,\mathrm{d}t + \int_0^{\frac{\pi}{4}} e^{i(Re^{i\theta})^2} iRe^{i\theta}\,\mathrm{d}\theta - \int_0^R e^{i(te^{\frac{i\pi}{4}})^2} e^{\frac{i\pi}{4}}\,\mathrm{d}t \\
&= \int_0^R e^{it^2}\,\mathrm{d}t + \int_0^{\frac{\pi}{4}} e^{iR^2 e^{2i\theta}} iRe^{i\theta}\,\mathrm{d}\theta - e^{\frac{i\pi}{4}} \int_0^R e^{-t^2}\,\mathrm{d}t. \quad (\star)
\end{aligned}
$$

又因为, 对第一个积分, 我们有

$$\lim_{R \to +\infty} \int_0^R e^{it^2}\,\mathrm{d}t = I + iJ.$$

对第三个积分, 我们有

$$\lim_{R \to +\infty} \int_0^R e^{-t^2}\,\mathrm{d}t = \int_0^{+\infty} e^{-t^2}\,\mathrm{d}t = \frac{\sqrt{\pi}}{2}.$$

最后, 对第二个积分, 我们有以下不等式:

$$
\begin{aligned}
\left| \int_0^{\frac{\pi}{4}} e^{iR^2 e^{2i\theta}} iRe^{i\theta}\,\mathrm{d}\theta \right| &\leqslant \int_0^{\frac{\pi}{4}} \left| e^{iR^2 e^{2i\theta}} iRe^{i\theta} \right|\,\mathrm{d}\theta \\
&\leqslant \int_0^{\frac{\pi}{4}} e^{-R^2 \sin(2\theta)} R\,\mathrm{d}\theta \\
&\leqslant \frac{R}{2} \int_0^{\frac{\pi}{2}} e^{-R^2 \sin(t)}\,\mathrm{d}t \\
&\leqslant \frac{R}{2} \int_0^{\frac{\pi}{2}} e^{-\frac{2tR^2}{\pi}}\,\mathrm{d}t \\
&\leqslant \frac{R}{2} \left[-\frac{\pi}{2R^2} e^{-\frac{2tR^2}{\pi}} \right]_0^{\frac{\pi}{2}} \\
&\leqslant \frac{\pi}{4R}.
\end{aligned}
$$

因此,

$$
\lim_{R \to +\infty} \int_0^{\frac{\pi}{4}} e^{iR^2 e^{2i\theta}} iRe^{i\theta}\,\mathrm{d}\theta = 0.
$$

所以, 当 R 趋于 $+\infty$ 时, 等式 $(\star)$ 中的每一项都有有限的极限. 因此我们可以对它取极限, 从而得到

$$
I + iJ = \frac{\sqrt{\pi}}{2} e^{i\frac{\pi}{4}}.
$$

通过识别实部和虚部, 我们得到

$$
I = J = \frac{\sqrt{2\pi}}{4}.
$$

例 4.5.7.2　对 $a > 1$, 计算 $I = \displaystyle\int_0^{2\pi} \frac{\mathrm{d}t}{a + \sin(t)}$ 的值.

积分的存在性没有问题, 因为被积函数在闭区间 $[0, 2\pi]$ 上连续. 我们可以通过换元法来计算这个积分(这里, 令 $x = \tan\left(\dfrac{t}{2}\right)$, 则归结为计算 $(-\pi, \pi)$ 上的积分), 具体计算留作练习.

我们有

$$
\int_0^{2\pi} \frac{\mathrm{d}t}{a + \sin(t)} = \int_0^{2\pi} \frac{2i\,\mathrm{d}t}{2ia + e^{it} - e^{-it}} = \int_0^{2\pi} \frac{2ie^{it}\,\mathrm{d}t}{2iae^{it} + e^{2it} - 1}.
$$

记 $\gamma : [0, 2\pi] \longrightarrow \mathbb{C}$, 它把 t 映为 $\gamma(t) = e^{it}$, 那么有

$$
\int_0^{2\pi} \frac{\mathrm{d}t}{a + \sin(t)} = \int_0^{2\pi} \frac{2\gamma'(t)\,\mathrm{d}t}{2ia\gamma(t) + (\gamma(t))^2 - 1} = \int_\gamma f(z)\,\mathrm{d}z,
$$

其中 f 通过关系式 $f(z) = \dfrac{2}{z^2 + 2iaz - 1}$ 定义.

又因为,

- 函数 $z \longmapsto 2$ 和 $P : z \longmapsto z^2 + 2iaz - 1$ 在 $\mathbb{C}$ 上全纯;
- $\mathbb{C}$ 是 $\mathbb{C}$ 的一个非空的凸开集;
- $z \longmapsto z^2 + 2iaz - 1$ 在 $\mathbb{C}$ 上不恒为零;
- γ 是 $\mathbb{C}$ 中的一个闭路径;
- 多项式 $X^2 + 2iaX - 1$ 的根为 $z_1 = i(\sqrt{a^2-1} - a)$ 和 $z_2 = i(-\sqrt{a^2-1} - a)$, 因此, γ 的像不经过 f 的任一极点, 并且在 $\text{Im}(\gamma)$ 围成的区域内部, 只有 f 的一个极点 z_1.

根据留数定理, 我们有

$$\int_\gamma f(z)\,\mathrm{d}z = 2i\pi \times Ind_\gamma(z_1) \times res(f, z_1).$$

又因为, 对 $z \in \mathbb{C}$, $P(z) = (z - z_1)(z - z_2)$. 所以, $f(z) \underset{z \to z_1}{\sim} \dfrac{2}{z_1 - z_2} \times \dfrac{1}{z - z_1}$. 从而, z_1 是 f 的单重极点, 并且,

$$res(f, z_1) = \frac{2}{z_1 - z_2} = \frac{1}{i\sqrt{a^2-1}}.$$

因此,

$$\int_0^{2\pi} \frac{\mathrm{d}t}{a + \sin(t)} = 2i\pi \times 1 \times \frac{1}{i\sqrt{a^2-1}} = \frac{2\pi}{\sqrt{a^2-1}}.$$

注: 在这个例子中, 你们可以比较两种方法(换元法和留数定理)的效率. 我们将在后面看到更多的例子, 在那些例子中只有应用留数定理才能求出积分的精确值.

例 4.5.7.3 对 $n \in \mathbb{N}$ 且 $n \geqslant 2$, 我们想计算以下积分的准确值:

$$I_n = \int_0^{+\infty} \frac{\mathrm{d}x}{1 + x^n}.$$

我们用同样的方法. 设 f, g 和 h 定义如下:

$$\forall z \in \mathbb{C},\ g(z) = 1,\ h(z) = 1 + z^n,\ f(z) = \frac{g(z)}{h(z)}.$$

- 函数 g 和 h 在非空凸开集 $\mathbb{C}$ 上全纯;
- h 在 $\mathbb{C}$ 上不恒为零.

因此, 我们可以应用留数定理. 对图像不经过 f 的极点(即不经过 h 的零点)的任意闭路径 γ, 我们有

$$\int_\gamma f(z)\,\mathrm{d}z = 2i\pi \sum_{a \in P_\gamma(f)} res(f, a) Ind_\gamma(a).$$

我们考虑以下闭路径(图4.1), 其中 $R > 1$:

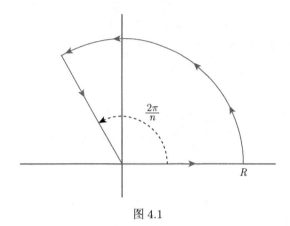

图 4.1

h 的零点是 $e^{i(\frac{\pi}{n}+\frac{2k\pi}{n})}$ $(0 \leqslant k \leqslant n-1)$. 闭路径 γ 不经过 f 的任何极点(因为 $R > 1$), 并且唯一落在 $\mathrm{Im}(\gamma)$ 围成的区域内部的极点是 $a = e^{i\frac{\pi}{n}}$. 根据留数定理, 我们有

$$\int_\gamma f(z)\,\mathrm{d}z = 2i\pi \times Ind_\gamma(a) \times res(f,a).$$

记 γ_1, γ_2 和 γ_3 为以下路径(图4.2):

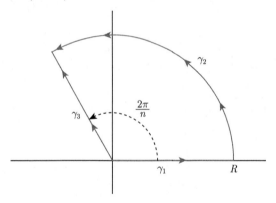

图 4.2

注意 γ_3 的行进方向, 它与路径 γ 的行进方向相反. 那么有

$$
\begin{aligned}
\int_\gamma f(z)\,\mathrm{d}z &= \int_{\gamma_1} f(z)\,\mathrm{d}z + \int_{\gamma_2} f(z)\,\mathrm{d}z - \int_{\gamma_3} f(z)\,\mathrm{d}z \\
&= \int_0^R \frac{\mathrm{d}t}{1+t^n} + \int_{\gamma_2} f(z)\,\mathrm{d}z - \int_0^R \frac{e^{i\frac{2\pi}{n}}\,\mathrm{d}t}{1+(te^{i\frac{2\pi}{n}})^n} \\
&= \int_0^R \frac{\mathrm{d}t}{1+t^n} + \int_{\gamma_2} f(z)\,\mathrm{d}z - e^{i\frac{2\pi}{n}}\int_0^R \frac{\mathrm{d}t}{1+t^n} \\
&= \left(1 - e^{i\frac{2\pi}{n}}\right)\int_0^R \frac{\mathrm{d}t}{1+t^n} + \int_{\gamma_2} f(z)\,\mathrm{d}z.
\end{aligned}
$$

- 首先, 对 $z \in \mathbb{C}$, $h'(z) = nz^{n-1}$, 故 $h'(a) = ne^{\frac{i\pi}{n}(n-1)} = -ne^{-i\frac{\pi}{n}} \neq 0$. 因此,

$$h(z) = h(z) - h(a) \underset{z \to a}{\sim} h'(a)(z-a), \quad \text{即} \quad h(z) \underset{z \to a}{\sim} -ne^{-i\frac{\pi}{n}}(z-a).$$

从而有: $f(z) \underset{z \to a}{\sim} \dfrac{-e^{i\frac{\pi}{n}}}{n(z-a)}$, 故 $res(f,a) = -\dfrac{e^{i\frac{\pi}{n}}}{n}$.

- 通过图像观察到, "γ 沿正方向围绕 a 行进了一圈". 因此, $Ind_\gamma(a) = 1$;

- 我们有 $\lim\limits_{R \to +\infty} \displaystyle\int_0^R \frac{\mathrm{d}t}{1+t^n} = \int_0^{+\infty} \frac{\mathrm{d}t}{1+t^n}$ (积分收敛性的验证还是留作练习[①]);

- 最后, 由于 $R > 1$, 我们有

$$\left| \int_{\gamma_2} f(z)\,\mathrm{d}z \right| = \left| \int_0^{\frac{2\pi}{n}} \frac{iRe^{it}\,\mathrm{d}t}{1+R^ne^{int}} \right|$$

$$\leqslant \int_0^{\frac{2\pi}{n}} \left| \frac{iRe^{it}}{1+R^ne^{int}} \right| \mathrm{d}t$$

$$\leqslant \int_0^{\frac{2\pi}{n}} \frac{R}{R^n-1}\,\mathrm{d}t$$

$$\leqslant \frac{2\pi R}{n(R^n-1)}.$$

由于 $n \geqslant 2$, 我们有 $\lim\limits_{R \to +\infty} \dfrac{2\pi R}{n(R^n-1)} = 0$, 因此,

$$\lim_{R \to +\infty} \int_{\gamma_2} f(z)\,\mathrm{d}z = 0.$$

所以, 最后等式中的各项当 R 趋于 $+\infty$ 时都有有限的极限. 因此我们可以对该等式的各项取极限, 得到

$$\left(1 - e^{i\frac{2\pi}{n}}\right) \int_0^{+\infty} \frac{\mathrm{d}t}{1+t^n} = 2i\pi \times 1 \times \left(-\frac{e^{i\frac{\pi}{n}}}{n}\right),$$

从而有

$$e^{i\frac{\pi}{n}}\left(-2i\sin\left(\frac{\pi}{n}\right)\right) \int_0^{+\infty} \frac{\mathrm{d}t}{1+t^n} = -2ie^{i\frac{\pi}{n}} \times \frac{\pi}{n},$$

因此,

$$\int_0^{+\infty} \frac{\mathrm{d}t}{1+t^n} = \frac{\pi}{n\sin\left(\frac{\pi}{n}\right)}.$$

[①]事实上, 在这个例子中, 我们可以证明这个积分可以写成由留数定理得到的另外两项的和, 并且那两项当 R 趋于 $+\infty$ 时都有有限的极限.

注: 事实上, $\lim\limits_{R\to+\infty}\int_{\gamma_2}f(z)\,\mathrm{d}z=0$ 这一事实(在某些条件下)是一个一般性质. 这就是所谓的 Jordan (若尔当)引理, 我们将在 4.5.8 小节中看到. 这些都是非常实用的工具, 它们使得留数定理的应用更加有效. 在实践中, 我们几乎从不"手动"证明 $\lim\limits_{R\to+\infty}\int_{\gamma_2}f(z)\,\mathrm{d}z=0$. 但是, 必须注意验证 Jordan 引理的前提条件成立, 特别是在有复对数或非整数次幂的情况下(见 4.5.9 小节).

4.5.8　使得计算闭路径上的积分时可以忽略某些部分的工具

定理 4.5.8.1(Jordan (若尔当)第一引理)　设 f 是一个从 $\mathbb{C}$ 到 $\mathbb{C}$ 的函数. 对 $R>0$, 以及 $(\theta_1,\theta_2)\in\mathbb{R}^2$ $(\theta_1\leqslant\theta_2)$, 我们记 γ_R 为定义如下的路径:

$$\forall t\in[\theta_1,\theta_2],\ \gamma_R(t)=Re^{it}.$$

(换言之, $\mathrm{Im}\,\gamma_R=\{Re^{i\theta}\mid\theta\in[\theta_1,\theta_2]\}$ 是介于角度 θ_1 和 θ_2 之间的圆弧(以 0 为中心以 R 为半径).) 我们有

(i) 假设存在 $r>0$ 使得 f 在以下集合上连续:

$$\mathcal{S}=\{z\in\mathbb{C}\mid\exists(R,\theta)\in[r,+\infty)\times[\theta_1,\theta_2],\ z=Re^{i\theta}\}.$$

(这保证了当 R 充分大时, f 沿 γ_R 的积分存在.)
如果 $\lim\limits_{|z|\to+\infty}zf(z)=0$, 那么 $\lim\limits_{R\to+\infty}\int_{\gamma_R}f(z)\,\mathrm{d}z=0$.

(ii) 假设存在 $r>0$ 使得 f 在以下集合上连续:

$$\mathcal{S}=\{z\in\mathbb{C}\mid\exists(R,\theta)\in(0,r]\times[\theta_1,\theta_2],\ z=Re^{i\theta}\}.$$

(这保证了当 R 充分小时, f 沿 γ_R 的积分存在.)
如果 $\lim\limits_{\substack{|z|\to0\\|z|>0}}zf(z)=0$, 那么 $\lim\limits_{\substack{R\to0\\R>0}}\int_{\gamma_R}f(z)\,\mathrm{d}z=0$.

注:

- 在扇区 $\mathcal{S}$ 上的连续性假设, 是为了保证积分的存在性. 在实践中, 这个假设总是成立的.
- 对于有理函数, 你们可以直接断言极限为零(当极限确实为零时!). 另一方面, 当有复指数、复对数或非整数次幂函数时, 必须清楚地验证极限计算的正确性(参见 4.5.9 小节).

- 最后, 我们必须注意两个 Jordan 引理的前提条件不同. 这里, 在第一个引理中, 没有关于 θ_1 和 θ_2 的限制条件.

证明:

设 $R > 0$. 根据曲线积分的定义, 有

$$\int_{\gamma_R} f(z)\,\mathrm{d}z = \int_{\theta_1}^{\theta_2} f(Re^{i\theta})iRe^{i\theta}\,\mathrm{d}\theta.$$

我们令(当有意义时) $g(R,\theta) = if(Re^{i\theta})Re^{i\theta}$. 这样, 就有

$$\int_{\gamma_R} f(z)\,\mathrm{d}z = \int_{\theta_1}^{\theta_2} g(R,\theta)\,\mathrm{d}\theta.$$

- 证明 (ii).

假设 $\lim\limits_{z\to 0} zf(z) = 0$. 那么, 由定义知, 对任意 $\theta \in [\theta_1,\theta_2]$,

$$\lim_{R\to 0} g(R,\theta) = 0.$$

并且, 由于 $z \longmapsto zf(z)$ 在 0 处有极限, 故该函数在 0 的邻域内有界. 因此, 存在 $r > 0$ 和 $M > 0$ 使得

$$\forall z \in \mathcal{S} \cap B(0,r), |zf(z)| \leqslant M.$$

从而有

$$\forall R \in (0,r),\ \forall\theta\in[\theta_1,\theta_2],\ |g(R,\theta)| \leqslant M,$$

其中 $\theta \longmapsto M$ 在 $[\theta_1,\theta_2]$ 上连续、恒正且可积. 根据 Lebesgue 控制收敛定理, 我们有

$$\lim_{\substack{R\to 0\\ R>0}} \int_{\gamma_R} f(z)\,\mathrm{d}z = 0.$$

- 证明 (i).

步骤是一样的. 对任意 $\theta \in [\theta_1,\theta_2]$, 我们有 $\lim\limits_{R\to+\infty} g(R,\theta) = 0$. 同理可得, $z \longmapsto zf(z)$ "在 $+\infty$ 的邻域内"有界, 即存在 $r > 0$ 和 $M > 0$ 使得

$$\forall z \in \mathcal{S}, (|z| \geqslant r \implies |zf(z)| \leqslant M).$$

因此, 我们推断, g 在 $[r,+\infty)\times[\theta_1,\theta_2]$ 上被 $\theta \longmapsto M$ 控制, 再次应用 Lebesgue 控制收敛定理可得结论. ⊠

习题 4.5.8.2 我们想计算 $\int_0^{+\infty} \dfrac{x^p}{1+x^n}\,\mathrm{d}x$, 其中 n,p 是两个自然数满足 $n \geqslant p+2$.

1. 验证该积分的存在性.
2. 确定函数 $f : z \longmapsto \dfrac{z^p}{1+z^n}$ 的极点, 以及 f 在各个极点处的留数.

3. 如果 $\gamma_R(\theta) = Re^{i\theta}\left(\theta \in \left[0, \dfrac{2\pi}{n}\right]\right)$, 关于 $\displaystyle\lim_{R \to +\infty} \int_{\gamma_R} f(z)\,\mathrm{d}z$ 我们有什么结论?

4. 导出 $\displaystyle\int_0^{+\infty} \dfrac{x^p}{1+x^n}\,\mathrm{d}x = \dfrac{\pi}{n\sin\left(\pi\dfrac{p+1}{n}\right)}$.

5. 在已知习题 4.5.7.3 的答案的情况下, 这个结果是否可以预见?

Jordan 第二引理用于计算 Fourier 变换, 即形如

$$\mathcal{F}(f)(x) = \frac{1}{\sqrt{2\pi}} \int_{\mathbb{R}} f(t)e^{-ixt}\,\mathrm{d}t$$

的函数.

定理 4.5.8.3(Jordan 第二引理)　设 f 是一个从 $\mathbb{C}$ 到 $\mathbb{C}$ 的函数, 它在扇区

$$\mathcal{S} = \{z \in \mathbb{C} \mid \exists (R, \theta) \in [r, +\infty) \times [\theta_1, \theta_2],\ z = Re^{i\theta}\}$$

上连续, 其中 $r > 0$, $0 \leqslant \theta_1 \leqslant \theta_2 \leqslant \pi$. 假设

$$\lim_{\substack{|z| \to +\infty \\ z \in \mathcal{S}}} f(z) = 0.$$

那么, 对任意实数 $x > 0$, 我们有

$$\lim_{R \to +\infty} \int_{\gamma_R} f(z)e^{ixz}\,\mathrm{d}z = 0.$$

注:

- 注意前提条件! 当 $x < 0$ 或 $\theta \notin [0, \pi]$ 时这个引理不适用! 我们将在证明中看到这一点.

- 在实践中, 总是有 $\theta_1 = 0$ 和 $\theta_2 = \pi$.

- 像往常一样, 连续性假设是为了保证对充分大的 R, 函数 f 沿圆弧 γ_R 的积分存在.

证明:

设 x 是一个大于零的实数. 首先, 对任意 $R \geqslant r$, 我们有

$$\int_{\gamma_R} f(z)e^{xiz}\,\mathrm{d}z = \int_{\theta_1}^{\theta_2} f(Re^{i\theta})e^{ixRe^{i\theta}} iRe^{i\theta}\,\mathrm{d}\theta$$

$$= \int_{\theta_1}^{\theta_2} f(Re^{i\theta})e^{ixR\cos(\theta)} iRe^{i\theta} e^{-Rx\sin(\theta)}\,\mathrm{d}\theta.$$

因此,

$$\left| \int_{\gamma_R} f(z) e^{xiz} \, \mathrm{d}z \right| \leqslant \int_{\theta_1}^{\theta_2} |f(Re^{i\theta})| Re^{-xR\sin(\theta)} \, \mathrm{d}\theta$$

$$\leqslant \sup_{\substack{|z|=R \\ z \in \mathcal{S}}} |f(z)| \times \int_{\theta_1}^{\theta_2} Re^{-xR\sin(\theta)} \, \mathrm{d}\theta$$

$$\leqslant \sup_{\substack{|z|=R \\ z \in \mathcal{S}}} |f(z)| \times \int_{0}^{\pi} Re^{-xR\sin(\theta)} \, \mathrm{d}\theta$$

$$\leqslant \sup_{\substack{|z|=R \\ z \in \mathcal{S}}} |f(z)| \times 2 \int_{0}^{\frac{\pi}{2}} Re^{-xR\sin(\theta)} \, \mathrm{d}\theta.$$

又因为, 对 $\theta \in \left[0, \dfrac{\pi}{2}\right]$, $\dfrac{2}{\pi}\theta \leqslant \sin(\theta)$, 且 $x > 0$, 因此有

$$\int_{0}^{\frac{\pi}{2}} Re^{-xR\sin(\theta)} \, \mathrm{d}\theta \leqslant \int_{0}^{\frac{\pi}{2}} Re^{-\frac{2xR\theta}{\pi}} \, \mathrm{d}\theta$$

$$\leqslant \frac{\pi R}{2xR} \left[-e^{-\frac{2xR\theta}{\pi}} \right]_{0}^{\frac{\pi}{2}}$$

$$\leqslant \frac{\pi R}{2xR} \left(1 - e^{-xR} \right)$$

$$\leqslant \frac{\pi}{2x}.$$

从而得到 $\left| \displaystyle\int_{\gamma_R} f(z) e^{iz} \, \mathrm{d}z \right| \leqslant \dfrac{\pi}{x} \sup\limits_{\substack{|z|=R \\ z \in \mathcal{S}}} |f(z)|.$

又因为, 根据假设, $\lim\limits_{R \to +\infty} \sup\limits_{\substack{|z|=R \\ z \in \mathcal{S}}} |f(z)| = 0$, 因此有

$$\lim_{R \to +\infty} \int_{\gamma_R} f(z) e^{ixz} \, \mathrm{d}z = 0. \qquad \boxtimes$$

例 4.5.8.4 我们想计算当 $x \in \mathbb{R}$ 时, $I(x) = \displaystyle\int_{0}^{+\infty} \dfrac{\cos(xt)}{1 + t^2} \, \mathrm{d}t$ 的值.

• 首先, 对 $x \in \mathbb{R}$, $t \longmapsto \dfrac{e^{ixt}}{1 + t^2}$ 在 $\mathbb{R}$ 上可积(因为它被函数 $t \longmapsto \dfrac{1}{1 + t^2}$ 控制). 因为被积函数是偶函数, 我们有

$$I(x) = \frac{1}{2} \int_{\mathbb{R}} \frac{\cos(xt)}{1 + t^2} \, \mathrm{d}t = \frac{1}{2} \mathrm{Re} \left(\int_{\mathbb{R}} \frac{e^{ixt}}{1 + t^2} \, \mathrm{d}t \right).$$

(事实上, 即使最后那个积分不取实部, 这也是一个等式, 因为 $t \longmapsto \dfrac{\sin(xt)}{1 + t^2}$ 是在 $\mathbb{R}$ 上可积的奇函数.)

• 对任意实数 x, $I(x) = I(-x)$. 所以, I 是一个偶函数. 下面假设 $x > 0$.

- 最后, 考虑 $f: z \longmapsto \dfrac{1}{1+z^2}$ 和 $g: z \longmapsto f(z)e^{ixz}$.

  * $z \longmapsto e^{ixz}$ 和 $z \longmapsto 1+z^2$ 在 $\mathbb{C}$ 上全纯, 且 $z \longmapsto 1+z^2$ 不恒为零;

  * 对 $R > 1$, 记 γ 为图像如图4.3的路径:

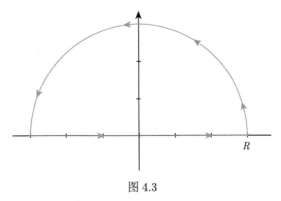

图 4.3

那么, γ 是 $\mathbb{C}$ 的一个闭路径, 且它不经过 g 的任何极点(因为 $R > 1$, 而 g 的极点为 i 和 $-i$). 根据留数定理, 我们有

$$\int_\gamma g(z)\,\mathrm{d}z = 2i\pi \sum_{a \in P_\gamma(g)} Ind_\gamma(a) \times res(g, a).$$

又因为, 一方面 g 的唯一落在 $\mathrm{Im}(\gamma)$ 围成的区域内部的极点是 i 且 $Ind_\gamma(i) = 1$, 另一方面,

$$g(z) \underset{z \to i}{\sim} \frac{e^{ixi}}{2i(z-i)} \underset{z \to i}{\sim} \frac{e^{-x}}{2i(z-i)}.$$

所以, i 是 g 的单重极点, 且 $res(g, i) = \dfrac{e^{-x}}{2i}$. 因此,

$$\int_\gamma g(z)\,\mathrm{d}z = 2i\pi \times \frac{e^{-x}}{2i} = \pi e^{-x}.$$

最后, 记 γ_R 为以 0 为中心以 R 为半径的正向行进的半圆周, 我们有

$$\int_{-R}^{R} g(t)\,\mathrm{d}t + \int_{\gamma_R} g(z)\,\mathrm{d}z = \pi e^{-x}.$$

又因为 $g(z) = \dfrac{1}{1+z^2}e^{ixz}$, 显然 $\displaystyle\lim_{|z| \to +\infty} \frac{1}{1+z^2} = 0$. 根据 Jordan 第二引理(注意我们处理的是 $x > 0$ 的情况),

$$\lim_{R \to +\infty} \int_{\gamma_R} f(z)e^{ixz}\,\mathrm{d}z = 0.$$

因此, 在之前的等式中令 R 趋于 $+\infty$ 取极限, 可得

$$\int_{-\infty}^{+\infty} \frac{e^{ixt}}{1+t^2}\, \mathrm{d}t = \pi e^{-x}.$$

所以, 当 $x > 0$ 时 $I(x) = \dfrac{\pi}{2} e^{-x}$. 观察到(直接计算可知), 这个等式对 $x = 0$ 也成立, 因此由被积函数是偶函数知

$$\forall x \in \mathbb{R}, \quad \int_0^{+\infty} \frac{\cos(xt)}{1+t^2}\, \mathrm{d}t = \frac{\pi}{2} e^{-|x|}.$$

<u>注：</u> 如果你们仍然不相信用留数定理计算积分的好处和有效性, 可以将这里的方法与含参积分的方法进行比较(参见积分练习题)!

习题 4.5.8.5 设 g 是由以下关系式定义的函数：$g(x) = \dfrac{\cos\left(\dfrac{\pi x}{2}\right)}{x^2 - 1}$.

1. 证明 g 在 $\mathbb{R}$ 上可积.

2. 考虑定义如下的复变量函数 $f : f(z) = \dfrac{e^{i\frac{\pi z}{2}}}{z^2 - 1}$.

   (a) 为了计算 g 在 $\mathbb{R}$ 上的积分, 我们想选用什么路径? 为什么不能对 f 在这条路径上应用留数定理呢?

   (b) 考虑图像如图4.4的路径：

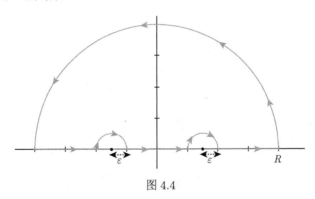

图 4.4

   对 f 在这条闭路径 γ 上应用留数定理.

   (c) 我们可以直接对 R 趋于 $+\infty$ 取极限吗? 如果可以, 请给出验证过程.

   (d) 解释为什么不能在积分的每一项直接对 ε 趋于 0 取极限.

   (e) 计算当 ε 趋于 0 时, 在半径为 ε 的小圆弧上的各项积分的极限值.

   (f) 通过取实部, 证明 $\displaystyle\int_{\mathbb{R}} g(x)\, \mathrm{d}x = -\pi$.

4.5.9　补充部分：复对数

我们已经看到, 在 $\mathbb{C}^\star$ 上连续的函数 $z \longmapsto \dfrac{1}{z}$ 在 $\mathbb{C}^\star$ 上没有(全纯的)原函数. 因此, 不可能在 $\mathbb{C}^\star$ 上定义一个全纯的复对数函数.

此外, 这种联系可以追溯到确定辐角的问题. 事实上, 如果 f 是在($\mathbb{C}^\star$ 的一个开集) Ω 上的对数函数, 那么根据定义, 有: $\forall z \in \Omega$, $\exp(f(z)) = z$. 记 a 和 b 分别为 f 的实部和虚部, 那么有: $\forall z \in \Omega$, $e^{a(z)} e^{ib(z)} = z$. 从而, $\forall z \in \Omega$, $e^{a(z)} = |z|$ 且 $b(z) \equiv \arg(z)$ $[2\pi]$, 即

$$\forall z \in \Omega,\ a(z) = \ln|z| \ \text{且} \ b(z) \equiv \arg(z)\ [2\pi].$$

因此, 为了使得一个复对数函数是全纯的, 它的虚部必须在 Ω 上连续, 即其辐角在 Ω 上连续. 又因为, 我们在微分演算的课程内容中也看到, 在 $\mathbb{C}^\star$(等同于 $\mathbb{R}^2 \setminus \{(0,0)\}$)上这是不可能做到的. 另一方面, 我们已经看到, 通过删除 $\mathbb{R}^- = (-\infty, 0]$ 对应的半轴, 这是可以做到的. 这就引出了下面的定义.

定义 4.5.9.1　我们称在 $\mathbb{C} \setminus \mathbb{R}^-$ 上定义为

$$\forall z \in \mathbb{C} \setminus \mathbb{R}^-,\ \log z = \ln|z| + i\theta(z)$$

的函数为对数的主值(或对数的主分支), 其中, 对 $z = x + iy$ 满足

$$(x,y) \in \mathbb{R}^2 \ \text{且} \ (x,y) \notin \mathbb{R}^- \times \{0\},$$

我们有

$$\theta(z) = 2 \arctan\left(\frac{y}{x + \sqrt{x^2 + y^2}} \right).$$

定理 4.5.9.2　设 $\Omega = \mathbb{C} \setminus \mathbb{R}^-$. 那么:

(i) 如果 $z = re^{i\theta}$(其中 $r > 0$ 且 $\theta \in (-\pi, \pi)$), 那么,
$$\theta(z) = \theta \ \text{且} \ \log(z) = \ln(r) + i\theta;$$

(ii) $\forall z \in \Omega$, $e^{\log(z)} = z$;

(iii) 函数 $\log$ 在 Ω 上全纯, 且 $\forall z \in \Omega$, $\log'(z) = \dfrac{1}{z}$;

(iv) 对任意 $z \in \mathbb{R}^{+\star}$, $\log(z) = \ln(z)$ (即 $\log$ 在 $(0, +\infty)$ 上的限制是自然对数函数);

(v) 函数 $\log$ 在 1 的邻域内可以展成幂级数, 并且,
$$\forall z \in D(0,1),\ \log(1+z) = \sum_{n=1}^{+\infty} (-1)^{n-1} \frac{z^n}{n}.$$

证明:

- 证明 (i).

设 $z = re^{i\theta}$, 其中 $r > 0$ 且 $\theta \in (-\pi, \pi)$. 首先, 由 $z \in \Omega$ 知, $\log(z)$ 是良定义的. 记 $x = \mathrm{Re}(z) = r\cos(\theta)$ 和 $y = \mathrm{Im}(z) = r\sin(\theta)$, 由于 $(x, y) \notin \mathbb{R}^- \times \{0\}$, 我们有 $x + \sqrt{x^2 + y^2} \neq 0$, 因此有

$$
\begin{aligned}
\theta(z) &= 2\arctan\left(\frac{r\sin(\theta)}{r\cos(\theta) + r}\right) \\
&= 2\arctan\left(\frac{2\sin\left(\dfrac{\theta}{2}\right)\cos\left(\dfrac{\theta}{2}\right)}{2\cos^2\left(\dfrac{\theta}{2}\right)}\right) \\
&= 2\arctan\tan\left(\frac{\theta}{2}\right) \\
&= \theta.
\end{aligned}
$$

最后的等式成立, 是因为 $\dfrac{\theta}{2} \in \left(-\dfrac{\pi}{2}, \dfrac{\pi}{2}\right)$. 因此,

$$
\log(z) = \ln(|z|) + i\theta(z) = \ln(r) + i\theta.
$$

- 证明 (ii).

根据上一个问题, 我们观察到, 对任意 $z \in \Omega$, $\theta(z)$ 是 z 的一个辐角, 不仅如此, 它还是 z 在 $(-\pi, \pi)$ 中的唯一的辐角. 所以,

$$
\forall z \in \Omega, \; e^{\log(z)} = e^{\ln|z| + i\theta(z)} = e^{\ln|z|}e^{i\theta(z)} = |z|e^{i\theta(z)} = z.
$$

- 证明 (iii).

对 $(x, y) \in U = \mathbb{R}^2 \setminus \mathbb{R}^- \times \{0\}$, 令 $f(x, y) = \log(x + iy)$. 我们知道, $\log$ 在 Ω 上全纯当且仅当 f 在 U 上 $\mathbb{R}^2$-可微且 f 满足 Cauchy-Riemann 条件(参见定理 4.1.2.2).

  * 首先, 显然 $(x, y) \longmapsto \dfrac{1}{2}\ln(x^2 + y^2)$ 在 U 上 $\mathcal{C}^\infty$, 因此它必在 U 上可微.

  * 其次, 因为对任意 $(x, y) \in U$, $x + \sqrt{x^2 + y^2} \neq 0$, 所以, 容易证得, 函数 $(x, y) \longmapsto 2\arctan\left(\dfrac{y}{x + \sqrt{x^2 + y^2}}\right)$ 在 U 上 $\mathcal{C}^\infty$, 故它在 U 上可微.

  * 最后, 对任意 $(x, y) \in U$, 我们有

$$
\frac{\partial f}{\partial x}(x, y) = \frac{x}{x^2 + y^2} - i\frac{y}{x^2 + y^2}.
$$

同理可得,

$$\frac{\partial f}{\partial y}(x,y) = \frac{y}{x^2+y^2} + i\frac{x}{x^2+y^2}.$$

因此, 我们有 $\dfrac{\partial f}{\partial x}(x,y) + i\dfrac{\partial f}{\partial y}(x,y) = 0$.

这证得 log 在 Ω 上全纯, 并且, 对任意 $z \in \Omega$, 记 $z = x+iy$ (其中 $(x,y) \in U$), 我们有

$$\log'(z) = \frac{\partial f}{\partial x}(x,y) = \frac{x-iy}{x^2+y^2} = \frac{1}{x+iy} = \frac{1}{z}.$$

- (iv) 是显然的.

- 最后证明性质 (v).

定义映射 $f : D(0,1) \longmapsto \mathbb{C}$, 它把 z 映为 $\log(1+z)$. 根据上一个问题, f 在 $D(0,1)$ 上全纯, 并且,

$$\forall z \in D(0,1), f'(z) = \frac{1}{1+z} = \sum_{n=0}^{+\infty}(-1)^n z^n \quad (\text{因为 } \forall z \in D(0,1), |z| < 1).$$

通过对幂级数进行逐项积分(所得的幂级数有相同的收敛半径), 我们得到

$$\forall z \in D(0,1), f(z) = f(0) + \sum_{n=0}^{+\infty}\frac{(-1)^n z^{n+1}}{n+1}. \qquad \boxtimes$$

注: *我们也可以通过验证函数 $z \longmapsto \log(1+z) - g(z)$(其中 g 是该幂级数的和函数)的导函数在 $D(0,1)$ 上恒为零, 来证明最后一个性质. 因为 $D(0,1)$ 是凸的, 所以这个函数是常函数.*

⚠️ **注意:** 另一方面, 复对数的主分支不满足自然对数函数 ln 的常用函数关系, 即等式 $\log(zz') = \log(z) + \log(z')$ 不是对任意 $z,z' \in \mathbb{C} \setminus \mathbb{R}^-$ 都成立. 为什么?

习题 4.5.9.3　当 $z,z' \in \mathbb{C} \setminus \mathbb{R}^-$ 时, 关于 $\log(zz') - \log(z) - \log(z')$ 有什么结论?

实际上, 前面的推导过程说明, 只要去掉包含原点的一条半直线, 就可以定义一个连续的辐角函数, 从而得到一个全纯的复对数. 所以, 可以定义复对数的其他全纯分支.

定理 4.5.9.4(定义) 设 $\theta_0 \in \mathbb{R}$. 考虑以下集合:

$$\mathcal{D}_{\theta_0} = \{re^{i\theta_0} \mid r \in [0, +\infty)\} \text{ 和 } \Omega_{\theta_0} = \mathbb{C} \setminus \mathcal{D}_{\theta_0}.$$

那么:

(i) 存在一个在 Ω_{θ_0} 上全纯的函数 $\log_{\theta_0}$, 使得 $\forall z \in \Omega_{\theta_0}$, $e^{\log_{\theta_0}(z)} = z$;

(ii) 对任意 $z \in \Omega_{\theta_0}$, 如果 $z = re^{i\theta}$, 其中 $\theta \in (\theta_0, \theta_0 + 2\pi)$ 且 $r > 0$, 那么,

$$\log_{\theta_0}(z) = \ln(r) + i\theta;$$

(iii) 对任意 $z \in \Omega_{\theta_0}$, $\log'_{\theta_0}(z) = \dfrac{1}{z}$.

这个函数 $\log_{\theta_0}$ 称为复对数在 Ω_{θ_0} 上的全纯分支.

注:

- 我们常常把 $\log_{\theta_0}$ 简写为 $\log$, 并称这是复对数在 Ω_{θ_0} 上的全纯分支.
- 证明是计算性的, 只是基于坐标变换的"辐角"的计算. 对于有勇气的同学, 以下证明留作练习. 定义函数 Θ_0 如下: 对任意 $z = x + iy \in \Omega_{\theta_0}$,

$$\Theta_0(z) = \pi + \theta_0 + 2\arctan\left(\frac{x\sin(\theta_0) - y\cos(\theta_0)}{-x\cos(\theta_0) - y\sin(\theta_0) + \sqrt{x^2 + y^2}}\right).$$

证明这个函数是取值在 $(\theta_0, \theta_0 + 2\pi)$ 中的辐角的连续分支, 并且在上述记号下, 有

$$\forall z \in \Omega_{\theta_0}, \ \log_{\theta_0}(z) = \ln|z| + i\Theta_0(z).$$

定义 4.5.9.5 设 $\alpha \in \mathbb{C} \setminus \mathbb{N}$. 那么对任意 $\theta_0 \in \mathbb{R}$, 函数

$$\begin{aligned} \Omega_{\theta_0} &\longrightarrow \mathbb{C}, \\ z &\longmapsto \exp(\alpha \log_{\theta_0}(z)) \end{aligned}$$

称为在 Ω_{θ_0} 上的 α 次幂函数, 记为 $z \longmapsto z^\alpha$.

命题 4.5.9.6 对任意 $\theta_0 \in \mathbb{R}$, 函数 $z \longmapsto z^\alpha$ 是在 Ω_{θ_0} 上全纯的, 并且它的导函数为 $z \longmapsto \alpha z^{\alpha-1}$.

注:

- 当我们谈到 α 次幂函数时, 重要的是要明确函数的定义域, 即我们去掉了哪条半直线.
- 在实践中, 所使用的幂函数是当 $\alpha \in \mathbb{R}$ 的情况.
- 当 $\alpha \in \mathbb{R} \setminus \mathbb{Z}$, 形式上我们希望对 $z = re^{i\theta}$, 有 $z^\alpha = r^\alpha e^{i\alpha\theta}$. 因此, 我们可以立即看出, 问题在于辐角的确定.

例 4.5.9.7 在 $\mathbb{C} \setminus \mathbb{R}^-$ 上定义为 $f(z) = z^{\frac{1}{2}} := \sqrt{z}$ 的函数是平方根函数的主值.

⚠️ **注意:** 在计算幂函数时要小心(更准确地说, 在计算辐角时要小心). 例如, 如果我们考虑在 $\mathbb{C} \setminus \mathbb{R}^+ = \Omega_0$ 上的全纯分支 $z \longmapsto z^\alpha$, 那么对任意 $t > 0$, 我们有

$$\lim_{\substack{\varepsilon \to 0 \\ \varepsilon > 0}} (t + i\varepsilon)^\alpha = t^\alpha, \quad 但 \quad \lim_{\substack{\varepsilon \to 0 \\ \varepsilon < 0}} (t + i\varepsilon)^\alpha = e^{2i\pi\alpha} t^\alpha.$$

例 4.5.9.8 我们考虑以下两个积分:

$$I = \int_0^{+\infty} \frac{\sqrt{t}\ln(t)}{t^2 + 1}\,\mathrm{d}t \quad 和 \quad J = \int_0^{+\infty} \frac{\sqrt{t}}{t^2 + 1}\,\mathrm{d}t.$$

- 首先验证 I 和 J 的存在性.

函数 $t \longmapsto \dfrac{\sqrt{t}\ln(t)}{t^2 + 1}$ 在 $(0, +\infty)$ 上连续(从而分段连续). 并且,

　　＊ $\dfrac{\sqrt{t}\ln(t)}{t^2 + 1} \underset{t \to +\infty}{\sim} \dfrac{\ln(t)}{t^{\frac{3}{2}}}$, $t \longmapsto \dfrac{\ln(t)}{t^{\frac{3}{2}}}$ 在 $[e, +\infty)$ 上分段连续、恒正且可积(根据 Bertrand 判据, 此处 $\dfrac{3}{2} > 1$). 由正值函数的比较知, $t \longmapsto \dfrac{\sqrt{t}\ln(t)}{t^2 + 1}$ 在 $[e, +\infty)$ 上可积.

　　＊ $\displaystyle\lim_{t \to 0^+} \dfrac{\sqrt{t}\ln(t)}{t^2 + 1} = 0$ (比较增长率), 故函数 $t \longmapsto \dfrac{\sqrt{t}\ln(t)}{t^2 + 1}$ 可以延拓为在 $[0, +\infty)$ 上连续的函数. 特别地, 它在 $(0, e]$ 上可积.

> 因此, 我们证得, $t \longmapsto \dfrac{\sqrt{t}\ln(t)}{t^2 + 1}$ 在 $(0, e]$ 和 $[e, +\infty)$ 上可积, 所以它在 $(0, +\infty)$ 上可积, 这验证了 I 的存在性. 同理可证 J 的存在性.

- 记 $\log$ 为复对数在 $\Omega = \mathbb{C} \setminus i\mathbb{R}^-$ 上的全纯分支, 定义为

$$\log(z) = \ln|z| + i\theta(z),$$

其中 $\theta(z)$ 是 z 在 $\left(-\dfrac{\pi}{2}, \dfrac{3\pi}{2}\right)$ 中的唯一辐角. 设 f 是在 Ω 上定义为 $f(z) = \dfrac{\sqrt{z}\log(z)}{1+z^2}$ 的函数, 并且对 $0 < \varepsilon < 1 < R$, γ 是图像如图4.5的路径:

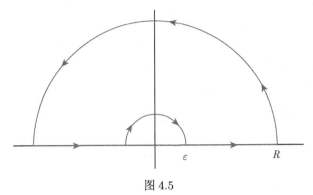

图 4.5

* 函数 $g : z \longmapsto z^{\frac{1}{2}}\log(z) = \exp\left(\dfrac{1}{2}\log(z)\right) \times \log(z)$ 和 $h : z \longmapsto z^2 + 1$ 在 Ω 上全纯;

* Ω 是 $\mathbb{C}$ 的一个星形开集[①];

* h 在 Ω 上不恒为零;

* γ 是 Ω 中的一个闭路径;

* $f = \dfrac{g}{h}$, $\mathrm{Im}(\gamma) \cap P(f) = \varnothing$, 因为 f 的唯一极点是 i, 而此处 $\varepsilon < 1$ 且 $R > 1$.

记 $P_\gamma(f)$ 为位于 $\mathrm{Im}(\gamma)$ 围成的区域内部的 f 的极点的集合, 根据留数定理, 我们有

$$\int_\gamma f(z)\,\mathrm{d}z = 2i\pi \sum_{a \in P_\gamma(f)} res(f, a) \times Ind_\gamma(a) = 2i\pi \times res(f, i).$$

又因为, 由 $\log$ 在 $i = e^{i\frac{\pi}{2}} \in \Omega$ 处的连续性知

$$\lim_{z \to i} g(z) = g(i) = e^{i\frac{\pi}{4}} \times \log(e^{i\frac{\pi}{2}}) = i\frac{\pi}{2}e^{i\frac{\pi}{4}} \neq 0.$$

并且, $h'(i) = 2i \neq 0$, 故 $h(z) \underset{z \to i}{\sim} h'(i)(z-i)$. 所以,

$$f(z) \underset{z \to i}{\sim} \frac{g(i)}{2i(z-i)} \underset{z \to i}{\sim} \frac{\pi e^{\frac{i\pi}{4}}}{4(z-i)}.$$

这证得 i 是 f 的单重极点且 $res(f, i) = \dfrac{\pi}{4}e^{\frac{i\pi}{4}}$.

记 γ_1、γ_2、γ_3 和 γ_4 为图像如图4.6的路径:

①这里没有必要说"非空", 因为"星形"意味着它不是空的.

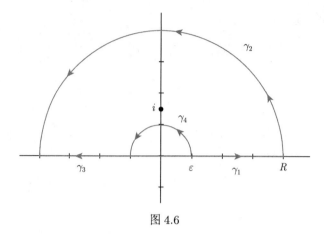

图 4.6

那么有

$$\int_\gamma f(z)\,\mathrm{d}z = \int_{\gamma_1} f(z)\,\mathrm{d}z + \int_{\gamma_2} f(z)\,\mathrm{d}z - \int_{\gamma_3} f(z)\,\mathrm{d}z - \int_{\gamma_4} f(z)\,\mathrm{d}z. \qquad (*)$$

又因为

* 一方面, 根据第一点以及定义 I 和 J 的积分的收敛性, 我们有

$$\lim_{\substack{\varepsilon\to 0\\ R\to+\infty}} \int_{\gamma_1} f(z)\,\mathrm{d}z = \lim_{\substack{\varepsilon\to 0\\ R\to+\infty}} \int_\varepsilon^R f(t)\,\mathrm{d}t = \int_0^{+\infty} f(t)\,\mathrm{d}t = I.$$

* 另一方面, 对 $z \in \Omega \setminus \{i\}$,

$$|zf(z)| = \left| \frac{z \times z^{\frac{1}{2}}\log(z)}{z^2+1} \right| = \frac{|z| \times \sqrt{|z|} \times |\log(z)|}{|z^2+1|} \leqslant \frac{|z|^{\frac{3}{2}}\left(\ln|z| + \dfrac{3\pi}{2}\right)}{\big||z|^2-1\big|}.$$

因此, 对 $|z| < 1$ 我们有

$$|zf(z)| \leqslant \frac{|z|^{\frac{3}{2}}\left(\ln|z| + \dfrac{3\pi}{2}\right)}{1-|z|^2}, \quad \text{故} \quad |zf(z)| \underset{|z|\to 0}{=} O\left(|z|^{\frac{3}{2}}\ln|z|\right).$$

所以, f 在 $S_1 = \{z \in \mathbb{C} \mid z = re^{i\theta},\ \text{其中}\ r \in (0,1)\ \text{且}\ \theta \in [0,\pi]\}$ 上连续, 并且

$$\lim_{\substack{z\to 0\\ z\in S_1}} zf(z) = 0.$$

根据 Jordan 第一引理,

$$\boxed{\lim_{\varepsilon\to 0} \int_{\gamma_4} f(z)\,\mathrm{d}z = 0}.$$

同理, f 在 $S_2 = \{z \in \mathbb{C} \mid z = re^{i\theta},\ \text{其中}\ r > 1\ \text{且}\ \theta \in [0,\pi]\}$ 上连续, 且上述计算表明, $|zf(z)| \underset{|z|\to+\infty}{=} O\left(\dfrac{\ln|z|}{\sqrt{|z|}}\right)$, $\lim\limits_{\substack{|z|\to+\infty\\ z\in S_2}} zf(z) = 0$. 根据 Jordan 第一引理,

$$\lim_{R \to +\infty} \int_{\gamma_2} f(z)\, dz = 0.$$

* 最后, 由于对任意 $t \in [\varepsilon, R]$, $\gamma_3(t) = te^{i\pi}$, 我们有

$$\int_{\gamma_3} f(z)\, dz = \int_{\varepsilon}^{R} \frac{(te^{i\pi})^{\frac{1}{2}} \log(te^{i\pi})}{(te^{i\pi})^2 + 1} e^{i\pi}\, dt = \int_{\varepsilon}^{R} \frac{\sqrt{t}e^{\frac{i\pi}{2}}(\ln(t) + i\pi)}{t^2 + 1} \times (-1)\, dt,$$

即

$$\int_{\gamma_3} f(z)\, dz = -i \int_{\varepsilon}^{R} \frac{\sqrt{t}\ln(t)}{t^2 + 1}\, dt + \pi \int_{\varepsilon}^{R} \frac{\sqrt{t}}{t^2 + 1}\, dt.$$

因此有

$$\lim_{\substack{\varepsilon \to 0 \\ R \to +\infty}} \int_{\gamma_3} f(z)\, dz = -i \int_{0}^{+\infty} \frac{\sqrt{t}\ln(t)}{t^2 + 1}\, dt + \pi \int_{0}^{+\infty} \frac{\sqrt{t}}{t^2 + 1}\, dt.$$

所以, 当 ε 趋于 0 且 R 趋于 $+\infty$ 时, 等式 (*) 中的每一项都有有限的极限. 因此, 我们可以对各项取极限, 得到

$$\int_{0}^{+\infty} \frac{\sqrt{t}\ln(t)}{t^2 + 1}\, dt - \left(-i \int_{0}^{+\infty} \frac{\sqrt{t}\ln(t)}{t^2 + 1}\, dt + \pi \int_{0}^{+\infty} \frac{\sqrt{t}}{t^2 + 1}\, dt \right) = 2i\pi \times \frac{\pi}{4} e^{\frac{i\pi}{4}},$$

整理得

$$(1 + i) \int_{0}^{+\infty} \frac{\sqrt{t}\ln(t)}{t^2 + 1}\, dt - \pi \int_{0}^{+\infty} \frac{\sqrt{t}}{t^2 + 1}\, dt = \frac{\pi^2}{2} e^{i\frac{3\pi}{4}}.$$

在上述等式中分别取实部和虚部, 我们得到

$$I = \frac{\pi^2 \sqrt{2}}{4} \quad \text{以及} \quad I - \pi J = -\frac{\pi^2 \sqrt{2}}{4},$$

即

$$I = \int_{0}^{+\infty} \frac{\sqrt{t}\ln(t)}{t^2 + 1}\, dt = \frac{\pi^2 \sqrt{2}}{4} \quad \text{以及} \quad J = \int_{0}^{+\infty} \frac{\sqrt{t}}{t^2 + 1}\, dt = \frac{\pi \sqrt{2}}{2}.$$

习题 4.5.9.9 对 $\alpha > 1$, 计算 $\int_{0}^{+\infty} \frac{dt}{1 + t^{\alpha}}$ 的值.

提示:

- 可以进行换元: 令 $u = t^{\alpha}$;
- 使用以下路径(图4.7):

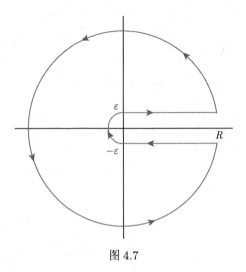

图 4.7

第 5 章   准 Hilbert 空间

预备知识   学习本章之前, 需要熟练掌握以下知识:

- 赋范向量空间(《大学数学进阶 1》);

- 线性映射和双线性映射;

- 内积、欧几里得空间(《大学数学基础 2》);

- 线性变换的行列式、矩阵的行列式(《大学数学基础 2》《大学数学进阶 1》);

- 特征向量、特征值(《大学数学进阶 1》);

- 线性变换的对角化、矩阵的对角化(《大学数学进阶 1》);

- 可选的: 对偶(《大学数学进阶 1》).

不要求已了解其他任何与准 Hilbert 空间概念相关的具体知识.

5.1　实的准 Hilbert 空间

本节中, E 表示一个 $\mathbb{R}$-向量空间.

5.1.1　双线性型和对称的双线性型

> **定义 5.1.1.1**　我们定义 E 上的双线性型为任意从 $E \times E$ 到 $\mathbb{R}$ 的双线性映射 φ, 即 φ 满足:
>
> (i) $\forall(x, x', y) \in E^3, \forall(\lambda, \mu) \in \mathbb{R}^2, \varphi(\lambda x + \mu x', y) = \lambda\varphi(x, y) + \mu\varphi(x', y)$ (左线性性);
>
> (ii) $\forall(x, y, y') \in E^3, \forall(\lambda, \mu) \in \mathbb{R}^2, \varphi(x, \lambda y + \mu y') = \lambda\varphi(x, y) + \mu\varphi(x, y')$ (右线性性).

<u>注:</u>　等价地说, 映射 $\varphi : E \times E \longrightarrow \mathbb{R}$ 是双线性的当且仅当它在任意点的 "部分映射" 都是线性的, 即当且仅当

- 对任意 $x \in E$, $\varphi(x, \cdot) : \begin{array}{ccc} E & \longrightarrow & \mathbb{R}, \\ y & \longmapsto & \varphi(x, y) \end{array}$ 是在 E 上线性的;

- 对任意 $y \in E$, $\varphi(\cdot, y) : \begin{array}{ccc} E & \longrightarrow & \mathbb{R}, \\ x & \longmapsto & \varphi(x, y) \end{array}$ 是在 E 上线性的.

注意: 双线性型通常不是线性映射!

例 5.1.1.2　在前几章中已经遇到的一些基本例子如下:

- 把 $((x, y), (x', y')) \in (\mathbb{R}^2)^2$ 映为 $xx' - 3yy'$ 的映射是 $\mathbb{R}^2$ 上的一个双线性型;

- 从 $L^2(I, \mathbb{R}) \times L^2(I, \mathbb{R})$ 到 $\mathbb{R}$ 定义为

$$\forall(f, g) \in L^2(I, \mathbb{R})^2, \varphi(f, g) = \int_I fg$$

  的映射 φ 是 $L^2(I, \mathbb{R})$ 上的一个双线性型;

- 从 $\ell^2(\mathbb{N}, \mathbb{R}) \times \ell^2(\mathbb{N}, \mathbb{R})$ 到 $\mathbb{R}$ 定义为

$$\forall(u_n)_{n \in \mathbb{N}} \in \ell^2(\mathbb{N}, \mathbb{R}), \forall(v_n)_{n \in \mathbb{N}} \in \ell^2(\mathbb{N}, \mathbb{R}), \psi((u_n)_{n \in \mathbb{N}}, (v_n)_{n \in \mathbb{N}}) = \sum_{n=0}^{+\infty} u_n v_n$$

  的映射 ψ 是 $\ell^2(\mathbb{N}, \mathbb{R})$ 上的一个双线性型.

定义 5.1.1.3 我们称映射 $\varphi : E \times E \longrightarrow \mathbb{R}$ 是对称的, 若

$$\forall (x, y) \in E^2, \varphi(y, x) = \varphi(x, y).$$

命题 5.1.1.4 设 $\varphi : E \times E \longrightarrow \mathbb{R}$. 那么, 以下性质相互等价:

(i) φ 是双线性且对称的;

(ii) φ 是左线性且对称的;

(iii) φ 是右线性且对称的.

定义 5.1.1.5 设 E 是一个维数为 $n \geqslant 1$ 的 $\mathbb{R}$-向量空间, φ 是 E 上的一个对称的双线性型, $\mathcal{B} = (e_1, \cdots, e_n)$ 是 E 的一组基. 我们定义 φ 在基 $\mathcal{B}$ 下(或关于基 $\mathcal{B}$)的矩阵为

$$Mat_{\mathcal{B}}(\varphi) = [\varphi(e_i, e_j)]_{\substack{1 \leqslant i \leqslant n \\ 1 \leqslant j \leqslant n}}.$$

例 5.1.1.6 考虑定义在 $\mathbb{R}^2 \times \mathbb{R}^2$ 上把 $((x, y), (x', y'))$ 映为 $xx' - 4yy'$ 的映射 φ.

- 首先, 验证 φ 确实是 $\mathbb{R}^2$ 上一个对称的双线性型.
- 记 $\mathcal{B}_c = (e_1, e_2)$ 为 $\mathbb{R}^2$ 的标准基, 我们有

$$\varphi(e_1, e_2) = \varphi(e_2, e_1) = 0, \quad \varphi(e_1, e_1) = 1, \quad \varphi(e_2, e_2) = -4.$$

因此,

$$Mat_{\mathcal{B}_c}(\varphi) = \begin{bmatrix} 1 & 0 \\ 0 & -4 \end{bmatrix}.$$

- 如果考虑 $\mathcal{B} = ((2, 1), (3, 1))$(这也是 $\mathbb{R}^2$ 的一组基), 我们有

$$Mat_{\mathcal{B}}(\varphi) = \begin{bmatrix} 0 & 2 \\ 2 & 5 \end{bmatrix}.$$

习题 5.1.1.7 映射 $\varphi : \mathbb{R}_2[X] \times \mathbb{R}_2[X] \longrightarrow \mathbb{R}$ 定义为

$$\forall (P, Q) \in \mathbb{R}_2[X]^2, \varphi(P, Q) = \int_0^1 P(x)Q(x)\,\mathrm{d}x.$$

1. 证明 φ 是一个对称的双线性型.

2. 确定 φ 在 $\mathbb{R}_2[X]$ 的标准基下的矩阵.

⚠ **注意**：要特别注意的是, 不要混淆线性映射在两组基下的矩阵(或线性变换在一组基下的矩阵)和对称的双线性型的矩阵!

命题 5.1.1.8   设 E 是一个维数为 $n \geqslant 1$ 的 $\mathbb{R}$-向量空间, $\mathcal{B}$ 是 E 的一组基, φ 是 E 上的一个对称双线性型. 那么, 对 $(x,y) \in E^2$, 记 $X = Mat_{\mathcal{B}}(x)$, $Y = Mat_{\mathcal{B}}(y)$ 和 $A = Mat_{\mathcal{B}}(\varphi)$, 我们有

$$\varphi(x,y) = X^T A Y.$$

证明：

通过计算容易验证结论成立. 事实上, 记 $\mathcal{B} = (e_1, \cdots, e_n)$, $x = \displaystyle\sum_{i=1}^{n} x_i e_i$ 和 $y = \displaystyle\sum_{j=1}^{n} y_j e_j$(其中 $(x_1, \cdots, x_n, y_1, \cdots, y_n) \in \mathbb{R}^{2n}$), 我们有

$$\begin{aligned}
\varphi(x,y) &= \sum_{i=1}^{n} \sum_{j=1}^{n} x_i y_j \varphi(e_i, e_j) \\
&= \sum_{i=1}^{n} x_i \left(\sum_{j=1}^{n} \varphi(e_i, e_j) y_j \right) \\
&= X^T A Y.
\end{aligned}$$

⊠

命题 5.1.1.9   设 E 是一个维数为 $n \geqslant 1$ 的 $\mathbb{R}$-向量空间, $\mathcal{B}$ 是 E 的一组基. 记 $S(E, \mathbb{R})$ 为 E 上所有对称双线性型的集合. 那么, 映射

$$\begin{aligned}
S(E, \mathbb{R}) &\longrightarrow S_n(\mathbb{R}), \\
\varphi &\longmapsto Mat_{\mathcal{B}}(\varphi)
\end{aligned}$$

是一个向量空间的同构.

证明：

这几乎是显而易见的! 留作练习.

⊠

注: 一般地, 如果矩阵 $A \in \mathcal{M}_n(\mathbb{R})$ 满足: 对任意 $(X, Y) \in \mathcal{M}_{n,1}(\mathbb{R})^2$ 都有 $X^T AY = 0$, 那么 $A = 0$ (事实上, 只需选取 $X = E_i$ 和 $Y = E_j$ 即可证明, 其中, $(E_1, \cdots, E_n)$ 表示 $\mathcal{M}_{n,1}(\mathbb{R})$ 的标准基).

⚠️ **注意:** 对称双线性型的基变换公式, 与线性变换 (或线性映射) 的基变换公式不同!

习题 5.1.1.10 设 E 是一个维数为 $n \geqslant 1$ 的 $\mathbb{R}$-向量空间, $\mathcal{B}$ 和 $\mathcal{B}'$ 是 E 的两组基.

1. 如果 f 是 E 上的一个自同态 (即线性变换), 给出 $A = Mat_\mathcal{B}(f)$ 与 $A' = Mat_{\mathcal{B}'}(f)$ 之间的关系.

2. 设 φ 是 E 上的一个对称的双线性型. 给出矩阵 $A = Mat_\mathcal{B}(\varphi)$ 和 $A' = Mat_{\mathcal{B}'}(\varphi)$ 之间的关系, 并证明之.

注: 如果 φ 是 E 上的一个对称双线性型, 从 E 映到 $\mathbb{R}$ 把 $x \in E$ 映为 $q(x) = \varphi(x, x)$ 的映射 q 称为相应于 φ 的二次型.

5.1.2 $\mathbb{R}$-向量空间上的内积

定义 5.1.2.1 从 $E \times E$ 到 $\mathbb{R}$ 的映射 φ 称为 E 上的一个内积 (或标量积), 若它满足:

(i) φ 是双线性的;

(ii) φ 是对称的;

(iii) φ 是正的: $\forall x \in E, \varphi(x, x) \geqslant 0$;

(iv) φ 是定的: $\forall x \in E, (\varphi(x, x) = 0 \Longrightarrow x = 0)$.

通常记 $\varphi(x, y) = x \cdot y$ 或 $(x|y)$ 或 $<x, y>$.

例 5.1.2.2 我们已经看到, 平面或空间中的 "常用内积" 确实是一个内积.

例 5.1.2.3 在《大学数学基础 2》的积分内容中, 我们知道, $(f|g) = \int_a^b fg$ 是 $\mathcal{C}^0([a, b], \mathbb{R})$ 上的一个内积.

例 5.1.2.4 在第 2 章的积分课程中, 我们看到, $(f, g) \longmapsto \int_I fg$ 是 $L^2_c(I, \mathbb{R})$ 上的一个内积. 但是, 请注意, 它不是 $L^2(I, \mathbb{R})$ 上的一个内积! 为什么?

习题 5.1.2.5　证明 $(A, B) \longmapsto \mathrm{tr}(A^T B)$ 是 $\mathcal{M}_n(\mathbb{R})$ 上的一个内积.

下面回顾一下以前所学的知识.

命题 5.1.2.6　由

$$\forall x = (x_1, \cdots, x_n) \in \mathbb{R}^n, \forall y = (y_1, \cdots, y_n) \in \mathbb{R}^n, (x|y) = \sum_{k=1}^n x_k y_k$$

定义的映射是 $\mathbb{R}^n$ 上的一个内积, 称为 $\mathbb{R}^n$ 上的标准内积(或常用内积).

推论 5.1.2.7　将 $\mathcal{M}_{1,1}(\mathbb{R})$ 与 $\mathbb{R}$ 看作等同的, 映射 $(X, Y) \longmapsto X^T Y$ 就是 $\mathcal{M}_{n,1}(\mathbb{R})$ 上的一个内积.

定义 5.1.2.8　我们称由一个 $\mathbb{R}$-向量空间 E 和 E 上的一个内积 φ 构成的二元组 (E, φ) 为一个实的准 Hilbert 空间.

5.1.3　重要的等式和不等式

命题 5.1.3.1 (Cauchy-Schwarz (柯西–施瓦茨)不等式)　设 $(\cdot|\cdot)$ 是 E 上的一个内积. 对任意 $(x, y) \in E^2$, 有

$$|(x|y)| \leqslant \sqrt{(x|x)}\sqrt{(y|y)}.$$

并且, 等式成立当且仅当 (x, y) 线性相关.

证明:

　　参见《大学数学基础 2》. 练习: 重新证明!　　　　　　　　　　　　⊠

注:　证明 Cauchy-Schwarz 不等式的主要思路是什么?

推论 5.1.3.2 设 $(\cdot|\cdot)$ 是 E 上的一个内积. 那么, 把 E 中的 x 映为 $\sqrt{(x|x)}$ 的映射是 E 上的一个范数. 我们称这个范数为一个欧几里得范数.

证明:

为证明 $x \longmapsto \|x\| = \sqrt{(x|x)}$ 是 E 上的一个范数, 需要证明:

(i) $\|\cdot\|$ 是一个从 E 到 $\mathbb{R}$ 的映射(显然, 因为对任意 $x \in E$ 有 $(x|x) \geqslant 0$, 故 $\|\cdot\|$ 是良定义的);

(ii) $\|\cdot\|$ 是齐次的: $\forall \lambda \in \mathbb{R}, \forall x \in E, \|\lambda x\| = |\lambda| \times \|x\|$ (由内积的双线性性可得);

(iii) $\|\cdot\|$ 满足三角不等式(由 Cauchy-Schwarz 不等式可得);

(iv) $\|\cdot\|$ 是正定的, 即

$$\forall x \in E, \|x\| \geqslant 0 \quad \text{且} \quad \forall x \in E, (\|x\| = 0 \Longrightarrow x = 0)$$

(由内积的正定性可得). $\boxtimes$

注:

- 我们称一个 $\mathbb{R}$-向量空间上的范数是欧几里得范数, 若它是由一个内积导出的. 正如我们在赋范向量空间的课程内容中看到的, 并非所有范数都是如此.

- 如果 φ 只是双线性、对称和正的(即它不是定的), 那么我们称 $x \longmapsto \sqrt{\varphi(x,x)}$ 是 E 上的一个半范数.

- 如果 $(E, (\cdot|\cdot))$ 是一个实的准 Hilbert 空间, 我们称 E 是一个实的 Hilbert 空间, 若 E 配备由内积导出的范数 $\|\cdot\|$ 后是一个完备的赋范向量空间.

命题 5.1.3.3(重要的等式) 设 $(\cdot|\cdot)$ 是 E 上的一个内积, $\|\cdot\|$ 是由该内积导出的范数. 那么, 对任意 $(x,y) \in E^2$, 有

- $\|x+y\|^2 = \|x\|^2 + \|y\|^2 + 2(x|y)$;
- $\|x-y\|^2 = \|x\|^2 + \|y\|^2 - 2(x|y)$;
- $\|x\|^2 - \|y\|^2 = (x+y|x-y)$.

证明:

> 留作练习. 这是内积的双线性性的直接结果. ⊠

命题 5.1.3.4(平行四边形恒等式)　对任意 $(x,y) \in E^2$, 有

$$\|x+y\|^2 + \|x-y\|^2 = 2(\|x\|^2 + \|y\|^2).$$

证明:

> 将上一命题的前两个等式相加即可. ⊠

习题 5.1.3.5　以图形方式解释平行四边形恒等式, 从而验证该性质的名称是合理的.

命题 5.1.3.6(极化恒等式)　设 $(\cdot|\cdot)$ 是 E 上的一个内积, $\|\cdot\|$ 是由该内积导出的范数. 那么, 对任意 $(x,y) \in E^2$, 有

(i) $(x|y) = \dfrac{1}{4}\left(\|x+y\|^2 - \|x-y\|^2\right)$;

(ii) $(x|y) = \dfrac{1}{2}\left(\|x+y\|^2 - \|x\|^2 - \|y\|^2\right)$.

换言之, 由 $\|\cdot\|$ 可以反推出诱导该范数的内积.

证明:

> 显然! ⊠

5.2　复的准 Hilbert 空间

本节中, E 表示一个 $\mathbb{C}$-向量空间. 我们将引入"复内积"的概念, 其定义与"实内积"相似但不相同, 因此这两种情况分开处理.

5.2.1 半双线性型

定义 5.2.1.1 我们称 $\psi : E \times E \longrightarrow \mathbb{C}$ 是 E 上的一个半双线性型, 若

(i) ψ 是右线性的:

$$\forall (x, y, y') \in E^3,\ \forall (\lambda, \mu) \in \mathbb{C}^2,\ \psi(x, \lambda y + \mu y') = \lambda \psi(x, y) + \mu \psi(x, y');$$

(ii) ψ 是左半线性的:

$$\forall (x, x', y) \in E^3,\ \forall (\lambda, \mu) \in \mathbb{C}^2,\ \psi(\lambda x + \mu x', y) = \overline{\lambda} \times \psi(x, y) + \overline{\mu} \times \psi(x', y).$$

例 5.2.1.2 从 $\mathbb{C} \times \mathbb{C}$ 到 $\mathbb{C}$ 把 $(z, z') \in \mathbb{C}^2$ 映为 $f(z, z') = \overline{z} \times z'$ 的映射 f 是 $\mathbb{C}$ 上的一个半双线性型.

例 5.2.1.3 考虑映射 $g : \mathbb{C}^2 \times \mathbb{C}^2 \longrightarrow \mathbb{C}$ 定义为

$$\forall (z_1, z_2) \in \mathbb{C}^2,\ \forall (z_1', z_2') \in \mathbb{C}^2,\ g((z_1, z_2), (z_1', z_2')) = z_1 z_1' + z_2 z_2'.$$

那么, g 是 $\mathbb{C}^2$ 上的一个双线性型, 但不是半双线性型.

例 5.2.1.4 从 $\mathbb{C}^n \times \mathbb{C}^n$ 到 $\mathbb{C}$ 把 $((z_1, \cdots, z_n), (z_1' \cdots, z_n'))$ 映为 $\displaystyle\sum_{k=1}^{n} \overline{z_k} \times z_k'$ 的映射是 $\mathbb{C}^n$ 上的一个半双线性型.

定义 5.2.1.5 设 ψ 是从 $E \times E$ 到 $\mathbb{C}$ 的一个映射. 我们称 ψ 是埃尔米特对称的(symétre hermitienne), 若

$$\forall (x, y) \in E^2,\ \psi(y, x) = \overline{\psi(x, y)}.$$

命题 5.2.1.6 设 ψ 是从 $E \times E$ 到 $\mathbb{C}$ 的一个映射. 那么, 以下叙述相互等价:

(i) ψ 是半双线性且埃尔米特对称的;

(ii) ψ 是右线性且埃尔米特对称的;

(iii) ψ 是左半线性且埃尔米特对称的.

证明:

在此我们仅证明 (ii) $\Longrightarrow$ (iii).

假设 ψ 是右线性且埃尔米特对称的. 设 $(x,y,z) \in E^3$, $(\lambda,\mu) \in \mathbb{C}^2$. 那么,

$$\begin{aligned}
\psi(\lambda x + \mu y, z) &= \overline{\psi(z, \lambda x + \mu y)} & \text{(埃尔米特对称)}\\
&= \overline{\lambda \psi(z,x) + \mu \psi(z,y)} & \text{(右线性)}\\
&= \overline{\lambda} \times \overline{\psi(z,x)} + \overline{\mu} \times \overline{\psi(z,y)}\\
&= \overline{\lambda} \times \psi(x,z) + \overline{\mu} \times \psi(y,z). & \text{(埃尔米特对称)}
\end{aligned}$$

例 5.2.1.7 映射 $(f,g) \longmapsto \int_I \overline{f} \times g$ 是 $L^2(I,\mathbb{C})$ 上的一个埃尔米特对称的半双线性型.

习题 5.2.1.8 设从 $\mathbb{C}[X] \times \mathbb{C}[X]$ 到 $\mathbb{C}$ 的映射 ψ 定义如下:

$$\forall (P,Q) \in \mathbb{C}[X]^2, \psi(P,Q) = \sum_{n=0}^{+\infty} \overline{P^{(n)}(0)} Q^{(n)}(0).$$

证明 ψ 是一个埃尔米特对称的半双线性型.

定义 5.2.1.9 设 E 是一个维数为 $n \geqslant 1$ 的 $\mathbb{C}$-向量空间, ψ 是 E 上的一个埃尔米特对称的半双线性型, $\mathcal{B} = (e_i)_{1 \leqslant i \leqslant n}$ 是 E 的一组基. 我们定义 ψ 在基 $\mathcal{B}$ 下(或关于基 $\mathcal{B}$)的矩阵为

$$Mat_{\mathcal{B}}(\psi) = [\psi(e_i, e_j)]_{\substack{1 \leqslant i \leqslant n \\ 1 \leqslant j \leqslant n}}.$$

习题 5.2.1.10 考虑从 $\mathbb{C}^3 \times \mathbb{C}^3$ 到 $\mathbb{C}$ 的映射 ψ, 它把向量 $u = (u_1, u_2, u_3) \in \mathbb{C}^3$ 和向量 $v = (v_1, v_2, v_3) \in \mathbb{C}^3$ 映为

$$\psi(u,v) = 2\overline{u_1}v_1 - \overline{u_2}v_2 - \overline{u_3}v_3 + i\overline{u_1}v_2 - iv_1\overline{u_2}.$$

1. 证明 ψ 是 $\mathbb{C}^3$ 上的一个埃尔米特对称的半双线性型.
2. 确定 ψ 关于 $\mathbb{C}^3$ 的标准基的矩阵.

命题 5.2.1.11 设 E 是一个维数为 $n \geqslant 1$ 的 $\mathbb{C}$-向量空间, $\mathcal{B}$ 是 E 的一组基, ψ 是 E 上的一个埃尔米特对称的半双线性型. 那么, 对 $(x,y) \in E^2$, 记 $X = Mat_{\mathcal{B}}(x)$, $Y = Mat_{\mathcal{B}}(y)$ 和 $A = Mat_{\mathcal{B}}(\psi)$, 我们有

$$\psi(x,y) = \overline{X}^T AY.$$

证明:

> 只需将 X 替换为 $\overline{X}$, 照搬实向量空间情况下的证明即可. $\boxtimes$

定义 5.2.1.12 设 $n \geqslant 1$ 和 $p \geqslant 1$ 是两个自然数.

- 如果 $A \in \mathcal{M}_{n,p}(\mathbb{C})$, 我们定义 A 的共轭转置(记为 $A^\star$)为 $A^\star = \overline{A}^T \in \mathcal{M}_{p,n}(\mathbb{C})$;
- 我们称矩阵 $A \in \mathcal{M}_n(\mathbb{C})$ 是埃尔米特的(或一个埃尔米特矩阵), 若 $A^\star = A$;
- 所有 n 阶埃尔米特矩阵的集合记为 $H_n(\mathbb{C})$.

命题 5.2.1.13 设 $n \geqslant 1$, $p \geqslant 1$ 和 $q \geqslant 1$ 是三个自然数. 那么:

(i) $H_n(\mathbb{C})$ 是 $\mathcal{M}_n(\mathbb{C})$ 的一个 $\mathbb{R}$-向量子空间. 但是, 它不是 $\mathcal{M}_n(\mathbb{C})$ 的一个 $\mathbb{C}$-向量子空间;

(ii) 当 $n \geqslant 2$ 时, $H_n(\mathbb{C})$ 不是 $\mathcal{M}_n(\mathbb{C})$ 的一个子环;

(iii) $\forall (U, V) \in H_n(\mathbb{C})^2$, $(UV \in H_n(\mathbb{C}) \iff UV = VU)$;

(iv) $\forall H \in H_n(\mathbb{C}) \cap GL_n(\mathbb{C})$, $H^{-1} \in H_n(\mathbb{C})$;

(v) $\forall A \in \mathcal{M}_n(\mathbb{C})$, $\det(A^\star) = \overline{\det(A)}$;

(vi) $\forall (A, B) \in \mathcal{M}_{n,p}(\mathbb{C}) \times \mathcal{M}_{p,q}(\mathbb{C})$, $(AB)^\star = B^\star A^\star$.

证明:

> - 证明 (i).
> 容易验证, 映射 $f : A \longmapsto \overline{A}^T$ 是一个从 $\mathcal{M}_n(\mathbb{C})$ 到自身的 $\mathbb{R}$-线性映射. 因此, 集合 $H_n(\mathbb{C}) = \ker(f - \mathrm{Id}_{\mathcal{M}_n(\mathbb{C})})$ 是 $\mathcal{M}_n(\mathbb{C})$ 的一个 $\mathbb{R}$-向量子空间.
>
> 另一方面, 显然 $I_n \in H_n(\mathbb{C})$ 但 $iI_n \notin H_n(\mathbb{C})$, 故 $H_n(\mathbb{C})$ 不是 $\mathcal{M}_n(\mathbb{C})$ 的一个 $\mathbb{C}$-向量子空间.
>
> - 证明 (ii).
> 当 $n \geqslant 2$ 时, 请自行验证 $A = \begin{pmatrix} 1 & i \\ -i & 1 \end{pmatrix}$ 和 $B = \begin{pmatrix} 0 & 1 \\ 1 & 0 \end{pmatrix}$ 是埃尔米特矩阵, 但 AB 不是.
>
> - 性质 (vi) 是显然的, 因为 $\overline{AB} = \overline{A} \times \overline{B}$ 且 $(AB)^T = B^T A^T$.

● 证明 (iii).

设 U, V 是两个埃尔米特矩阵. 那么,

$$UV \in H_n(\mathbb{C}) \iff (UV)^\star = UV \iff V^\star U^\star = UV \iff VU = UV.$$

● 证明 (iv).

设 H 是一个可逆的埃尔米特矩阵. 那么,

$$(H^{-1})^\star = \overline{H^{-1}}^T = \left(\overline{H}^T\right)^{-1} = H^{-1}.$$

上述等式成立, 是因为对任意矩阵 $A \in GL_n(\mathbb{C})$, 都有 $(A^{-1})^T = (A^T)^{-1}$ 和 $(\overline{A})^{-1} = \overline{A^{-1}}$ 成立.

● 最后, 证明 (v).

设 $A \in \mathcal{M}_n(\mathbb{C})$. 那么, $\det(A^\star) = \det(\overline{A}^T) = \det(\overline{A}) = \overline{\det(A)}$.　　　$\boxtimes$

注:　由 $\mathcal{M}_n(\mathbb{R}) \subset \mathcal{M}_n(\mathbb{C})$ 可知 $S_n(\mathbb{R}) \subset H_n(\mathbb{C})$.

命题 5.2.1.14　设 E 是一个维数为 $n \geqslant 1$ 的 $\mathbb{C}$-向量空间, $\mathcal{B}$ 是 E 的一组基. 记 $H(E, \mathbb{C})$ 为 E 上所有埃尔米特对称的半双线性型的集合. 那么, 映射

$$
\begin{aligned}
H(E, \mathbb{C}) &\longrightarrow H_n(\mathbb{C}), \\
\psi &\longmapsto Mat_{\mathcal{B}}(\psi)
\end{aligned}
$$

是一个 $\mathbb{R}$-向量空间的同构.

5.2.2　埃尔米特积

定义 5.2.2.1　设 E 是一个 $\mathbb{C}$-向量空间. 我们称 $\psi : E \times E \longrightarrow \mathbb{C}$ 是 E 上的一个埃尔米特积(produit hermitien), 若它满足

(i) ψ 是 E 上的一个半双线性型;

(ii) ψ 是埃尔米特对称的;

(iii) ψ 是正定的, 即 $\forall x \in E, \psi(x, x) \in \mathbb{R}^+$ 且 $\forall x \in E, (\psi(x, x) = 0 \Longrightarrow x = 0)$.

通常记为 $\psi(x, y) = <x, y>$, 或 $(x|y)$.

注: 埃尔米特积有时也称为埃尔米特内积或复内积.

例 5.2.2.2 在积分内容中, 我们看到, $(f,g) \longmapsto \int_I \overline{f} \times g$ 是 $L_c^2(I,\mathbb{C})$ 上的一个埃尔米特积.

命题 5.2.2.3 设 $n \in \mathbb{N}^*$. 将 $\mathbb{C}^n$ 中的两个元素 $(z_1,\cdots,z_n)$ 和 $(z_1',\cdots,z_n')$ 映为

$$\sum_{k=1}^n \overline{z_k} \times z_k'$$

的映射是 $\mathbb{C}^n$ 上的一个埃尔米特积, 称为 $\mathbb{C}^n$ 上的标准(或常用)埃尔米特积.

证明:

- 显然这个映射是右线性且埃尔米特对称的, 因此它确实是半双线性且埃尔米特对称的.

- 对任意 $(z_1,\cdots,z_n) \in \mathbb{C}^n$, $\sum_{k=1}^n \overline{z_k} \times z_k = \sum_{k=1}^n |z_k|^2 \geqslant 0$. 因此它是正的.

- 最后, 如果 $(z_1,\cdots,z_n) \in \mathbb{C}^n$ 使得 $\sum_{k=1}^n \overline{z_k} \times z_k = \sum_{k=1}^n |z_k|^2 = 0$, 那么, 对任意 $k \in [\![1,n]\!]$, 有 $z_k = 0$(因为非负数的和为零当且仅当每一项都是零). $\boxtimes$

与实的情况相同, 我们有以下命题和定义.

命题 5.2.2.4 定义为: $\forall(X,Y) \in \mathcal{M}_{n,1}(\mathbb{C})^2$, $(X|Y) = X^\star Y$ 的映射是 $\mathcal{M}_{n,1}(\mathbb{C})$ 上的一个埃尔米特积.

定义 5.2.2.5 我们称由一个 $\mathbb{C}$-向量空间 E 和 E 上的一个埃尔米特积 $(\cdot|\cdot)$ 构成的二元组 $(E,(\cdot|\cdot))$ 为一个复的准 Hilbert 空间.

5.2.3 重要的等式和不等式

复空间中的重要等式与实空间中的并不相同. 然而, Cauchy-Schwarz 不等式仍然成立.

命题 5.2.3.1 设 $(E, (\cdot|\cdot))$ 是一个复的准 Hilbert 空间. 那么:

(i) $\forall(x,y) \in E^2, (x+y|x+y) = (x|x) + 2\mathrm{Re}((x|y)) + (y|y)$;

(ii) $\forall(x,y) \in E^2, (x-y|x-y) = (x|x) - 2\mathrm{Re}((x|y)) + (y|y)$;

(iii) $\forall(x,y) \in E^2, (x+iy|x+iy) = (x|x) - 2\mathrm{Im}((x|y)) + (y|y)$;

(iv) $\forall(x,y) \in E^2, (x-iy|x-iy) = (x|x) + 2\mathrm{Im}((x|y)) + (y|y)$;

(v) 对任意 $(x,y) \in E^2$, 有
$$(x|y) = \frac{1}{4}\Big((x+y|x+y) - (x-y|x-y) - i(x+iy|x+iy) + i(x-iy|x-iy)\Big).$$

证明:

只需简单地通过计算验证, 留作练习. ⊠

命题 5.2.3.2(Cauchy-Schwarz (柯西-施瓦茨)不等式) 设 $(\cdot|\cdot)$ 是 $\mathbb{C}$-向量空间 E 上的一个埃尔米特积. 那么,
$$\forall(x,y) \in E^2, |(x|y)| \leqslant \sqrt{(x|x)} \times \sqrt{(y|y)}.$$
并且, 等式成立当且仅当 (x,y) 线性相关.

证明:

- 如果 $y = 0$, 等式成立.

- 现在假设 $y \neq 0$. 那么, 对任意 $\lambda \in \mathbb{C}$,
$$(x+\lambda y|x+\lambda y) = |\lambda|^2(y|y) + 2\mathrm{Re}\,(\lambda(x|y)) + (x|x).$$
设 $(r,\theta) \in \mathbb{R}^+ \times \mathbb{R}$ 使得 $(x|y) = re^{i\theta}$. 对 $t \in \mathbb{R}$ 令 $\lambda = te^{-i\theta}$, 可得
$$\forall t \in \mathbb{R}, (y|y)t^2 + 2rt + (x|x) = (x+\lambda y|x+\lambda y) \geqslant 0.$$
因此, 二次多项式 $P = (y|y)X^2 + 2rX + (x|x)$ 在 $\mathbb{R}$ 上符号恒定. 所以, 它的判别式小于等于零, 即
$$r^2 \leqslant (y|y) \times (x|x), \quad 即 \quad |(x|y)|^2 \leqslant (x|x) \times (y|y).$$
这证得不等式.

- 另一方面, 前面的推导表明, 等式成立当且仅当 $y = 0$ 或 P 有一个实根, 即当且仅当 $y = 0$ 或存在 $t \in \mathbb{R}$ 使得 $x + te^{-i\theta}y = 0$, 即当且仅当 (x,y) 线性相关⊠

推论 5.2.3.3 如果 $(\cdot|\cdot)$ 是 E 上的一个埃尔米特积, 那么, 把 $x \in E$ 映为 $\sqrt{(x|x)}$ 的映射是 E 上的一个 $\mathbb{C}$-范数. 我们称之为一个埃尔米特范数.

证明:

记 $\|\cdot\|$ 为定义如下的映射: $\forall x \in E, \|x\| = \sqrt{(x|x)}$.

- 由埃尔米特积的正定性知, $\|\cdot\|$ 是良定义且正定的.

- 对于齐次性, 只需展开即可. 对任意 $(\lambda, x) \in \mathbb{C} \times E$,
$$\|\lambda x\| = \sqrt{(\lambda x|\lambda x)} = \sqrt{\overline{\lambda}\lambda(x|x)} = |\lambda| \times \|x\|.$$

- 最后, 我们有
$$\forall (x,y) \in E^2, \|x+y\|^2 = \|x\|^2 + 2\mathrm{Re}((x|y)) + \|y\|^2$$
$$\leqslant \|x\|^2 + 2|(x|y)| + \|y\|^2.$$

根据 Cauchy-Schwarz 不等式, 我们得到
$$\forall (x,y) \in E^2, \|x+y\|^2 \leqslant \|x\|^2 + 2\|x\| \times \|y\| + \|y\|^2$$
$$\leqslant (\|x\| + \|y\|)^2.$$

这证得 $\|\cdot\|$ 满足三角不等式, 从而完成了证明. $\boxtimes$

推论 5.2.3.4(三角不等式中等号成立的情况) 设 $(E, (\cdot|\cdot))$ 是一个复的准 Hilbert 空间, $\|\cdot\|$ 是相应的埃尔米特范数. 那么,
$$\forall (x,y) \in E^2, (\|x+y\| = \|x\| + \|y\| \iff (x,y) \text{ 是正相关的}).$$

证明:

设 $(x,y) \in E^2$. 要证明:
$$\|x+y\| = \|x\| + \|y\| \iff (x,y) \text{ 是正相关的}.$$

- 首先证明左边推出右边.
假设 $\|x+y\| = \|x\| + \|y\|$. 此时有 $(\|x\| + \|y\|)^2 = \|x+y\|^2$, 即
$$\mathrm{Re}((x|y)) = \|x\| \times \|y\|.$$

从而有
$$\|x\| \times \|y\| = \operatorname{Re}((x|y)) \leqslant |(x|y)| \leqslant \|x\| \times \|y\|.$$

因此, $\operatorname{Re}((x|y)) = |(x|y)| = \|x\| \times \|y\|$. 观察可知, 这意味着 $\operatorname{Im}((x|y)) = 0$ 以及 $(x|y)$ 是一个非负数. 那么有以下两种情况:

　　＊ 若 $x = 0$, 则显然 (x, y) 是正相关的;

　　＊ 否则, 根据 Cauchy-Schwarz 不等式中等号成立的情况, 存在 $\lambda \in \mathbb{C}$ 使得 $y = \lambda x$. 从而有 $\lambda\|x\|^2 = (x|y) = \operatorname{Re}((x|y)) = |(x|y)|$, 故 $\lambda \in \mathbb{R}^+$.

这证得 (x, y) 是正相关的.

● 逆命题显然成立.　　　　　　　　　　　　　　　　　　　　　　　　　□

5.3　准 Hilbert 空间中的正交性

在本节中, 除非另有明确说明, E 表示一个实的或复的准 Hilbert 空间, 并且我们把 E 上的内积或者埃尔米特积统称为内积.

5.3.1　定义

定义 5.3.1.1　设 $(E, (\cdot|\cdot))$ 是一个准 Hilbert 空间, $\|\cdot\|$ 是由内积导出的范数. 我们称:

(i) E 的两个元素 x 和 y 是正交的, 若 $(x|y) = 0$;

(ii) $x \in E$ 是酉的(或规范的, 或单位的), 若 $\|x\| = 1$;

(iii) $\mathcal{F} = (x_i)_{i \in I}$ 是(E 中向量的)一个正交族, 若
$$\forall (i, j) \in I^2, (i \neq j \Longrightarrow (x_i|x_j) = 0);$$

(iv) $\mathcal{F} = (x_i)_{i \in I}$ 是一个规范正交族, 若 $\mathcal{F}$ 是正交的并且 $\mathcal{F}$ 中的向量都是酉的, 即
$$\forall (i, j) \in I^2, (x_i|x_j) = \delta_{i,j};$$

(v) E 的两个子集 A 和 B 是正交的(记为 $A \perp B$), 若
$$\forall (a, b) \in A \times B, (a|b) = 0.$$

例 5.3.1.2　$\mathbb{R}^n$ 的标准基在常用内积下是规范正交的. 事实上, 记 $\mathcal{B}_c = (e_1, \cdots, e_n)$ 为 $\mathbb{R}^n$ 的标准基, 对 $i \in [\![1, n]\!]$, 我们有 $e_i = (\delta_{i,k})_{1 \leqslant k \leqslant n}$. 所以, 对 $(i, j) \in [\![1, n]\!]^2$,

$$(e_i|e_j) = \sum_{k=1}^n \delta_{i,k}\delta_{k,j} = \delta_{i,j}.$$

例 5.3.1.3 $\mathbb{C}^n$ 的标准基在 $\mathbb{C}^n$ 的常用埃尔米特积下是规范正交的.

例 5.3.1.4 对 $n \in \mathbb{Z}$, 令 $e_n : x \longmapsto e^{inx}$. 在 $\mathcal{C}^0_{2\pi}(\mathbb{R},\mathbb{C})$ 上配备定义如下的常用埃尔米特积:

$$\forall (f,g) \in \mathcal{C}^0_{2\pi}(\mathbb{R},\mathbb{C})^2, (f|g) = \frac{1}{2\pi}\int_0^{2\pi}\overline{f(x)}g(x)\,\mathrm{d}x.$$

那么, $(e_n)_{n\in\mathbb{Z}}$ 是一个规范正交族. 事实上, 如果 $(n,p) \in \mathbb{Z}^2$ 且 $n \neq p$, 那么

$$(e_n|e_p) = \frac{1}{2\pi}\int_0^{2\pi}e^{-inx}e^{ipx}\,\mathrm{d}x = \frac{1}{2\pi}\int_0^{2\pi}e^{i(p-n)x}\,\mathrm{d}x = \left[\frac{e^{i(p-n)x}}{2\pi(p-n)i}\right]_0^{2\pi} = 0.$$

对 $n \in \mathbb{Z}$, 有 $(e_n|e_n) = \frac{1}{2\pi}\int_0^{2\pi}e^{-inx}e^{inx}\,\mathrm{d}x = 1$.

注: 函数族 $(x \mapsto \cos(nx))_{n\in\mathbb{N}}$ 在 $\mathcal{C}^0([0,2\pi])$ 的常用内积下是正交的. 事实上, 设 $n \in \mathbb{N}$, $p \in \mathbb{N}$ 且 $n \neq p$. 记 $C_n : x \longmapsto \cos(nx)$, 我们有

$$\begin{aligned}(C_n|C_p) &= \int_0^{2\pi}\cos(nx)\cos(px)\,\mathrm{d}x \\ &= \int_0^{2\pi}\frac{\cos((n-p)x)+\cos((n+p)x)}{2}\,\mathrm{d}x \\ &= \frac{1}{2}\left[\frac{\sin((n-p)x)}{n-p}+\frac{\sin((n+p)x)}{n+p}\right]_0^{2\pi} \quad (\text{因为 } n \neq p) \\ &= 0.\end{aligned}$$

这证得函数族 $(C_n)_{n\in\mathbb{N}}$ 确实是一个正交族. 但是, 它不是规范正交的, 因为

$$\forall n \in \mathbb{N}^\star, (C_n|C_n) = \pi \neq 1.$$

同理可证, $(x \longmapsto \sin(nx))_{n\in\mathbb{N}^\star} \cup (x \mapsto \cos(nx))_{n\in\mathbb{N}}$ 是正交的. 这是我们将在第 6 章学习的 Fourier(傅里叶)级数的理论基础.

定义 5.3.1.5 我们称向量族 $\mathcal{B}$ 是 E 的一组正交基(或规范正交基), 若它是 E 的一组基并且是一个正交族(或规范正交族).

例 5.3.1.6 根据上述定义, $\mathbb{K}^n$ 的标准基是 $\mathbb{K}^n$ 的一组规范正交基.

注: 空族是一个规范正交族. 因此, 它是 $E = \{0\}$ 的一组规范正交基(在 E 配备内积的条件下).

定义 5.3.1.7 设 A 是 E 的一个子集. 我们定义 A 的正交(记为 $A^\perp$)为

$$A^\perp = \{x \in E \mid \forall a \in A, \ (x|a) = 0\}.$$

注: 这个符号与《大学数学进阶 1》代数那章的对偶一节中使用的正交符号是一致的. 事实上, 在对偶那节中, 我们定义了 $A^\perp = \{f \in E^\star \mid A \subset \ker(f)\}$. 稍后我们将看到, 在有限维空间的情况下, 可以把准 Hilbert 空间与其对偶空间看作等同的(在无限维空间的情况下, 如果 E 是完备的, 那么可以把 E 与其拓扑对偶空间(即 E 上所有连续线性型的集合) 看作等同的).

例 5.3.1.8 在 $\mathbb{K}^n$ 中配备常用内积, 则有 $\{e_1\}^\perp = <e_2, \cdots, e_n>$.

例 5.3.1.9 在 $\mathcal{C}^0([a,b], \mathbb{R})$ 中配备常用内积, 记 $\mathcal{P}$ 为定义在 $[a,b]$ 上的实值多项式函数的集合, 我们有 $\mathcal{P}^\perp = \{0\}$! 为什么?

5.3.2 性质

命题 5.3.2.1 设 $\mathcal{F} = (x_i)_{i \in I}$ 是 E 的一个正交族, 并且 $\mathcal{F}$ 中所有向量都非零. 那么 $\mathcal{F}$ 是线性无关的.

证明:

如果 $\mathcal{F} = (\ )$, 结果是显然的. 否则, 设 $\{i_1, \cdots, i_n\}$ 是 I 的一个有限子集, 其中 $n \in \mathbb{N}^\star$, 且这些 i_k 两两不同. 要证明 $(x_{i_1}, \cdots, x_{i_n})$ 线性无关.

设 $(\lambda_1, \cdots, \lambda_n) \in \mathbb{K}^n$ 使得 $\sum_{k=1}^{n} \lambda_k x_{i_k} = 0$. 设 $j \in [\![1, n]\!]$. 那么有

$$0 = (x_{i_j}|0) = \left(x_{i_j} \ \middle| \ \sum_{k=1}^{n} \lambda_k x_{i_k}\right) = \sum_{k=1}^{n} \lambda_k (x_{i_j}|x_{i_k}).$$

又因为 $\mathcal{F}$ 是正交的, 所以

$$0 = \sum_{k=1}^{n} \lambda_k \delta_{j,k}(x_{i_j}|x_{i_k}) = \lambda_j \|x_{i_j}\|^2.$$

根据假设, $\mathscr{F}$ 中的向量都非零, 因此 $\|x_{i_j}\|^2 \neq 0$. 所以 $\lambda_j = 0$, 这证得 $(x_{i_1}, \cdots, x_{i_n})$ 线性无关. ⊠

推论 5.3.2.2 规范正交族是线性无关的.

命题 5.3.2.3 设 $(E, (\cdot|\cdot))$ 是一个准 Hilbert 空间. 那么:

(i) 对 E 的任意子集 A, $A^\perp$ 是 E 的一个子空间;

(ii) $E^\perp = \{0\}$, $\{0\}^\perp = E$;

(iii) 如果 A 和 B 是 E 的两个子集满足 $A \subset B$, 那么 $B^\perp \subset A^\perp$;

(iv) 对 E 的任意子集 A, $(\mathrm{Vect}(A))^\perp = A^\perp$;

(v) 如果 A 是 E 的一个子集, $A^{\perp\perp} := (A^\perp)^\perp \supset A$;

(vi) 如果 F 是 E 的一个子空间, 那么 $F \cap F^\perp = \{0\}$;

(vii) 如果 F 和 G 是 E 的两个子空间, 那么

$$(F+G)^\perp = F^\perp \cap G^\perp \ \text{且} \ F^\perp + G^\perp \subset (F \cap G)^\perp.$$

证明:

• 证明 (i).

对 $y \in E$, 记 f_y 为 E 上定义如下的线性型:

$$\forall x \in E, f_y(x) = (y|x).$$

那么, 由定义有

$$A^\perp = \bigcap_{a \in A} \ker(f_a).$$

这证明 $A^\perp$ 是 E 的子空间的交(当 $A = \varnothing$ 时交集为 E), 故 $A^\perp$ 是 E 的一个子空间.

• 证明 (ii).

首先, $E^\perp$ 是 E 的一个子空间, 故 $\{0\} \subset E^\perp$. 其次, 设 $x \in E^\perp$. 那么, 对任意 $y \in E$, $(x|y) = 0$. 特别地, 取 $y = x$ 可得 $(x|x) = 0$, 因此 $x = 0$. 所以, $E^\perp = \{0\}$. 同理, 如果 $x \in E$, 那么 $(x|0) = 0$, 故 $x \in \{0\}^\perp$, 从而 $E \subset \{0\}^\perp$. 另一边包含关系是显然的, 因此有 $\{0\}^\perp = E$.

- (iii) 显然成立.

- 证明 (iv).

设 A 是 E 的一个子集. 因为 $A \subset \mathrm{Vect}(A)$, 由 (iii) 知, $\mathrm{Vect}(A)^\perp \subset A^\perp$. 反过来, 如果 $x \in A^\perp$, 那么对任意 $a \in A$, 有 $(x|a) = 0$. 根据内积的右线性性, 对任意 $y \in \mathrm{Vect}(A)$ 有 $(x|y) = 0$. 所以 $x \in \mathrm{Vect}(A)^\perp$.

- 证明 (v).

设 $a \in A$. 那么, 对任意 $x \in A^\perp$, $(a|x) = 0$. 因此, $a \in (A^\perp)^\perp$, 故 $A \subset (A^\perp)^\perp$.

- (vi) 是显然的, 因为如果 $x \in F \cap F^\perp$, 则有 $(x|x) = 0$.

- 最后, 性质 (vii) 已在对偶内容中证明过. 设 F 和 G 是 E 的两个子空间.

  * 首先, 因为 $F \subset F + G$, 所以 $(F+G)^\perp \subset F^\perp$. 那么, 由对称性知,
  $$(F+G)^\perp \subset F^\perp \cap G^\perp.$$

  * 反过来, 如果 $x \in F^\perp \cap G^\perp$, 那么, 对任意 $y \in (F+G)$, 存在 F 和 G 的元素 f 和 g 使得 $y = f+g$, 则 $(x|y) = (x|f)+(x|g) = 0$, 故 $x \in (F+G)^\perp$.

  * 最后, 如果 $x \in F^\perp + G^\perp$, 那么存在 $a \in F^\perp$ 和 $b \in G^\perp$ 使得 $x = a+b$. 从而对任意 $y \in F \cap G$, 有 $(x|y) = (a|y) + (b|y) = 0$, 所以 $x \in (F \cap G)^\perp$. $\boxtimes$

注: 和在对偶内容中一样, (v) 和 (vii) 的包含关系可能是严格的. 例如, 在 $E = L_c^2([0,1])$ 中配备常用内积时, 对于定义在 $[0,1]$ 上的多项式函数的集合 $\mathcal{P}$, 我们有
$$\mathcal{P}^\perp = \{0\}, \ \text{故} \ (\mathcal{P}^\perp)^\perp = \{0\}^\perp = E \supsetneq \mathcal{P}.$$
取 $F = \mathcal{P}$ 和 $G = <\exp>$, 我们有 $F \cap G = \{0\}$, 因此 $(F \cap G)^\perp = E$, 但是
$$F^\perp + G^\perp = G^\perp \neq E,$$
这是因为 $\exp \in E$ 但 $\exp \notin <\exp>^\perp$. 稍后我们会看到, 如果 E 是有限维的, (v) 和 (vii) 中等式就成立.

5.3.3　正交直和

定义 5.3.3.1　设 $(E, (\cdot|\cdot))$ 是一个准 Hilbert 空间, F 是 E 的一个子空间. 那么, $F^\perp$ 是 E 的一个子空间, 且 $F \oplus F^\perp$ (即 F 和 $F^\perp$ 是直和).

如果这个和空间等于 E (即 $F \oplus F^\perp = E$), 我们称 $F^\perp$ 是 F 的正交补.

⚠ **注意**: 有可能 $F \oplus F^\perp \subsetneq E$!

例 5.3.3.2 考虑在 $\ell^2(\mathbb{N}, \mathbb{C})$ 中配备常用的埃尔米特内积, 定义如下:

$$\forall((u_n)_{n\in\mathbb{N}}, (v_n)_{n\in\mathbb{N}}) \in \ell^2(\mathbb{N}, \mathbb{C})^2, \ (u|v) = \sum_{n=0}^{+\infty} \overline{u}_n \times v_n.$$

设 $F = \{(u_n)_{n\in\mathbb{N}} \in \mathbb{C}^{\mathbb{N}} \mid \exists n_0 \in \mathbb{N}, \forall n \geqslant n_0, u_n = 0\}$. F 是只有有限个非零元素的复数列的集合. 容易验证, F 是 $\ell^2(\mathbb{N}, \mathbb{C})$ 的一个子空间.

接下来确定 $F^\perp$. 设 $u = (u_n)_{n\in\mathbb{N}} \in F^\perp$. 对 $k \in \mathbb{N}$, 令 $\delta_k = (\delta_k(n))_{n\in\mathbb{N}}$. 显然 $\delta_k \in F$, 因此有

$$\forall k \in \mathbb{N}, 0 = (\delta_k|u) = \sum_{n=0}^{+\infty} \overline{\delta_k(n)} u_n = u_k.$$

从而得到 $u = 0$ 和 $F^\perp = \{0\}$. 那么有

$$F \oplus F^\perp = F \subsetneq \ell^2(\mathbb{N}, \mathbb{C}).$$

因为, 例如, 通项为 $u_n = \dfrac{1}{n+1}$ 的序列是平方可和的, 但它不在 F 中.

习题 5.3.3.3 在本课程中我们见过另一个什么空间的例子使得 $F^\perp \oplus F \subsetneq E$?

注: 稍后我们会看到使得 $F \oplus F^\perp = E$ 成立的充分条件.

命题 5.3.3.4 设 F 和 G 是 E 的两个子空间, 且 F 和 G 在 E 中互为补空间 $(F \oplus G = E)$. 那么以下叙述相互等价:

  (i) F 和 G 是正交的;

 (ii) $F = G^\perp$;

(iii) $G = F^\perp$.

注: 这说明了 "正交补" 一词是合理的.

证明:

- F 和 G 的作用是对称的, 因此必须且只需证明 (i) $\Longleftrightarrow$ (ii).

- (ii) $\Longrightarrow$ (i) 是显然的.

- 下面证明 (i) $\Longrightarrow$ (ii).

假设 F 和 G 是正交的. 那么, 由定义知, $F \subset G^{\perp}$. 接下来证明另一边包含关系. 设 $x \in G^{\perp}$. 因为 $F \oplus G = E$, 所以存在唯一的元素 $x_F \in F$ 和 $x_G \in G$ 使得 $x = x_F + x_G$. 那么 $x_G = x - x_F$. 又因为, $F \subset G^{\perp}$ 且 $G^{\perp}$ 是 E 的一个子空间, 所以, $x_G \in G^{\perp} \cap G = \{0\}$, 即 $x_G = 0$. 因此 $x = x_F \in F$, 这证得 $G^{\perp} \subset F$, 从而 $F = G^{\perp}$ 得证. $\boxtimes$

记号: 当 $F \oplus F^{\perp} = E$ 时, 有时记为 $F \oplus^{\perp} F^{\perp} = E$.

推论 5.3.3.5　如果 F 是 E 的一个子空间使得 $F \oplus F^{\perp} = E$, 那么 $F^{\perp\perp} = F$.

命题 5.3.3.6　设 $n \geqslant 1$, $F_1, \cdots, F_n$ 是 E 的两两正交的子空间. 那么它们的和 $\sum\limits_{i=1}^{n} F_i$ 是直和. 有时记为
$$\sum_{i=1}^{n} F_i = \bigoplus_{i=1}^{n}{}^{\perp} F_i.$$

证明:

设 $(x_1, \cdots, x_n) \in \prod\limits_{i=1}^{n} F_i$ 使得 $\sum\limits_{i=1}^{n} x_i = 0$. 设 $i \in [\![1, n]\!]$. 那么有
$$0 = (x_i | 0) = \sum_{j=1}^{n} (x_i | x_j) = (x_i | x_i).$$
这是因为对 $j \neq i$, 有 $F_j \perp F_i$. 因此, $x_i = 0$, 这就证得这些 $F_i \ (1 \leqslant i \leqslant n)$ 的和是直和. $\boxtimes$

定义 5.3.3.7　设 $n \geqslant 1$, $F_1, \cdots, F_n$ 是两两正交的子空间. 如果 $\bigoplus\limits_{i=1}^{n} F_i = E$, 我们称 $(F_i)_{1 \leqslant i \leqslant n}$ 是一个正交补子空间族(famille de sous-espaces supplémentaires orthogonaux).

例 5.3.3.8 在 $\mathbb{K}^n$ 中配备常用内积(或埃尔米特积), 由标准基中的各个向量张成的子空间 $F_i = <e_i> (1 \leqslant i \leqslant n)$ 构成一个正交补子空间族.

命题 5.3.3.9 设 $(F_i)_{1 \leqslant i \leqslant n}$ 是一个正交补子空间族. 那么,

$$\forall i \in [\![1, n]\!], \ F_i^\perp = \sum_{\substack{j=1 \\ j \neq i}}^{n} F_j.$$

5.3.4 Schmidt (施密特)正交化过程

下面的定理是非常重要的. 事实上, 最重要的是方法, 一定要记住.

定理 5.3.4.1(Schmidt 正交化过程) 设 E 是一个准 Hilbert 空间, $\mathcal{L} = (x_1, \cdots, x_p)$ 是 E 的一个<u>线性无关族</u>. 那么, 存在一个向量族 $\mathcal{F} = (e_1, \cdots, e_p)$ 使得

(i) $\mathcal{F}$ 是规范正交的;

(ii) 对任意 $k \in [\![1, p]\!]$, $\mathrm{Vect}(x_1, \cdots, x_k) = \mathrm{Vect}(e_1, \cdots, e_k)$.

并且, 向量族 $\mathcal{F}$ 是唯一的若附加以下条件:

(iii) $\forall k \in [\![1, p]\!]$, $(e_k | x_k) \in \mathbb{R}^{+\star}$.

我们称 $\mathcal{F}$ 是通过对 $\mathcal{L}$ 应用 Schmidt 正交化过程得到的.

注:

- 注意, 我们假设 $\mathcal{L}$ 是线性无关的! 因此得到的向量族 $\mathcal{F}$ 和 $\mathcal{L}$ 有一样多的向量.
- 这提供了将一组基转化为一组规范正交基的一种方法.
- 如果假设 $\mathcal{L} = (x_i)_{i \in \mathbb{N}}$, 即 $\mathcal{L}$ 是一个线性无关的可数的无穷族, 那么定理仍然成立.
- 这个定理可以证明有限维空间中规范正交基的存在性(见 5.3.5 小节), 从而得到了到有限维向量子空间上的正交投影公式. 知道这个关系, 就很容易记住 Schmidt 正交化过程.
- 最后, 条件 (iii) 可以解释为: 实际上条件 (i) 和 (ii) 定义了"方向大致确定"的向量, 而 (iii) 强制规定了 e_k 的"方向".

证明:

我们给出复空间情况下的证明. 通过强数学归纳法来证明存在性和唯一性(假定 (iii) 成立).

初始化:

对 $k = 1$, 若 e_1 存在, 则有 $\mathrm{Vect}(e_1) = \mathrm{Vect}(x_1)$, 故存在 $\lambda \in \mathbb{C}$ 使得 $e_1 = \lambda x_1$. 那么可得 $|\lambda| = \|x_1\|^{-1}$(因为 $x_1 \neq 0$ 且 e_1 是规范(或单位)的), 即

$$e_1 = e^{i\theta_1} \frac{x_1}{\|x_1\|},$$

其中 $\theta_1 \in \mathbb{R}$.

如果 $(e_1|x_1) \in \mathbb{R}^{+\star}$, 那么必然有 $\theta_1 \in 2\pi\mathbb{Z}$ 且 $e^{i\theta_1} = 1$. 因此 $e_1 = \dfrac{x_1}{\|x_1\|}$.

反过来, 显然这样的 e_1 是满足条件的. 这证得当 $k = 1$ 时结论成立.

递推:

假设对某个 $k < p$ 存在唯一的 k 个向量 $e_1, \cdots, e_k$ 使得 (i), (ii) 和 (iii) 成立.

如果 e_{k+1} 存在, 那么

$$e_{k+1} \in \mathrm{Vect}(e_1, \cdots, e_{k+1}) = \mathrm{Vect}(x_1, \cdots, x_{k+1}).$$

因此, 存在 $a \in \mathbb{C}$ 和 $u \in \mathrm{Vect}(x_1, \cdots, x_k) = \mathrm{Vect}(e_1, \cdots, e_k)$ 使得

$$e_{k+1} = a x_{k+1} + u.$$

并且, $a \neq 0$, 因为 $e_{k+1} \notin \mathrm{Vect}(x_1, \cdots, x_k) = \mathrm{Vect}(e_1, \cdots, e_k)$ (由向量族 $(e_1, \cdots, e_{k+1})$ 线性无关知). 所以, 存在 $a \in \mathbb{C}^\star$ 和 $(\lambda_1, \cdots, \lambda_k) \in \mathbb{C}^k$ 使得

$$e_{k+1} = a \left(x_{k+1} + \sum_{i=1}^{k} \lambda_i e_i \right).$$

因为 $\mathcal{F}$ 应是规范正交的, 所以对 $1 \leqslant j \leqslant k$ 必有 $(e_j|e_{k+1}) = 0$, 由此得到: $\lambda_j = -(e_j|x_{k+1})$, 从而 e_{k+1} 与以下向量共线:

$$x_{k+1} - \sum_{i=1}^{k} (e_i|x_{k+1})e_i.$$

向量 e_{k+1} 也必须是规范的, 这表明存在 $\theta \in \mathbb{R}$ 使得

$$e_{k+1} = e^{i\theta} \frac{x_{k+1} - \displaystyle\sum_{i=1}^{k} (e_i|x_{k+1})e_i}{\left\| x_{k+1} - \displaystyle\sum_{i=1}^{k} (e_i|x_{k+1})e_i \right\|}.$$

此外, 因为 $(x_{k+1}|e_{k+1}) \in \mathbb{R}^{+\star}$, 所以有 $\theta \in 2\pi\mathbb{Z}$ 以及

$$e_{k+1} = \frac{x_{k+1} - \sum_{i=1}^{k}(e_i|x_{k+1})e_i}{\left\| x_{k+1} - \sum_{i=1}^{k}(e_i|x_{k+1})e_i \right\|}.$$

这证得 e_{k+1} 的唯一性(假定存在).

另一方面, 如果像上面那样定义 e_{k+1}, 显然有

- e_{k+1} 是良定义的, 因为 $x_{k+1} \notin <x_1,\cdots,x_k> = <e_1,\cdots,e_k>$, 所以

$$x_{k+1} - \sum_{i=1}^{k}(e_i|x_{k+1})e_i \neq 0;$$

- $(e_1,\cdots,e_{k+1})$ 是一个规范正交族, 满足

$$\mathrm{Vect}(e_1,\cdots,e_{k+1}) = \mathrm{Vect}(x_1,\cdots,x_{k+1});$$

- 对任意 $1 \leqslant i \leqslant k+1$, 有 $(e_i|x_i) \in \mathbb{R}^{+\star}$.

这证得结论对 $k+1$ 也成立, 归纳完成. $\boxtimes$

<u>注:</u> 事实上, 我们必须记住构造方法:

$$e_{k+1} = \frac{x_{k+1} - p_{<e_1,\cdots,e_k>}(x_{k+1})}{||x_{k+1} - p_{<e_1,\cdots,e_k>}(x_{k+1})||}.$$

例 5.3.4.2 定义: $\forall (P,Q) \in \mathbb{R}[X] \times \mathbb{R}[X], (P|Q) = \int_0^{+\infty} P(x)Q(x)e^{-x}\,\mathrm{d}x.$

1. 证明 $(\cdot|\cdot)$ 是 $\mathbb{R}[X]$ 上的一个内积.

- 首先, 这个映射是良定义的. 事实上, 若 $(P,Q) \in \mathbb{R}[X]^2$, 则 $x \longmapsto P(x)Q(x)e^{-x}$ 在 $[0,+\infty)$ 上连续, 且 $P(x)Q(x)e^{-x} \underset{x\to+\infty}{=} o\left(\frac{1}{x^2}\right)$, 因此, 这个函数在 $[0,+\infty)$ 上可积.

- 其次, 我们需要证明 $(\cdot|\cdot)$ 是:

  * 双线性的(由函数乘积的双线性性和积分的线性性可知);

  * 对称的(由函数乘积的可交换性可知);

  * <u>正定的</u>(通常需要验证这个性质).

    设 $P \in \mathbb{R}[X]$. 那么, 函数 $f: x \longmapsto P(x)^2 e^{-x}$ 在 $[0,+\infty)$ 上连续、恒正且可积, 因此, $\int_0^{+\infty} P(x)^2 e^{-x}\,\mathrm{d}x \geqslant 0$. 并且, 如果 $\int_0^{+\infty} P(x)^2 e^{-x}\,\mathrm{d}x = 0$, 那么由 f 在 $[0,+\infty)$ 上连续且恒正知 $f=0$. 又因为, 对任意 $x \in \mathbb{R}^+$, $e^{-x} > 0$, 所以, $\forall x \geqslant 0, P(x) = 0$. 因此, 多项式 P 有无穷个根, 故 $P=0$.

2. 下面确定 $\mathbb{R}_2[X]$ 的一组规范正交基.

取 $\mathbb{R}_2[X]$ 的标准基 $\mathcal{B}_c = (1, X, X^2)$. 首先, 我们知道, 服从参数为 $\lambda > 0$ 的指数分布律的随机变量有任意阶的矩. 特别地, 对 $\lambda = 1$, 我们有[①]

$$\forall n \in \mathbb{N}, \quad \int_0^{+\infty} x^n e^{-x} \, \mathrm{d}x = \frac{n!}{\lambda^n} = n!.$$

由 $\mathcal{B}_c$ 线性无关知, 我们可以对它应用 Schmidt 正交化过程.

- $\|1\|^2 = \displaystyle\int_0^{+\infty} e^{-x} \, \mathrm{d}x = 1$. 故令 $P_0 = 1$.

- 接着, 设 $Q_1 = X - p_{<P_0>}(X) = X - \left(\displaystyle\int_0^{+\infty} x e^{-x} \, \mathrm{d}x \right) P_0 = X - 1$.

  又因为 $\|Q_1\|^2 = \displaystyle\int_0^{+\infty} (x-1)^2 e^{-x} \, \mathrm{d}x = 1$, 故令 $P_1 = \dfrac{Q_1}{\|Q_1\|} = X - 1$.

- 最后, 令 $Q_2 = X^2 - (X^2|P_1)P_1 - (X^2|P_0)P_0$. 我们有

$$(X^2|P_0) = (X^2|1) = \int_0^{+\infty} x^2 e^{-x} \, \mathrm{d}x = 2,$$

$$(X^2|P_1) = (X^2|X-1) = \int_0^{+\infty} x^3 e^{-x} \, \mathrm{d}x - \int_0^{+\infty} x^2 e^{-x} \, \mathrm{d}x = 3! - 2! = 4.$$

因此, $Q_2 = X^2 - 4P_1 - 2P_0 = X^2 - 4(X-1) - 2 = X^2 - 4X + 2$. 从而,

$$\|Q_2\|^2 = \|X^2\|^2 - \|4P_1 + 2P_0\|^2 = \|X^2\|^2 - (4^2 + 2^2) = 4! - 20 = 4.$$

所以, $\|Q_2\| = 2$, 我们令 $P_2 = \dfrac{1}{2} Q_2 = \dfrac{1}{2} X^2 - 2X + 1$.

因此, 向量族 $\mathcal{F} = (1, X-1, \dfrac{1}{2} X^2 - 2X + 1)$ 是 $\mathbb{R}_2[X]$ 的一个规范正交族. 因为它是规范正交的, 所以它是线性无关的, 并且有 $|\mathcal{F}| = 3 = \dim \mathbb{R}_2[X]$, 所以 $\mathcal{F}$ 是 $\mathbb{R}_2[X]$ 的一组规范正交基.

习题 5.3.4.3　考虑从 $\mathbb{R}[X] \times \mathbb{R}[X]$ 到 $\mathbb{R}$ 的映射 φ, 定义如下:

$$\forall (P, Q) \in \mathbb{R}[X]^2, \varphi(P, Q) = \int_{\mathbb{R}} P(x) Q(x) e^{-x^2} \, \mathrm{d}x.$$

1. 证明 φ 是 $\mathbb{R}[X]$ 上的一个内积.
2. 确定 $\mathbb{R}_3[X]$ 的一组规范正交基.

---

① 也可以简单地说, 对 $n \in \mathbb{N}$, $\displaystyle\int_0^{+\infty} x^n e^{-x} \, \mathrm{d}x = \Gamma(n+1) = n!$.

5.3.5 有限维空间中规范正交基的存在性以及到有限维子空间上的投影

我们从一个简单但有用的性质开始.

命题 5.3.5.1 设 $(E, (\cdot|\cdot))$ 是一个准 Hilbert 空间, F 是 E 的一个子空间. 那么, 内积映射限制在 F 上是 F 上的一个内积.

证明:

| 显然! $\boxtimes$

定理 5.3.5.2 设 $(E, (\cdot|\cdot))$ 是一个准 Hilbert 空间, F 是它的一个有限维子空间. 那么:

(i) F 至少有一组规范正交基;

(ii) $F \oplus F^{\perp} = E$;

(iii) 如果 $\dim F = n \geqslant 1$ 并且 $(e_1, \cdots, e_n)$ 是 F 的一组规范正交基, 记 p_F 为从 E 到 F 上的正交投影(即把 F 中的元素映为自身且把 $F^{\perp}$ 中的元素映为零元素的投影), 那么有

$$\forall x \in E, \ p_F(x) = \sum_{k=1}^{n} (e_k|x)e_k.$$

证明:

● 证明 (i).

如果 $F = \{0\}$, 空族就是 F 的一组规范正交基, 故性质 (i) 成立.

如果 $F \neq \{0\}$, 那么, F 有一组有限的基 $\mathcal{L} = (x_1, \cdots, x_n)$, 其中 $n \in \mathbb{N}^{\star}$, 并且 $(\cdot|\cdot)$ 在 F 上的限制仍是 F 上的一个内积.

由 Schmidt 正交化过程(此处适用, 因为 $\mathcal{L}$ 是 F 的一个线性无关族)知, 存在 F 的一个规范正交族 $\mathcal{F} = (e_1, \cdots, e_n)$ 使得 $\mathrm{Vect}(\mathcal{F}) = \mathrm{Vect}(\mathcal{L}) = F$. 因此, $\mathcal{F}$ 是 F 的一个生成族, 而由它是规范正交的可知它是线性无关的. 所以, $\mathcal{F}$ 是 F 的一组规范正交基. 这证得规范正交基的存在性.

● 证明 (ii) 和 (iii).

如果 $F = \{0\}$, 那么 $F^{\perp} = E$, 故 $F \oplus F^{\perp} = E$. 现在假设 $F \neq \{0\}$. 由 (i) 知, F 至少存在一组规范正交基. 设 $(e_1, \cdots, e_n)$ $(n \in \mathbb{N}^{\star})$ 为 F 的一组规范正交基.

设 $x \in E$. 要证明 x 可以写成 $x = x_1 + x_2$ 的形式, 其中 $x_1 \in F$, $x_2 \in F^{\perp}$.

令 $x_1 = \sum_{k=1}^{n}(e_k|x)e_k$, $x_2 = x - x_1$. 那么, 由定义知, $x_1 \in F$ 和 $x = x_1 + x_2$.

并且, 对任意 $j \in [\![1, n]\!]$, 我们有

$$
\begin{aligned}
(e_j|x_2) &= \left(e_j \middle| x - \sum_{k=1}^{n}(e_k|x)e_k\right) \\
&= (e_j|x) - \sum_{k=1}^{n}(e_k|x)(e_j|e_k) \\
&= (e_j|x) - \sum_{k=1}^{n}(e_k|x)\delta_{j,k} \\
&= 0.
\end{aligned}
$$

所以, $x_2 \in \{e_1, \cdots, e_n\}^{\perp} = <e_1, \cdots, e_n>^{\perp} = F^{\perp}$. 这证得 $x \in F + F^{\perp}$. 因此, 我们证得 $E = F + F^{\perp}$. 又因为 $F \cap F^{\perp} = \{0\}$ (一般性质), 故 $F \oplus F^{\perp} = E$.

最后, 上述推导过程也证得 $p_F(x) = x_1 = \sum_{k=1}^{n}(e_k|x)e_k$. $\boxtimes$

注: 记住, 如果 E 是一个准 Hilbert 空间(有限维或无穷维), 那么它的任意有限维子空间 F 都有规范正交基, 特别地, $F \oplus F^{\perp} = E$.

推论 5.3.5.3 设 $(E, (\cdot|\cdot))$ 是一个准 Hilbert 空间, F 是 E 的一个有限维子空间. 那么, 对任意 $x \in E$,

$$
\inf_{y \in F} \|x - y\| = \min_{y \in F} \|x - y\| = \|x - p_F(x)\|.
$$

并且, 等式成立(即 $\|x - y\| = \inf_{y \in F} \|x - y\|$)当且仅当 $y = p_F(x)$, 其中 p_F 表示从 E 到 F 上的正交投影. 所以, $d(x, F) = \|x - p_F(x)\|$.

证明:

• 首先, 因为 F 是有限维的, 所以 $F \oplus F^{\perp} = E$. 因此我们可以定义从 E 到 F 上的正交投影 p_F.

• 设 $x \in E$. 那么, $x = p_F(x) + x_2$, 其中 $x_2 = x - p_F(x) \in F^{\perp}$. 因此, 对任意 $y \in F$,

$$
\begin{aligned}
\|x - y\|^2 &= \|(p_F(x) - y) + x_2\|^2 \\
&= \|p_F(x) - y\|^2 + \|x - p_F(x)\|^2 + 2\mathrm{Re}\,(p_F(x) - y|x - p_F(x)) \\
&= \|p_F(x) - y\|^2 + \|x - p_F(x)\|^2 \\
&\geqslant \|x - p_F(x)\|^2.
\end{aligned}
$$

上述第三个等式成立是因为 $(p_F(x) - y) \perp (x - p_F(x))$. 由于 $p_F(x) \in F$, 故我们证得

$$\inf_{y \in F} \|x - y\| = \min_{y \in F} \|x - y\| = \|x - p_F(x)\|.$$

- 此外, 上述计算证明了, 对任意 $y \in F$, 有

$$\|x - y\| = \inf_{y \in F} \|x - y\| \iff \|p_F(x) - y\|^2 = 0$$
$$\iff p_F(x) - y = 0$$
$$\iff y = p_F(x). \qquad \boxtimes$$

注：

- 如果只假设 $F \oplus F^\perp = E$, 结论仍然成立(即不需要 F 是有限维的这个假设, 这个假设是为了保证 $F \oplus F^\perp = E$).

- 以后你们会看到, 如果 E 是一个 Hilbert 空间且 F 是 E 的一个闭的子空间, 那么

$$F \oplus F^\perp = E.$$

- 这个推论的唯一问题是它需要投影到向量子空间上. 稍后我们会看到, 更一般地, 如果 E 是一个 Hilbert 空间, C 是 E 的一个非空的闭凸集, 结论仍然成立. 正是由这个性质导出上一条注释.

5.3.6 欧几里得空间和埃尔米特空间

定义 5.3.6.1 我们称有限维的实的(或复的)准 Hilbert 空间为欧几里得(或埃尔米特)空间.

定理 5.3.6.2 任意欧几里得(或埃尔米特)空间至少有一组规范正交基.

证明：

这是定理 5.3.5.2 在 $F = E$ 情况下的直接结果. $\qquad \boxtimes$

定理 5.3.6.3　设 E 是一个准 Hilbert 空间, $E^\star = \mathcal{L}(E, \mathbb{K})$ 是 E 的对偶空间(即 E 上所有线性型的集合). 对任意 $a \in E$, 定义映射 f_a 如下:

$$f_a : \begin{array}{ccc} E & \longrightarrow & \mathbb{K}, \\ x & \longmapsto & (a|x). \end{array}$$

那么, 一方面 $f_a \in E^\star$, 另一方面映射

$$\varphi : \begin{array}{ccc} E & \longrightarrow & E^\star, \\ a & \longmapsto & f_a \end{array}$$

是

(a) 线性的若 $\mathbb{K} = \mathbb{R}$, 或者半线性的若 $\mathbb{K} = \mathbb{C}$;

(b) 单射;

(c) 并且, 如果 E 是欧几里得空间或埃尔米特空间(即若 E 是有限维的), 那么 φ 是双射.

证明:

- 由于内积(或埃尔米特积)是右线性的, 显然对任意 $a \in E$, f_a 是一个线性型.
- 由于内积是左线性的(或者左半线性的若 $\mathbb{K} = \mathbb{C}$), 显然 φ 是 $\mathbb{R}$-线性的或半线性的若 $\mathbb{K} = \mathbb{C}$.
- 由定义, $\ker \varphi = \{a \in E \mid \forall x \in E, (a|x) = 0\} = E^\perp = \{0\}$. 因此 φ 是单射.
- 最后, 如果 E 是有限维的, 那么 $\dim_{\mathbb{R}} E = \dim_{\mathbb{R}} E^\star$. 因为 φ 是一个 $\mathbb{R}$-线性的单射, 由秩定理知 φ 是双射. ⊠

注:

- 简而言之, 这个定理表明任意线性型可以唯一地写成内积(或埃尔米特积)的形式.
- 在无限维的情况下, 结论未必成立. 有什么简单的论据可以解释这一点?
- 这个定理在微分演算课程内容中用于定义函数在一点处的梯度.
- 这个定理将在以后学到的 Hilbert 空间的框架中推广为 Riesz(里斯)表示定理.

命题 5.3.6.4　设 E 是一个欧几里得空间或埃尔米特空间. 那么对 E 的任意子空间 F 和 G, 有

(i) $F \oplus F^\perp = E$, 因此, $\dim F^\perp = \dim E - \dim F$;

(ii) $(F^\perp)^\perp = F$;

(iii) $(F + G)^\perp = F^\perp \cap G^\perp$, $(F \cap G)^\perp = F^\perp + G^\perp$.

证明:

- 性质 (i) 和 (ii) 是显然的.

- 对 (iii), 第一个等式总是成立的(参见命题 5.3.2.3). 为证明第二个等式, 设 F 和 G 是 E 的两个子空间. 那么, 根据 (ii) 和 (iii) 的第一式, 我们有

$$F^\perp + G^\perp = ((F^\perp + G^\perp)^\perp)^\perp = (F^{\perp\perp} \cap G^{\perp\perp})^\perp = (F \cap G)^\perp. \qquad \boxtimes$$

5.4 准 Hilbert 空间的自同态的伴随算子

在本节中, E 是一个准 Hilbert 空间. 在前两小节中, 我们将给出定义以及一般性质. 然后, 我们很快就转而讨论 E 是有限维空间的情况.

一个非常好的结果是基本定理(或谱定理): 埃尔米特(或欧几里得)空间的任何自伴随算子都可以在一组规范正交基下对角化. 另一种表述是已在微分演算课程内容中给出的结果: 任意实对称矩阵都可以由正交群对角化.

5.4.1 定义

定义 5.4.1.1 设 $(E, (\cdot|\cdot))$ 是一个准 Hilbert 空间, $f \in \mathcal{L}(E)$. 我们称 f 有伴随算子(或共轭算子), 若存在 $g: E \longrightarrow E$ 使得

$$\forall(x, y) \in E^2, (f(x)|y) = (x|g(y)).$$

定理 5.4.1.2 设 $f \in \mathcal{L}(E)$. 假设 f 有伴随算子. 那么,

(i) 伴随算子是唯一的;

(ii) 伴随算子是 E 的一个自同态.

在存在的前提下, f 的伴随算子记为 $f^\star$.

注: 定理表明, 如果伴随算子存在, 则伴随算子是唯一的且是线性的. 这就是为什么伴随算子的定义经常直接给出 "g 是线性的" 这个假设.

证明:

● 假设 g 和 h 是 f 的两个伴随算子, 设 $\varphi = g - h$. 那么,

$$\forall (x, y) \in E^2,\ (x|\varphi(y)) = (x|g(y)) - (x|h(y)) = (f(x)|y) - (f(x)|y) = 0.$$

设 $y \in E$. 取 $x = \varphi(y)$, 得到 $(\varphi(y)|\varphi(y)) = 0$. 因此, $\varphi(y) = 0$, 即 $g(y) = h(y)$. 这证得伴随算子的唯一性(假定存在).

● 记 $f^\star$ 为 f 的伴随算子. 设 $(y_1, y_2) \in E^2$, $\lambda \in \mathbb{K}$.
记 $z = f^\star(\lambda y_1 + y_2) - \lambda f^\star(y_1) - f^\star(y_2)$. 那么对任意 $x \in E$, 有

$$\begin{aligned}
(x|z) &= (x|f^\star(\lambda y_1 + y_2)) - \lambda(x|f^\star(y_1)) - (x|f^\star(y_2)) \\
&= (f(x)|\lambda y_1 + y_2) - \lambda(f(x)|y_1) - (f(x)|y_2) \\
&= \lambda(f(x)|y_1) + (f(x)|y_2) - \lambda(f(x)|y_1) - (f(x)|y_2) \\
&= 0.
\end{aligned}$$

因此证得, 如果 $z = f^\star(\lambda y_1 + y_2) - \lambda f^\star(y_1) - f^\star(y_2)$, 那么

$$\forall x \in E,\ (x|z) = 0.$$

所以 $z = 0$, 这证得 $f^\star$ 是线性的. ⊠

5.4.2　伴随算子的性质

命题 5.4.2.1　设 E 是一个准 Hilbert 空间, f 和 g 是 E 的两个自同态. 我们有:

(i) 若 f 有伴随算子, 则 $f^\star \in \mathcal{L}(E)$;

(ii) 若 f 有伴随算子, 则 $f^\star$ 也有伴随算子且 $(f^\star)^\star = f$;

(iii) Id_E 有伴随算子且 $\mathrm{Id}_E^\star = \mathrm{Id}_E$;

(iv) 如果 f 和 g 都有伴随算子且 $(\lambda, \mu) \in \mathbb{K}^2$, 那么, $\lambda f + \mu g$ 也有伴随算子, 且

$$(\lambda f + \mu g)^\star = \overline{\lambda} f^\star + \overline{\mu} g^\star;$$

(v) 若 f 和 g 都有伴随算子, 则 $g \circ f$ 有伴随算子且 $(g \circ f)^\star = f^\star \circ g^\star$.

证明:

● 我们已知结论 (i), 而 (ii) 和 (iii) 是显然的.

● 证明 (iv).

在命题的假设和记号下, 我们有

$$\forall(x,y)\in E^2,\ ((\lambda f+\mu g)(x)|y)=\overline{\lambda}\,(\,f(x)|y)+\overline{\mu}\,(g(x)|y)$$
$$=\overline{\lambda}\,(x|f^\star(y))+\overline{\mu}\,(x|g^\star(y))$$
$$=(x|(\overline{\lambda}\,f^\star+\overline{\mu}\,g^\star)(y)).$$

由定义知, 这个等式证明 $\lambda f+\mu g$ 有伴随算子且 $(\lambda f+\mu g)^\star=\overline{\lambda}\,f^\star+\overline{\mu}\,g^\star$.

- (v) 的证明留作练习. ⊠

5.4.3 有限维的情况

定理 5.4.3.1 设 E 是一个维数为 $n\geqslant 1$ 的欧几里得空间或埃尔米特空间, $f\in\mathcal{L}(E)$. 那么,

  (i) f 有伴随算子;

 (ii) $\ker(f^\star)=\mathrm{Im}(f)^\perp$, $\mathrm{Im}(f^\star)=\ker(f)^\perp$;

(iii) $f\in GL(E)\iff f^\star\in GL(E)$, 并且此时有 $(f^\star)^{-1}=(f^{-1})^\star$;

(iv) 对 E 的任意规范正交基 $\mathcal{B}$, $Mat_\mathcal{B}(f^\star)=Mat_\mathcal{B}(f)^\star$;

 (v) $\mathrm{r}(f^\star)=\mathrm{r}(f)$;

(vi) $\chi_{f^\star}=\overline{\chi_f}$, 即如果 $\chi_f=\sum_{k=0}^n a_k X^k$, 那么 $\chi_{f^\star}=\sum_{k=0}^n \overline{a_k}X^k$.

特别地, $\mathrm{tr}(f^\star)=\overline{\mathrm{tr}(f)}$, $\det(f^\star)=\overline{\det(f)}$, $\sigma(f^\star)=\overline{\sigma(f)}$;

(vii) f 可对角化当且仅当 $f^\star$ 可对角化.

证明:

- 证明 (i) 和 (iv).
取定 E 的一组规范正交基 $\mathcal{B}$, 并记 $A=Mat_\mathcal{B}(f)$.
对任意 $g\in\mathcal{L}(E)$, 记 $B=Mat_\mathcal{B}(g)$, 那么有
$$f^\star=g\iff\forall(x,y)\in E^2,\ (f(x)|y)=(x|g(y))$$
$$\iff\forall(X,Y)\in\mathcal{M}_{n,1}(\mathbb{K})^2,\ (AX)^\star Y=X^\star(BY)$$
$$\iff\forall(X,Y)\in\mathcal{M}_{n,1}(\mathbb{K})^2,\ X^\star A^\star Y=X^\star BY$$
$$\iff B=A^\star.$$

通过选取 $X = E_i$ 和 $Y = E_j$ (对所有 $(i,j) \in [\![1,n]\!]^2$)可得最后的等价成立.

因为映射 $g \longmapsto Mat_{\mathcal{B}}(g)$ 是 $\mathbb{K}$-向量空间之间的一个同构, 所以我们证得伴随算子的存在唯一性以及 $Mat_{\mathcal{B}}(f^\star) = A^\star$(注意, 当 A 是实矩阵时 $A^\star = A^T$).

- 证明 (iii), (v) 和 (vi).

由于 $Mat_{\mathcal{B}}(f^\star) = A^\star = Mat_{\mathcal{B}}(f)^\star$, 故我们直接得到以下性质:

* $\mathrm{r}(f^\star) = \mathrm{r}(A^\star) = \mathrm{r}(A^T) = \mathrm{r}(A) = \mathrm{r}(f)$ (故 (v) 成立).
* 另一方面, 我们有以下等价:

$$f \in GL(E) \iff \mathrm{r}(f) = n$$
$$\iff \mathrm{r}(f^\star) = n$$
$$\iff f^\star \in GL(E).$$

并且, 此时(即当 $f \in GL(E)$ 时)有

$$A \times A^{-1} = I_n \iff (A \times A^{-1})^\star = I_n \iff (A^{-1})^\star \times A^\star = I_n,$$

即 $(A^\star)^{-1} = (A^{-1})^\star$, 这等价于 $(f^\star)^{-1} = (f^{-1})^\star$.

* 设 $\lambda \in \mathbb{C}$. 那么有

$$\begin{aligned}\chi_{f^\star}(\lambda) &= \det(f^\star - \lambda \mathrm{Id}_E)\\ &= \det(A^\star - \lambda I_n)\\ &= \det((A - \overline{\lambda}I_n)^\star)\\ &= \overline{\det(A - \overline{\lambda}I_n)}\\ &= \overline{\chi_f(\overline{\lambda})}\\ &= \overline{\chi_f}(\lambda).\end{aligned}$$

这对任意 $\lambda \in \mathbb{C}$ 都成立, 所以 $\chi_{f^\star} = \overline{\chi_f}$.

* 特别地, $\mathrm{tr}(f^\star) = \overline{\mathrm{tr}(f)}$, $\det(f^\star) = \overline{\det(f)}$, $\sigma(f^\star) = \overline{\sigma(f)}$.

- 证明 (ii). 首先, 由定义知

$$\begin{aligned}y \in \ker(f^\star) &\iff \forall x \in E, (x|f^\star(y)) = 0\\ &\iff \forall x \in E, (f(x)|y) = 0\\ &\iff \forall z \in \mathrm{Im}(f), (z|y) = 0\\ &\iff y \in (\mathrm{Im}f)^\perp.\end{aligned}$$

这证得 $\ker(f^\star) = \mathrm{Im}(f)^\perp$.

应用刚刚证得的与 $f^\star$ 有关的结论, 可得

$$\ker((f^\star)^\star) = \mathrm{Im}(f^\star)^\perp, \quad \text{即} \quad \ker(f) = \mathrm{Im}(f^\star)^\perp.$$

因为 E 是有限维的, 所以有

$$\ker(f)^{\perp} = \left(\mathrm{Im}(f^{\star})^{\perp}\right)^{\perp} = \mathrm{Im}(f^{\star}).$$

- 证明 f 可对角化当且仅当 $f^{\star}$ 可对角化.

  * 首先, 注意到 χ_f 可完全分解当且仅当 $\chi_{f^{\star}}$ 可完全分解.
    事实上, 如果 $\mathbb{K} = \mathbb{R}$, 我们有 $\chi_f \in \mathbb{R}[X]$, 故 $\chi_{f^{\star}} = \overline{\chi_f} = \chi_f$.
    如果 $\mathbb{K} = \mathbb{C}$, 那么没有什么可证明的, 因为此时 χ_f 和 $\chi_{f^{\star}}$ 必定都可完全分解.

  * 其次, 对任意 $\lambda \in \sigma_{\mathbb{K}}(f)$, 有

$$\begin{aligned}
\dim(\ker(f^{\star} - \overline{\lambda}\,\mathrm{Id}_E)) &= \dim(\ker((f - \lambda\mathrm{Id}_E)^{\star})) \\
&= \dim(\mathrm{Im}((f - \lambda\mathrm{Id}_E))^{\perp}) \\
&= \dim \ker(f - \lambda\mathrm{Id}_E).
\end{aligned}$$

然后应用可对角化的第一类判据可得结论. ⊠

习题 5.4.3.2 直接证明 :

1. 运用线性映射的矩阵来证明 (vii);
2. 借助于 "同构映射 $a \longmapsto f_a$" 来证明伴随算子的存在性;
3. 在不使用相应的矩阵的情况下, 证明 f 是双射当且仅当 $f^{\star}$ 是双射.

例 5.4.3.3 在 $\mathbb{R}^n$ 中配备标准内积(即常用内积), 考虑定义如下的映射 f :

$$\forall (x_1, \cdots, x_n) \in \mathbb{R}^n, \; f(x_1, \cdots, x_n) = (x_n, x_{n-1}, \cdots, x_1).$$

- 显然 f 是一个线性映射.
- 对任意 $x = (x_i)_{1 \leqslant i \leqslant n}$ 和任意 $y = (y_i)_{1 \leqslant i \leqslant n}$, 我们有

$$(f(x)|y) = \sum_{i=1}^{n} x_{n+1-i} y_i = \sum_{i=1}^{n} x_i y_{n+1-i} = (x|g(y)),$$

其中 $g(y) = (y_n, \cdots, y_1) = f(y)$. 因此, $f^{\star} = f$.

<u>注</u>: 为什么这个结果是可以预见的?

习题 5.4.3.4 对取定的 $a \in \mathbb{R}^3$, 令 $\forall x \in \mathbb{R}^3$, $\varphi_a(x) = a \wedge x$. 在 $\mathbb{R}^3$ 中配备标准内积(即常用内积)的情况下, 确定 φ_a 的伴随算子.

习题 5.4.3.5　在 $\ell^2(\mathbb{N},\mathbb{C})$ 中配备定义如下的埃尔米特内积：对 $\ell^2(\mathbb{N},\mathbb{C})$ 中的任意元素 $u = (u_n)_{n\in\mathbb{N}}$ 和 $v = (v_n)_{n\in\mathbb{N}}$,

$$(u|v) = \sum_{n=0}^{+\infty} \overline{u}_n v_n.$$

1. 验证上述映射确实是 $\ell^2(\mathbb{N},\mathbb{C})$ 上的一个埃尔米特积.
2. 证明 $\varphi : (u_n)_{n\in\mathbb{N}} \longmapsto (u_{n+1})_{n\in\mathbb{N}}$ 是 $\ell^2(\mathbb{N},\mathbb{C})$ 的一个自同态.
3. 证明 φ 有伴随算子并确定其伴随算子.
4. 附加题：证明 $\ell^2(\mathbb{N},\mathbb{C})$ 在该埃尔米特积导出的范数下是完备的.

5.5　欧几里得空间或埃尔米特空间中重要的自同态

在本节中, E 表示一个欧几里得空间或埃尔米特空间.

5.5.1　对称或自伴随的自同态

> **定义 5.5.1.1**　设 $f \in \mathcal{L}(E)$. 我们称 f 是一个自伴随的自同态(也称自伴随算子或自伴算子)若 $f^\star = f$, 也称为对称的自同态若 $\mathbb{K} = \mathbb{R}$, 或埃尔米特的自同态若 $\mathbb{K} = \mathbb{C}$.
>
> 当 $\mathbb{K} = \mathbb{R}$ (或 $\mathbb{K} = \mathbb{C}$)时, 记 $S(E)$ (或 $H(E)$)为 E 的自伴随自同态的集合.

注：

- 首先, 这个定义是有意义的, 因为欧几里得(或埃尔米特)空间的任意自同态都有伴随算子.
- 回到伴随算子的定义, f 是自伴随的当且仅当
$$\forall(x,y) \in E^2, (f(x)|y) = (x|f(y)).$$
- 当 $f^\star = -f$ 时, 我们称 f 为反对称(或反埃尔米特)的自同态.

例 5.5.1.2　恒等映射是自伴随的.

例 5.5.1.3　在前面的例子中,
- 在 $\mathbb{R}^n$ 上定义为：$\forall(x_1,\cdots,x_n) \in \mathbb{R}^n, f(x_1,\cdots,x_n) = (x_n,\cdots,x_1)$ 的自同态 f 是自伴随的；
- 对任意取定的 $a \in \mathbb{R}^3$, $\varphi_a : x \longmapsto a \wedge x$ 是反对称的.

命题 5.5.1.4 集合 $S(E)$ (或 $H(E)$) 是 $\mathcal{L}_\mathbb{R}(E)$ (或 $\mathcal{L}_\mathbb{C}(E)$)的 $\mathbb{R}$-向量子空间.

证明:

- 零映射显然是自伴随的.
- 设 $(f,g) \in S(E)^2$(或 $H(E)^2$), $(\lambda, \mu) \in \mathbb{R}^2$. 那么, 根据伴随算子的性质, 有
$$(\lambda f + \mu g)^\star = \overline{\lambda}\, f^\star + \overline{\mu}\, g^\star = \lambda f + \mu g.$$
这证得 $\lambda f + \mu g \in S(E)$(或 $H(E)$). $\boxtimes$

⚠️ **注意:** $H(E)$ 不是 $\mathcal{L}_\mathbb{C}(E)$ 作为 $\mathbb{C}$-向量空间的子空间!

⚠️ **注意:** 当 $n \geqslant 2$ 时, $S(E)$ 和 $H(E)$ 不是 $\mathcal{L}(E)$ 的子环! 事实上, 由 $(g \circ f)^\star = f^\star \circ g^\star$ 可知, 如果 f 和 g 是自伴随的, 那么 $(g \circ f)^\star = f \circ g$ 不一定等于 $g \circ f$!

习题 5.5.1.5 请给出一个反例.

5.5.2 正交自同态或酉自同态

5.5.2.a 定义和首要性质

定义 5.5.2.1 设 E 是一个欧几里得(或埃尔米特)空间, f 是从 E 到 E 的一个映射. 我们称 f 是 E 的一个正交自同构(或酉自同态/酉自同构)若 f 保内积, 即
$$\forall (x,y) \in E^2, (f(x)|f(y)) = (x|y).$$

例 5.5.2.2 恒等映射是 E 的一个正交自同构.

例 5.5.2.3 在平面中, 旋转映射是正交自同构.

例 5.5.2.4 从 $\mathbb{C}^2$ 到 $\mathbb{C}^2$ 把 $(z_1, z_2) \in \mathbb{C}^2$ 映为 $(e^{i\theta}z_1, e^{i\theta'}z_2)$ (其中 $(\theta, \theta') \in \mathbb{R}^2$)的映射是 $\mathbb{C}^2$ 的一个酉自同构.

注意： 虽然名字中带有"正交"二字, 但正交投影(除恒等映射外)不是正交自同构！

定理 5.5.2.5　设 $f \in \mathcal{F}(E, E)$(即 f 是从 E 到 E 的任意一个映射). 如果 f 保内积, 那么 f 是线性双射, 即 f 确实是 E 的一个自同构.

证明：

我们证明复的情况(实的情况可以由此导出). 假设 f 是从 E 到 E 的一个保内积的映射.

- 首先, 由于 f 保内积, 故 f 保范数. 事实上,

$$\forall x \in E,\ \|f(x)\| = \sqrt{(f(x)|f(x))} = \sqrt{(x|x)} = \|x\|.$$

- 然后, 设 $(x, y) \in E^2, (\lambda, \mu) \in \mathbb{C}^2$. 证明

$$f(\lambda x + \mu y) - (\lambda f(x) + \mu f(y)) = 0.$$

记 $z = f(\lambda x + \mu y) - (\lambda f(x) + \mu f(y))$, 我们有

$$
\begin{aligned}
\|z\|^2 &= \|f(\lambda x + \mu y)\|^2 + \|\lambda f(x) + \mu f(y)\|^2 \\
&\quad - 2\mathrm{Re}\Big(\big(f(\lambda x + \mu y)|\lambda f(x) + \mu f(y)\big)\Big) \\
&= \|\lambda x + \mu y\|^2 + |\lambda|^2\|f(x)\|^2 + |\mu|^2\|f(y)\|^2 + 2\mathrm{Re}\left(\overline{\lambda}\mu(f(x)|f(y))\right) \\
&\quad - 2\mathrm{Re}\Big(\lambda\big(f(\lambda x + \mu y)|f(x)\big) + \mu\big(f(\lambda x + \mu y)|f(y)\big)\Big) \\
&= \|\lambda x + \mu y\|^2 + |\lambda|^2\|x\|^2 + |\mu|^2\|y\|^2 + 2\mathrm{Re}\left(\overline{\lambda}\mu(x|y)\right) \\
&\quad - 2\mathrm{Re}\Big(\lambda\big(\lambda x + \mu y|x\big) + \mu\big(\lambda x + \mu y|y\big)\Big) \\
&= \|\lambda x + \mu y\|^2 + |\lambda|^2\|x\|^2 + |\mu|^2\|y\|^2 + 2\mathrm{Re}\left((\lambda x|\mu y)\right) \\
&\quad - 2\mathrm{Re}\Big(\big(\lambda x + \mu y|\lambda x + \mu y\big)\Big).
\end{aligned}
$$

因此,

$$
\begin{aligned}
\|f(\lambda x + \mu y) - (\lambda f(x) + \mu f(y))\|^2 &= 2\|\lambda x + \mu y\|^2 - 2\mathrm{Re}\Big(\|\lambda x + \mu y\|^2\Big) \\
&= 2\|\lambda x + \mu y\|^2 - 2\|\lambda x + \mu y\|^2 \\
&= 0.
\end{aligned}
$$

故 f 是线性的.

- 最后, 如果 $x \in \ker f$, 那么 $f(x) = 0$, 从而 $\|f(x)\| = 0$. 再由 f 保范数知, $x = 0$. 这证得 f 是单射从而是双射(因为 E 是有限维的). $\boxtimes$

命题 5.5.2.6 E 的正交自同构的集合(或 E 的酉自同态的集合)是 $GL(E)$ 的一个子群, 记为 $O(E)$(或 $U(E)$), 称为 E 的正交群(或酉群).

证明:

根据上述定理, 我们有 $O(E) \subset GL(E)$(或 $U(E) \subset GL(E)$). 并且,

- 已知 $\mathrm{Id}_E \in O(E)$ (或 $\mathrm{Id}_E \in U(E)$);
- 如果 $(f,g) \in O(E)^2$ (或 $U(E)^2$), 那么 f 和 g 保内积. 因此,

$$\forall (x,y) \in E^2, ((g \circ f)(x)|(g \circ f)(y)) = \big(g(f(x))|g(f(y))\big)$$
$$= (f(x)|f(y))$$
$$= (x|y).$$

这证得 $g \circ f \in O(E)$(或 $g \circ f \in U(E)$).

- 最后, 如果 $f \in O(E)$ (或 $U(E)$), 那么 f 是双射且 f 保内积, 所以,

$$\forall (x,y) \in E^2, (f^{-1}(x)|f^{-1}(y)) = \big(f(f^{-1}(x))|f(f^{-1}(y))\big) = (x|y).$$

这证得 $f^{-1} \in O(E)$(或 $f^{-1} \in U(E)$). ☒

5.5.2.b 酉自同态或正交自同态的刻画

定理 5.5.2.7 设 $f \in \mathcal{L}(E)$. 那么以下性质相互等价:

(i) f 保内积;

(ii) 对 E 的任意一组规范正交基 $\mathcal{B}$, $f(\mathcal{B})$ 是 E 的一组规范正交基;

(iii) 存在 E 的一组规范正交基 $\mathcal{B}$ 使得 $f(\mathcal{B})$ 是规范正交的;

(iv) f 保范数, 即: $\forall x \in E, ||f(x)|| = ||x||$.

证明:

- 证明 (i) $\Longrightarrow$ (ii).

假设 (i) 成立. 设 $\mathcal{B} = (e_1, \cdots, e_n)$ 是 E 的一组规范正交基. 那么有

$$\forall (i,j) \in [\![1,n]\!]^2, (f(e_i)|f(e_j)) = (e_i|e_j) = \delta_{i,j}.$$

这证得 $f(\mathcal{B})$ 是一个规范正交族. 并且, 由规范正交族的性质知, 它是一个线性无关族, 再由 $|f(\mathcal{B})| = |\mathcal{B}| = \dim E$ 知, 它是一个最大线性无关族. 所以, $f(\mathcal{B})$ 是 E 的一组规范正交基.

- 证明 (ii) $\Longrightarrow$ (iii).

假设 (ii) 成立. 我们已经证得, E 至少有一组规范正交基 $\mathcal{B}$. 那么, 由 (ii) 知 $f(\mathcal{B})$ 是 E 的一组规范正交基.

- 证明 (iii) $\Longrightarrow$ (iv).

假设 (iii) 成立. 设 $\mathcal{B} = (e_1, \cdots, e_n)$ 是 E 的一组规范正交基使得 $f(\mathcal{B})$ 是规范正交的. 设 $x \in E$, $(x_1, \cdots, x_n)$ 是 x 在基 $\mathcal{B}$ 下的坐标, 那么有

$$
\begin{aligned}
\|f(x)\|^2 &= \left\| f\left(\sum_{i=1}^{n} x_i e_i \right) \right\|^2 \\[2mm]
&= \left\| \sum_{i=1}^{n} x_i f(e_i) \right\|^2 \qquad \text{(因为 f 是线性的)} \\[2mm]
&= \sum_{i=1}^{n} |x_i|^2 \qquad \text{(因为 $(f(e_1), \cdots, f(e_n))$ 是规范正交的)} \\[2mm]
&= \|x\|^2. \qquad \text{(因为 $(e_1, \cdots, e_n)$ 是规范正交的)}
\end{aligned}
$$

- 证明 (iv) $\Longrightarrow$ (i).

假设 (iv) 成立. 我们想从范数中"重建"内积, 因此我们的想法是使用极化恒等式. 为此, 必须区分两种情况:

* 如果 $\mathbb{K} = \mathbb{R}$, 对任意 $(x, y) \in E^2$, 我们有

$$
\begin{aligned}
(f(x)|f(y)) &= \frac{1}{4}\left(\|f(x) + f(y)\|^2 - \|f(x) - f(y)\|^2 \right) \\
&= \frac{1}{4}\left(\|f(x+y)\|^2 - \|f(x-y)\|^2 \right) \\
&= \frac{1}{4}\left(\|x+y\|^2 - \|x-y\|^2 \right) \qquad \text{(因为 f 保范数)} \\
&= (x|y),
\end{aligned}
$$

故 f 保内积;

* 如果 $\mathbb{K} = \mathbb{C}$, 对任意 $(x, y) \in E^2$, 我们有

$$
\begin{aligned}
(f(x)|f(y)) &= \frac{1}{4}\left(\|f(x) + f(y)\|^2 - \|f(x) - f(y)\|^2 \right) \\
&\quad + \frac{1}{4}\left(-i\|f(x) + if(y)\|^2 + i\|f(x) - if(y)\|^2 \right) \\
&= \frac{1}{4}\left(\|f(x+y)\|^2 - \|f(x-y)\|^2 \right) \\
&\quad + \frac{1}{4}\left(-i\|f(x+iy)\|^2 + i\|f(x-iy)\|^2 \right)
\end{aligned}
$$

$$(f(x)|f(y)) = \frac{1}{4} \left(\|x+y\|^2 - \|x-y\|^2 - i\|x+iy\|^2 + i\|x-iy\|^2 \right)$$
$$= (x|y),$$

故 f 保内积.

$\boxtimes$

5.5.3 正交矩阵和酉矩阵

定义 5.5.3.1 我们称 $M \in \mathcal{M}_n(\mathbb{R})$ 是一个正交矩阵(或是正交的)若 $M^T M = I_n$. n 阶正交矩阵的集合记为 $O_n(\mathbb{R})$.

例 5.5.3.2 对任意实数 θ, $R(\theta) = \begin{pmatrix} \cos(\theta) & -\sin(\theta) \\ \sin(\theta) & \cos(\theta) \end{pmatrix}$ 是一个正交矩阵.

定义 5.5.3.3 我们称 $U \in \mathcal{M}_n(\mathbb{C})$ 是一个酉矩阵(或是酉的)若 $U^\star U = I_n$. n 阶酉矩阵的集合记为 $U_n(\mathbb{C})$.

例 5.5.3.4 对任意 $(\theta_1, \cdots, \theta_n) \in \mathbb{R}^n$, 矩阵 $D = \mathrm{diag}(e^{i\theta_1}, \cdots, e^{i\theta_n})$ 是酉的.

例 5.5.3.5 矩阵 $M = \frac{1}{\sqrt{40}} \begin{pmatrix} 2i & 3\sqrt{2} - 3i\sqrt{2} \\ -3\sqrt{2} - 3i\sqrt{2} & -2i \end{pmatrix}$ 是酉的.

注:

- $O_n(\mathbb{R}) \subset U_n(\mathbb{C})$, 因为若 M 是实矩阵, 则 $M^\star = M^T$.

- 正交(或酉) 矩阵 U 是可逆的, 且 $U^{-1} = U^\star$. 这给出了计算其逆矩阵的一种非常简单的方法.

命题 5.5.3.6　我们有以下性质:

(i) $O_n(\mathbb{R})$ 是 $GL_n(\mathbb{R})$ 的一个子群, $U_n(\mathbb{C})$ 是 $GL_n(\mathbb{C})$ 的一个子群;

(ii) 若 $M \in O_n(\mathbb{R})$, 则 $\det(M) = \pm 1$; 若 $U \in U_n(\mathbb{C})$, 则 $\det U \in \mathbb{U}$;

(iii) 集合 $SO_n(\mathbb{R}) = \{M \in O_n(\mathbb{R}) \mid \det(M) = 1\}$ 是 $O_n(\mathbb{R})$ 的一个子群, 称为特殊正交群;

(iv) 集合 $SU_n(\mathbb{C}) = \{U \in U_n(\mathbb{C}) \mid \det(U) = 1\}$ 是 $U_n(\mathbb{C})$ 的一个子群, 称为特殊酉群.

证明:

- 性质 (i), (iii) 和 (iv) 的证明留作练习.
- 对性质 (ii), 只需注意到, 如果 $U \in U_n(\mathbb{C})$, 那么 $U^\star U = I_n$. 因此得到,
$$\det(U^\star) \times \det(U) = 1.$$
又因为 $\det(U^\star) = \overline{\det(U)}$, 所以 $|\det(U)|^2 = 1$. $\boxtimes$

⚠ **注意:**　(ii) 的逆命题是错误的!
$$\det(M) = \pm 1 \;\not\Longrightarrow\; M \in O_n(\mathbb{R})!$$
$$\det(M) \in \mathbb{U} \;\not\Longrightarrow\; M \in U_n(\mathbb{C})!$$

命题 5.5.3.7　设 $A \in \mathcal{M}_n(\mathbb{R})$. 那么以下叙述相互等价:

(i) A 是正交的;

(ii) 由 A 的列构成的向量族 $(C_1, \cdots, C_n)$ 是 $\mathcal{M}_{n,1}(\mathbb{R})$ 的一组规范正交基(在常用内积下);

(iii) $AA^T = I_n$;

(iv) 相应于 A 的 $\mathbb{R}^n$ 的标准自同态 f 在常用内积下是 $\mathbb{R}^n$ 的一个正交自同构.

证明:

- 记 $C_1, \cdots, C_n$ 为 A 的列, 直接计算可得
$$A^T A = \left(C_i^T C_j \right)_{\substack{1 \leqslant i \leqslant n \\ 1 \leqslant j \leqslant n}}.$$
由此可得

$$A \in O_n(\mathbb{R}) \iff A^T A = I_n$$
$$\iff \forall (i,j) \in [\![1,n]\!]^2, \ C_i^T C_j = \delta_{i,j}$$
$$\iff (C_1, \cdots, C_n)是\mathcal{M}_{n,1}(\mathbb{R})的一组规范正交基$$
$$\iff A^{-1} = A^T$$
$$\iff AA^T = I_n.$$

这证得 (i), (ii) 和 (iii) 是相互等价的.

- 此外, 记 f 为相应于 A 的 $\mathbb{R}^n$ 的标准自同态, 并且对任意 $(x,y) \in (\mathbb{R}^n)^2$, 记

$$X = Mat_{\mathcal{B}_c}(x) \ \text{和} \ Y = Mat_{\mathcal{B}_c}(y),$$

我们有

$$f \in O(\mathbb{R}^n) \iff \forall (x,y) \in (\mathbb{R}^n)^2, \ (f(x)|f(y)) = (x|y)$$
$$\iff \forall (X,Y) \in \mathcal{M}_{n,1}(\mathbb{R})^2, \ (AX)^T AY = X^T Y$$
$$\iff \forall (X,Y) \in \mathcal{M}_{n,1}(\mathbb{R})^2, \ X^T A^T AY = X^T Y$$
$$\iff A^T A = I_n.$$

最后一个等价成立, 是因为 $A^T A \in S_n(\mathbb{R})$ 以及对称双线性型和对称矩阵的同构关系. $\boxtimes$

习题 5.5.3.8 证明 $A = \dfrac{1}{3} \begin{pmatrix} 2 & 1 & 2 \\ -2 & 2 & 1 \\ -1 & -2 & 2 \end{pmatrix}$ 是一个正交矩阵.

推论 5.5.3.9 设 $A \in \mathcal{M}_n(\mathbb{R})$. 那么, A 是正交的当且仅当 A 的行向量族是 $\mathcal{M}_{1,n}(\mathbb{R})$ 的一组规范正交基.

证明:

显然, 因为 A 是正交的当且仅当 A^T 是正交的. $\boxtimes$

注: 通过讨论相应的线性映射, 解释 $SO_n(\mathbb{R})$ 和 $O_n(\mathbb{R}) \setminus SO_n(\mathbb{R})$ 的元素之间的区别?

命题 5.5.3.10　设 $A \in \mathcal{M}_n(\mathbb{C})$. 那么以下叙述相互等价:

(i) A 是酉的;

(ii) 由 A 的列向量构成的向量族 $(C_1, \cdots, C_n)$ 是 $\mathcal{M}_{n,1}(\mathbb{C})$ 的一组规范正交基(在常用埃尔米特积下);

(iii) $AA^\star = I_n$;

(iv) 相应于 A 的 $\mathbb{C}^n$ 的标准自同态是 $\mathbb{C}^n$ 的一个酉自同态(在常用埃尔米特内积下).

证明:

证明与实的情况相同. 一方面注意到

$$A^\star A = \left(C_j^\star C_k\right)_{\substack{1 \leqslant j \leqslant n \\ 1 \leqslant k \leqslant n}}.$$

另一方面, 使用与前一个证明相同的符号, 我们有

$$(f(x)|f(y)) = X^\star A^\star A Y.$$

$\boxtimes$

命题 5.5.3.11　设 E 是一个非零的欧几里得(或埃尔米特)空间, $\mathcal{B}$ 是 E 的一组规范正交基, $f \in \mathcal{L}(E)$. 记 $A = Mat_{\mathcal{B}}(f)$. 那么以下性质相互等价:

(i) $f \in O(E)$ (或 $f \in U(E)$);

(ii) $A \in O_n(\mathbb{R})$ (或 $A \in U_n(\mathbb{C})$).

证明:

因为 $\mathcal{B}$ 是 E 的一组规范正交基, 所以, 如果 E 中两个元素 x 和 y 在 $\mathcal{B}$ 下的矩阵分别为 X 和 Y, 则有

$$(x|y) = X^\star Y \quad \text{和} \quad (f(x)|f(y)) = X^\star A^\star A Y.$$

因此, 性质

$$\forall (x, y) \in E^2, (f(x)|f(y)) = (x|y)$$

等价于

$$\forall (X, Y) \in \mathcal{M}_{n,1}(\mathbb{C})^2, X^\star A^\star A Y = X^\star Y.$$

而上述性质又等价于 $A^\star A = I_n$.

$\boxtimes$

推论 5.5.3.12 设 E 是一个非零的欧几里得(或埃尔米特)空间, $\mathcal{B}$ 是 E 的一组<u>规范正交基</u>, $\mathcal{B}'$ 是 E 的任意一组基. 记 $P = Pass(\mathcal{B}, \mathcal{B}')$. 那么, 以下叙述相互等价:

 (i) $\mathcal{B}'$ 是 E 的一组规范正交基;

 (ii) $P \in O_n(\mathbb{R})$ (或 $P \in U_n(\mathbb{C})$).

证明:

我们证明复的情况. 如果 f 是 E 的一个自同态使得 $Mat_{\mathcal{B}}(f) = P$, 我们有

$$\mathcal{B}' \text{ 是 } E \text{ 的一组规范正交基} \iff f(\mathcal{B}) \text{是 } E \text{ 的一组规范正交基}$$
$$\iff f \in U(E)$$
$$\iff P \in U_n(\mathbb{C}).$$

⊠

推论 5.5.3.13(规范正交基的变换公式) 设 $f \in \mathcal{L}(E)$, $\mathcal{B}$ 和 $\mathcal{B}'$ 是 E 的两组规范正交基, $A = Mat_{\mathcal{B}}(f)$, $A' = Mat_{\mathcal{B}'}(f)$, $P = Pass(\mathcal{B}, \mathcal{B}')$. 那么,

$$A' = P^{-1}AP = P^{\star}AP.$$

证明:

这是基变换公式的一种特殊情况. ⊠

5.5.4 自伴随算子在规范正交基下的矩阵刻画

命题 5.5.4.1 设 E 是一个非零的欧几里得(或埃尔米特)空间, $\mathcal{B}$ 是 E 的一组规范正交基, $f \in \mathcal{L}(E)$, $A = Mat_{\mathcal{B}}(f)$. 那么,

$$Mat_{\mathcal{B}}(f^{\star}) = A^{\star}.$$

证明:

参见有限维空间中伴随算子的存在性的证明. ⊠

推论 5.5.4.2　设 $f \in \mathcal{L}(E)$.

1. 如果 $\mathbb{K} = \mathbb{R}$, 即如果 E 是欧几里得空间, 那么以下叙述相互等价:

   (i) $f = f^{\star}$;

   (ii) 存在 E 的一组规范正交基 $\mathcal{B}$ 使得 $Mat_{\mathcal{B}}(f) \in S_n(\mathbb{R})$;

   (iii) 对 E 的任意一组规范正交基 $\mathcal{B}$, 都有 $Mat_{\mathcal{B}}(f) \in S_n(\mathbb{R})$.

2. 如果 $\mathbb{K} = \mathbb{C}$, 即如果 E 是埃尔米特空间, 那么以下叙述相互等价:

   (i) $f^{\star} = f$;

   (ii) 存在 E 的一组规范正交基 $\mathcal{B}$ 使得 $Mat_{\mathcal{B}}(f) \in H_n(\mathbb{C})$;

   (iii) 对 E 的任意一组规范正交基 $\mathcal{B}$, 都有 $Mat_{\mathcal{B}}(f) \in H_n(\mathbb{C})$.

证明:

我们证明复的情况. 因为 E 是埃尔米特空间, 所以 E 至少存在一组规范正交基 $\mathcal{B}$. 令 $A = Mat_{\mathcal{B}}(f)$, 根据上述命题, 我们有

$$f^{\star} = f \iff Mat_{\mathcal{B}}(f^{\star}) = Mat_{\mathcal{B}}(f) \iff A^{\star} = A.$$

另一方面, 如果 $\mathcal{B}$ 和 $\mathcal{B}'$ 是 E 的两组规范正交基, 记

$$A' = Mat_{\mathcal{B}'}(f) \ \text{和} \ P = Pass(\mathcal{B}, \mathcal{B}'),$$

我们有

$$A'^{\star} = A' \iff (P^{\star}AP)^{\star} = P^{\star}AP \iff P^{\star}A^{\star}P = P^{\star}AP \iff A^{\star} = A. \quad \boxtimes$$

⚠ **注意:**　记住, 这个刻画<u>只适用于规范正交基</u>!

反例: 如果 $E = \mathbb{R}^2$, f 是 $\mathbb{R}^2$ 的一个自同态, 且 f 在基 $\mathcal{B} = (e_1, e_1 + e_2)$ 下的矩阵为

$$A = \begin{pmatrix} 0 & 1 \\ 1 & 0 \end{pmatrix} \in S_n(\mathbb{R}),$$

那么, $\forall (x, y) \in \mathbb{R}^2$, $f(x, y) = (x, x - y)$. 容易验证, f 不是自伴随的, 因为

$$(f(1,1)|(1,0)) = 1 \neq 2 = ((1,1)|f(1,0)).$$

5.5.5　基本定理: 有限维空间中自伴随算子的化简

在这一小节中, 我们将给出并证明有限维空间中自伴随算子化简的基本定理. 定理的证明很简单, 基于以下三个引理.

引理 5.5.5.1 设 E 是一个欧几里得(或埃尔米特)空间, F 是 E 的一个子空间, 映射 $f \in \mathcal{L}(E)$. 假设 F 关于 f 稳定. 那么 $F^\perp$ 关于 $f^\star$ 稳定.

证明:

在引理的假设和符号下, 证明 $F^\perp$ 关于 $f^\star$ 稳定. 设 $y \in F^\perp$. 那么,
$$\forall x \in F, (x|f^\star(y)) = (f(x)|y) = 0. \quad (\text{因为 } \forall x \in F, f(x) \in F.)$$
这证得 $f^\star(y) \in F^\perp$, 从而 $f^\star(F^\perp) \subset F^\perp$, 即 $F^\perp$ 关于 $f^\star$ 稳定. $\boxtimes$

注: 事实上, 在假定伴随算子存在的前提下, 该证明在无穷维空间中一样成立.

引理 5.5.5.2 设 f 是一个欧几里得(或埃尔米特)空间的一个自伴随自同态. 那么, f 的谱集 $\sigma_{\mathbb{C}}(f) \subset \mathbb{R}$.

证明:

设 $\lambda \in \sigma_{\mathbb{C}}(f)$. 由定义知, 存在 $x \in E \setminus \{0\}$ 使得 $f(x) = \lambda x$. 那么有
$$\overline{\lambda}\|x\|^2 = \overline{\lambda}(x|x) = (\lambda x|x) = (f(x)|x) = (x|f^\star(x)).$$
又因为 f 是自伴随的, 故 $f^\star = f$, 因此,
$$\overline{\lambda}\|x\|^2 = (x|f^\star(x)) = (x|f(x)) = (x|\lambda x) = \lambda\|x\|^2.$$
由于 $x \neq 0$, 我们有 $\|x\|^2 \neq 0$, 从而 $\overline{\lambda} = \lambda$, 即 $\lambda \in \mathbb{R}$. $\boxtimes$

注:

- 证明中有一点小问题: 在哪里?
- 尽管如此, 为什么我们可以通过稍微修改证明来得出结论呢?

引理 5.5.5.3 设 f 是一个欧几里得(或埃尔米特)空间的一个自伴随自同态. 那么, f 的不同特征空间是正交直和关系.

证明:

设 λ 和 μ 是 f 的两个不同的特征值(如果有的话). 因为 f 是自伴随的, 由上述引理知, $(\lambda, \mu) \in \mathbb{R}^2$. 设 $x \in E_\lambda(f)$, $y \in E_\mu(f)$. 那么有

$$\lambda(x|y) = \overline{\lambda}(x|y) = (\lambda x|y) = (f(x)|y) = (x|f(y)) = (x|\mu y) = \mu(x|y).$$

由于 $\lambda \neq \mu$, 故 $(x|y) = 0$, 所以 $E_\lambda(f) \perp E_\mu(f)$. ⊠

定理 5.5.5.4(基本定理) 设 f 是一个非零的欧几里得(或埃尔米特)空间的一个自同态. 那么, 以下叙述相互等价:

(i) $f^\star = f$ (即 f 是自伴随的);

(ii) 存在 E 的一组由 f 的特征向量构成的规范正交基, 且 f 的特征值都是实数.

证明:

- 证明 (i) $\Longrightarrow$ (ii).

假设 f 是自伴随的.

  * 由引理 5.5.5.2 知, f 的特征值都是实数.

  * 由引理 5.5.5.3 知, f 的特征空间是正交直和关系. 令 $F = \bigoplus_{\lambda \in \sigma(f)} E_\lambda(f)$.

  * 如果 $F \subsetneq E$, 那么根据引理 5.5.5.1, $F^\perp$ 关于 $f^\star = f$ 稳定. 特别地, 由于 $F^\perp \neq \{0\}$, 故 $f_{|F^\perp}$ 是 $F^\perp$ 的一个自伴随的自同态且至少有一个特征值 λ_0. 但在这种情况下, 如果 x 是 $f_{|F^\perp}$ 相应于特征值 λ_0 的一个特征向量, 那么有 $x \in E_{\lambda_0}(f) \cap F^\perp \subset F \cap F^\perp = \{0\}$. 这与 x 是一个特征向量矛盾. 所以 $F = E$.

因此, 我们证得 $\bigoplus_{\lambda \in \sigma(f)} E_\lambda(f) = E$ 且这些空间是两两正交的. 故 (ii) 成立.

- 反过来, 如果 f 的特征值都是实数, 且存在 E 的一组由 f 的特征向量构成的规范正交基 $\mathcal{B}$, 那么,

$$Mat_{\mathcal{B}}(f) \in D_n(\mathbb{R}) \subset S_n(\mathbb{R}), \quad (\text{或 } Mat_{\mathcal{B}}(f) \in D_n(\mathbb{R}) \subset H_n(\mathbb{C}).)$$

因此 $f^\star = f$. ⊠

实际使用: 在实践中, 我们只使用 (i) $\Longrightarrow$ (ii) 这个结论! 欧几里得空间或埃尔米特空间的任意自伴随自同态都可以在规范正交基下对角化, 且其特征值都是实数.

习题 5.5.5.5 记 $n = \dim E$. 通过对 $n \geqslant 1$ 应用数学归纳法来证明定理.

注: 我们将在习题中用另一种方法来证明欧几里得空间的自伴随自同态的谱一定是非空的, 该方法不需要用复数过渡. 我们将证明

$$\sup_{\|x\|=1} (f(x)|x)$$

是可以取得的, 并且如果 x 是取得上确界的点, 那么 x 是 f 的一个特征向量. 这是一个更优雅的证明, 并且可以通过增加一些假设推广到无穷维的情况下.

5.6 实对称矩阵或埃尔米特矩阵的化简

5.6.1 基本定理

定理 5.6.1.1(基本定理) 设 $A \in S_n(\mathbb{R})$. 那么, 存在 $P \in O_n(\mathbb{R})$ 使得 $P^T A P \in D_n(\mathbb{R})$. 换言之, 任意实对称矩阵都可以由正交群对角化.

证明:

设 $A \in S_n(\mathbb{R})$, $f \in \mathcal{L}(\mathbb{R}^n)$ 是相应于 A 的标准自同态. 因为 $\mathbb{R}^n$ 的标准基(在常用内积下)是规范正交的且 $A^T = A$, 所以 f 是自伴随的. 然后, 由自伴随自同态的基本定理可得结论. ☒

定理 5.6.1.2(埃尔米特矩阵的情况) 设 $A \in H_n(\mathbb{C})$. 那么, 存在 $U \in U_n(\mathbb{C})$ 使得

$$U^\star A U \in D_n(\mathbb{R}).$$

换言之, 任意埃尔米特矩阵可以由酉群对角化, 且其特征值都是实数.

证明:

与前一种情况的证明相同. ☒

5.6.2 正的或正定的自伴随自同态或对称矩阵或埃尔米特矩阵

定义 5.6.2.1 设 E 是一个欧几里得(或埃尔米特)空间, $f \in S(E)$ (或 $f \in H(E)$), 即 f 是一个自伴随自同态. 我们称 f 是

- 正的, 若 $\forall x \in E, (f(x)|x) \geqslant 0$;
- 正定的, 若 $\forall x \in E, (f(x)|x) \geqslant 0$ 且 $\forall x \in E, \Big((f(x)|x) = 0 \Longrightarrow x = 0\Big)$.

注:

- 即使在复的情况下, 这个定义也是有意义的. 事实上, 因为 f 是自伴随的, 所以对任意 $x \in E$, 有 $(f(x)|x) = (x|f(x)) = \overline{(f(x)|x)}$. 因此, $(f(x)|x)$ 是实数!

- 如果 f 是自伴随的, 那么, 当 $\mathbb{K} = \mathbb{R}$ 时映射 $(x,y) \longmapsto (f(x)|y)$ 是一个对称的双线性型, 当 $\mathbb{K} = \mathbb{C}$ 时该映射是一个埃尔米特对称的半双线性型.

- 我们也可以利用以下等价改写定义: f 是正定的当且仅当 $(x,y) \longmapsto (f(x)|y)$ 是 E 上的一个内积(或埃尔米特积).

命题 5.6.2.2 设 f 是欧几里得(或埃尔米特)空间 E 的一个自伴随自同态. 那么,

(i) f 是正的当且仅当 $\sigma_{\mathbb{C}}(f) \subset [0, +\infty)$;

(ii) f 是正定的当且仅当 $\sigma_{\mathbb{C}}(f) \subset (0, +\infty)$.

证明:

- 因为 f 是一个自伴随自同态, 由基本定理知, 存在 E 的一组由 f 的特征向量构成的规范正交基 $\mathcal{B} = (e_1, \cdots, e_n)$, 且 f 的特征值都是实数.

对 $1 \leqslant i \leqslant n$, 记 λ_i 为与 e_i 对应的特征值(从而这些 λ_i 未必两两不同). 那么, 对任意 $x \in E$, 记 $(x_1, \cdots, x_n)$ 为它在基 $\mathcal{B}$ 下的坐标, 我们有

$$(f(x)|x) = \Big(\sum_{k=1}^n \lambda_k x_k e_k \Big| \sum_{k=1}^n x_k e_k\Big) = \sum_{k=1}^n \lambda_k |x_k|^2.$$

- 证明 (i).

  * 假设 f 是正的. 那么, 对任意 $k \in [\![1,n]\!]$, 有 $(f(e_k)|e_k) = \lambda_k$, 因此 $\lambda_k \geqslant 0$. 这证得 $\sigma(f) \subset [0, +\infty)$.

* 反过来, 如果 $\sigma(f) \subset [0,+\infty)$, 那么对任意 $k \in [\![1,n]\!]$, 有 $\lambda_k \geqslant 0$. 因此, 对任意 $x \in E$, 记 $(x_1,\cdots,x_n)$ 为它在基 $\mathcal{B}$ 下的坐标, 我们有
$$(f(x)|x) = \sum_{k=1}^{n} \lambda_k |x_k|^2 \geqslant 0.$$
这证得 f 是正的.

● 证明 (ii).

* 假设 f 正定. 那么对任意 $k \in [\![1,n]\!]$, 由 $e_k \neq 0$ 知 $\lambda_k = (f(e_k)|e_k) > 0$. 因此, $\sigma(f) \subset (0,+\infty)$.

* 反过来, 如果 $\sigma(f) \subset (0,+\infty)$, 那么利用前面的符号, 对任意 $x \in E$, 我们有
$$(f(x)|x) = \sum_{k=1}^{n} \lambda_k |x_k|^2 \geqslant 0.$$
并且, 如果 $(f(x)|x) = 0$, 那么对任意 $k \in [\![1,n]\!]$, 有 $\lambda_k |x_k|^2 = 0$ (非负数的和为零当且仅当每一项都为零).

又因为, 对任意 $k \in [\![1,n]\!]$ 有 $\lambda_k > 0$, 所以 $|x_k|^2 = 0$, 即对任意 $k \in [\![1,n]\!]$ 有 $x_k = 0$, 也即 $x = 0$. 这证得 f 是正定的. ⊠

推论 5.6.2.3 设 $f \in \mathcal{L}(E)$. 那么, 映射 $\varphi : (x,y) \longmapsto (f(x)|y)$ 是 E 上的一个内积(或埃尔米特内积)当且仅当 f 是自伴随的且 $\sigma(f) \subset (0,+\infty)$.

证明:

练习! ⊠

定义 5.6.2.4 我们称矩阵 $A \in S_n(\mathbb{R})$ 是:

● 一个正的对称矩阵, 若
$$\forall X \in \mathcal{M}_{n,1}(\mathbb{R}), \ X^T A X \geqslant 0;$$

● 一个正定的对称矩阵, 若它是正的且满足
$$\forall X \in \mathcal{M}_{n,1}(\mathbb{R}), \ \left(X^T A X = 0 \Longrightarrow X = 0 \right).$$

定义 5.6.2.5　我们称矩阵 $H \in H_n(\mathbb{C})$ 是：

- 一个正的埃尔米特矩阵, 若

$$\forall X \in \mathcal{M}_{n,1}(\mathbb{C}),\ X^\star H X \geqslant 0;$$

- 一个正定的埃尔米特矩阵, 若它是正的且满足

$$\forall X \in \mathcal{M}_{n,1}(\mathbb{C}),\ \left(X^\star H X = 0 \implies X = 0 \right).$$

记号：　我们记

- $S_n^+(\mathbb{R})$ (或 S_n^+) 为 n 阶正的对称矩阵的集合.

- $H_n^+(\mathbb{C})$ (或 H_n^+) 为 n 阶正的埃尔米特矩阵的集合.

- S_n^{++} 为 n 阶正定的对称矩阵的集合.

- H_n^{++} 为 n 阶正定的埃尔米特矩阵的集合.

注：

- $S_n^{++} \subset GL_n(\mathbb{R})$, 事实上 $S_n^{++} = S_n^+ \cap GL_n(\mathbb{R})$.

- 同理, $H_n^{++} = H_n^+ \cap GL_n(\mathbb{C})$.

- 注意, S_n^+ (或 H_n^+, S_n^{++} 和 H_n^{++}) 不是 S_n 或 H_n 的向量子空间！！

命题 5.6.2.6　设 f 是非零的欧几里得(或埃尔米特)空间 E 的一个自同态, $\mathcal{B}$ 是 E 的一组规范正交基. 那么, 以下叙述相互等价：

(i) f 是自伴随且正的(或正定的)；

(ii) $Mat_{\mathcal{B}}(f)$ 是一个正的(或正定的)对称矩阵(或埃尔米特矩阵).

证明：

$\quad$ 显然！ $\qquad\qquad\qquad\qquad\qquad\qquad\qquad\qquad\boxtimes$

推论 5.6.2.7 设 $A \in S_n(\mathbb{R})$, $H \in H_n(\mathbb{C})$. 那么,

(i) $A \in S_n^+ \iff \sigma(A) \subset [0,+\infty)$;

(ii) $A \in S_n^{++} \iff \sigma(A) \subset (0,+\infty)$;

(iii) $H \in H_n^+ \iff \sigma(H) \subset [0,+\infty)$;

(iv) $H \in H_n^{++} \iff \sigma(H) \subset (0,+\infty)$.

证明:

这是自伴随算子相关定理的矩阵形式. $\boxtimes$

最后, 我们以正的或正定的对称(或埃尔米特)矩阵的一个刻画定理来结束本章.

命题 5.6.2.8 设 $A \in \mathcal{M}_n(\mathbb{R})$, $H \in \mathcal{M}_n(\mathbb{C})$. 那么,

(i) $A \in S_n^+ \iff \exists M \in \mathcal{M}_n(\mathbb{R}), A = M^T M$;

(ii) $H \in H_n^+ \iff \exists M \in \mathcal{M}_n(\mathbb{C}), H = M^\star M$;

(iii) $A \in S_n^{++} \iff \exists M \in GL_n(\mathbb{R}), A = M^T M$;

(iv) $H \in H_n^{++} \iff \exists M \in GL_n(\mathbb{C}), H = M^\star M$.

证明:

在此我们只证明 (ii), 即

$$H \in H_n^+ \iff \exists M \in \mathcal{M}_n(\mathbb{C}), H = M^\star M.$$

• 证明 $H \in H_n^+ \implies \exists M \in \mathcal{M}_n(\mathbb{C}), H = M^\star M$.

假设 $H \in H_n^+$. 由基本定理知, 存在两个矩阵 $U \in U_n(\mathbb{C})$ 和 $D \in D_n(\mathbb{R})$ 使得
$$H = U^\star D U.$$
记 $D = \mathrm{diag}(\lambda_1, \cdots, \lambda_n)$. 由 $H \in H_n^+$ 知 $\sigma(H) \subset [0,+\infty)$, 故 $\lambda_k (1 \leqslant k \leqslant n)$ 都是正的. 令
$$M = U^\star \mathrm{diag}(\sqrt{\lambda_1}, \cdots, \sqrt{\lambda_n}) U.$$
那么, 由构造知, $M \in \mathcal{M}_n(\mathbb{C})$, 且有

$$
\begin{aligned}
M^\star M &= \left(U^\star \mathrm{diag}(\sqrt{\lambda_1},\cdots,\sqrt{\lambda_n})U\right)^\star U^\star \mathrm{diag}(\sqrt{\lambda_1},\cdots,\sqrt{\lambda_n})U \\
&= U^\star \mathrm{diag}(\sqrt{\lambda_1},\cdots,\sqrt{\lambda_n})UU^\star \mathrm{diag}(\sqrt{\lambda_1},\cdots,\sqrt{\lambda_n})U \\
&= U^\star \mathrm{diag}(\sqrt{\lambda_1},\cdots,\sqrt{\lambda_n})\mathrm{diag}(\sqrt{\lambda_1},\cdots,\sqrt{\lambda_n})U \\
&= U^\star \mathrm{diag}(\lambda_1,\cdots,\lambda_n)U \\
&= H.
\end{aligned}
$$

• 反过来, 如果存在 $M \in \mathcal{M}_n(\mathbb{C})$ 使得 $H = M^\star M$, 那么显然 $H \in H_n(\mathbb{C})$, 且对任意 $X \in \mathcal{M}_{n,1}(\mathbb{C})$, 我们有

$$
X^\star H X = X^\star M^\star M X = (MX)^\star (MX) = \|MX\|^2 \geqslant 0.
$$

这证得 $H \in H_n^+$. ◻

第 6 章　Fourier(傅里叶)级数

预备知识　学习本章之前, 需要熟练掌握以下知识:

- 函数项序列和级数;

- 函数项级数的一致收敛和正规收敛;

- Weierstrass 第二定理;

- 实值或复值函数在闭区间上的积分;

- 准 Hilbert 空间;

- 到有限维子空间上的正交投影;

- 全纯函数及其性质(可选的).

不要求已了解其他任何与 Fourier 级数概念有关的具体知识.

6.1　Fourier 级数的理论框架

在这一章中, 我们讨论 2π-周期的函数. 在 2π-周期的分段连续函数空间中, 有一个自然的对称双线性型(或埃尔米特对称半双线性型), 定义为

$$(f|g) = \int_0^{2\pi} \overline{f(x)}g(x)\,\mathrm{d}x.$$

不幸的是, 有几个小问题:

- 首先, 这个对称双线性型(或埃尔米特对称半双线性型)不是 $\mathcal{C}_{0,m}^{2\pi}$ 上的一个内积(或埃尔米特内积), 因为它没有 "定性". 因此它只能导出一个半范数. 为此, 我们引入一个与 $\mathcal{C}_{0,m}^{2\pi}$ 相近的空间 D, 使得上述对称双线性型(或埃尔米特对称半双线性型)在这个空间上是一个内积(或埃尔米特积), 从而可以导出一个范数;

- 可能有人会问: 为什么我们不直接选择 2π-周期的连续函数空间 $\mathcal{C}_0^{2\pi}$? 答案很简单: 这个空间的限制太大, 物理中 "常见" 的函数并不总是连续的, 但通常是分段连续的(例如, 矩形波信号(signal créneau));

- 最后, 根据 $\mathbb{K}=\mathbb{R}$ 或 $\mathbb{K}=\mathbb{C}$ 的不同情况, 有不同的 "规范化" 常数, 因此, 可以分别选取 $\dfrac{1}{\pi}\displaystyle\int_0^{2\pi} fg$ ($\mathbb{K}=\mathbb{R}$ 时)和 $\dfrac{1}{2\pi}\displaystyle\int_0^{2\pi} \overline{f}g$ ($\mathbb{K}=\mathbb{C}$ 时).

6.1.1　准 Hilbert 空间 D

定义 6.1.1.1　我们记 D 为在 $\mathbb{R}$ 上分段连续、2π-周期、取值在 $\mathbb{C}$ 中且满足

$$\forall x \in \mathbb{R},\ f(x) = \frac{f(x^-) + f(x^+)}{2}$$

的函数的集合, 其中对 $x\in\mathbb{R}$, $f(x^+) = \lim\limits_{\substack{t\to x\\ t>x}} f(t)$ 且 $f(x^-) = \lim\limits_{\substack{t\to x\\ t<x}} f(t)$.

注:

- 这个定义有意义, 因为如果 f 在 $\mathbb{R}$ 上分段连续, 则它在任意点处都有有限的左极限和右极限(左右极限未必相等).

- 稍后我们会看到, 如果 f 是分段连续且 2π-周期的, 那么 $x\longmapsto \dfrac{f(x^+)+f(x^-)}{2}$ 是 D 中的一个函数.

- 还可以注意到, 所有 2π-周期的连续函数都在 D 中.

例 6.1.1.2 "矩形波(créneau)" 函数定义为

$$\forall x \in [-\pi, \pi) \,, f(x) = \begin{cases} 0, & x \in \{-\pi, 0\}, \\ -1, & -\pi < x < 0, \\ 1, & 0 < x < \pi. \end{cases}$$

它可以延拓成定义在 $\mathbb{R}$ 上的 2π-周期函数, 从而成为 D 中的一个元素(图 6.1).

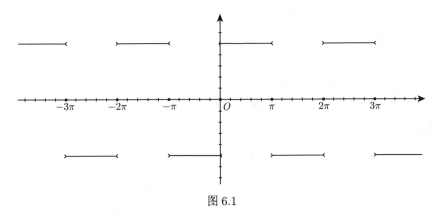

图 6.1

例 6.1.1.3 在 $[0, 2\pi]$ 上定义为

$$\forall x \in [0, 2\pi] \,, f(x) = \begin{cases} \dfrac{\pi - x}{2}, & x \in (0, 2\pi) \,, \\ 0, & x \in \{0, 2\pi\} \end{cases}$$

的 2π-周期的函数 f 是 D 中的一个元素(图 6.2).

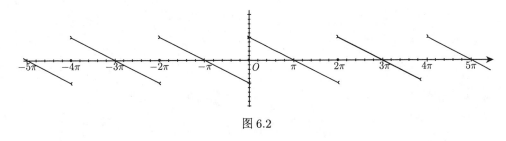

图 6.2

命题 6.1.1.4 定义为

$$\forall (f, g) \in D^2, (f|g) = \frac{1}{2\pi} \int_0^{2\pi} \overline{f(x)} g(x) \,\mathrm{d}x$$

的映射 $(\cdot|\cdot)$ 是 D 上的一个埃尔米特积.

证明:

需要证明:

* $(\cdot|\cdot)$ 是埃尔米特对称的: $\forall (f,g) \in D^2$, $(g|f) = \overline{(f|g)}$ (显然成立);

* $(\cdot|\cdot)$ 是右线性的(这很显然, 因为乘积是双线性的且积分是线性的);

* $(\cdot|\cdot)$ 是正的: $\forall f \in D$, $(f|f) \geqslant 0$ (由积分的单调性可知);

* $(\cdot|\cdot)$ 是定的: $\forall f \in D$, $((f|f) = 0 \Longrightarrow f = 0)$.

  设 $f \in D$ 使得 $(f|f) = 0$. 因为 f 在 $\mathbb{R}$ 上分段连续, 由定义知, f 在 $\mathbb{R}$ 的任意闭区间上分段连续, 特别地在 $[0, 2\pi]$ 上分段连续. 因此, 存在 $[0, 2\pi]$ 的一个划分 $[a_i]_{0 \leqslant i \leqslant n}$ 使得对任意 $i \in [\![0, n-1]\!]$, f 在 (a_i, a_{i+1}) 上的限制可以延拓成 $[a_i, a_{i+1}]$ 上的连续函数, 记延拓后的函数为 f_i.

  设 $i \in [\![0, n-1]\!]$. 因为 f 和 f_i 在 (a_i, a_{i+1}) 上相等, 我们有

  $$0 \leqslant \int_{a_i}^{a_{i+1}} |f_i|^2 = \int_{a_i}^{a_{i+1}} |f|^2 \leqslant \int_0^{2\pi} |f|^2 = 2\pi(f|f) = 0.$$

  $|f_i|^2$ 在 $[a_i, a_{i+1}]$ 上连续、恒正且积分为零, 故 $|f_i|^2 = 0$ (零函数). 所以,

  $$\forall x \in (a_i, a_{i+1}), \, f(x) = f_i(x) = 0.$$

  这证得 f 在 $[0, 2\pi] \setminus \{a_i \mid i \in [\![0, n]\!]\}$ 上恒为零. 另一方面, 因为 $f \in D$, 所以对 $1 \leqslant i \leqslant n-1$, 我们有

  $$f(a_i) = \frac{f(a_i^+) + f(a_i^-)}{2} = \frac{\displaystyle\lim_{\substack{x \to a_i \\ x > a_i}} f(x) + \lim_{\substack{x \to a_i \\ x < a_i}} f(x)}{2} = 0.$$

  最后, $f(0^+) = \displaystyle\lim_{\substack{x \to 0 \\ x > 0}} f(x) = 0$, 并且由 2π 周期性可知

  $$f(0^-) = f(2\pi^-) = \lim_{\substack{x \to 2\pi \\ x < 2\pi}} f(x) = 0.$$

  所以, $f(0) = \dfrac{f(0^+) + f(0^-)}{2} = 0$, 从而 $f(2\pi) = 0$.

  这证得 f 在 $[0, 2\pi]$ 上恒为零, 所以 $f = 0$ (由 2π-周期性可知). $\boxtimes$

6.1.2 准 Hilbert 空间 D 中的一些结果

定义 6.1.2.1 对 $n \in \mathbb{Z}$, 定义函数 e_n 为 $\forall x \in \mathbb{R}$, $e_n(x) = e^{inx}$.

命题 6.1.2.2 函数族 $(e_n)_{n \in \mathbb{Z}}$ 是 D 的一个规范正交族.

证明:

- 对任意 $n \in \mathbb{Z}$, $e_n \in \mathcal{C}_0^{2\pi}(\mathbb{R}, \mathbb{C}) \subset D$.

- 设 $(n, p) \in \mathbb{Z}^2$ 使得 $n \neq p$. 计算可得
$$(e_p|e_n) = \frac{1}{2\pi} \int_0^{2\pi} e^{-ipx} e^{inx} \, \mathrm{d}x = \frac{1}{2\pi} \int_0^{2\pi} e^{i(n-p)x} \, \mathrm{d}x.$$
因此
$$(e_p|e_n) = \left[\frac{e^{i(n-p)x}}{2i\pi(n-p)} \right]_0^{2\pi} = 0.$$

- 最后, 对任意 $n \in \mathbb{Z}$, $|e_n|^2 = 1$, 故 $(e_n|e_n) = \frac{1}{2\pi} \int_0^{2\pi} \mathrm{d}x = 1$. $\boxtimes$

推论 6.1.2.3 函数族 $(e_n)_{n \in \mathbb{Z}}$ 是 D 的一个线性无关族.

证明:

规范正交族是线性无关的. $\boxtimes$

推论 6.1.2.4(Bessel(贝塞尔)不等式) 对任意 $f \in D$, 数族 $((e_n|f))_{n \in \mathbb{Z}}$ 是平方可和的, 且
$$\sum_{n \in \mathbb{Z}} |(e_n|f)|^2 \leqslant \|f\|_D^2, \quad \text{即} \quad \sum_{n \in \mathbb{Z}} |(e_n|f)|^2 \leqslant \frac{1}{2\pi} \int_0^{2\pi} |f|^2.$$

证明:

- 对 $n \in \mathbb{N}$, 令 $J_n = [\![-n, n]\!]$. 根据下标集为 $\mathbb{Z}$ 的数族的可和性的判据, $((e_n|f)^2)_{n \in \mathbb{Z}}$ 是可和的当且仅当 $(S_n)_{n \in \mathbb{N}} = \left(\sum_{k \in J_n} |(e_k|f)|^2 \right)_{n \in \mathbb{N}}$ 有上界.

- 设 $n \in \mathbb{N}$. 令 $E_n = \mathrm{Vect}(e_k, k \in J_n)$. 那么 E_n 是 D 的一个有限维的子空间, 且 $(e_k)_{k \in J_n}$ 是 E_n 的一组规范正交基. 从而, 我们有 $E_n \oplus E_n^{\perp} = D$, 并且,
$$S_n(f) = \sum_{k=-n}^{n} (e_k|f)e_k$$
是 f 在 E_n 上的正交投影.

因为 $f - S_n(f) \perp S_n(f)$, 由毕达哥拉斯定理(即勾股定理)可知

$$\|S_n(f)\|_D^2 + \|f - S_n(f)\|_D^2 = \|f\|_D^2.$$

所以

$$\|S_n(f)\|_D^2 \leqslant \|f\|_D^2,$$

即

$$\sum_{k=-n}^{n} |(e_k|f)|^2 \leqslant \|f\|_D^2.$$

这证得, 序列 $\left(\sum_{k=-n}^{n} |(e_k|f)|^2\right)_{n\in\mathbb{N}}$ 有上界, 所以 $(|(e_n|f)|^2)_{n\in\mathbb{Z}}$ 是可和的, 且

$$\sum_{n\in\mathbb{Z}} |(e_n|f)|^2 = \lim_{n\to+\infty} \sum_{k=-n}^{n} |(e_k|f)|^2 \leqslant \|f\|_D^2. \qquad \boxtimes$$

注: 稍后我们会看到, 事实上这是一个等式(Parseval(帕塞瓦尔)等式).

推论 6.1.2.5 对任意函数 $f \in D$, 有 $\lim_{n\to+\infty} (e_n|f) = 0$ 和 $\lim_{n\to+\infty} (e_{-n}|f) = 0$.

证明:

因为 $\sum |(e_n|f)|^2$ 和 $\sum |(e_{-n}|f)|^2$ 是两个收敛的级数, 所以它们的通项趋于 0, 即

$$\lim_{n\to+\infty} (e_n|f) = \lim_{n\to+\infty} (e_{-n}|f) = 0. \qquad \boxtimes$$

注:

- 因此, 如果 $f \in D$, 则 $\lim_{n\to+\infty} \int_0^{2\pi} f(x)e^{-inx}\,\mathrm{d}x = 0$, 同时有

$$\lim_{n\to+\infty} \int_0^{2\pi} f(x)\cos(nx)\,\mathrm{d}x = \lim_{n\to+\infty} \int_0^{2\pi} f(x)\sin(nx)\,\mathrm{d}x = 0.$$

- 对于在 $[0,2\pi]$ 上分段连续的函数 f, 这个结果仍然成立, 为什么?

- 事实上, 以前在习题中我们看到过这个结果(它是 Riemann-Lebesgue(黎曼-勒贝格)引理的一个特例): 如果 $f \in \mathcal{C}_{0,m}([a,b],\mathbb{C})$, 那么

$$\lim_{x\to+\infty} \int_a^b f(t)\cos(xt)\,\mathrm{d}t = \lim_{x\to+\infty} \int_a^b f(t)\sin(xt)\,\mathrm{d}t = 0.$$

6.1.3 不等式在全纯函数中的应用

在第 4 章中, 我们看到幂级数和 Fourier 级数之间有重要的联系. 下面的习题可以很好地说明这种联系.

习题 6.1.3.1 设 f 是一个在 $A = D(0, R)$ $(R > 0)$ 上全纯的函数, 且在 $\overline{A} = \overline{D}(0, R)$ 上连续. 我们想证明:
$$\sup_{z \in \overline{A}} |f(z)| = \max_{|z| = R} |f(z)|,$$
以及进一步, 如果最大值可以在 A 的某点处取得, 那么 f 在 $\overline{A}$ 上是常函数.

1. 验证上确界存在并且可以取得.

2. 设 $a \in \overline{A}$ 使得 $|f(a)| = \sup_{z \in \overline{A}} |f(z)|$. 假设 $a \in A$.

   (a) 为什么可以肯定存在 $R' > 0$ 和一个收敛半径至少为 R' 的幂级数 $\sum b_n z^n$ 使得
   $$\forall h \in D(0, R'), f(a + h) = \sum_{n=0}^{+\infty} b_n h^n?$$
   取定 $r \in (0, R')$, 并令
   $$\forall \theta \in \mathbb{R}, g(\theta) = f(a + re^{i\theta}).$$

   (b) 验证 g 是准 Hilbert 空间 D 中的一个函数.

   (c) 证明:
   $$\forall n \in \mathbb{Z}, (e_n|g) = \begin{cases} b_n r^n, & n \geqslant 0, \\ 0, & 其他. \end{cases}$$

   (d) 证明 $\dfrac{1}{2\pi} \displaystyle\int_0^{2\pi} |g(\theta)|^2 \, d\theta \leqslant |f(a)|^2$.

   (e) 利用 Bessel 不等式, 证明:
   $$\forall n \in \mathbb{N}^\star, b_n = 0.$$
   (为此可以将 b_0 表示成 $f(a)$ 的函数.)

   (f) 导出 f 在 $A = D(0, R)$ 上是常函数.

   (g) 得出结论: f 在 $\overline{A} = \overline{D}(0, R)$ 上是常函数.

3. 我们刚刚证明了什么?

6.1.4 三角多项式以及用三角多项式函数来逼近连续函数或 D 中的函数

下面的定义和 Weierstrass(魏尔斯特拉斯)第二定理是我们在函数项序列和级数的课程内容中学习过的.

定义 6.1.4.1　设 $T > 0$. 我们称任意形如

$$\forall x \in \mathbb{R},\ P(x) = \sum_{k=-n}^{n} c_k e^{i\frac{2kx\pi}{T}}$$

的函数 P 为 T-周期的复三角多项式, 其中 $n \in \mathbb{N}$, $(c_k)_{-n \leqslant k \leqslant n} \in \mathbb{C}^{2n+1}$.

注:　根据定义, 2π-周期的三角多项式集合是由 $(e_n)_{n \in \mathbb{Z}}$ 生成的, 它是 D 的一个子空间.

定义 6.1.4.2　设 $T > 0$. 我们称任意形如

$$\forall x \in \mathbb{R},\ P(x) = a_0 + \sum_{k=1}^{n} \left(a_k \cos\left(\frac{2k\pi x}{T}\right) + b_k \sin\left(\frac{2k\pi x}{T}\right) \right)$$

的函数 P 为 T-周期的实三角多项式, 其中 $n \in \mathbb{N}$, $a_0 \in \mathbb{R}$, 且对任意 $k \in [\![1, n]\!]$, a_k 和 b_k 是两个实数.

定理 6.1.4.3 (Weierstrass 第二定理)　设 f 是一个 T-周期的连续的复值函数. 那么, 存在一列三角多项式 $(P_n)_{n \in \mathbb{N}}$ 在 $\mathbb{R}$ 上一致收敛到 f.

证明:

> 证明略. 附录中给出了这个定理的一个相对简单的证明.　　　　　　　⊠

定理 6.1.4.4(在 D 中的逼近)　设 $f \in D$. 那么, 对任意 $\varepsilon > 0$, 存在一个 2π-周期的三角多项式 P 使得

$$\|f - P\|_D \leqslant \varepsilon.$$

换言之, $\mathrm{Vect}(e_n, n \in \mathbb{Z})$ 在 D 中稠密.

证明:

> 证明略. 感兴趣的同学可在附录中看到证明.　　　　　　　⊠

6.1.5 正则化函数(Fonctions régularisées)

定义 6.1.5.1 设 f 是一个在 $\mathbb{R}$ 上 2π-周期且分段连续的复值函数. 我们称由

$$\forall x \in \mathbb{R}, \, \tilde{f}(x) = \frac{f(x^+) + f(x^-)}{2}$$

定义的函数 $\tilde{f}$ 为 f 的正则化函数.

例 6.1.5.2 事实上, 在 D 中函数的前两个例子中, 我们直接使用了相关函数的正则化函数.

下面的命题很重要, 因为它使得我们可以将 D 中函数的性质推广到 2π-周期的分段连续函数. 从图形上看, 这个结果是明显的, 但是证明的技巧性比较强, 可以忽略.

命题 6.1.5.3 对任意函数 $f \in \mathcal{C}_{0,m}^{2\pi}(\mathbb{R},\mathbb{C})$, 都有 $\tilde{f} \in D$.

证明:

- 首先, 显然 $\tilde{f}$ 是 2π-周期的, 因为对任意 $x \in \mathbb{R}$, 有

$$\forall h \in \mathbb{R}, \, f(x + 2\pi + h) = f(x + h).$$

因此,

$$f((x + 2\pi)^+) = \lim_{\substack{h \to 0 \\ h > 0}} f(x + 2\pi + h) = \lim_{\substack{h \to 0 \\ h > 0}} f(x + h) = f(x^+).$$

同理对左极限有类似结论.

- 在 f 的任意连续点 $x \in \mathbb{R}$ 处, 有 $\tilde{f}(x) = f(x)$.

- 证明 $\tilde{f}$ 在 $\mathbb{R}$ 上分段连续且在 D 中.

设 $[a,b] \subset \mathbb{R}$. 因为 f 在 $\mathbb{R}$ 上分段连续, 所以 f 在 $[a,b]$ 中有有限个不连续点. 不失一般性, 可以假设 f 在 a 处和 b 处都是连续的(否则可以选择更小的 a 和/或更大的 b)[①].

---

① 事实上, 如果 f 在 a 处不连续, 由 f 在 $[a-1,a]$ 上只有有限个不连续点知, 只需选择 f 在这个区间中的一个连续点作为新的 a.

记 $Disc(f) = \{a_i \mid 1 \leqslant i \leqslant n\}$ (其中 $n \in \mathbb{N}$) 为 f 在 $[a, b]$ 中的不连续点的集合(当 $n = 0$ 时这是一个空集).

* 如果 $x \in [a, b] \setminus Disc(f)$, 那么 f 在 x 处连续, 且存在 $r > 0$ 使得 f 在区间 $(x - r, x + r)$ 上连续. 那么我们有

$$\forall t \in (x - r, x + r), \ \tilde{f}(t) = f(t).$$

因此, $\tilde{f}$ 在 $(x - r, x + r)$ 上连续从而在 x 处连续.

* 如果 $x = a_i$, 其中 $1 \leqslant i \leqslant n$, 那么存在 $r > 0$ 使得

$$Disc(f) \cap [a_i - r, a_i + r] = \{a_i\}.$$

因此, 在 $[a_i - r, a_i + r] \setminus \{a_i\}$ 上有 $\tilde{f} = f$. 从而有

$$\lim_{\substack{x \to a_i \\ x < a_i}} \tilde{f}(x) = \lim_{\substack{x \to a_i \\ x < a_i}} f(x) = f(a_i^-) \ \text{和} \ \lim_{\substack{x \to a_i \\ x > a_i}} \tilde{f}(x) = \lim_{\substack{x \to a_i \\ x > a_i}} f(x) = f(a_i^+),$$

故 $\tilde{f}$ 在 a_i 处有有限的左极限和右极限, 并且,

$$\tilde{f}(a_i) = \frac{f(a_i^+) + f(a_i^-)}{2} = \frac{\tilde{f}(a_i^+) + \tilde{f}(a_i^-)}{2}.$$

这证得 $\tilde{f}$ 是在任意闭区间上分段连续的, 并且,

$$\forall x \in \mathbb{R}, \ \tilde{f}(x) = \frac{\tilde{f}(x^+) + \tilde{f}(x^-)}{2}.$$

所以, $\tilde{f} \in D$. $\boxtimes$

注:

• 因为 $\tilde{f}$ 和 f 在任意闭区间上除最多有限个点外相等, 所以对任意 $n \in \mathbb{Z}$, 有

$$\int_0^{2\pi} f(x) e^{-inx} \, \mathrm{d}x = \int_0^{2\pi} \tilde{f}(x) e^{-inx} \, \mathrm{d}x.$$

这使得我们可以把在 E_n 上的正交投影的概念推广到 2π-周期的分段连续函数(而不再是在 D 中). 这就解释了为什么在 6.2 节中, 我们不是对 D 中的函数而是对 2π-周期的分段连续函数定义 Fourier 系数.

• 特别地, Bessel 不等式对 2π-周期的分段连续函数也成立.

• 在本章的最后, 我们将在 2π-周期且分段连续的函数的 Fourier 级数的简单收敛定理中再次看到这个正则化函数.

6.2 函数的 Fourier 系数和相应的 Fourier 级数

6.2.1 Fourier 系数和 Fourier 级数的定义

定义 6.2.1.1 设 $f \in \mathcal{C}_{0,m}^{2\pi}(\mathbb{R}, \mathbb{C})$. 我们定义:

- f 的(指数型)Fourier 系数为

$$c_n(f) = \frac{1}{2\pi} \int_0^{2\pi} f(x) e^{-inx} \, \mathrm{d}x = (e_n | \tilde{f}) \quad (n \in \mathbb{Z}).$$

- f 的(三角型)Fourier 系数为

$$a_n(f) = \frac{1}{\pi} \int_0^{2\pi} f(x) \cos(nx) \, \mathrm{d}x \text{ 和 } b_n(f) = \frac{1}{\pi} \int_0^{2\pi} f(x) \sin(nx) \, \mathrm{d}x \ (n \in \mathbb{N}).$$

注:

- 一般来说, 当 f 为复值函数(而不是实值函数)时, 我们只用指数型 Fourier 系数, 而很少会用到 $a_n(f)$ 和 $b_n(f)$. 此外, 我们也称 $c_n(f)$ 为复的 Fourier 系数.

- 相反, 当 f 为实值函数时, 主要使用实的(即三角型)Fourier 系数, 但经常通过计算复系数以得出实系数(见下面的性质和例子).

- 注意在定义上的不同! 对复的 Fourier 系数(即 $c_n(f)$), 是用 $\frac{1}{2\pi}$ 乘以积分, 而对实的 Fourier 系数, 是用 $\frac{1}{\pi}$ 乘以积分. 这个区别源于对任意 $n \in \mathbb{N}^{\star}$,

$$\int_0^{2\pi} \cos^2(nx) \, \mathrm{d}x = \pi.$$

通过除以 π 而不是 2π, 函数族 $(x \longmapsto \cos(nx))_{n \in \mathbb{N}^{\star}} \cup (x \longmapsto \sin(nx))_{n \in \mathbb{N}^{\star}}$ 变成规范正交的.

例 6.2.1.2 设 f 是定义在 $\mathbb{R}$ 上的 2π-周期的函数, 定义为

$$\forall x \in [0, 2\pi], f(x) = \begin{cases} \dfrac{\pi - x}{2}, & x \in (0, 2\pi), \\ 0, & x \in \{0, 2\pi\}. \end{cases}$$

下面计算 f 的三角型 Fourier 系数. 对 $n \in \mathbb{N}^{\star}$,

$$a_n(f) = \frac{1}{\pi} \int_0^{2\pi} f(x)\cos(nx)\,\mathrm{d}x$$

$$= \frac{1}{\pi} \int_0^{2\pi} \frac{\pi - x}{2} \cos(nx)\,\mathrm{d}x$$

$$= \frac{1}{2} \int_0^{2\pi} \cos(nx)\,\mathrm{d}x - \frac{1}{2\pi} \int_0^{2\pi} x\cos(nx)\,\mathrm{d}x$$

$$= \left[\frac{\sin(nx)}{2n}\right]_0^{2\pi} - \frac{1}{2\pi}\left[\frac{x\sin(nx)}{n}\right]_0^{2\pi} + \frac{1}{2n\pi}\int_0^{2\pi}\sin(nx)\,\mathrm{d}x$$

$$= 0.$$

注: 这是可以预见的, 因为 f 是一个奇函数从而 $x \longmapsto f(x)\cos(nx)$ 也是奇函数. 我们将在 Fourier 系数的性质中再次看到这一点.

同样地, 有

$$b_n(f) = \frac{1}{2} \int_0^{2\pi} \sin(nx)\,\mathrm{d}x - \frac{1}{2\pi} \int_0^{2\pi} x\sin(nx)\,\mathrm{d}x$$

$$= \left[\frac{-\cos(nx)}{2n}\right]_0^{2\pi} + \left[\frac{x\cos(nx)}{2n\pi}\right]_0^{2\pi} - \frac{1}{2n\pi}\int_0^{2\pi}\cos(nx)\,\mathrm{d}x$$

$$= \frac{1}{n}.$$

最后,

$$a_0(f) = \frac{1}{\pi} \int_0^{2\pi} f(x)\,\mathrm{d}x = 0.$$

实际上我们刚才做了两次类似的计算. 在实践中, 我们先计算复系数, 然后导出实系数. 此处, 对 $n \neq 0$, 有

$$\int_0^{2\pi} f(x)e^{-inx}\,\mathrm{d}x = \frac{\pi}{2}\int_0^{2\pi} e^{-inx}\,\mathrm{d}x - \frac{1}{2}\int_0^{2\pi} xe^{-inx}\,\mathrm{d}x$$

$$= \left[\frac{-\pi e^{-inx}}{2in}\right]_0^{2\pi} + \left[\frac{xe^{-inx}}{2in}\right]_0^{2\pi} - \frac{1}{2in}\int_0^{2\pi} e^{-inx}\,\mathrm{d}x$$

$$= \left[\frac{-\pi e^{-inx}}{2in}\right]_0^{2\pi} + \left[\frac{xe^{-inx}}{2in}\right]_0^{2\pi} - \left[\frac{e^{-inx}}{2n^2}\right]_0^{2\pi}$$

$$= -i\frac{\pi}{n}.$$

因此,

$$\int_0^{2\pi} f(x)\cos(nx)\,\mathrm{d}x = \mathrm{Re}\left(\int_0^{2\pi} f(x)e^{-inx}\,\mathrm{d}x\right) = 0,$$

$$\int_0^{2\pi} f(x)\sin(nx)\,\mathrm{d}x = -\mathrm{Im}\left(\int_0^{2\pi} f(x)e^{-inx}\,\mathrm{d}x\right) = \frac{\pi}{n}.$$

注: 因此, Fourier 系数的实际计算没有什么困难, 就是简单粗暴的计算. 我们将看到, 有时我们必须在不进行计算的情况下直接确定 Fourier 系数.

定义 6.2.1.3 我们定义与复数族 $(c_n)_{n \in \mathbb{Z}}$ 相应的三角级数为函数项级数 $\sum u_n$, 其中, $u_0 = c_0$(常函数), 并且对 $n \in \mathbb{N}^\star$,

$$u_n : \begin{array}{ccl} \mathbb{R} & \longrightarrow & \mathbb{C}, \\ x & \longmapsto & c_n e^{inx} + c_{-n} e^{-inx}. \end{array}$$

注: 在实值三角级数的情况, 三角级数的形式为 $\sum u_n$, 其中,

$$u_0 = \frac{a_0}{2} \quad 且 \quad \forall n \in \mathbb{N}^\star, u_n : \begin{array}{ccl} \mathbb{R} & \longrightarrow & \mathbb{R}, \\ x & \longmapsto & a_n \cos(nx) + b_n \sin(nx). \end{array}$$

记号:

- 与复数族 $(c_n)_{n \in \mathbb{Z}}$ 相应的三角级数经常写为 $\displaystyle\sum_{n \in \mathbb{Z}} c_n e^{inx}$ (即使这个记号是不好且危险的).

- 与数族 $(a_n)_{n \in \mathbb{N}}$ 和 $(b_n)_{n \in \mathbb{N}}$ 相应的三角级数记为 $\dfrac{a_0}{2} + \displaystyle\sum_{n \in \mathbb{N}^\star} (a_n \cos(nx) + b_n \sin(nx))$. 这是一个不妥当但常用的记号.

关于记号的说明和提醒

- 根据定义, 如果 $(c_n)_{n \in \mathbb{Z}} \in \mathbb{C}^{\mathbb{Z}}$, 三角级数 $\displaystyle\sum_{n \in \mathbb{Z}} c_n e^{inx}$ 收敛当且仅当函数项级数

$$c_0 + \sum_{n \geqslant 1} \left(x \longmapsto c_n e^{inx} + c_{-n} e^{-inx} \right)$$

  收敛. 换言之, $\sum c_n e^{inx}$ 收敛当且仅当 $\displaystyle\lim_{n \to +\infty} \sum_{k=-n}^{n} c_k e^{ikx}$ 存在.

- 因此, 这是一个危险的记号, 因为我们在可和族的课程内容中看到, 以下情况是完全可能的: 以 $\mathbb{Z}$ 为下标集的数族 $(a_n)_{n \in \mathbb{Z}}$ 不是可和的, 或者甚至级数 $\displaystyle\sum_{n \geqslant 1} a_n$ 或 $\displaystyle\sum_{n \geqslant 1} a_{-n}$ 发散, 但 $\displaystyle\lim_{n \to +\infty} \sum_{k=-n}^{n} a_k$ 存在. 一个典型的例子是, $a_0 = 0$ 且当 $n \in \mathbb{Z}^\star$ 时 $a_n = \dfrac{1}{n}$, 此时级数 $\displaystyle\sum_{n \geqslant 1} a_n$ 和 $\displaystyle\sum_{n \geqslant 1} a_{-n}$ 都发散, 但 $\displaystyle\lim_{n \to +\infty} \sum_{k=-n}^{n} a_k = 0$.

- 也有可能三角级数收敛, 但 $\displaystyle\lim_{\substack{p \to +\infty \\ q \to -\infty}} \sum_{k=q}^{p} c_k e^{ikx}$ 不存在.

定义 6.2.1.4　设 f 是一个在 $\mathbb{R}$ 上分段连续且 2π-周期的复值函数. 我们定义 f 的 Fourier 级数为三角级数 $\displaystyle\sum_{n\in\mathbb{Z}} c_n(f)e^{inx}$.

注:

- 有时也记 f 的 Fourier 级数为 $(S_n(f))_{n\in\mathbb{N}}$, 其中,
$$\forall n \in \mathbb{N}, \forall x \in \mathbb{R}, S_n(f)(x) = \sum_{k=-n}^{n} c_k(f)e^{ikx}.$$

- 当 f 是实值函数时, 我们用实的形式, 即 f 的 Fourier 级数是定义如下的序列 $(S_n(f))_{n\in\mathbb{N}}$:
$$\forall x \in \mathbb{R}, S_0(f)(x) = \frac{a_0}{2},$$
$$\forall n \in \mathbb{N}^\star, \forall x \in \mathbb{R}, S_n(f)(x) = \frac{a_0}{2} + \sum_{k=1}^{n} \left(a_k \cos(kx) + b_k \sin(kx) \right).$$

- 因为对任意 $n \in \mathbb{Z}$, $c_n(f) = c_n(\tilde{f})$, 所以一个 2π-周期的分段连续函数的 Fourier 级数与它的正则化函数的 Fourier 级数相同.

- 当我们谈到 Fourier 级数的收敛时, 必须指明是哪种收敛! 因为对于函数项级数, 我们可以讨论简单收敛、一致收敛、正规收敛、平均收敛、均方收敛等.

例 6.2.1.5　再次考虑定义如下的 2π-周期的函数 f: 当 $x \in (0, 2\pi)$ 时 $f(x) = \dfrac{\pi - x}{2}$, 并且 $f(0) = f(2\pi) = 0$. 我们已经知道,
$$\forall n \in \mathbb{N}, a_n(f) = 0 \text{ 且 } \forall n \in \mathbb{N}^\star, b_n(f) = \frac{1}{n}.$$
因此, f 的 Fourier 级数定义为
$$S_0(f) = 0 \text{ 且 } \forall n \in \mathbb{N}^\star, \forall x \in \mathbb{R}, S_n(f)(x) = \sum_{k=1}^{n} \frac{\sin(kx)}{k}.$$

6.2.2　Fourier 系数的性质

命题 6.2.2.1　设 $f \in \mathcal{C}_{0,m}^{2\pi}(\mathbb{R}, \mathbb{C})$. f 的 Fourier 系数满足以下关系:
$$\forall n \in \mathbb{N}, a_n(f) = c_n(f) + c_{-n}(f) \text{ 且 } b_n(f) = i(c_n(f) - c_{-n}(f)).$$
因此,
$$\forall n \in \mathbb{N}, c_n(f) = \frac{a_n(f) - ib_n(f)}{2} \text{ 且 } c_{-n}(f) = \frac{a_n(f) + ib_n(f)}{2}.$$
特别地, $a_0(f) = 2c_0(f)$, 且 $b_0(f) = 0$.

证明:

> 显然! ⊠

⚠ **注意:** $a_0(f) = 2c_0(f)$! 一个常见的错误是认为 $a_0(f) = c_0(f)$.

命题 6.2.2.2 设 $f \in \mathcal{C}^{2\pi}_{0,m}(\mathbb{R}, \mathbb{C})$. 我们有

(i) $\displaystyle \lim_{n \to +\infty} c_n(f) = \lim_{n \to +\infty} c_{-n}(f) = \lim_{n \to +\infty} a_n(f) = \lim_{n \to +\infty} b_n(f) = 0$;

(ii) $\forall a \in \mathbb{R}, \forall n \in \mathbb{Z}, c_n(f) = \dfrac{1}{2\pi} \displaystyle\int_a^{a+2\pi} f(x) e^{-inx} \, \mathrm{d}x$;

(iii) $\forall n \in \mathbb{N}, a_n(f) = \dfrac{1}{\pi} \displaystyle\int_{-\pi}^{\pi} f(x) \cos(nx) \, \mathrm{d}x$;

(iv) $\forall n \in \mathbb{N}, b_n(f) = \dfrac{1}{\pi} \displaystyle\int_{-\pi}^{\pi} f(x) \sin(nx) \, \mathrm{d}x$;

(v) 如果 f 是偶函数, 那么对任意 $n \in \mathbb{N}$, 有

$$ b_n(f) = 0 \quad \text{和} \quad a_n(f) = \frac{2}{\pi} \int_0^\pi f(x) \cos(nx) \, \mathrm{d}x \, ; $$

(vi) 如果 f 是奇函数, 那么对任意 $n \in \mathbb{N}$, 有

$$ a_n(f) = 0 \quad \text{和} \quad b_n(f) = \frac{2}{\pi} \int_0^\pi f(x) \sin(nx) \, \mathrm{d}x. $$

证明:

- 性质 (i) 已经见过.

- 设 $n \in \mathbb{Z}$. 函数 $x \longmapsto f(x) e^{-inx}$ 是分段连续且 2π-周期的. 因此, 对任意 $a \in \mathbb{R}$,
$$ \frac{1}{2\pi} \int_a^{a+2\pi} f(x) e^{-inx} \, \mathrm{d}x = \frac{1}{2\pi} \int_0^{2\pi} f(x) e^{-inx} \, \mathrm{d}x. $$

- 那么, 性质 (iii), (iv), (v) 和 (vi) 都是显然的. ⊠

注:

- 我们知道, 在实践中, 当需要计算一个实值函数的 Fourier 系数时, 通常先计算复系数 $c_n(f)$, 然后导出实系数. 当 f 是偶(或奇)函数时, 通常直接计算 $a_n(f)$ (或 $b_n(f)$).

- 此外, 可以根据 f 的定义来选择一个长度为 2π 的积分区间, 不一定要是 $[-\pi, \pi]$ 或 $[0, 2\pi]$.

例 6.2.2.3 在 f 定义为当 $x \in (0, 2\pi)$ 时 $f(x) = \dfrac{\pi - x}{2}$ 且 $f(0) = f(2\pi) = 0$ 的情况下, 更明智的做法是指出(或证明) f 是奇函数, 从而得出

$$\forall n \in \mathbb{N}, \, a_n(f) = 0 \quad \text{和} \quad \forall n \in \mathbb{N}^\star, \, b_n(f) = \frac{2}{\pi} \int_0^\pi \frac{\pi - x}{2} \sin(nx) \, \mathrm{d}x.$$

然后直接计算.

例 6.2.2.4 考虑在 $\mathbb{R}$ 上 2π-周期的函数 f: 当 $x \in [0, 2\pi]$ 时 $f(x) = x(2\pi - x)$.

• 容易验证, f 是在 $\mathbb{R}$ 上连续且 2π-周期的偶函数. 事实上, 若 $x \in [-2\pi, 0]$, 则 $x + 2\pi \in [0, 2\pi]$, 从而有

$$f(x) = f(x + 2\pi) = (x + 2\pi)(-x) = (-x) \times (2\pi - (-x)) = f(-x).$$

• 因为 f 是偶函数, 所以对任意 $n \in \mathbb{N}$, $b_n(f) = 0$.

• 对任意 $n \in \mathbb{N}$, $a_n(f) = \dfrac{2}{\pi} \displaystyle\int_0^\pi f(x) \cos(nx) \, \mathrm{d}x$. 剩下的就是通过分部积分进行计算. 对 $n \in \mathbb{N}^\star$,

$$\int_0^\pi f(x) \cos(nx) \, \mathrm{d}x = \int_0^\pi 2\pi x \cos(nx) \, \mathrm{d}x - \int_0^\pi x^2 \cos(nx) \, \mathrm{d}x.$$

又因为

$$\begin{aligned}
\int_0^\pi 2\pi x \cos(nx) \, \mathrm{d}x &= 2\pi \left[\frac{x \sin(nx)}{n} \right]_0^\pi - 2\pi \int_0^\pi \frac{\sin(nx)}{n} \, \mathrm{d}x \\
&= 2\pi \left[\frac{x \sin(nx)}{n} \right]_0^\pi + \left[2\pi \frac{\cos(nx)}{n^2} \right]_0^\pi \\
&= \frac{2\pi(-1)^n}{n^2} - \frac{2\pi}{n^2},
\end{aligned}$$

以及

$$\begin{aligned}
-\int_0^\pi x^2 \cos(nx) \, \mathrm{d}x &= -\left[\frac{x^2 \sin(nx)}{n} \right]_0^\pi + \int_0^\pi \frac{2x \sin(nx)}{n} \, \mathrm{d}x \\
&= 0 + \left[\frac{-2x \cos(nx)}{n^2} \right]_0^\pi + \int_0^\pi \frac{2 \cos(nx)}{n^2} \, \mathrm{d}x \\
&= -\frac{2\pi(-1)^n}{n^2} + \left[\frac{2 \sin(nx)}{n^3} \right]_0^\pi \\
&= -\frac{2\pi(-1)^n}{n^2}.
\end{aligned}$$

所以,

$$\forall n \in \mathbb{N}^\star, \, a_n(f) = \frac{2}{\pi} \int_0^\pi f(x) \cos(nx) \, \mathrm{d}x = -\frac{4}{n^2}.$$

• 最后, $a_0(f) = \dfrac{2}{\pi} \displaystyle\int_0^\pi f(x) \, \mathrm{d}x = \dfrac{2}{\pi} \left[\pi x^2 - \dfrac{x^3}{3} \right]_0^\pi = \dfrac{4\pi^2}{3}$.

注: 我们再次看到, Fourier 系数的确定是简单的, 但需要很多计算. 因此, 计算时必须细心.

习题 6.2.2.5 确定例 6.1.1.2 中定义的矩形波函数的实(三角)Fourier 系数.

命题 6.2.2.6 设 $f \in \mathcal{C}_0^{2\pi}(\mathbb{R}, \mathbb{C}) \cap \mathcal{C}_m^1(\mathbb{R}, \mathbb{C})$ (即 f 是连续的、2π-周期且分段 $\mathcal{C}^1$ 的). 那么, 在保证 2π-周期性的前提下将导函数 f' 延拓到 $\mathbb{R}$ 上得到的函数(仍记为 f')是分段连续且 2π-周期的, 并且,
$$\forall n \in \mathbb{Z}, \ c_n(f') = inc_n(f).$$

证明:

- 设 $\sigma = [a_i]_{0 \leqslant i \leqslant p}$ 是 $[0, 2\pi]$ 的一个划分, 使得对任意 $k \in [\![0, p-1]\!]$, 限制函数 $f_{|(a_k, a_{k+1})}$ 是 $\mathcal{C}^1$ 的并且其导函数在 a_k 处有有限的右极限以及在 a_{k+1} 处有有限的左极限. 因为 f 在 $\mathbb{R}$ 上连续, 所以 $f_k = f_{|[a_k, a_{k+1}]}$ 实际上是在 $[a_k, a_{k+1}]$ 上 $\mathcal{C}^1$ 的.

- 设 $k \in [\![0, p-1]\!]$. 因为 f_k 在 $[a_k, a_{k+1}]$ 上 $\mathcal{C}^1$, 所以我们可以分部积分:
$$\int_{a_k}^{a_{k+1}} f_k'(x)e^{-inx}\,\mathrm{d}x = \left[f_k(x)e^{-inx}\right]_{a_k}^{a_{k+1}} - \int_{a_k}^{a_{k+1}} f_k(x) \times (-in)e^{-inx}\,\mathrm{d}x.$$

- 然后我们把这些等式相加, 得到三项.

第一项是:
$$\sum_{k=0}^{p-1} \int_{a_k}^{a_{k+1}} f_k'(x)e^{-inx}\,\mathrm{d}x = \sum_{k=0}^{p-1} \int_{a_k}^{a_{k+1}} f'(x)e^{-inx}\,\mathrm{d}x = \int_0^{2\pi} f'(x)e^{-inx}\,\mathrm{d}x.$$

第二项是:
$$\sum_{k=0}^{p-1} \left[f_k(x)e^{-inx}\right]_{a_k}^{a_{k+1}} = \sum_{k=0}^{p-1} \left(f(a_{k+1}^-)e^{-ina_{k+1}} - f(a_k^+)e^{-ina_k}\right)$$
$$= \sum_{k=0}^{p-1} \left(f(a_{k+1})e^{-ina_{k+1}} - f(a_k)e^{-ina_k}\right)$$
$$= f(a_p)e^{-ina_p} - f(a_0)e^{-ina_0}$$
$$= f(2\pi)e^{-2in\pi} - f(0)$$
$$= 0.$$

第三项是:

$$\sum_{k=0}^{p-1}\int_{a_k}^{a_{k+1}}f_k(x)\times(in)e^{-inx}\,\mathrm{d}x=in\sum_{k=0}^{p-1}\int_{a_k}^{a_{k+1}}f(x)e^{-inx}\,\mathrm{d}x$$

$$=in\int_0^{2\pi}f(x)e^{-inx}\,\mathrm{d}x.\qquad\boxtimes$$

注:

- 关键的一点是 f 是连续的! 否则有

$$\left[f_k(x)e^{-inx}\right]_{a_k}^{a_{k+1}}=f_k(a_{k+1})e^{-ina_{k+1}}-f_k(a_k)e^{-ina_k}=f(a_{k+1}^-)e^{-ina_{k+1}}-f(a_k^+)e^{-ina_k}.$$

从而我们不会得到叠缩级数. 因此, 它们的和不一定等于 $f(2\pi)-f(0)=0$.

- 另一个技术问题是, 导函数 f' 不一定在整个区间 $[0,2\pi]$ 上有定义, 因此必须延拓 f' 使得它在整个区间上有定义. 实际上, 我们可以简单地考虑 $\tilde{f}'$.

- 延拓 f' 的那些值的选择不会改变积分的值. 因此, 可以选择任意值, 但我们是在保持 2π-周期性的前提下选择这些值的, 为什么?

- 这个性质是基本的, 它可以帮助证明 Fourier 级数的正规收敛定理.

- 你们中最敏锐的人会注意到, 事实上我们证明了, 闭区间上的分部积分公式对连续且分段 $\mathcal{C}^1$ 的函数 u,v 也成立.

推论 6.2.2.7　如果 $f\in\mathcal{C}_0^{2\pi}(\mathbb{R},\mathbb{C})$ 且 f 是分段 $\mathcal{C}^1$ 的, 那么,

$$\forall n\in\mathbb{N}, a_n(f')=nb_n(f)\quad\text{且}\quad b_n(f')=-na_n(f).$$

证明:

事实上, 对任意自然数 n, 有

$$a_n(f')=c_n(f')+c_{-n}(f')=in(c_n(f)-c_{-n}(f))=nb_n(f).$$

同样地, 有

$$b_n(f')=i(c_n(f')-c_{-n}(f'))=i(inc_n(f)-(i\times(-n))c_{-n}(f))=-na_n(f).\ \boxtimes$$

推论 6.2.2.8　设 $p\in\mathbb{N}$. 如果 f 是 2π-周期、在 $\mathbb{R}$ 上 $\mathcal{C}^p$ 且分段 $\mathcal{C}^{p+1}$ 的, 那么,

$$\forall n\in\mathbb{Z}, c_n(f^{(p+1)})=(in)^{p+1}\times c_n(f).$$

证明:

> 利用上述命题用数学归纳法证明即可.　　　　　　　　　　　　　　⊠

注: 注意, 这里也需要把函数 $f^{(p+1)}$ 延拓到它没有定义的点.

推论 6.2.2.9 设 $p \in \mathbb{N}$. 如果 $f \in \mathcal{C}^p_{2\pi}(\mathbb{R}, \mathbb{C}) \cap \mathcal{C}_{p+1,m}$, 那么 $c_n(f) \underset{n \to \pm\infty}{=} o\left(\dfrac{1}{n^{p+1}}\right)$.

证明:

> 事实上, 根据上述命题, 对 $n \in \mathbb{Z} \setminus \{0\}$, 有
> $$c_n(f) = \frac{1}{(in)^{p+1}} c_n(f^{(p+1)}) = \frac{1}{(in)^{p+1}} c_n(\widetilde{f^{(p+1)}}).$$
> 又因为 $\widetilde{f^{(p+1)}} \in D$, 故
> $$\lim_{n \to +\infty} c_n(\widetilde{f^{(p+1)}}) = \lim_{n \to +\infty} c_{-n}(\widetilde{f^{(p+1)}}) = 0.$$
> 　　　　　　　　　　　　　　　　　　　　　　　　　　　　　　⊠

推论 6.2.2.10 如果 $f \in \mathcal{C}^\infty_{2\pi}(\mathbb{R}, \mathbb{C})$, 那么对任意 $p \in \mathbb{N}$, $c_n(f) \underset{n \to \pm\infty}{=} o\left(\dfrac{1}{n^p}\right)$.

命题 6.2.2.11 设 $f \in \mathcal{C}^{2\pi}_{0,m}(\mathbb{R}, \mathbb{C})$. 对 $a \in \mathbb{R}$, 定义函数 $f_a : x \longmapsto f(a+x)$. 那么, 我们有 $f_a \in \mathcal{C}^{2\pi}_{0,m}(\mathbb{R}, \mathbb{C})$, 且
$$\forall n \in \mathbb{Z}, \quad c_n(f_a) = e^{ina} c_n(f).$$

6.3　Fourier 级数的收敛性

我们知道, Fourier 级数是一个函数项级数, 因此它的收敛性依赖于范数的选择. 在这一节中, 我们将给出三个收敛定理: 均方收敛、正规收敛和简单收敛. 必须小心, 不要混淆各个定理的假设.

6.3.1 均方(或在 D 中)收敛

命题 6.3.1.1 设 $f \in D$. 那么, $(S_n(f))$ 均方收敛到 f (也称在 D 中收敛到 f), 即

$$\lim_{n \to +\infty} \|S_n(f) - f\|_D = 0.$$

证明:

- 对 $n \in \mathbb{N}$, 令 $E_n = \mathrm{Vect}(e_k, k \in [\![-n,n]\!])$. 因为 $S_n(f)$ 是 f 在有限维子空间 E_n 上的正交投影, 所以,

$$\|f - S_n(f)\|_D = \min_{Q \in E_n} \|f - Q\|_D.$$

- 设 $\varepsilon > 0$. 根据 D 中的逼近定理, 存在一个三角多项式 P 使得

$$\|f - P\|_D \leqslant \varepsilon.$$

由三角多项式的定义知, 存在 $n_0 \in \mathbb{N}$ 使得 $P \in E_{n_0}$. 那么,

$$\forall n \geqslant n_0, \|f - S_n(f)\|_D = \min_{Q \in E_n} \|f - Q\|_D \leqslant \min_{Q \in E_{n_0}} \|f - Q\|_D.$$

因此, $\forall n \geqslant n_0, \|f - S_n(f)\|_D \leqslant \|f - P\|_D \leqslant \varepsilon.$ ⊠

定理 6.3.1.2 (Parseval (帕塞瓦尔)等式) 设 f 是一个从 $\mathbb{R}$ 到 $\mathbb{C}$ 的分段连续且 2π-周期的函数. 那么,

(i) 通项分别为 $|a_n(f)|^2$、$|b_n(f)|^2$、$|c_n(f)|^2$ 和 $|c_{-n}(f)|^2$ 的级数都是收敛的;

(ii) $\lim\limits_{n \to +\infty} \|S_n(f) - f\|_2 = 0$;

(iii) 我们有以下等式(Parseval 等式):

$$\frac{1}{2\pi} \int_0^{2\pi} |f(x)|^2 \, \mathrm{d}x = \sum_{n \in \mathbb{Z}} |c_n(f)|^2, \qquad (*)$$

$$\frac{1}{2\pi} \int_0^{2\pi} |f(x)|^2 \, \mathrm{d}x = \frac{|a_0(f)|^2}{4} + \frac{1}{2} \sum_{n=1}^{+\infty} (|a_n(f)|^2 + |b_n(f)|^2). \qquad (**)$$

注: 当 f 是复值函数时, 总是用 $(*)$ 式. 当 f 是实值函数时, 我们用 $(**)$ 式, 此时因为系数都是实数, 有

$$\frac{1}{2\pi} \int_0^{2\pi} f(x)^2 \, \mathrm{d}x = \frac{a_0(f)^2}{4} + \frac{1}{2} \sum_{n=1}^{+\infty} (a_n(f)^2 + b_n(f)^2).$$

证明:

• 证明 (i).

我们知道, 对任意 $n \in \mathbb{Z}$, $c_n(f) = (e_n | \tilde{f})$. 因此, 根据 Bessel 不等式, 数族 $(|c_n(f)|^2)_{n \in \mathbb{Z}}$ 是可和的. 所以, $\sum |c_n(f)|^2$ 和 $\sum |c_{-n}(f)|^2$ 都是收敛的级数.

另一方面, 对任意 $n \in \mathbb{N}$,

$$|a_n(f)|^2 + |b_n(f)|^2 = |c_n(f) + c_{-n}(f)|^2 + |c_n(f) - c_{-n}(f)|^2$$
$$= 2 \left(|c_n(f)|^2 + |c_{-n}(f)|^2 \right).$$

因此, $\sum |a_n(f)|^2$ 和 $\sum |b_n(f)|^2$ 都收敛, 且有

$$\sum_{n=1}^{+\infty} \left(|a_n(f)|^2 + |b_n(f)|^2 \right) = 2 \sum_{n \in \mathbb{Z} \setminus \{0\}} |c_n(f)|^2.$$

注意到 $c_0(f) = \dfrac{a_0(f)}{2}$, 我们得到

$$\sum_{n \in \mathbb{Z}} |c_n(f)|^2 = \frac{|a_0(f)|^2}{4} + \frac{1}{2} \sum_{n=1}^{+\infty} \left(|a_n(f)|^2 + |b_n(f)|^2 \right).$$

• 证明 (ii) 和 (iii).

对任意 $n \in \mathbb{N}$, 我们有

$$\|S_n(f) - f\|_2 = \|S_n(\tilde{f}) - f\|_2 \leqslant \|S_n(\tilde{f}) - \tilde{f}\|_2 + \|\tilde{f} - f\|_2.$$

又因为, 一方面, 由于 f 和 $\tilde{f}$ 在 $[0, 2\pi]$ 上除有限个点外相等, 故有

$$\|\tilde{f} - f\|_2^2 = \int_0^{2\pi} |f(x) - \tilde{f}(x)|^2 \, \mathrm{d}x = 0.$$

另一方面, 因为 $\tilde{f} \in D$ 以及 $\|S_n(\tilde{f}) - \tilde{f}\|_2^2 = 2\pi \|S_n(\tilde{f}) - \tilde{f}\|_D^2$, 所以由上一命题知

$$\lim_{n \to +\infty} \|S_n(\tilde{f}) - \tilde{f}\|_2 = 0.$$

这证得 $\lim\limits_{n \to +\infty} \|S_n(f) - f\|_2 = 0$.

根据毕达哥拉斯定理(即勾股定理), 对任意 $n \in \mathbb{N}$, 有

$$\|S_n(\tilde{f}) - \tilde{f}\|_D^2 + \|S_n(\tilde{f})\|_D^2 = \|\tilde{f}\|_D^2.$$

又因为 $\lim\limits_{n \to +\infty} \|S_n(\tilde{f}) - \tilde{f}\|_D^2 = 0$, 所以, $\lim\limits_{n \to +\infty} \|S_n(\tilde{f})\|_D^2 = \|\tilde{f}\|_D^2$.

并且, 由于 $(e_n)_{n \in \mathbb{Z}}$ 是规范正交的, 故对任意 $n \in \mathbb{N}$, 有

$$\|S_n(\tilde{f})\|_D^2 = \sum_{k=-n}^n |(e_k | \tilde{f})|^2 = \sum_{k=-n}^n |c_k(f)|^2.$$

和之前一样, 我们得到 $\|\tilde{f}\|_D^2 = \dfrac{1}{2\pi} \|f\|_2^2$. 通过替换, 我们得到

$$\lim_{n\to+\infty}\sum_{k=-n}^{n}|c_k(f)|^2=\frac{1}{2\pi}\int_0^{2\pi}|f(x)|^2\,\mathrm{d}x.$$

所以,

$$\frac{1}{2\pi}\int_0^{2\pi}|f(x)|^2\,\mathrm{d}x=\sum_{n\in\mathbb{Z}}|c_n(f)|^2=\frac{|a_0(f)|^2}{4}+\frac{1}{2}\sum_{n=1}^{+\infty}\left(|a_n(f)|^2+|b_n(f)|^2\right). \quad \boxtimes$$

例 6.3.1.3 再次考虑定义如下的 2π-周期的函数 f: 当 $x\in(0,2\pi)$ 时 $f(x)=\dfrac{\pi-x}{2}$ 以及 $f(0)=f(2\pi)=0$.

—— 已经证得 $f\in D\subset\mathcal{C}_{0,m}^{2\pi}(\mathbb{R},\mathbb{R})$.

—— 我们还看到, 对任意 $n\in\mathbb{N}$, $a_n(f)=0$, 以及对任意 $n\geqslant 1$, $b_n(f)=\dfrac{1}{n}$.

根据 Parseval 等式, 有 $\displaystyle\sum_{n=1}^{+\infty}\frac{1}{n^2}=\sum_{n=1}^{+\infty}b_n(f)^2=2\times\frac{1}{2\pi}\int_0^{2\pi}f(x)^2\,\mathrm{d}x$. 又因为

$$\int_0^{2\pi}f(x)^2\,\mathrm{d}x=\left[\frac{1}{12}(x-\pi)^3\right]_0^{2\pi}=\frac{\pi^3}{6},$$

由此得到我们早已知道却未曾证明过的等式

$$\zeta(2)=\sum_{n=1}^{+\infty}\frac{1}{n^2}=\frac{\pi^2}{6}.$$

<u>注:</u> 这绝不是建立这个公式的唯一方法. 还有许多其他的证明, 其中一些是更基本的(即不使用"复杂"的工具), 但这个方法无疑是最快的. 以下信息供参考: 当 $n\geqslant 1$ 时 $\zeta(2n)$ 的值是已知的, 并且可以利用 Bernoulli (伯努利)数求得.

6.3.2 正规收敛

定理 6.3.2.1 设 $(c_n)_{n\in\mathbb{Z}}\in\mathbb{C}^{\mathbb{Z}}$. 对 $n\in\mathbb{N}$, 令

$$\forall x\in\mathbb{R},\ u_n(x)=c_ne^{inx}+c_{-n}e^{-inx}=a_n\cos(nx)+b_n\sin(nx).$$

那么, 以下叙述相互等价:

(i) $\sum u_n$ 在 $\mathbb{R}$ 上正规收敛;

(ii) $(c_n)_{n\in\mathbb{Z}}$ 是可和的;

(iii) $\sum|c_n|$ 和 $\sum|c_{-n}|$ 都收敛;

(iv) $\sum|a_n|$ 和 $\sum|b_n|$ 都收敛.

证明:

• 证明 (i) $\Longrightarrow$ (iii).

假设 $\sum u_n$ 在 $\mathbb{R}$ 上正规收敛. 设 $n \in \mathbb{N}^*$. 我们有

$$|c_n + c_{-n}| = |u_n(0)| \leqslant \|u_n\|_\infty, \quad \text{以及} \quad |ic_n - ic_{-n}| = \left|u_n\left(\frac{\pi}{2n}\right)\right| \leqslant \|u_n\|_\infty.$$

将上述不等式各自平方后再相加, 可得

$$|c_n| \leqslant \|u_n\|_\infty \quad \text{和} \quad |c_{-n}| \leqslant \|u_n\|_\infty.$$

又因为 $\sum \|u_n\|_\infty$ 收敛, 故 $\sum |c_n|$ 和 $\sum |c_{-n}|$ 都收敛.

• 证明 (iii) $\Longrightarrow$ (ii).

由下标集为 $\mathbb{Z}$ 的可和族的刻画知, 这是显然成立的.

• 证明 (ii) $\Longrightarrow$ (iv).

假设 $(c_n)_{n\in\mathbb{Z}}$ 是可和的. 那么, 对任意自然数 n, 有

$$|a_n| \leqslant |c_n| + |c_{-n}| \quad \text{且} \quad |b_n| \leqslant |c_n| + |c_{-n}|.$$

由于 $(c_n)_{n\in\mathbb{Z}}$ 是可和的, 故通项为 $|c_n| + |c_{-n}|$ 的级数是收敛的. 由正项级数的比较知, $\sum |a_n|$ 和 $\sum |b_n|$ 收敛.

• 最后, 证明 (iv) $\Longrightarrow$ (i).

假设 (iv) 成立. 设 $n \in \mathbb{N}$. 那么, 对任意实数 x, 有 $|u_n(x)| \leqslant |a_n| + |b_n|$. 因此, $\|u_n\|_\infty \leqslant |a_n| + |b_n|$. 所以, $\sum \|u_n\|_\infty$ 收敛. $\boxtimes$

定义 6.3.2.2 我们称一个在 $\mathbb{R}$ 上分段连续且 2π-周期的函数 f 可以展成 Fourier 级数, 若 f 是其 Fourier 级数的和.

定理 6.3.2.3 设 $(c_n)_{\in\mathbb{Z}}$ 是一个可和的复数族. 那么,

(i) 三角级数 $\sum c_n e^{inx}$ 在 $\mathbb{R}$ 上正规收敛;

(ii) 和函数 $f : x \longmapsto \sum_{n\in\mathbb{Z}} c_n e^{inx}$ 是在 $\mathbb{R}$ 上连续且 2π-周期的;

(iii) 对任意 $n \in \mathbb{Z}$, $c_n(f) = c_n$.

证明:

• 性质 (i) 是上述定理的直接结果.

- 因为 f 是一个连续且 2π-周期的函数项级数的和函数, 并且该函数项级数在 $\mathbb{R}$ 上正规收敛. 所以, f 是在 $\mathbb{R}$ 上连续且 2π-周期的.

- 因为 $\sum c_n e_n$ 在 $[0, 2\pi]$ 上正规收敛, 所以, 对任意 $p \in \mathbb{Z}$, 有

$$c_p(f) = \frac{1}{2\pi} \int_0^{2\pi} \left(\sum_{n \in \mathbb{Z}} c_n e^{inx} \right) e^{-ipx} \, \mathrm{d}x = \sum_{n \in \mathbb{Z}} \left(c_n \frac{1}{2\pi} \int_0^{2\pi} e^{inx} e^{-ipx} \, \mathrm{d}x \right) = c_p. \ \boxtimes$$

例 6.3.2.4　设 f 是定义在 $\mathbb{R}$ 上的一个函数, 表达式如下: $\forall x \in \mathbb{R}, f(x) = \dfrac{1}{\sqrt{2} + \cos(x)}$. 我们想证明, f 可以展成 Fourier 级数, 并计算其 Fourier 系数.

●我们很快就会看到(定理 6.3.2.7), 因为 f 在 $\mathbb{R}$ 上 2π-周期、连续且分段 $\mathcal{C}^1$(事实上是 $\mathcal{C}^1$ 的), 所以 f 的 Fourier 级数正规收敛从而一致收敛到 f.

● 这里的方法很重要. 我们将把 f 展开成一个函数项级数, 并证明所得到的展开就是 f 的 Fourier 级数展开.

对任意实数 x, 令 $q = e^{ix}$, 我们有

$$
\begin{aligned}
f(x) &= \frac{1}{\sqrt{2} + \dfrac{q + q^{-1}}{2}} \\
&= \frac{2q}{q^2 + 2\sqrt{2}q + 1} \\
&= \frac{2q}{(q + \sqrt{2} + 1)(q + \sqrt{2} - 1)} \\
&= \frac{1 - \sqrt{2}}{q + \sqrt{2} - 1} + \frac{1 + \sqrt{2}}{q + \sqrt{2} + 1}.
\end{aligned}
$$

接着, 对第一项, 由 $|\sqrt{2} - 1| < 1$ 知

$$
\begin{aligned}
\frac{1}{q + \sqrt{2} - 1} &= \frac{1}{q} \times \frac{1}{1 - \dfrac{1 - \sqrt{2}}{q}} \\
&= \frac{1}{q} \sum_{n=0}^{+\infty} (1 - \sqrt{2})^n q^{-n} \\
&= \sum_{n=1}^{+\infty} (1 - \sqrt{2})^{n-1} q^{-n}.
\end{aligned}
$$

类似地, 因为 $\left| \dfrac{q}{\sqrt{2} + 1} \right| < 1$, 我们有

$$\frac{1}{q+\sqrt{2}+1}=\frac{1}{\sqrt{2}+1}\times\frac{1}{1+\dfrac{q}{\sqrt{2}+1}}$$

$$=\frac{1}{\sqrt{2}+1}\sum_{n=0}^{+\infty}(-\sqrt{2}-1)^{-n}q^n$$

$$=\frac{1}{\sqrt{2}+1}\sum_{n=0}^{+\infty}(1-\sqrt{2})^n q^n.$$

由此可得

$$\forall x\in\mathbb{R},\ f(x)=\sum_{n=1}^{+\infty}(1-\sqrt{2})^n e^{-inx}+\sum_{n=0}^{+\infty}(1-\sqrt{2})^n e^{inx}.$$

对 $n\in\mathbb{Z}$, 令 $c_n=(1-\sqrt{2})^{|n|}$, 则有

$$\forall x\in\mathbb{R},\ f(x)=\sum_{n\in\mathbb{Z}}c_n e^{inx}.$$

因为 $\sum|c_n|$ 和 $\sum|c_{-n}|$ 收敛, 由定理 6.3.2.1 知 $(c_n)_{n\in\mathbb{Z}}$ 可和, 且该三角级数在 $\mathbb{R}$ 上正规收敛. 再由定理 6.3.2.3 知: $\forall n\in\mathbb{Z}, c_n(f)=c_n$. 因此, f 的 Fourier 级数在 $\mathbb{R}$ 上正规收敛, 从而在 $\mathbb{R}$ 上一致收敛到 f.

因此, 在 $\sum|c_n|$ 和 $\sum|c_{-n}|$ 都收敛的前提下, 上述定理使我们可以识别一个三角级数的和函数的 Fourier 系数. 下面的定理是保证 Fourier 系数族的唯一性的另一个基本定理.

定理 6.3.2.5 设映射 $\varphi:\mathcal{C}_{2\pi}^0\longrightarrow\ell^2(\mathbb{Z})$ 定义如下:

$$\forall f\in\mathcal{C}_{2\pi}^0,\ \varphi(f)=(c_n(f))_{n\in\mathbb{Z}}.$$

那么 φ 是一个线性单射. 换言之, 如果 f 和 g 都是连续且 2π-周期的, 那么,

$$(\forall n\in\mathbb{Z},\ c_n(f)=c_n(g))\Longrightarrow f=g.$$

证明:

- 首先, 我们知道, $\ell^2(\mathbb{Z})$ 表示下标集为 $\mathbb{Z}$ 的平方可和的数族的集合. 根据 Bessel 不等式, φ 是良定义的.

- 其次, 显然 φ 是线性的(由 Fourier 系数的性质知).

- 最后, 因为 f 和 g 都是在 $\mathbb{R}$ 上连续且 2π-周期的, 所以 $\overline{f-g}$ 也是如此, 根据 Weierstrass 第二定理, 存在一列三角多项式 $(P_k)_{k\in\mathbb{N}}$ 在 $\mathbb{R}$ 上一致收敛到函数 $\overline{f-g}$.

由于对任意 $n \in \mathbb{Z}$ 有 $c_n(f-g)=0$, 故有

$$\forall k \in \mathbb{N}, \quad \int_0^{2\pi} P_k(x)(f(x)-g(x))\,\mathrm{d}x = 0.$$

又因为, $(P_k) \underset{\|\cdot\|_{\infty,[0,2\pi]}}{\longrightarrow} \overline{f-g}$ 且 $f-g$ 在 $[0,2\pi]$ 上有界(紧集上的连续函数的性质). 所以,

$$0 = \lim_{k\to+\infty} \int_0^{2\pi} P_k(x)(f(x)-g(x))\,\mathrm{d}x = \int_0^{2\pi} |f(x)-g(x)|^2\,\mathrm{d}x.$$

又因为, $\|\cdot\|_2$ 是 $\mathcal{C}^0([0,2\pi],\mathbb{C})$ 上的一个范数, 所以 $f_{|[0,2\pi]} = g_{|[0,2\pi]}$. 最后, 因为 f 和 g 都是 2π-周期的, 我们得到 $f=g$. ⊠

注: 如果没有 f 和 g 是连续函数的假设, 那么这个结果是错误的! 例如, 我们看到过, 对任意 $n \in \mathbb{Z}$ 都有 $c_n(f) = c_n(\tilde{f})$, 但如果 f 不连续, 则 $\tilde{f} \neq f$.

习题 6.3.2.6 利用 Parseval 等式, 给出一个不需要使用 Weierstrass 逼近定理的证明.

定理 6.3.2.7(Fourier 级数的正规收敛) 设 f 是一个在 $\mathbb{R}$ 上连续且分段 $\mathcal{C}^1$、取值在 $\mathbb{C}$ 中的 2π-周期的函数. 那么,

(i) f 的 Fourier 级数在 $\mathbb{R}$ 上正规收敛;

(ii) $S_n(f) \underset{\|\cdot\|_{\infty,\mathbb{R}}}{\longrightarrow} f$, 即 f 的 Fourier 级数在 $\mathbb{R}$ 上一致收敛到 f;

(iii) 特别地, 我们有

$$\forall x \in \mathbb{R}, f(x) = \lim_{n\to+\infty} \sum_{k=-n}^{n} c_k(f)e^{ikx} = \sum_{n=-\infty}^{+\infty} c_n(f)e^{inx},$$

也可以写成

$$\forall x \in \mathbb{R}, f(x) = \frac{a_0(f)}{2} + \sum_{n=1}^{+\infty} (a_n(f)\cos(nx) + b_n(f)\sin(nx)).$$

证明:

证明分为两步.

● 第一步: Fourier 级数的正规收敛性.

因为 f 是 2π-周期、连续且分段 $\mathcal{C}^1$ 的, 所以对任意 $n \in \mathbb{Z}^\star$, 我们有

$$|c_n(f)| = \left| \frac{c_n(f')}{in} \right| \leqslant \frac{1}{2} \left(\frac{1}{n^2} + |c_n(f')|^2 \right).$$

又因为, 根据 Bessel 不等式, 以 $|c_n(f')|^2$ 和 $|c_{-n}(f')|^2$ 为通项的两个级数是收敛的. 并且, $\sum \frac{1}{n^2}$ 也是收敛的. 所以, $\sum |c_n(f)|$ 和 $\sum |c_{-n}(f)|$ 都是收敛的. 这证得 f 的 Fourier 级数在 $\mathbb{R}$ 上正规收敛.

• 第二步: 收敛到 f.

记 g 为 f 的 Fourier 级数的和函数, 即 $g : x \mapsto \sum_{n=-\infty}^{+\infty} c_n(f)e^{inx}$. 由第一步的证明过程知, $\sum |c_n(f)|$ 和 $\sum |c_{-n}(f)|$ 是收敛的, 根据定理 6.3.2.1, 我们知道, 数族 $(c_n(f))_{n \in \mathbb{Z}}$ 可和. 再由定理 6.3.2.3 知, g 是在 $\mathbb{R}$ 上连续且 2π-周期的, 并且有

$$\forall n \in \mathbb{Z}, \, c_n(g) = c_n(f).$$

又因为 f 和 g 都是在 $\mathbb{R}$ 上连续且 2π-周期的, 故由上一定理知 $f = g$. $\boxtimes$

注: 这个定理给出了 Fourier 级数正规收敛且其简单极限为 f 的充分条件.

例 6.3.2.8   再次考虑例 6.2.2.4 中定义的 2π-周期的函数 f:
$$\forall x \in [0, 2\pi], \, f(x) = x(2\pi - x).$$

• 显然, f 在 $\mathbb{R}$ 上连续. 并且, f 在 $\mathbb{R} \setminus 2\pi\mathbb{Z}$ 上是 $\mathcal{C}^1$ 的. 可以验证, f' 在每个 $2n\pi(n \in \mathbb{Z})$ 处有有限的左极限和右极限. 因此, f 是在 $\mathbb{R}$ 上连续、2π-周期且分段 $\mathcal{C}^1$ 的.

• 根据 Fourier 级数的正规收敛定理, f 的 Fourier 级数在 $\mathbb{R}$ 上正规收敛, 且其极限函数(即和函数)为 f. 所以,

$$\forall x \in [0, 2\pi], \, x(2\pi - x) = \frac{2\pi^2}{3} - 4\sum_{n=1}^{+\infty} \frac{\cos(nx)}{n^2}.$$

从而, 我们可以依次推导出以下关系:

* 取 $x = 0$, 得到

$$0 = \frac{2\pi^2}{3} - 4\sum_{n=1}^{+\infty} \frac{1}{n^2}, \quad \text{即} \quad \sum_{n=1}^{+\infty} \frac{1}{n^2} = \frac{\pi^2}{6}. \text{ (真是惊喜...)}$$

* 取 $x = \pi$, 得到

$$\pi^2 = \frac{2\pi^2}{3} - 4\sum_{n=1}^{+\infty} \frac{(-1)^n}{n^2}, \quad \text{即} \quad \sum_{n=1}^{+\infty} \frac{(-1)^n}{n^2} = -\frac{\pi^2}{12}.$$

* 应用 Parseval 等式, 得到

$$\frac{4\pi^4}{9} + \frac{1}{2}\sum_{n=1}^{+\infty} \frac{16}{n^4} = \frac{1}{2\pi} \int_0^{2\pi} x^2(2\pi - x)^2 \, \mathrm{d}x.$$

因此,

$$\sum_{n=1}^{+\infty} \frac{1}{n^4} = \frac{\pi^4}{90}.$$

习题 6.3.2.9　导出以下和式的值:

$$\sum_{n=0}^{+\infty} \frac{1}{(2n+1)^2} \quad \text{和} \quad \sum_{n=1}^{+\infty} \frac{1}{(2n+1)^4}.$$

例 6.3.2.10　设 f 定义为: $\forall x \in [0, \pi]$, $f(x) = \sqrt{x}$, 并且 f 是 2π-周期的偶函数.

• 显然 f 在 $\mathbb{R}$ 上连续. 然而, f 不是分段 $\mathcal{C}^1$ 的, 因为 $\lim\limits_{\substack{x \to 0 \\ x > 0}} f'(x) = +\infty$. 因此, Fourier 级数的正规收敛定理在这里不适用.

• 另一方面, 因为 f 是偶函数, 所以对任意自然数 n 有 $b_n(f) = 0$, 以及对任意 $n \in \mathbb{N}^\star$, 由分部积分可得(可以应用分部积分, 因为所考虑的积分都是收敛的, 并且涉及的函数都是在 $(0, \pi)$ 上 $\mathcal{C}^1$ 的)

$$\begin{aligned}
a_n(f) &= \frac{2}{\pi} \int_0^\pi \sqrt{x} \cos(nx)\, \mathrm{d}x \\
&= \left[\frac{2\sqrt{x} \sin(nx)}{n\pi} \right]_0^\pi - \frac{1}{n\pi} \int_0^\pi \frac{\sin(nx)}{\sqrt{x}}\, \mathrm{d}x \\
&= -\frac{1}{n\pi} \int_0^\pi \frac{\sin(nx)}{\sqrt{x}}\, \mathrm{d}x \\
&= -\frac{1}{n\sqrt{n}\pi} \int_0^{n\pi} \frac{\sin(t)}{\sqrt{t}}\, \mathrm{d}t.
\end{aligned}$$

并且, 因为 $\displaystyle\int_0^{+\infty} \frac{\sin(t)}{\sqrt{t}}\, \mathrm{d}t$ 收敛, 所以

$$a_n(f) = O\left(\frac{1}{n\sqrt{n}} \right).$$

由此可得 $\sum |b_n(f)|$ 和 $\sum |a_n(f)|$ 收敛, 所以 f 的 Fourier 级数在 $\mathbb{R}$ 上正规收敛.

• 由于 f 是连续的, 与上面定理第二步的证明同理可得, $(S_n(f))$ 在 $\mathbb{R}$ 上一致收敛到 f.

6.3.3　简单收敛

下面是最后一个收敛定理: 简单收敛定理. 请注意, 这个定理的假设与正规收敛定理的假设相近, 但我们不再假定 f 是连续的!

定理 6.3.3.1 (Dirichlet(狄利克雷)定理) 设 $f \in \mathcal{C}_{1,m}^{2\pi}(\mathbb{R}, \mathbb{C})$. 那么, f 的 Fourier 级数在 $\mathbb{R}$ 上简单收敛到 f 的正则化函数 $\tilde{f}$.

证明:

> 证明略. 感兴趣的同学可以在附录中找到证明. $\boxtimes$

例 6.3.3.2 再一次考虑定义如下的 2π-周期的函数 f :

$$\forall x \in (0, 2\pi), \ f(x) = \frac{\pi - x}{2}, \ \text{且} \ f(0) = f(2\pi) = 0.$$

因为 f 是 2π-周期且在 $\mathbb{R}$ 上分段 $\mathcal{C}^1$ 的, 并且 $\tilde{f} = f$, 由 Dirichlet 定理知, $(S_n(f))$ 在 $\mathbb{R}$ 上简单收敛到 f. 特别地,

$$\forall x \in (0, 2\pi), \ \frac{\pi - x}{2} = \sum_{n=1}^{+\infty} \frac{\sin(nx)}{n}.$$

另一方面, 请注意, 这个关系在 $x = 0$ 时不成立, 这是正常的, 因为 $f(0) = 0 \neq \frac{\pi - 0}{2}$.

习题 6.3.3.3 利用上述例子, 求出 $\displaystyle\sum_{n=0}^{+\infty} \frac{(-1)^n}{2n+1}$ 的值.

6.4 推广到 T-周期函数的简短介绍

设 $T > 0$. 将 2π-周期的函数 f 映为函数 $x \longmapsto f\left(\dfrac{2\pi}{T}x\right)$ 的映射是 2π-周期函数空间和 T-周期函数空间之间的一个同构. 因此, 所有的定义和定理都可以推广到 T-周期函数的情况.

在 T-周期的分段连续函数的框架内, 可以令:

- $(f|g) = \dfrac{1}{T} \displaystyle\int_0^T \overline{f} \times g$;

- $N_2(f) = \sqrt{\dfrac{1}{T} \displaystyle\int_0^T |f|^2}$;

- 对 $n \in \mathbb{Z}$, $c_n(f) = \dfrac{1}{T} \displaystyle\int_0^T f(t) e^{-i\frac{2\pi n t}{T}} \, \mathrm{d}t$;

- 对 $n \in \mathbb{N}$, $a_n(f) = \dfrac{2}{T} \displaystyle\int_0^T f(t) \cos\left(\dfrac{2\pi n t}{T}\right) \mathrm{d}t$ 以及 $b_n(f) = \dfrac{2}{T} \displaystyle\int_0^T f(t) \sin\left(\dfrac{2\pi n t}{T}\right) \mathrm{d}t$;

- 那么, f 的 Fourier 级数定义为

$$\forall n \in \mathbb{N}, \forall x \in \mathbb{R}, S_n(f)(x) = \sum_{k=-n}^{n} c_k(f) e^{i\frac{2\pi k x}{T}},$$

或用三角形式定义:

$$\forall n \in \mathbb{N}^{\star}, \forall x \in \mathbb{R}, S_n(f)(x) = \frac{a_0(f)}{2} + \sum_{k=1}^{n} \left(a_k \cos\left(\frac{2k\pi x}{T}\right) + b_k \sin\left(\frac{2k\pi x}{T}\right) \right);$$

- 在这种情况下, 那些定理仍然成立, 即

  * Bessel 不等式和 Parseval 等式;
  * Fourier 级数的正规收敛定理;
  * Dirichlet 定理(Fourier 级数的简单收敛定理);
  * Fourier 系数的性质;
  * 等等.

6.5　附　　录

6.5.1　逼近定理的证明

定理 6.5.1.1(Weierstrass 第二定理)　任意在 $\mathbb{R}$ 上连续的 T-周期函数 f 是一列 T-周期的三角多项式在 $\mathbb{R}$ 上一致收敛的极限, 即可以用一列 T-周期的三角多项式一致逼近 f.

证明:

我们证明 $T = 2\pi$ 的情况. 否则, 只需将 f 替换为 $x \longmapsto f\left(\dfrac{T}{2\pi}x\right)$ 就可以得到一般情况.

设 f 是在 $\mathbb{R}$ 上连续且 2π-周期的. 对 $n \in \mathbb{N}^{\star}$, 记

$$S_n = \sum_{k=-n}^{n} c_k(f) e_k, \ C_n = \frac{1}{n+1} \sum_{k=0}^{n} S_k,$$

$$T_n = \sum_{k=-n}^{n} e_k, \ R_n = \frac{1}{n+1} \sum_{k=0}^{n} T_k.$$

• 首先, 我们证明, 对任意 $\alpha \in (0,\pi)$, (R_n) 在 $[-\pi,\pi] \setminus [-\alpha,\alpha]$ 上一致收敛到 0. 为此, 我们做以下计算.

如果 $x \in \mathbb{R} \setminus 2\pi\mathbb{Z}$, 那么对任意 $n \in \mathbb{N}^\star$, 有

$$T_n(x) = \sum_{k=-n}^{n} e^{ikx} = e^{-inx}\frac{1 - e^{(2n+1)ix}}{1 - e^{ix}} = \frac{\sin\left(\left(n + \frac{1}{2}\right)x\right)}{\sin\left(\frac{x}{2}\right)}.$$

然后,

$$\sum_{k=0}^{n} e^{i(k+\frac{1}{2})x} = e^{i\frac{x}{2}}\frac{1 - e^{i(n+1)x}}{1 - e^{ix}} = e^{i(n+1)\frac{x}{2}}\frac{\sin\left(\frac{(n+1)x}{2}\right)}{\sin\left(\frac{x}{2}\right)}.$$

因此, 取虚部可得

$$\forall x \in \mathbb{R}\setminus 2\pi\mathbb{Z}, \ \forall n \in \mathbb{N}^\star, \ R_n(x) = \frac{1}{n+1}\sum_{k=0}^{n} T_k(x) = \frac{1}{n+1}\left(\frac{\sin\left(\frac{(n+1)x}{2}\right)}{\sin\left(\frac{x}{2}\right)}\right)^2.$$

设 $\alpha \in (0,\pi)$, 那么,

$$\forall n \in \mathbb{N}^\star, \ \forall x \in [-\pi,\pi]\setminus[-\alpha,\alpha], \ |R_n(x)| \leqslant \frac{1}{(n+1)\sin^2\left(\frac{\alpha}{2}\right)}.$$

从而可以证得, 当 $\alpha \in (0,\pi)$ 时, (R_n) 在 $[-\pi,\pi]\setminus[-\alpha,\alpha]$ 上一致收敛到 0.

• 接下来, 证明序列 (C_n) 在 $\mathbb{R}$ 上一致收敛到 f.

为此, 首先注意到, 对任意 $n \geqslant 1$, $\frac{1}{2\pi}\int_{-\pi}^{\pi} T_n(t)\,\mathrm{d}t = 1$, 因此,

$$\frac{1}{2\pi}\int_{-\pi}^{\pi} R_n(t)\,\mathrm{d}t = 1.$$

设 $n \geqslant 1$. 那么, 对任意实数 x, 有

$$S_n(x) = \sum_{k=-n}^{n}\left(\frac{1}{2\pi}\int_{-\pi}^{\pi} f(t)e^{-ikt}\,\mathrm{d}t\right)e^{ikx}$$

$$= \frac{1}{2\pi}\int_{-\pi}^{\pi} f(t)\left(\sum_{k=-n}^{n} e^{ik(x-t)}\right)\mathrm{d}t$$

$$= \frac{1}{2\pi}\int_{-\pi}^{\pi} f(t)T_n(x-t)\,\mathrm{d}t.$$

所以,

$$C_n(x) = \frac{1}{n+1} \sum_{k=0}^{n} S_k(x)$$

$$= \frac{1}{2\pi} \int_{-\pi}^{\pi} f(t) \left(\frac{1}{n+1} \sum_{k=0}^{n} T_k(x-t) \right) \, \mathrm{d}t$$

$$= \frac{1}{2\pi} \int_{-\pi}^{\pi} f(t) R_n(x-t) \, \mathrm{d}t$$

$$= \frac{1}{2\pi} \int_{-\pi}^{\pi} f(x-t) R_n(t) \, \mathrm{d}t.$$

因此, 对任意 $n \in \mathbb{N}^*$ 和任意实数 x, 有

$$|C_n(x) - f(x)| = \frac{1}{2\pi} \left| \int_{-\pi}^{\pi} f(x-t) R_n(t) \, \mathrm{d}t - \int_{-\pi}^{\pi} f(x) R_n(t) \, \mathrm{d}t \right|$$

$$= \frac{1}{2\pi} \left| \int_{-\pi}^{\pi} (f(x-t) - f(x)) R_n(t) \, \mathrm{d}t \right|.$$

设 $\varepsilon > 0$. 因为 f 是在 $\mathbb{R}$ 上连续且 2π-周期的, 所以 f 在 $\mathbb{R}$ 上一致连续. 因此, 存在 $\alpha > 0$ (可以假设 $\alpha < \pi$)使得

$$\forall (u,v) \in \mathbb{R}^2, \ (|u-v| \leqslant \alpha \Longrightarrow |f(u) - f(v)| \leqslant \varepsilon).$$

记 $I_\alpha = [-\pi, \pi] \setminus [-\alpha, \alpha]$, 那么对任意 $n \in \mathbb{N}^*$ 和任意实数 x, 我们有

$$|C_n(x) - f(x)| \leqslant \frac{1}{2\pi} \int_{\alpha < |t| \leqslant \pi} |f(x-t) - f(x)| \times |R_n(t)| \, \mathrm{d}t$$

$$+ \frac{1}{2\pi} \int_{[-\alpha,\alpha]} |f(x-t) - f(x)| \times |R_n(t)| \, \mathrm{d}t$$

$$\leqslant \frac{2\|f\|_{\infty,\mathbb{R}}}{2\pi} \times 2(\pi - \alpha) \times \|R_n\|_{\infty, I_\alpha} + \frac{\varepsilon}{2\pi} \int_{-\alpha}^{\alpha} |R_n(t)| \, \mathrm{d}t.$$

又因为, 已证得 R_n 是一个正值函数, 故有

$$|C_n(x) - f(x)| \leqslant \frac{\|f\|_{\infty,\mathbb{R}} \times 2(\pi - \alpha)}{\pi} \times \|R_n\|_{\infty, I_\alpha} + \frac{\varepsilon}{2\pi} \int_{-\pi}^{\pi} R_n(t) \, \mathrm{d}t$$

$$\leqslant \frac{\|f\|_{\infty,\mathbb{R}} \times 2(\pi - \alpha)}{\pi} \times \|R_n\|_{\infty, [-\pi,\pi] \setminus [-\alpha,\alpha]} + \varepsilon.$$

因此,

$$\forall n \in \mathbb{N}^\star, \|C_n - f\|_{\infty,\mathbb{R}} \leqslant \frac{\|f\|_{\infty,\mathbb{R}} \times 2(\pi - \alpha)}{\pi} \times \|R_n\|_{\infty, [-\pi,\pi] \setminus [-\alpha,\alpha]} + \varepsilon.$$

又因为, (R_n) 在 $[-\pi, \pi] \setminus [-\alpha, \alpha]$ 上一致收敛到 0, 故存在 $n_0 \in \mathbb{N}$ 使得

$$\forall n \geqslant n_0, \frac{\|f\|_{\infty,\mathbb{R}} \times 2(\pi - \alpha)}{\pi} \times \|R_n\|_{\infty, [-\pi,\pi] \setminus [-\alpha,\alpha]} \leqslant \varepsilon.$$

这证得: $\forall n \geqslant n_0, \|C_n - f\|_{\infty, \mathbb{R}} \leqslant 2\varepsilon.$

☒

定理 6.5.1.2(D 中的逼近定理) 对任意函数 $f \in D$ 和任意 $\varepsilon > 0$, 存在一个三角多项式 P 使得 $\|f - P\|_D \leqslant \varepsilon.$

证明:

• 如果 f 是连续的, 那么根据 Weierstrass 第二定理, 此时存在一个三角多项式 P 使得 $\|f - P\|_{\infty, \mathbb{R}} \leqslant \varepsilon.$ 所以,

$$\|f - P\|_D \leqslant \|f - P\|_{\infty, \mathbb{R}} \leqslant \varepsilon.$$

• 否则, 我们将证明, 如果 $f \in D$, 那么存在 $g \in \mathcal{C}_0^{2\pi}(\mathbb{R}, \mathbb{C})$ 使得 $\|f - g\|_2 \leqslant \varepsilon.$ 从而可以推断, 存在一个三角多项式 P 使得 $\|g - P\|_{\infty, \mathbb{R}} \leqslant \varepsilon$, 因此有

$$\|f - P\|_D \leqslant \|f - g\|_D + \|g - P\|_D \leqslant 2\varepsilon.$$

从图形上看, 结果非常清楚(见图 6.3). 证明的剩余部分只是这个图形事实的数学描述.

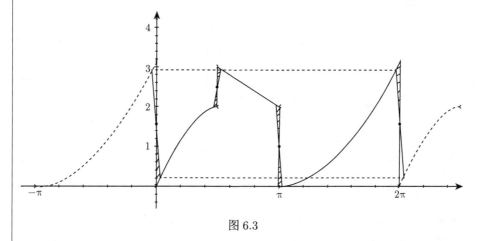

图 6.3

简单起见, 我们取定 $a \in \mathbb{R}$ 使得 f 在 a 处连续(不考虑区间边界的情况). 因为 f 在 $[a, a+2\pi]$ 上分段连续, 所以 f 在 $[a, a+2\pi]$ 中有有限个不连续点. 记 p 为 f 在这个区间的不连续点的个数, 则 $p \geqslant 1.$ 记 $a_1 < a_2 < \cdots < a_p$ 为这些不连续点, 并记 $a_0 = a$ 和 $a_{p+1} = a + 2\pi.$

设 $\varepsilon > 0$. 因为 f 是分段连续且 2π-周期的, 所以 f 在 $\mathbb{R}$ 上有界. 取 $M > 0$ 使得 $\|f\|_{\infty,\mathbb{R}} \leqslant M$, 并令

$$\alpha = \min\left(\frac{\varepsilon}{32pM^2}, \frac{\max_{1\leqslant k\leqslant p}(a_{k+1}-a_k)}{2}\right).$$

对 $1 \leqslant k \leqslant p$, 考虑定义在 $[a_k - \alpha, a_k + \alpha]$ 上满足 $\varphi_k(a_k - \alpha) = f(a_k - \alpha)$ 和 $\varphi_k(a_k + \alpha) = f(a_k + \alpha)$ 的唯一的仿射函数 φ_k. 然后, 定义函数 g 如下:

$$\forall x \in [a, a+2\pi],\, g(x) = \begin{cases} f(x), & x \in [a, a+2\pi] \setminus (\bigcup_{k=1}^{p} [a_k - \alpha, a_k + \alpha]), \\ \varphi_k(x), & x \in [a_k - \alpha, a_k + \alpha], \end{cases}$$

并且使得 g 是 2π-周期的(由 $g(a) = f(a) = f(a+2\pi) = g(a+2\pi)$ 知, 这是可以做到的). 由构造知, g 是在 $\mathbb{R}$ 上连续且 2π-周期的. 又因为, 对 $1 \leqslant k \leqslant p$ 和任意 $x \in [a_k - \alpha, a_k + \alpha]$, 我们有

$$|g(x) - f(x)| = \left| \frac{f(a_k + \alpha) - f(a_k - \alpha)}{2\alpha}(x - a_k + \alpha) + f(a_k - \alpha) - f(x) \right|$$

$$\leqslant \left| \frac{f(a_k + \alpha) - f(a_k - \alpha)}{2\alpha} \right| \times |x - a_k + \alpha| + |f(a_k - \alpha) - f(x)|$$

$$\leqslant 2\|f\|_{\infty,\mathbb{R}} + 2\|f\|_{\infty,\mathbb{R}}$$

$$\leqslant 4\|f\|_{\infty,\mathbb{R}}.$$

所以,

$$\int_a^{a+2\pi} |f - g|^2 = \sum_{k=1}^{p} \int_{a_k-\alpha}^{a_k+\alpha} |f - g|^2 \leqslant \sum_{k=1}^{p} 2\alpha \times 16\|f\|_{\infty,\mathbb{R}}^2 \leqslant 32pM^2\alpha \leqslant \varepsilon.$$

因此, $\|f - g\|_D^2 \leqslant \dfrac{\varepsilon}{2\pi}$.　　　　　　　　　　　　　　　　　$\boxtimes$

6.5.2　Dirichlet(狄利克雷)定理的证明

定理 6.5.2.1(Dirichlet 定理)　如果 f 是在 $\mathbb{R}$ 上分段 $\mathcal{C}^1$ 且 2π-周期的, 那么 $(S_n(f))$ 在 $\mathbb{R}$ 上简单收敛到 f 的正则化函数 $\tilde{f}$.

证明:

我们使用 Weierstrass 第二定理的证明中的符号. 注意, T_n 是一个偶函数.

设 $x \in \mathbb{R}$. 那么对任意自然数 $n \geqslant 1$, 我们有

$$
\begin{aligned}
S_n(f)(x) &= \sum_{k=-n}^{n} c_k(f)e^{ikx} \\
&= \frac{1}{2\pi} \int_{-\pi}^{\pi} f(t)T_n(x-t)\,\mathrm{d}t \\
&= \frac{1}{2\pi} \int_{-\pi}^{\pi} f(x-t)T_n(t)\,\mathrm{d}t \\
&= \frac{1}{2\pi} \left(\int_{-\pi}^{0} f(x-t)T_n(t)\,\mathrm{d}t + \int_{0}^{\pi} f(x-t)T_n(t)\,\mathrm{d}t \right) \\
&= \frac{1}{2\pi} \left(\int_{0}^{\pi} f(x+u)T_n(-u)\,\mathrm{d}u + \int_{0}^{\pi} f(x-t)T_n(t)\,\mathrm{d}t \right) \\
&= \frac{1}{2\pi} \int_{0}^{\pi} \left(f(x+t) + f(x-t) \right) T_n(t)\,\mathrm{d}t.
\end{aligned}
$$

并且, 我们已经知道, $2\pi = \int_{-\pi}^{\pi} T_n(t)\,\mathrm{d}t = 2\int_{0}^{\pi} T_n(t)\,\mathrm{d}t$. 因此, 对 $t \in \mathbb{R}$, 令

$$
g(t) = f(x+t) + f(x-t) - f(x^+) - f(x^-),
$$

我们有

$$
\begin{aligned}
S_n(f)(x) - \tilde{f}(x) &= \frac{1}{2\pi} \int_{0}^{\pi} \left(f(x+t) + f(x-t) \right) T_n(t)\,\mathrm{d}t - \frac{1}{\pi} \int_{0}^{\pi} \tilde{f}(x)T_n(t)\,\mathrm{d}t \\
&= \frac{1}{2\pi} \int_{0}^{\pi} \left(f(x+t) + f(x-t) - f(x^+) - f(x^-) \right) T_n(t)\,\mathrm{d}t \\
&= \frac{1}{2\pi} \int_{0}^{\pi} g(t) \frac{\sin\left((2n+1)\dfrac{t}{2} \right)}{\sin\left(\dfrac{t}{2} \right)}\,\mathrm{d}t \\
&= \frac{1}{2\pi} \int_{0}^{\pi} g(t) \cot\left(\frac{t}{2} \right) \sin(nt)\,\mathrm{d}t + \frac{1}{2\pi} \int_{0}^{\pi} g(t)\cos(nt)\,\mathrm{d}t.
\end{aligned}
$$

又因为, g 是在 $\mathbb{R}$ 上分段连续且 2π-周期的偶函数, 所以,

$$
0 = \lim_{n \to +\infty} \int_{-\pi}^{\pi} g(t)\cos(nt)\,\mathrm{d}t = 2\lim_{n \to +\infty} \int_{0}^{\pi} g(t)\cos(nt)\,\mathrm{d}t.
$$

另一方面, 函数 $t \longmapsto g(t)\cot\left(\dfrac{t}{2} \right)$ 在 $(0,\pi]$ 上显然是分段连续的, 且只有有限个不连续点. 此外, $\cot\left(\dfrac{t}{2} \right) \underset{t \to 0}{\sim} \dfrac{2}{t}$, 并且对 $t > 0$, 有

$$
\frac{g(t)}{t} = \frac{f(x+t) - f(x^+)}{t} + \frac{f(x-t) - f(x^-)}{t}.
$$

函数 f 是分段 C^1 的, 由定义知以下极限存在且有限:

$$\lim_{\substack{t \to 0 \\ t>0}} \frac{f(x+t) - f(x^+)}{t} \quad \text{和} \quad \lim_{\substack{t \to 0 \\ t>0}} \frac{f(x-t) - f(x^-)}{t}.$$

所以, 函数 $t \longmapsto g(t) \cot\left(\dfrac{t}{2}\right)$ 在 0 处有有限的极限. 因此, 这个函数可连续延拓到 0 处, 且延拓后的函数在 $[0, \pi]$ 上是分段连续的. 事实上, 它是在 $[-\pi, \pi]$ 上分段连续的, 并且是奇函数. 所以,

$$0 = \lim_{n \to +\infty} \int_{-\pi}^{\pi} g(t) \cot\left(\frac{t}{2}\right) \sin(nt)\, \mathrm{d}t = 2 \lim_{n \to +\infty} \int_{0}^{\pi} g(t) \cot\left(\frac{t}{2}\right) \sin(nt)\, \mathrm{d}t.$$

因此, 可以得到

$$\lim_{n \to +\infty} S_n(f)(x) = \tilde{f}(x). \qquad \boxtimes$$

译者后记

　　我于 2012 年 2 月到中山大学中法核工程与技术学院(以下简称中法核学院)代课,于 2012 年 7 月正式入职成为中山大学的一名讲师,至今在中法核学院从事预科数学教学工作九年半. 预科数学课程的讲义由预科数学教学负责人 Alexander GEWIRTZ 自己编写,所用的语言是法语. 经过多年教学实践的检验,这些讲义后来逐一整理成册,由科学出版社出版. 目前已出版的法文版预科数学教材有《大学数学入门2》(2016 年 6 月)、《大学数学进阶1》(2016 年 6 月) 和《大学数学进阶2》(2020 年 1 月),即将出版的有《大学数学基础1》,还有《大学数学基础2》. 其中,《大学数学入门2》是中法核学院预科一年级第二学期的数学教材,《大学数学基础1》和《大学数学基础2》分别是预科二年级第一学期和第二学期的教材,《大学数学进阶1》和《大学数学进阶2》分别是预科三年级第一学期和第二学期的教材.

　　到中法核学院工作以后,我一直专注于教学工作. 当《大学数学进阶1(法文版)》于 2016 年正式出版时,我就希望自己有朝一日可以把它翻译成中文的,因为我相信中文版的教材有助于国内同行们更多地了解法国的预科数学教学,可以更清楚地知道中法核学院的预科数学在教什么内容. 并且,当时的我认为学院今后会需要一套中文版的教材. 但那两年的我因为需要承担大量课程教学工作,没有时间和精力做翻译. 2018 年下半年开始,我的课程教学任务不如前六年那么繁重了. 因此,我有了把《大学数学进阶1(法文版)》和《大学数学进阶2(法文版)》翻译成中文的机会和时间. 之所以选择这两册,是因为我带三年级的数学课的时间最多,对三年级的教材更熟悉.

　　《大学数学进阶1(中文版)》于 2019 年 12 月底交稿,于 2021 年 4 月由科学出版社正式出版. 如今,《大学数学进阶2(中文版)》也将进入出版流程,预计今年年底或者明年春天可以正式出版. 而我,也走到了非升即走的尽头——学校已决定不续聘我为专任教师. 学校的政策我本就知道,这个结果并不意外. 虽然我可以尝试选择在校内转行政岗,但我认为自己可以胜任教学工作,却未必可以胜任行政工作,更不要说做得开心了. 尽管如此,我仍然很开心自己可以完成翻译教材的这个心愿. 不管它们今后在中法核学院的教学工作中是否可以派上用场,至少它们是我这九年半工作的见证.

　　这两册书的翻译必定有不尽人意之处. 例如, 在《大学数学进阶1(中文版)》出版后, 我发现了里面仍有个别错误. 没能在校对时发现那个(些)错误, 深以为憾. 如果有机会重印或者再版, 希望可以修正已发现的错误. 如果没有这样的机会, 那就接受自己在这一阶段在这件事情上做得并不完美吧.

　　谨以寥寥数语, 纪念这一段旅程. 再次感谢这么多年来, 一直很支持教学工作的原院长王彪教授和已故的张小英副院长, 没有他们的支持和鼓励, 我不会有机会和信心完成这两本教材的翻译工作. 感谢数学教研室主任 Alexander GEWIRTZ, 没有他的引导和帮助, 我不可能顺利且开心地完成过去的所有教学工作. 感谢在这一段旅程中相识相知的同事兼朋友们, 在此请恕我不一一列出你们的名字. 今后, 不管我身在何处, 愿友谊长存.

程思睿

2021 年 7 月